Pohl/Schneider/Wormuth
Ohler/Schubert
Mauerwerksbau

Mauerwerksbau

Baustoffe – Konstruktion – Berechnung – Ausführung

Dr.-Ing. Reiner Pohl
Prof. Dipl.-Ing. Klaus-Jürgen Schneider
Prof. Dipl.-Ing. Rüdiger Wormuth
Dr.-Ing. Armin Ohler
Dr.-Ing. Peter Schubert

3., neubearbeitete und erweiterte Auflage 1990

Werner-Verlag

1. Auflage 1984
2. Auflage 1987
3. Auflage 1990

Autoren:

Dr.-Ing. Armin Ohler
Deutsche Gesellschaft für Mauerwerksbau, Bonn   Abschnitt E

Dr.-Ing. Reiner Pohl
Germering

Abschnitte A.1 bis A.3.1
A.3.3 bis A.4, B.5, F

Prof. Dipl.-Ing. Klaus-Jürgen Schneider
Fachhochschule Bielefeld, Abteilung Minden   Abschnitte C, D, Anhang

Dr.-Ing. Peter Schubert
Technische Hochschule Aachen   Abschnitte A.3.2, A.5, A.6, B.6

Prof. Dipl.-Ing. Rüdiger Wormuth
Fachhochschule Osnabrück   Abschnitte B.1 bis B.4, B.7

CIP-Titelaufnahme der Deutschen Bibliothek

Mauerwerksbau : Baustoffe — Konstruktion — Berechnung — Ausführung
/ Reiner Pohl . . . — 3., neubearb. und erw. Aufl. —
Düsseldorf : Werner, 1990
  ISBN 3-8041-2952-8
NE: Pohl, Reiner

ISB N 3-8041-2952-8

© Werner-Verlag GmbH — Düsseldorf — 1990
Printed in Germany
Alle Rechte, auch das der Übersetzung, vorbehalten.
Ohne ausdrückliche Genehmigung des Verlages ist es auch nicht
gestattet, dieses Buch oder Teile daraus auf fotomechanischem
Weg (Fotokopie, Mikrokopie) zu vervielfältigen.
Zahlenangaben ohne Gewähr
Satz: Fotosatz Czermak, Geisenhausen
Druck und Verarbeitung: Weiss & Zimmer AG, Mönchengladbach
Archiv-Nr.: 693/3 — 10.90
Bestell-Nr.: 02952

Zum Geleit

Der Mauerwerksbau hat selbst in Zeiten, in denen aufgrund neuer technischer Entwicklungen auf allen Gebieten des Bauens viele konstruktive und gestalterische Möglichkeiten angeboten wurden, seine führende Rolle im Hochbau behauptet und wird diese Stellung auch in absehbarer Zukunft erhalten können.

Mauerwerksbau ist eine uralte Technik, die sich zwar aufgrund solider Erfahrung und neuer Erkenntnisse mit der Zeit immer mehr entwickelt hat, der aber das Sensationelle neuer Entwicklungen fehlte. Das ist mit ein Grund dafür, daß in der Bau-Fachliteratur der letzten Jahre grundlegende Bücher über den Mauerwerksbau immer seltener wurden, obwohl stets ein großer Bedarf erkennbar blieb, der sich mehr und mehr in dem Wunsch nach einem Kompendium des Mauerwerksbaus äußerte.

Das war vor allem der Grund dafür, daß die Deutsche Gesellschaft für Mauerwerksbau e.V. sich entschloß, die entstandenen Lücken zu füllen und ein Fach- und Lehrbuch für Mauerwerksbau vorzulegen, das alle wesentlichen Bereiche dieser Bauweise zusammenfaßt und leicht faßbar und einprägsam aufbereitet.

Das Buch richtet sich an Planer und Konstrukteure. Es ist aber vor allem auch für den Lehrbetrieb an Hoch- und Fachhochschulen gedacht.

Es bleibt zu wünschen, daß das Buch eine angemessene Verbreitung finden wird und daß aus dem Kreise seiner Leser neue Freunde des Mauerwerksbaus erwachsen.

Essen, im August 1984
Dipl.-Ing. Klaus Göbel,
1. Vorsitzender der Deutschen Gesellschaft
für Mauerwerksbau e.V., Essen

Zum Geleit

Die Neubearbeitung der Mauerwerksnorm DIN 1053 Teil 1 (Rezeptmauerwerk) und DIN 1053 Teil 3 (Bewehrtes Mauerwerk) machte eine gründliche Überarbeitung und Erweiterung des Buches Mauerwerksbau erforderlich. Das wiederum erweiterte Autorenteam nahm sich dieser Aufgabe mit dem gewohnten Engagement an und präsentiert mit der vorliegenden Auflage ein Buch, das den Mauerwerksbau in seiner Gesamtheit darstellt und damit für jeden, der sich mit dieser Bauweise beschäftigt, ein unentbehrliches Hilfsmittel ist. Sehr erfreulich ist die Tatsache, daß der Werner-Verlag die neue Auflage mit einem leserfreundlicheren Schriftbild in Satzform herausbringt.

Die Deutsche Gesellschaft für Mauerwerksbau wünscht auch der 3. Auflage eine gute Aufnahme und Beachtung in der Fachwelt.

Bonn, im Juni 1990
Dipl.-Ing. Armin Neunast,
1. Vorsitzender der Deutschen
Gesellschaft für Mauerwerksbau e.V.

V

Vorwort zur 3. Auflage

Auch bei der Vorbereitung zur nun vorliegenden 3. Auflage des Mauerwerksbuches wurden wieder viele Anregungen und Zuschriften aus der Fachwelt von den Autoren diskutiert und in ihren Beiträgen berücksichtigt. Die neue Auflage enthält umfangreiche Änderungen und Erweiterungen; darüber hinaus werden die im Februar 1990 erschienenen neuen Normen DIN 1053 Teil 1 „Rezeptmauerwerk; Berechnung und Ausführung" und Teil 3 „Mauerwerk; Bewehrtes Mauerwerk; Berechnung und Ausführung" in ihren wesentlichen Teilen behandelt und anhand von praktischen Bemessungsbeispielen erläutert. Dargestellt werden die Auswirkungen der neuen Schallschutznorm DIN 4109 auf Mauerwerkskonstruktionen. In einem neubearbeiteten Abschnitt Verformungen und Rißsicherheit werden u. a. Formeln für die Ermittlung der Größe von Formänderungen angegeben sowie konstruktive Maßnahmen zur Erhöhung der Rißsicherheit erläutert.

Eine im Anhang befindliche komplette statische Berechnung eines mehrgeschossigen Mauerwerksbaus, die sich insbesondere unter Studierenden großer Beliebtheit erfreut, wurde ebenfalls gemäß dem neuen Teil 1 der DIN 1053 gründlich überarbeitet. Hierbei haben dankenswerterweise die Herren Dipl.-Ing. Waltke und Dipl.-Ing. Wittemöller mitgewirkt.

Die Autoren danken Frau Hüsken und Frau von der Weiden für das Schreiben der Manuskripte, Frau Krebs für das Anfertigen zahlreicher Zeichnungen und dem Werner-Verlag für die gute Zusammenarbeit.

Bonn, im Juni 1990

Armin Ohler
Reiner Pohl
Klaus-Jürgen Schneider
Peter Schubert
Rüdiger Wormuth

Aus dem Vorwort zur 1. Auflage

Dieses Buch ist für den Studiengebrauch in Fachrichtungen des Bauwesens bestimmt. Es enthält auch Anregungen und aktuelle Informationen für den Praktiker.

Der Schwerpunkt dieser Veröffentlichung liegt im mauerwerksgerechten Konstruieren unter besonderer Berücksichtigung von bauphysikalischen Aspekten und in der Bemessung von Mauerwerk. Hierzu wird als Grundlage das Tragverhalten von Mauerwerk dargelegt. Wichtige Bauteile, Details und Anschlüsse werden sowohl nach bauphysikalischen als auch nach statischen Kriterien entwickelt.

Die Abschnitte über die Bemessung von Mauerwerk berücksichtigen neben der in der Praxis eingeführten DIN 1053 Teil 1 auch die neue Mauerwerksnorm DIN 1053 Teil 2 (Ausgabe Juli 1984). Der Leser hat die Möglichkeit, sich sowohl mit den traditionellen Bemessungsregeln als auch mit dem aktuellen Stand der ingenieurmäßigen Bemessung von Mauerwerk vertraut zu machen. Abgerundet wird das Buch durch eine Beschreibung der Baustoffe und durch Hinweise für die Bauausführung. Großer Wert wurde auf praxisnahe Berechnungsbeispiele gelegt. In diesem Zusammenhang sind besonders die ausführlichen Zahlenbeispiele zu erwähnen, die die Anwendung der neuen Norm DIN 1053 Teil 2 erläutern.

Im Anhang des Buches befindet sich die komplette statische Berechnung eines mehrgeschossigen Mauerwerksbaus. Erfahrungsgemäß ist für Studenten unterer Semester eine statische Berechnung, die den bauordnungsrechtlichen Anforderungen genügt, besonders hilfreich. Im Standsicherheitsnachweis wurden Wände und Pfeiler sowohl nach DIN 1053 Teil 1 als auch nach der ingenieurmäßigen Methode (DIN 1053 Teil 2) berechnet. Im Vergleich der beiden Bemessungsmethoden an einem konkreten Objekt werden die Möglichkeiten für wirtschaftliche Mauerwerkskonstruktionen erkennbar.

Essen, im August 1984

Reiner Pohl
Klaus-Jürgen Schneider
Rüdiger Wormuth

Inhaltsverzeichnis

A Grundlagen

B Mauerwerkskonstruktion unter besonderer Berücksichtigung der Bauphysik

C Berechnung von Mauerwerk nach DIN 1053 Teil 1 (2.90)

D Berechnung von Mauerwerk nach DIN 1053 Teil 2 (Ausgabe 7.84)

E Bewehrtes Mauerwerk

F Ausführung von Mauerwerk

A Grundlagen

1 Allgemeines

Planung, Konstruktion, Bemessung und Ausführung von Mauerwerksbauten erfolgen auf der Grundlage eines weitgehend abgestimmten Systems von Normen und bauaufsichtlichen Zulassungen. Mauersteine, Mauermörtel und Putzmörtel sind in zahlreichen Baustoffnormen geregelt, in denen z.B. die Mindestanforderungen an die Qualität sowie deren Güteüberwachung festgelegt sind.

Hierauf bauen DIN 1053 Teil 1 (2.90) „Mauerwerk – Rezeptmauerwerk, Berechnung und Ausführung" und DIN 1053 Teil 2 (7.84) „Mauerwerk – Mauerwerk nach Eignungsprüfung" auf. Dabei sind in Teil 1 die Grundlagen für baustoffliche Regelungen, Ausführungsrichtlinien und ein einfaches Berechnungsverfahren enthalten. Dieses Berechnungsverfahren gilt nur unter bestimmten, einschränkenden Bedingungen. Ein allgemeineres Berechnungsverfahren ist in DIN 1053 Teil 2 niedergelegt, das dem Mauerwerksbau eine flexible Anwendung ermöglicht.

2 Mauerwerksgerechte Planung

Rationelles Bauen fängt bereits bei der Planung an. Jeder Baustoff hat charakteristische Eigenschaften, die bei der Planung beachtet werden sollten. Zwar ist heute durch moderne Baustoffe und Bautechnologie vieles machbar, aber die dem verwendeten Baustoff nicht angepaßte Planung liefert weder wirtschaftliche Ergebnisse noch hält sie der Architekturkritik stand.

Aus dem in Abschnitt A.5 dargelegten Tragverhalten von Mauerwerk folgen einige für den Mauerwerksbau wichtige Konstruktionsregeln:

- Verglichen mit Stahlbeton und Stahl ist die Druckfestigkeit wesentlich geringer. Hohe Einzellasten, z.B. aus weitgespannten Unterzügen, sollen deshalb vermieden werden. Zur Abtragung vertikaler und horizontaler Lasten dienen Wandscheiben. Ein System unter weitgehender Verwendung von Stützen bzw. Pfeilern und Unterzügen ist nicht mauerwerksgerecht und sollte die Ausnahme bleiben.

- Zur Reduzierung der rechnerischen Knicklängen der Wände sollten sie zur Erhöhung der Tragfähigkeit ausgesteift sein. Daraus folgt eine Begrenzung der freien Wandlängen und damit auch der Deckenspannweiten. Zur Aussteifung der Querwände sollten in den Außenwänden geschoßhohe Wandstücke, im Gegensatz zum Schottenbau, vorhanden sein. Die Fassade eines Mauerwerksbaues sollte deshalb kleinere Fensterflächen haben als z.B. ein Skelettbau.

- Öffnungsspannweiten sollten begrenzt werden, um die Öffnungen ohne aufwendige Stürze oder Abfangestrukturen (bei Verblendmauerwerk) überdecken zu können. Tendenziell sollten Fenster deshalb eher hoch als breit sein.

- Die Zahl der nichttragenden Wände sollte gering bleiben. Auch dünne Wände können zum Tragen, zum Verkürzen der Deckenspannweiten und zur Aussteifung herangezogen werden.

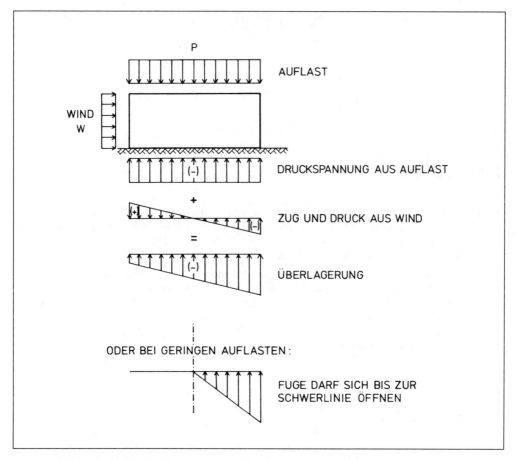

Abb. A.1   Vermeidung klaffender Fugen bei einer Aussteifungswand durch Auflast

● Durch Horizontalkräfte (z.B. Wind, Erddruck) entstehen Zugspannungen rechtwinklig zur Lagerfuge **(Abb. A.1)**. Da Zugbelastungen rechtwinklig zur Lagerfuge rechnerisch nicht angesetzt werden dürfen, müssen diese Spannungen durch Auflasten weitgehend überdrückt werden. Die Fuge darf rechnerisch nur bis zur Mitte des Querschnitts klaffen (vgl. Abschnitt C.5.4.7). Die Wände sollten deshalb im Grundriß so angeordnet werden, daß sie Auflasten erhalten und nicht durch zu große Versetzungsmomente zusätzliche Horizontallasten aufgenommen werden müssen **(Abb. A.2)**. Die Wände sollten deshalb nicht zu ungleichmäßig über den Grundriß verteilt sein.

● Der Planung soll die auf das Steinformat abgestimmte Maßordnung zugrunde gelegt werden. Dadurch wird die Einhaltung der Verbandsregeln gewährleistet. Zusätzlich werden die Kosten reduziert, weil die Steine nicht geschlagen werden müssen und der dabei entstehende Bruch entfällt. Dies gilt besonders für großformatige Steine.

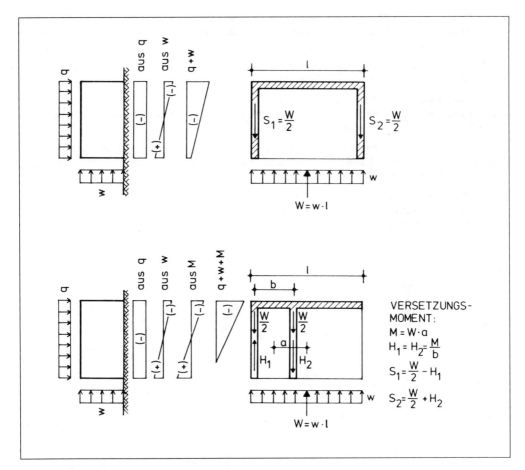

Abb. A.2   Versetzungsmoment durch ausmittige Aussteifungswände

Das im Mauerwerksbau anzustrebende statisch-konstruktive Prinzip ist das „Schachtelprinzip", d.h. alle Tragglieder sind an vier Rändern gelagerte Platten, die Schachteln bilden. Die gegenseitige Beeinflussung dieser Platten ist bei den heute üblichen Bauweisen und Belastungen nicht mehr vernachlässigbar. Diese Erkenntnis wurde zunächst in DIN 1053 Teil 2 Ausgabe Juli 1984 umgesetzt. Hier wird als statisches System ein Rahmen zugrunde gelegt. Die gegenseitige Beeinflussung von Wänden und Decken durch Verformungen wird somit erfaßt. Da vielfach weder eine vierseitige noch dreiseitige Halterung der Wände gegeben ist, geht die Norm von zweiseitiger Halterung aus und berücksichtigt die drei- und vierseitige Halterung durch Abminderungen der Knicklänge.

In der Neufassung von DIN 1053 Teil 1 Ausgabe Februar 1990 wurde auch diese Norm auf die dem Teil 2 zugrundeliegenden Prinzipien umgestellt. Das Berechnungsverfahren wurde jedoch vereinfacht. Dafür wurden einschränkende Randbedingungen festgelegt, z.B. Beschränkung der Deckenspannweiten und der Gebäudehöhe. Hinzu kommt, daß die Tragfähigkeit des Mauerwerks weniger ausgeschöpft wird.

A Grundlagen

Mit der Neufassung von DIN 1053 Teil 1 und der Norm DIN 1053 Teil 2 liegen Berechnungsverfahren vor, die dem Mauerwerksbau erweiterte Anwendungsmöglichkeiten erschießen und dem Planer mehr Gestaltungsfreiheiten geben.

Vieles, was bisher nur in Betonbauweise möglich war, kann jetzt in Mauerwerk erstellt werden, z.B. Bauwerke mit größeren Geschoßhöhen und Deckenspannweiten:

– Hochfeste Baustoffe:
Die Anwendung von Mauersteinen der Festigkeitsklassen 36, 48, 60 sowie der Mörtelgruppe IIIa ermöglicht erstmalig genormte hochfeste gemauerte Bauteile.

– Tragende Wände haben eine Mindestwandstärke von 11,5 cm, sofern die zulässigen Spannungen eingehalten sind und das Vorhandensein von Schlitzen sowie Anforderungen an den Schall- und Brandschutz nicht dickere Wände erfordern.

– Aussteifungsbedingungen:
Vielfach empfanden Planer die Aussteifungsbedingungen der alten DIN 1053 Teil 1 Tabelle 3 als einschränkend. **(Abb. A.3)**.

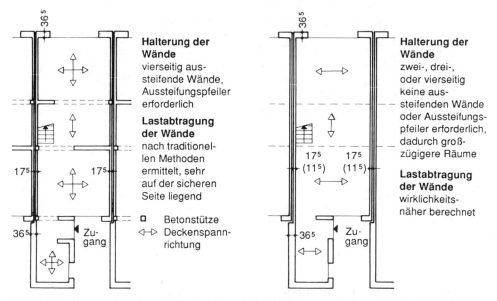

Abb. A.3 Aufgabe der starren Aussteifungsregeln nach der Neufassung von DIN 1053 ergibt mehr Freiheit bei der Grundrißgestaltung (rechts) gegenüber der alten Fassung (links).

Die neue DIN 1053 Teil 1 und Teil 2 verzichtet auf diese Aussteifungsbedingungen und läßt generell zweiseitig (oben und unten) gehaltene Wände zu. Für den Planer kann dies eine größere Gestaltungsfreiheit beim Grundriß bedeuten. Wenn Wände drei- oder vierseitig gehalten sind, wird dies beim Knicksicherheitsnachweis berücksichtigt.

Statt Aussteifungswänden kommen häufig auch Aussteifungsstützen zur Anwendung. Auf diese Aussteifungsstützen (z.B. bei langen, tragenden Wänden von Hofdurchfahrten, bei langen Hallen) kann verzichtet werden, wenn die Tragfähigkeit der Wand ohne Aussteifung rechnerisch nachgewiesen werden kann.

– Tragende Wände als Zwischenauflager und Endauflager:

Tragende Innenwände als Zwischenauflager durchlaufender Decken und tragende Wände als Endauflager mit Dicken $d < 24$ cm sind jetzt generell zulässig, wenn die Einhaltung der zulässigen Spannungen nachgewiesen werden kann. Die Auswirkung von Schlitzen und Aussparrungen ist besonders zu beachten!

– Nichttragende Innenwände:

In DIN 1053 sind nichttragende Innenwände nicht geregelt. Durch die erweiterten Möglichkeiten zur Ausführung dünner tragender Innenwände besteht die Möglichkeit, Wände, die bisher nichttragend ausgeführt wurden, als tragende Wände herzustellen. Durch die dadurch mögliche Reduzierung der Deckenspannweiten und den Wegfall des Trennwandzuschlages auf die Verkehrslasten wird die erforderliche Bewehrung reduziert. Es tragen mehr Wände zur Gebäudeaussteifung und zur Knickaussteifung der tragenden Wände bei. Schließlich entfallen die Anschlußprobleme nichttragender Trennwände.

– Gemauerte Keller:

Nach DIN 1053 Teil 1 und Teil 2 kann man auf einen statischen Nachweis für gemauerte Keller verzichten, wenn bestimmte Randbedingungen eingehalten werden, z.B. die Anschütthöhe. Teil 2 ermöglicht die Anwendungen genauerer Bemessungsverfahren.

– Modernisierung/Altbausanierung/Umbau:

Bei Umbaumaßnahmen ist der Wegfall von Aussteifungswänden für die Verbesserung des Grundrisses oft anzustreben. Die Wände können dann beim Standsicherheitsnachweis nicht mehr als vierseitig gehalten angenommen werden. Vorausgesetzt, die Gebäudeaussteifung ist gewährleistet, können dann einzelne Wände als zwei- oder dreiseitig gehalten auf ihre Standsicherheit nachgewiesen werden.

3 Baustoffe

3.1 Mauersteine

Die Anforderungen an Mauersteine und Mörtel sind in Normen festgelegt. Soweit neue Produkte noch nicht in Normen aufgenommen werden können, weil die erforderlichen Erfahrungen fehlen, müssen bauaufsichtliche Zulassungen beim Institut für Bautechnik in Berlin beantragt werden. Das IfBt bearbeitet für alle obersten Bauaufsichtsbehörden der Länder bundeseinheitlich die Zulassungen.

Die Eigenschaften und Maße der Mauersteine werden in folgenden Normen festgelegt:

		Ausgabedatum
DIN 105 Teil 1	Mauerziegel; Vollziegel und Hochlochziegel	9.1989
DIN 105 Teil 2	Mauerziegel; Leichthochlochziegel	9.1989
DIN 105 Teil 3	Mauerziegel; Hochfeste Ziegel und Klinker	5.1984
DIN 105 Teil 4	Mauerziegel; Keramikklinker	5.1984
DIN 105 Teil 5	Mauerziegel; Leichtlanglochziegel und Leichtlangloch-Ziegelplatten	5.1984
DIN 106 Teil 1	Kalksandsteine; Vollsteine, Lochsteine, Blocksteine, Hohlblocksteine	9.1980
DIN 106 Teil 2	Kalksandsteine; Vormauersteine und Verblender	11.1980
DIN 278	Tonhohlplatten (Hourdis) und Hohlziegel, statisch beansprucht	9.1978
DIN 398	Hüttensteine; Vollsteine, Lochsteine, Hohlblocksteine	6.1976

DIN 4165	Gasbeton-Blocksteine und Gasbetonplansteine[1])	12.1986
DIN 4166	Gasbeton-Bauplatten und Gasbetonplanbauplatten[1])	12.1986
DIN 18 148	Hohlwandplatten aus Leichtbeton	10.1975
DIN 18 151	Hohlblöcke aus Leichtbeton	8.1987
DIN 18 152	Vollsteine und Vollblöcke aus Leichtbeton	4.1987
DIN 18 153	Mauersteine aus Beton	9.1989
DIN 18 162	Wandbauplatten aus Leichtbeton, unbewehrt	8.1976

In den jeweiligen Normen für Mauersteine werden Ausgangsstoffe, Bezeichnungen, Abmessungen, Rohdichteklassen, Festigkeitsklassen und die Gütesicherung geregelt.

Die verschiedenen Mauersteinarten bieten unterschiedliche Kombinationen von Festigkeit, Verformungsverhalten, Wärmedämmung, Wärmespeicherung und Schallschutz. Diese Eigenschaften sind abhängig vom Ausgangsmaterial, Herstellungsvorgang, Lochung, Scherbenrohdichte. Da die Qualitätseigenschaften der Mauersteine der technischen Weiterentwicklung unterliegen, wird hierzu auf die Angaben der Hersteller verwiesen.

Die Weiterentwicklung von Mauersteinen wird in der großen Zahl von bauaufsichtlichen Zulassungen für Mauersteine deutlich. Die Eigenschaften neu entwickelter Steine können in Normen noch nicht erfaßt werden. In einem besonderen bauaufsichtlichen Prüfverfahren werden diese Steine bewertet und erhalten, wenn keine Bedenken bestehen, für eine befristete Zeit eine bauaufsichtliche Zulassung. Zulassungen gibt es z.B. für ausgeschäumte Steine bzw. mit integrierter Wärmedämmung oder Ziegel mit einem Lochbild, das nicht DIN 105 Teil 2 entspricht oder großformatige Elemente (**Abb. A.4**). Die Verarbeitung bauaufsichtlich zugelassener Steine erfolgt nach DIN 1053 Teil 1, sofern in der Zulassung nicht besondere Festlegungen getroffen werden.

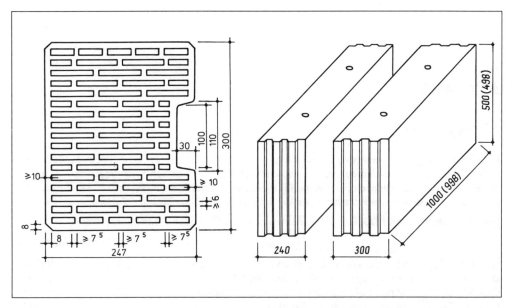

Abb. A.4 Beispiel für bauaufsichtlich zugelassene Steine: links unipor-Ziegel, rechts KS-PE Standardelemente

---

[1]) statt „Gasbeton" in Zukunft „Porenbeton"

Auf dem Markt werden Vollsteine(-ziegel), Lochsteine(-ziegel), Hohlblöcke und Vollblöcke angeboten. Die Steine unterscheiden sich sowohl in der Größe — Steine/Blöcke — als auch im Anteil der Löcher und Kammern. Aus produktionstechnischen Gründen ist bei manchen Vollsteinen ein bestimmter Lochanteil notwendig. Steine mit einem Lochanteil bis zu 15% der Grundfläche werden deshalb noch als Vollsteine bezeichnet. Da der Anwender Mauersteine im Regelfall nach Festigkeit (Statik) und Rohdichte (Schall- und Wärmedämmung) auswählt, ist für ihn die Frage, ob es sich um einen Voll-, Loch- oder Hohlblockstein handelt, von untergeordneter Bedeutung. Mauersteine sind in folgenden Normen geregelt (vgl. Tabelle A.1):

● **Ziegel**

Mauerziegel werden aus Ton, Lehm oder tonigen Massen mit oder ohne Zusatzstoffe geformt und anschließend gebrannt. Zusatzstoffe, z.B. Sägemehl oder Polystyrolperlen, dienen der Herabsetzung der Rohdichte. Mauerziegel, die frostbeständig sind, werden Vormauerziegel genannt. Mauerziegel, die bis zur Sinterung gebrannt und frostbeständig sind sowie eine Scherbenrohdichte $\geq 1,90$ kg/dm^3 und eine Druckfestigkeit ≥ 28 N/mm^2 haben, werden als Klinker bezeichnet. Es gelten folgende Kurzbezeichnungen:

Mz	Vollziegel
HLz	Hochlochziegel
KMz	Vollklinker
KHLz	Hochlochklinker
LLz	Leichtlanglochziegel
LLp	Leichtlangloch-Ziegelplatten

Frostbeständige Ziegel (Vormauerziegel) erhalten zum Kurzzeichen den Vorsatz des Buchstabens V, z.B. VMz.

Bei Leichthochlochziegeln mit besonders guten Wärmedämmeigenschaften sind im Geschäftsverkehr nicht die DIN-Bezeichnungen, sondern die Handelsnamen üblich.

● **Kalksandsteine**

Kalksandsteine sind Mauersteine, die aus Kalk und kieselsäurehaltigen Zuschlägen hergestellt, nach innigem Mischen geformt, verdichtet und unter Dampfdruck gehärtet werden. Kalksandsteine, die frostbeständig sind, werden KS-Vormauerstein und KS-Verblender (höhere Qualität) genannt. Folgende Kurzbezeichnungen gelten:

KS	Kalksand-Vollsteine
KS L	Kalksand-Lochsteine

Bei Vormauersteinen sind hinter das Kurzzeichen der Steinart die Buchstaben Vm zu setzen (KS Vm), entsprechend bei Verblendern Vb (KS Vb).

● **Hüttensteine**

Hüttensteine sind Mauersteine, die aus Hochofenschlacken und mineralischen Bindemitteln nach innigem Mischen geformt, durch Pressen und Rütteln verdichtet und an der Luft oder unter Dampf oder in kohlesäurehaltigen Abgasen gehärtet worden sind. Folgende Kurzbezeichnungen gelten:

HSV	Hütten-Vollsteine
HSL	Hütten-Lochsteine
HHbl	Hütten-Hohlblocksteine

● **Gasbetonsteine (In Zukunft „Porenbetonsteine")**

Gasbetonsteine sind aus dampfgehärtetem Gasbeton hergestellt. Dampfgehärteter Gasbeton ist ein feinporiger Beton, der aus Zement und/oder Kalk und feingemahlenen oder feinkörnigen, kieselsäurehaltigen Stoffen unter Verwendung von gasbildenden Zusätzen, Wasser und gegebenenfalls Zusatzmitteln hergestellt und in gespanntem Dampf gehärtet wird. Folgende Kurzbezeichnung gilt:

G	Gasbeton-Blocksteine	GP	Gasbeton-Plansteine
Gpl	Gasbeton-Bauplatten	GPpl	Gasbeton-Planbauplatten

Tabelle A.1 Rohdichten und Festigkeiten gängiger Mauersteine und Formate
Darüber hinaus werden weitere genormte, aber weniger gebräuchliche Steine hergestellt.

Bezeichnung	Roh-dichte-klasse kg/dm³	Festigkeitsklassen (N/mm²)										$G_M^{x)}$ (kN/m³)		Vorzugsformate
		2	4	6	8	12	20	28	36	48	60	NM	LM	
Mauerziegel	0,7			●								9	8	5DF, 8DF, 10DF
DIN 105 Teil 1 bis 4	0,8		●	●	●							10	9	12DF, 16DF, 20DF
HLz Hochlochziegel	0,9		●	●	●							11	10	
0,7–1,4 kg/dm³	1,0		●	●	●							12		
VHLz Hochlochziegel,	1,2				●	●						14		NF, 2DF, 3DF,
frostbeständig	1,4				●	●	●					15		5DF
1,0–1,4 kg/dm³	1,6				●	●	●					17		
Mz Vollziegel	1,8				●	●	●	●	●	●		18		DF, NF, 2DF
1,6–1,8 kg/dm³	2,0				●	●	●			●		20		
VMz Vollziegel,	2,2									●		22		DF, NF
frostbeständig 1,6–1,8 kg/dm³														
KHLz Hochlochklinker 1,6–1,8 kg/dm³														
KMz Vollklinker 2,0–2,2 kg/dm³														
Kalksandsteine	0,7	●	●									9	8	
DIN 106 Teil 1 und 2	0,8	●	●	●								10	9	
KS L Lochsteine	0,9		●	●	●							11	10	
0,7–1,6 kg/dm³	1,0			●	●							12		NF, 2DF, 3DF, 4DF, 5DF
KS Vm L Vormauersteine, gelocht 1,0–1,6 kg/dm³	1,2			●	●							14		8DF, 10DF, 12DF, 16DF
KS Vb L Verblender, gelocht 1,0–1,6 kg/dm³	1,4			●	●	●						15		
KS Vm Vormauersteine, voll 1,8–2,2 kg/dm³	1,6			●	●	●	●					17		
KS Vb Verblender, voll 1,8–2,2 kg/dm³	1,8				●	●	●	●				18		DF, NF, 2DF, 3DF,
KS Vollsteine 1,6–2,2 kg/dm³	2,0				●	●	●	●	●	●		20		5DF, 10DF, 12DF,
	2,2						●					22		20DF
Gasbeton-Plansteine	0,4	●										5		50
nach DIN 4165	0,5	●										7		75
mit Dünnbettmörtel	0,6		●									8		100
vermauert	0,7		●	●								9		249 125
GP	0,8		●	●	●							10		300 150 124
														332 × 175 × 174
														374 200 249
														499 250
														624 300
														365
														375
Gasbeton-Blocksteine	0,4	●										6	5	115
DIN 4165	0,5	●										7	6	240 125
G	0,6		●									8	7	300 175 115
	0,7		●	●								9	8	365 × 240 × 175
	0,8		●	●	●							10	9	490 300 240
														615 365

Tabelle A.1 Fortsetzung

Bezeichnung	Roh-dichte klasse kg/dm³	Festigkeitsklassen (N/mm²)										G_M [x)] (kN/m³)		Vorzugsformate
		2	4	6	8	12	20	28	36	48	60	NM	LM	
Gasbeton-Planbauplatten DIN 4166 mit Dünnbettmörtel vermauert GPpl	0,4	●												50
	0,5	●										5,5		499 75 249
	0,6	●	keine Einstufung in Festigkeitsklassen, da für nichttragende Wände									6,5		624 × 100 × 499
	0,7	●										7,5		749 125 624
	0,8	●										8,5		999 150
	0,9	●										9,5		175
	1,0	●										10,5		200
Gasbeton-Bauplatten DIN 4166 mit NM vermauert Gpl	0,5	●										6		50
	0,6	●	keine Einstufung in Festigkeitsklassen, da für nichttragende Wände									7		75
	0,7	●										8		100
	0,8	●										9		490 × 125 × 240
	0,9	●										10		615 150
	1,0	●										11		175
														200
DIN 18151 Hbl Hohlblöcke aus Leichtbeton	0,5	●										7	6	175
	0,6	●										8	7	490 (495) × 240 × 238
	0,7	●										9	8	300
	0,8	●	●									10	9	
	0,9	●	●									11		240 (245) × 365 × 238
	1,0	●	●	●								12		
	1,2		●	●	●							14		
	1,4		●	●	●							15		
DIN 18152 V Vollsteine aus Leichtbeton	0,6	●										8	7	115 95 175
	0,7	●	●									9	8	240×115×113 495×240×238
	0,8	●	●									10	9	175 113 300
	0,9	●	●									11		
	1,0	●	●									12		300×240×115
	1,2	●	●	●								14		245×365×238
	1,4		●	●	●							15		
	1,6			●	●	●						17		240 115 490×300×115
	1,8			●	●	●						18		240 95
DIN 18152 Vbl Vollblöcke aus Leichtbeton	0,5	●										7	6	245 × 365 × 238
	0,6	●										8	7	175
	0,7	●	●									9	8	495 × 240 × 238
	0,8		●	●								10	9	300
DIN 18153 Hbn Mauersteine aus Beton	1,2	●										14		245 × 115 × 238
	1,4		●									15		305 × 115 × 238
	1,6			●	●	●						17		370 × 115 × 238
	1,8					●						18		245 × 115 × 238
DIN 18162 Wpl unbewehrte Wandbauplatten aus Leichtbeton	0,8	●	keine Einstufung in Festigkeitsklassen, da für nichttragende Wände									10	9	50
	0,9	●										11		990 × 60 × 320
	1,0	●										12		
	1,2	●										14		70

[x)] G_M Eigenlast des Mauerwerks nach DIN 1055 mit Normalmauermörtel (NM) oder Leichtmauermörtel (LM)

● **Beton- und Leichtbetonsteine**

Hohlblöcke aus Beton oder Leichtbeton sind großformatige, mit Kammern senkrecht zur Lagerfläche versehene Mauersteine aus Beton mit geschlossenem oder haufwerkporigem Gefüge, hergestellt aus mineralischen Zuschlägen und hydraulischen Bindemitteln, Vollsteine sind entsprechend hergestellte Steine ohne Kammern. Es gelten folgende Kurzbezeichnungen:

Hbl	Hohlblöcke aus Leichtbeton	V	Vollsteine aus Leichtbeton
Vbl	Vollblöcke aus Leichtbeton	Hbn	Hohlblöcke aus Beton

Für die Anzahl der Kammernreihen in Richtung der Wanddicke wird n·K gesetzt, z.B. 3K.

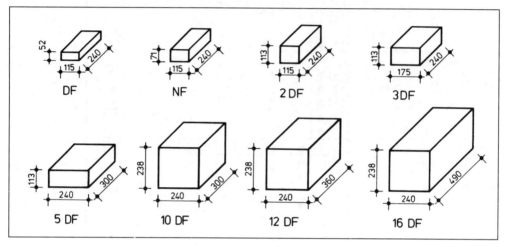

Abb. A.5 Steinformate (Beispiele)

Die Steinformate sind im oktametrischen System nach DIN 4172 — Maßordnung im Hochbau — festgelegt. Unter Berücksichtigung einer Stoßfuge von ca. 10 mm und einer Lagerfuge von ca. 12 mm hat das Mauerstein-Normalformat NF die Abmessungen: Länge 240 mm, Breite 115 mm, Höhe 71 mm. Ziegel- und Kalksandsteingrößen werden angegeben: Länge × Breite × Höhe oder durch Kurzzeichen, z.B. als Vielfaches des Dünnformates DF ($L = 240$ mm, $B = 115$ mm, $H = 52$ mm), also z.B. 3 DF, 10 DF (**Abb. A.5**).

Bei Hütten-, Gasbeton-, Beton- und Leichtbetonsteinen hat sich in der Praxis die Formatangabe Länge × Breite × Höhe in mm durchgesetzt.

Die Angabe der Steinfestigkeit erfolgt in Festigkeitsklassen nach der Nennfestigkeit. Die Nennfestigkeit ist der kleinste zulässige Einzelwert von 3 Druckversuchen (entspricht der 5%-Fraktile) und ist 20% niedriger als der Mittelwert festgelegt.

Die Rohdichte wird in Klassen angegeben (vgl. Tabelle A.1). Zur Verringerung der Rohdichte werden leichte Zuschläge oder porosierende Mittel zugegeben, oder die Steine werden mit Schlitzen, Lochungen oder Kammern versehen.

Bei der Anwendung von DIN 1053 Teil 1 wird die Verwendung genormter Steine vorausgesetzt. In DIN 1053 Teil 2 werden zusätzliche, nicht in allen Baustoffnormen berücksichtigte Anforderungen im Anhang A festgelegt. Danach dürfen Griffschlitze nur in Steinen angeordnet werden, bei denen sie zur Handhabung erforderlich sind (bevorzugt in 3-DF- und 5-DF-Steinen). Der Gesamtanteil der Griffschlitze darf 15% der Lagerfläche nicht überschreiten, der Querschnitt des einzelnen Griffschlitzes darf nicht mehr als 50 cm² betragen. Der allseitige Abstand der Griffschlitze vom Rand muß mindestens 50 mm sein, jedoch darf bei Steinen im Format 2 DF, die eine Rohdichte von über 1,4 kg/dm³ aufweisen, der Randabstand auf 40 mm vermindert werden. Nebeneinanderliegende Griffschlitze müssen mindestens 70 mm Abstand haben. Als zusätzliche Anforderung an Mauersteine besteht die Forderung, daß der Variationskoeffizient der Steindruckfestigkeit höchstens 15% betragen darf.

3.2 Mauermörtel

3.2.1 Definition, Arten, Lieferformen, Zusammensetzung (Abb. A.6)

Mauermörtel ist ein Gemisch von Sand, Bindemittel und Wasser, ggf. auch Zusatzstoff und Zusatzmittel. Das Größtkorn des Sandes ist 4 mm.

Die Bestandteile müssen den bauaufsichtlichen Vorschriften für diesen Anwendungszweck genügen (Norm, Brauchbarkeitsnachweis).

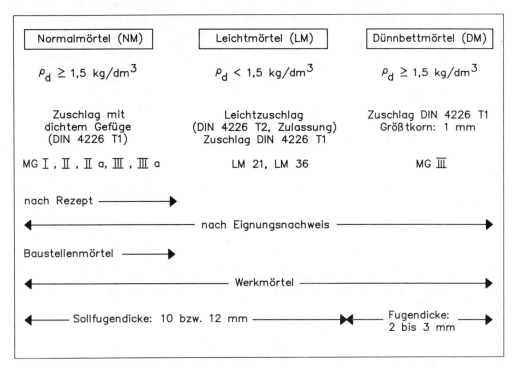

Abb. A.6 Mauermörtel; Arten, kennzeichnende Merkmale, Lieferformen

Nach *Mörtelarten* werden unterschieden:

Normalmörtel, Leichtmörtel, Dünnbettmörtel

Lieferformen von Mauermörtel sind:

Baustellenmörtel,
Werkmörtel,
— Werk-Trockenmörtel,
— Werk-Vormörtel (bauseitige Zugabe von Wasser und ggf. Bindemittel),
— Werk-Frischmörtel.

Der Werkmörtelanteil beträgt heute etwa 80 bis 90%.

Normalmörtel
sind Baustellen- oder Werkmörtel mit Zuschlag mit dichtem Gefüge nach DIN 4226 T 1 und einer Trokkenrohdichte $\rho_d \geq 1,5$ kg/dm³. Normalmörtel können als Rezeptmörtel nach Tabelle A.2 hergestellt werden. Wegen der großen langjährigen Erfahrung mit diesen Mörteln sind weniger Eigenschaftsnachweise erforderlich (siehe Abschnitt A.3.2.4).

Die Normalmörtel werden nach steigender Mindestdruckfestigkeit in die Gruppen I, II, IIa, III und IIIa eingeteilt. Für die Gruppen III und IIIa ist als Bindemittel nur Zement zu verwenden. Die höhere Mindestdruckfestigkeit für Mörtel der Gruppe IIIa soll beim Rezeptmörtel vorzugsweise durch Verwendung geeigneter Sande erreicht werden.

Hinweise auf den Einfluß des Bindemittels auf die Erhärtung gibt die Tabelle A.3.

Tab. A.2 Rezeptmörtel (Normalmörtel); Mischungsverhältnisse in Raumteilen

Mörtel-gruppe	Luft- und Wasserkalk		Hydraulischer Kalk	Hochhydrauli-scher Kalk, Putz- und Mauerbinder	Zement	Sand [1] aus natür-lichem Gestein
	Kalkteig	Kalkhydrat				
I	1	–	–	–	–	4
	–	1	–	–	–	3
	–	–	1	–	–	3
	–	–	–	1	–	4,5
II	1,5	–	–	–	1	8
	–	2	–	–	1	8
	–	–	2	–	1	8
	–	–	–	1	–	3
II a	–	1	–	–	1	6
	–	–	–	2	1	8
III / III a [2]	–	–	–	–	1	4
	–	–	–	–	1	4

1) Die Werte des Sandanteils beziehen sich auf den lagerfeuchten Zustand
2) Die größere Festigkeit soll vorzugsweise durch Auswahl geeigneter Sande erreicht werden.

Tab. A.3 Rezeptmörtel (Normalmörtel); Erhärtung, Druckfestigkeit

Bindemittel	Erhärtung		Druckfestigkeit nach 28 d	MG
	Art	Verlauf		
* Luftkalk	karbonatisch	sehr langsam bis langsam	sehr klein ca. 1....2 N/mm^2	I
* Wasserkalk	hydraulisch			
* hydraulischer Kalk	karbonatisch			
* Lufkalk/Wasserkalk und Zement	im wesentlichen hydraulisch	mittel bis schnell	mittel ca. 2....10 N/mm^2	II / II a
* Hochhydraul. Kalk/ PM–Binder mit oder ohne Zement				
* Zement	hydraulisch	schnell bis sehr schnell	mittel bis sehr hoch 10....30 N/mm^2	III / III a

Leichtmörtel

sind Werk-Trocken- oder Werk-Frischmörtel mit Leichtzuschlagarten nach DIN 4226 T 2, Zuschlag mit dichtem Gefüge nach DIN 4226 T 1 oder Leichtzuschlag, der nach den bauaufsichtlichen Vorschriften aufgrund eines Brauchbarkeitsnachweises verwendet werden darf. Die Trockenrohdichte der Leichtmörtel muß kleiner als 1,5 kg/dm³ sein. Sie werden nach dem Rechenwert der Wärmeleitfähigkeit λ_R in die Gruppen LM 21 ($\lambda_R = 0,21$ W/(m·K)) und LM 36 ($\lambda_R = 0,36$ W/(m·K)) eingeteilt. Die beiden Gruppen unterscheiden sich zudem nach Trockenrohdichte ($\rho_d \leq 0,7$ bzw. $\leq 1,0$ kg/dm³) und Querdehnungsmodul (siehe Abschnitt A.3.2.3). Der Leichtzuschlag muß die Anforderungen der DIN 4226 T 2 an den Glühverlust, die Raumbeständigkeit und die Schüttdichte ρ_S erfüllen. (Bei $\rho_S \leq 0,3$ kg/dm³ dürfen die Prüfwerte um höchstens ±20% vom Sollwert bei Eignungsprüfung abweichen).

Dünnbettmörtel

sind Werk-Trockenmörtel aus Zuschlag mit dichtem Gefüge nach DIN 4226 T 1 – Größtkorn 1,0 mm –, Normzement sowie Zusätzen. Sie werden der Gruppe III zugeordnet und dürfen höchstens 2 Masse-% organische Bestandteile enthalten. Die Trockenrohdichte liegt über 1,5 kg/dm³.

3.2.2 Zuschlag, Zusätze

Der *Zuschlag* soll gemischtkörnig sein und darf keine Bestandteile enthalten, die zu Schäden am Mörtel oder Mauerwerk führen. Dies sind z.B. größere Mengen Abschlämmbares – Kornanteile unter 0,063 mm – aus Ton oder organischen Stoffen. Ist der Anteil an Abschlämmbaren größer als 8 Masse-% oder ergibt sich im Natronlaugeversuch (Prüfungen nach DIN 4226 T 3) eine bedenkliche Verfärbung, so muß die Brauchbarkeit des Zuschlags durch eine Mörteleignungsprüfung nachgewiesen werden (siehe Abschnitt A.3.2.4).

Zusätze sind Zusatzstoffe und Zusatzmittel. Letztere werden in geringer Menge (Anhaltswert: bis zu etwa 5% vom Bindemittel) zugegeben. Die Zusätze sollen gezielt bestimmte Mörteleigenschaften wie Verarbeitbarkeit, Haftverbund zum Mauerstein, Frostwiderstand, günstig beeinflussen. Als Zusatzstoffe dürfen nur Baukalke nach DIN 1060 T 1, Gesteinsmehle nach DIN 4226 T 1, Trass nach DIN 51 043, Betonzusatzstoffe mit Prüfzeichen (z.B. Steinkohlenflugaschen, Silicastäube) sowie Pigmente (z.B. nach DIN 53 237) verwendet werden.

Bei Rezeptmörtel (siehe Tabelle A.2) dürfen Zusatzstoffe nicht auf den Bindemittelgehalt angerechnet und nur bis zu 15 Vol.-% vom Sandanteil zugegeben werden.

Zusatzmittel sind z.B. Luftporenbildner, Verflüssiger, Verzögerer, Erstarrungsbeschleuniger, Dichtungsmittel und Haftverbesserer. Durch Luftporenbildner darf die Trockenrohdichte bei Normal- und Leichtmörtel nur um höchstens 0,3 kg/dm³ vermindert werden.

Zusätze dürfen das Erhärten des Bindemittels sowie die Festigkeit und Dauerhaftigkeit des Mörtels nicht wesentlich beeinträchtigen. Auch darf die Korrosion von Bewehrung oder von stählernen Verankerungen nicht gefördert bzw. deren Korrosionsschutz unzulässig vermindert werden. Diese Anforderungen gelten für Betonzusatzmittel mit Prüfzeichen als erfüllt. Bei anderen Zusatzmitteln ist deren Unschädlichkeit durch Prüfung des Halogengehaltes und durch die elektrochemische Prüfung nachzuweisen. Bei Verwendung von Zusatzmitteln ist stets eine Mörteleignungsprüfung erforderlich (siehe Abschnitt A.3.2.4).

3.2.3 Anforderungen an die Mörtel, Bedeutung der Mörtelkennwerte für Mauerwerk

Die Anforderungen an Normal-, Leicht- und Dünnbettmörtel sind in den Tabellen A.4 und A.5 zusammengestellt. Die Tabelle A.6 gibt Hinweise auf die Bedeutung der zu prüfenden Mörteleigenschaftswerte für das Mauerwerk. In der **Abb. A.7** sind die wesentlichen Einflüsse auf die Eigenschaften des Mörtels im Mauerwerk dargestellt. Bei Normalmörteln – ausgenommen Rezeptmörtel (s. Tab. A.2) – ist außer der *Druckfestigkeit* nach Norm (DIN 18 555 T 3) bei der Eignungsprüfung auch die Druckfestigkeit des Mörtels in der Lagerfuge nach der „Vorläufigen Richtlinie" [1] nachzuweisen. Bei dieser Prüfung wird Frischmörtel in eine Gitterform zwischen 2 Referenz-Kalksandsteine gebracht. Im Alter von 28 Tagen werden 10 Mörtelquader aus der Gitterform entnommen und auf Druckfestigkeit geprüft. Durch diese Prüfung soll der Einfluß des Mörtel-Stein-Kontaktes (im wesentlichen Absaugen von Mörtelwasser durch den Stein) auf die Mörteldruckfestigkeit im Mauerwerk berücksichtigt werden. Dazu wurde der in dieser Hinsicht besonders wirksame Kalksandstein als Referenzstein gewählt. Diese zusätzliche Prüfung war notwendig geworden, weil neuere Untersuchungen gezeigt hatten, daß der Unterschied zwischen Norm- und Fugendruckfestigkeit des Mörtels fallweise sehr viel größer als bisher bekannt war. Die Fugendruckfestigkeit betrug teilweise nur 1/10 der Normdruckfestigkeit. Dies führte z.T. zu einem deutlichen Unterschreiten des Sicherheitsniveaus. Durch den Nachweis ausreichender Fugendruckfestigkeit (siehe Tabelle A.4) sollen derartige Minderfestigkeiten ausgeschlossen werden.

Die bereits in DIN 1053 T 2 enthaltene Anforderung an die *Haftscherfestigkeit* wurde in DIN 1053 T 1 auch für Normalmörtel der Gruppe II – außer Rezeptmörtel –, Leichtmörtel und Dünnbettmörtel eingeführt. Durch diese Verbundprüfung zwischen Mörtel und einem Referenz-Kalksandstein soll eine nach Mörteln bzw. Mörtelgruppen abgestufte Mindestverbundfestigkeit gewährleistet werden. Diese wird – entsprechend abgemindert – für die Bemessung von Mauerwerk auf Zug- bzw. Biegezug und Schub angesetzt (siehe Abschnitt A.5).

Beide Prüfungen, die Druckfestigkeit des Mörtels in der Fuge und die Haftscherfestigkeit sind bei Mörteln mit verlängerter Verarbeitungszeit jeweils zu Beginn und am Ende der angegebenen Verarbeitungszeit durchzuführen.

Tab. A.4 Anforderungen an Normalmörtel (außer Rezeptmörtel[1]) und Leichtmörtel nach DIN 1053 T1 neu; Prüfalter: 28 d

Prüfgröße Prüfnorm / Einheit	Kurzzeichen	Eignungs-, Güteprüfung (EP, GP)	Normalmörtel					Leichtmörtel	
			I	II	II a	III	III a	LM 21	LM 36
Druckfestigkeit DIN 18555 T3	β_D N/mm²	EP	—	≥ 3,5[2]	≥ 7[2]	≥ 14[2]	≥ 25[2]	≥ 7[2]	≥ 7[2]
		GP	—	≥ 2,5	≥ 5	≥ 10	≥ 20	≥ 5	≥ 5
Druckfestigkeit Fuge Vorl. Richtlinie [A.2]	$\beta_{D,F}$ N/mm²	EP	—	≥ 1,25	≥ 2,5	≥ 5,0	≥ 10,0	≥ 2,5	≥ 2,5
Haftscherfestigkeit DIN 18555 T5	β_{HS} N/mm²	EP	—	≥ 0,10	≥ 0,20	≥ 0,25	≥ 0,30	≥ 0,20	≥ 0,20
Trockenrohdichte DIN 18555 T3	ρ_d kg/dm³	EP	≥ 1,5					≤ 0,7	≤ 1,0
		GP	—					max. Abwei. ± 10% v. Istwert ρ_d EP	
Querdehnungsmodul DIN 18555 T4	E_q N/mm²	EP	—					>7000 ≤15000	>15000
		GP	—					3)	3)
Längsdehnungsmodul DIN 18555 T4	E_l N/mm²	EP	—					>2000	>3000
		GP	—					≤3000	
Wärmeleitfähigkeit DIN 52612 T1	$\lambda_{10,tr}$ W/(m·K)	EP	—					≤ 0,18	≤ 0,27
								4)	4)

1) Für diese gelten die Anforderungen als erfüllt (s. aber Tab. A.7)
2) Richtwert für Werkmörtel
3) Trockenrohdichte als Ersatzprüfung
4) Gilt als erfüllt bei Einhalten der Grenzwerte für ρ_d in GP

Tab. A.5 Anforderungen an Dünnbettmörtel nach DIN 1053 T1 neu, Prüfalter: 28 d

Prüfgröße Prüfnorm	Kurzzeichen Einheit	Eignungs—, Güteprüfung (EP, GP)	Anforderung
Druckfestigkeit DIN 18555 T3	β_D N/mm^2	EP GP	≥ 14 [1] ≥ 10
Druckfestigkeit bei Feucht— lagerung [2] (DIN 18555 T3)	$\beta_{D,f}$ N/mm^2	EP, GP	$\geq 70\%$ vom Istwert β_D
Haftscherfestigkeit DIN 18555 T5	β_{HS} N/mm^2	EP	$\geq 0,5$
Verarbeitbarkeitszeit DIN 18555 T8	t_V h	EP	≥ 4
Korrigierbarkeitszeit DIN 18555 T8	t_K min	EP	≥ 7

1) Richtwert für Werkmörtel
2) Bis zum Alter von 7 Tagen im Klima 20/95 nach DIN 18555 T3, danach 7 Tage im Normalklima DIN 50 014—20/65—2 und 14 Tage unter Wasser bei 20° C.

Tab. A.6 Mauermörtel; Bedeutung der Mörtelkennwerte für die Mauerwerkeigenschaften

Mörtelkennwert	Beeinflußte Mauerwerkeigenschaften	wichtig für Mörtelart
Druckfestigkeit — nach Norm $\beta_{D,N}$ — nach Vorl. Richlinie (Fuge) $\beta_{D,F}$	Druckfestigkeit; $\beta_{D,F}$ ist aussage— kräftiger als $\beta_{D,N}$	NM, LM
Haftscherfestigkeit β_{HS} (Stein—Mörtel)	Zug—, Biegezug—, Schub— festigkeit Witterungsschutz Dauerhaftigkeit	NM, LM, DM
Quer—, Längsdehnungs— modul E_q, E_l	Druckfestigkeit	LM
Trockenrohdichte ρ_d Wärmeleitfähigkeit λ_R	Wärmeschutz (Eigenlast, Schallschutz)	LM

Da besonders bei Leichtmörteln die Druckfestigkeit des Mauerwerks durch die i.allg. relativ große Quer-verformbarkeit des Mörtels in der Fuge verringert werden kann, wird bei diesen Mörteln der *Querdeh-nungsmodul* E_q als dafür charakteristischer Eigenschaftswert ermittelt. Er ist der Sekantenmodul aus Spannung bei 1/3 der Höchstspannung und zugehöriger Querdehnung, ermittelt an einem größeren Mörtelprisma. Bei der Prüfung wird der Längsdehnungsmodul mitbestimmt. Je kleiner E_q ist, desto größer ist die Querverformbarkeit des Mörtels und desto geringer ist die Mauerwerksdruckfestigkeit, vor allem bei höherfesten Mauersteinen (siehe Abschnitt A.5.2).

Die zulässigen Mauerwerkdruckspannungen sind deshalb für LM 21 i.allg. kleiner als für LM 36 (siehe auch **Abb. A.13**).

Zur Abgrenzung von Normal- und Leichtmörteln und deren Gruppenunterscheidung (LM 21, LM 36) ist die *Trockenrohdichte* zu bestimmen.

Bei den Dünnbettmörteln kann sich die Druckfestigkeit durch Feuchtlagerung wegen der vorhandenen organischen Bestandteile verringern. Durch eine entsprechende Prüfung muß nachgewiesen werden, daß der Festigkeitsabfall nicht unakzeptabel hoch ist (siehe Tabelle A.5). Wichtig ist außerdem, daß der angemischte Dünnbettmörtel ausreichend lange (mindestens 4 Stunden) verarbeitbar und nach Auftrag auf dem Stein der aufzusetzende Stein noch kurzzeitig (mindestens 7 Minuten) in seiner Lage im Dünnbettmörtel korrigiert werden kann. Beide Anforderungen sind durch Prüfungen nachzuweisen (siehe Tabelle A.5).

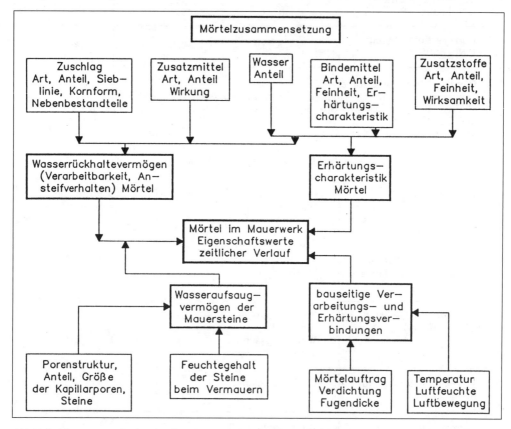

Abb. A.7 Mauermörtel; Einflüsse auf die Eigenschaften des Mörtels im Mauerwerk

3.2.4 Eignungsprüfungen

In einigen Fällen sind Eignungsprüfungen vor Verwendung des Mörtels durchzuführen. Eine Übersicht dazu gibt die Tabelle A.7. Die Mörtel dürfen erst nach bestandener Eignungsprüfung verwendet werden.

Tab. A.7 Mauermörtel; Notwendigkeit von Eignungsprüfungen (Angaben zu den Eignungsprüfungen enthalten die Tabellen A.4 und A.5)

Sachverhalt	Normal— (NM), Leicht— (LM), Dünnbettmörtel (DM)
Bestimmung der Mörtelzusammensetzung	LM, NM (außer Rezeptmörtel), DM
Normalmörtel der Gruppe III a — auch Rezeptmörtel	NM
Die Brauchbarkeit des Zuschlages muß nachgewiesen werden	NM, LM, DM
Verwendung von mehr als 15 Vol.—% Zusatzstoff bezogen auf Sandanteil	NM—Rezeptmörtel
Verwendung von Zusatzstoffen und Zusatzmitteln	NM, LM, DM
Bauwerke mit mehr als 6 gemauerten Vollgeschossen	NM, LM, DM
Wesentliche Änderung der Ausgangsstoffe oder der Zusammensetzung des Mörtels	NM, LM, DM

3.2.5 Herstellung, Verarbeiten des Mörtels auf der Baustelle

Alle Mörtel müssen eine verarbeitungsgerechte Konsistenz aufweisen und sich vollfugig vermauern lassen. Etwaige Herstell- bzw. Mischanweisungen des Herstellers sind zu befolgen. Anhaltswert für die Regelkonsistenz von Normal- und Leichtmörteln ist ein Ausbreitmaß von etwa 170 mm. Die Mörtel müssen vor Erstarrungsbeginn verarbeitet sein.

Die Ausgangsstoffe für *Baustellenmörtel* sind trocken und witterungsgeschützt (Bindemittel, Zusätze) bzw. sauber (Zuschlag) zu lagern. Für das Abmessen der Ausgangsstoffe sind Waagen oder Zumeßbehälter mit volumetrischer Einteilung — keinesfalls Schaufeln! — zu benutzen. Die Ausgangsstoffe sind so lange zu mischen, bis ein augenscheinlich gleichmäßiges Gemisch entstanden ist.

Werk-Trockenmörtel darf baustellenseits nur die erforderliche Wassermenge zugegeben werden.

Werk-Vormörtel darf auf der Baustelle nur die erforderliche Wassermenge und die angabegemäße Bindemittelmenge zugegeben werden. Die Mörtel sind in einem Mischer gebrauchsfertig aufzubereiten.

Werk-Frischmörtel ist gebrauchsfertig zu liefern.

3.2.6 Anwendung der Mörtel

Nicht zulässige Anwendungen von Normal-, Leicht- und Dünnbettmörteln sind in der Tabelle A.8 zusammengestellt. Die Anwendungsbeschränkungen für *Normalmörtel* der Gruppe I beziehen sich auf statisch und durch Feuchte stärker beanspruchtes Mauerwerk. Dies ist berechtigt und notwendig, da für Mörtel der Gruppe I keinerlei Festigkeitsanforderungen bestehen und dieser Mörtel überwiegend karbonatisch (durch Reaktion mit Luftkohlensäure) erhärtet, was bei langzeitig hoher Feuchtigkeit nicht möglich ist. Besonders bei Verblendschalen soll der Mörtel gut und hohlraumfrei verarbeitbar und sehr verformbar (kleiner Elastizitätsmodul) sein, um eine möglichst große Dichtigkeit gegen Niederschlag und eine hohe Rißsicherheit der Verblendschale zu erreichen. Dies ist mit Mörteln der Gruppen III und IIIa nicht oder nur sehr eingeschränkt möglich. Die Anwendungseinschränkungen bei *Leichtmörteln* betreffen Gewölbe,

17

wo wegen des höheren Schwindens und der größeren Querverformbarkeit des Leichtmörtels eine wesentliche Beeinträchtigung des Tragverhaltens zu erwarten ist und außenliegendes Sichtmauerwerk, wo höhere langzeitigere Durchfeuchtung des Mörtels (Leicht-Zuschlag) und Frostgefährdung eintreten können.

Dünnbettmörtel kommen dann nicht in Frage, wenn durch den Mörtel größere Maßtoleranzen auszugleichen sind (Gewölbe, „normale" Mauersteine).

Für Mauerwerk nach Eignungsprüfung (DIN 1053 T 2) dürfen nur Normalmörtel der Gruppen IIa, III und IIIa verwendet werden.

Tab. A.8 Mauermörtel; unzulässige Anwendungen (N) nach DIN 1053 T1 neu

Anwendungsbereich	Normalmörtel MG			Leicht-mörtel	Dünnbett-mörtel
	I	II / II a	III / III a		
Gewölbe	N	N	–	N	N
Kellermauerwerk	N	–	–	–	–
> 2 Vollgeschosse	N	–	–	–	–
Wanddicke < 240 mm 1)	N	–	–	–	–
Nichttragende Außenschale von zweischaligen Außenwänden (Verblendschale, geputzte Vormauerschale)	N	–	N (außer nachträglichem Verfugen)		N	–
Sichtmauerwerk, außen mit Fugenglattstrich	N	–	–	–	–
Ungünstige Witterungs-bedingungen (Nässe, niedrige Temperaturen)	N	–	–	N	–
Mauersteine mit einer Maßabweichung in der Höhe von mehr als 1,0 mm	N	–	–	–	N
1) Bei zweischaligen Wänden mit oder ohne durchgehende Luftschicht gilt als Wanddicke die Dicke der Innenschale					

Anwendungsempfehlungen gibt die Tabelle A.9

Tab. A.9 Mauermörtel; Anwendungsempfehlungen

Bauteil			Normalmörtel	Leicht–mörtel	Dünnbett–mörtel
Außenwände	einschalig	ohne Wetter–schutz (Sicht–mauerwerk)	+ (vorzugsweise MG II , II a)	–	0
		mit Wetter–schutz (z.B. Putz)	–/0/+	0/+[1]	0/+
	zweischalig	Außenschale (Verblend–schale)	+ (vorzugsweise MG II , II a)[2]	–	0
		Innenschale	+	–/0/+[1]	0/+
Innenwände	schalldämmend		+	0	+
	wärmedämmend		0/– (vorzugsweise MG II , II a)	+	+
	hochfest		+ (MG III , III a)	–	+

+ empfehlenswert, 0 möglich, – nicht empfehlenswert

1) Bei wärmedämmenden Mauerwerk
2) Bei zweischaligen Mauerwerk ohne Luftschicht nur MG II , II a

3.2.7 Kontrollen und Güteprüfungen auf der Baustelle (siehe Tabelle A.10)

Tab. A.10 Mauermörtel; Kontrollen, Güteprüfungen auf der Baustelle nach DIN 1053 T1 neu

Sachverhalt	Kontrolle, Güteprüfung
Baustellenmörtel	regelmäßige Kontrolle auf richtiges Mischungsverhältnis
Werkmörtel	Kontrolle Lieferschein, Verpackungsauf–druck auf Übereinstimmung mit Bestellangaben, Vorhandensein Überwachungskennzeichen
Mörtel Gruppe III a	Prüfung der Normdruckfestigkeit an je 3 Prismen aus drei Mischungen je Geschoß, mind. je 10 m^3 Mörtel
Gebäude mit > 6 ge–mauerten Vollgeschossen	wie vor, mind. je 20 m^3 Mörtel, außer oberste 3 Geschoße; alle Normal– (außer MG I), Leicht– und Dünnbett–mörtel

3.3 Mauerwerk

3.3.1 Rezeptmauerwerk

Rezeptmauerwerk ist Mauerwerk, dessen Grundwert der zul. Spannungen in Abhängigkeit von Stein-festigkeitsklassen und Mörtelarten in DIN 1053 Teil 1 festgelegt ist (vgl. Tabelle C.4).

3.3.2 Mauerwerk nach Eignungsprüfung

Mauerwerk nach Eignungsprüfung ist Mauerwerk, das aufgrund von Eignungsprüfungen an Mauerwerks-prüfkörpern in Mauerwerksfestigkeitsklassen eingestuft wird und bei dem die Baustoffe besonders über-wacht werden (siehe Abschnitt A.3.4). Durch die pauschale Einordnung aller Steinarten unabhängig von Material und Lochbild in die Einstufungstabellen des Rezeptmauerwerks sind hier teilweise erhebliche Tragreserven vorhanden. Durch die Eignungsprüfung werden diese Tragreserven ausgewiesen und bei der Einstufung berücksichtigt (vgl. Abschnitt D). Zusätzlich wird durch bessere Abstimmung von Stein und Mörteleigenschaften die Tragfähigkeit verbessert (vgl. Abschnitt A.5).

Dem Mauerwerk nach Eignungsprüfung entspricht sinngemäß das bei der bauaufsichtlichen Zulassung für Steine und Mörtel benutzte Vorgehen. Im Rahmen des bauaufsichtlichen Zulassungsverfahrens wer-den Mauerwerkskörper aufgemauert und Druckversuchen unterzogen. Aus den Ergebnissen werden die zulässigen Grundspannungen σ_0 für die Wände abgeleitet.

3.4 Eignungs- und Güteprüfung

Die Qualität der Baustoffe wird durch Eignungs- und Güteprüfungen sichergestellt. Eignungsprüfungen werden vor der Verarbeitung vorgenommen, während Güteprüfungen parallel bzw. nach der Verarbei-tung an einer Stichprobe das Erreichen der vorgeschriebenen Qualität belegen sollen. Für Mauersteine und Werkmörtel wird die Eignungsprüfung vom Baustoffhersteller durchgeführt. Dies gilt in der Regel auch für die Einstufung von Mauerwerk nach Eignungsprüfung.

Nach DIN 1053 Teil 1 sind Eignungsprüfungen nur für den Mörtel vorzunehmen, und zwar als Brauchbar-keitsnachweis, wenn die Brauchbarkeit des Zuschlags, der Zusatzmittel, der Mörtelzusammensetzung nachzuweisen ist, Mörtel der Gruppe III a benutzt wird oder Werkmörtel einschließlich Leicht- oder Dünnbettmörtel vorgesehen ist. Dabei sind die Anforderungen an die Druck- und Haftscherfestigkeit nach den Tabellen A.4 und A.5 zu erfüllen.

Weiterhin muß die Eignungsprüfung als Vorprüfung des Mörtels bei Bauwerken mit mehr als sechs ge-mauerten Vollgeschossen durchgeführt werden. Für werkmäßig hergestellte Mörtel sind grundsätzlich im Werk Eignungsprüfungen durchzuführen.

Als Güteprüfung ist bei den Ausgangsstoffen bei jeder Baustofflieferung durch Augenschein zu prüfen, ob die Lieferung und die Angaben auf der Verpackung bzw. auf dem Lieferschein mit der Bestellung über-einstimmen. Zusätzlich ist bei Gebäuden mit mehr als sechs gemauerten Vollgeschossen an jeweils drei Proben, aber mindestens je 10 m^3 Mörtel, die ausreichende Mörteldruckfestigkeit geschoßweise nachzu-weisen. Bei den obersten drei Geschossen darf hierauf verzichtet werden. Die Werte nach den Tabellen A.4 und A.5 sind einzuhalten.

Bei allen Mörteln der Gruppe III a ist die o.g. Güteprüfung immer durchzuführen.

Die erforderlichen Eignungs- und Güteprüfungen nach DIN 1053 Teil 2 sind aufwendiger als nach Teil 1. Sie fallen jedoch zum großen Teil nicht in den Verantwortungsbereich des Bauunternehmers, sondern des Baustoffherstellers und sind damit auch den Überwachungspflichten des bauleitenden Architekten entzogen. Diese Prüfungen werden deshalb in diesem Buch nicht behandelt. Bei den auf der Baustelle durchzuführenden Kontrollen und Überwachungen ist zu unterscheiden in Mauerwerk nach Eignungsprüfung (EM) und Rezeptmauerwerk (RM).

● **Steine**

Wenn das Bauwerk nach DIN 1053 Teil 2 berechnet ist, muß der Unternehmer bei der Materialanlieferung darauf achten, daß die Steine auf dem Lieferschein als geeignet für Mauerwerk nach Eignungsprüfung (EM) oder Rezeptmauerwerk (RM) gekennzeichnet sind.

● **Mörtel bei Mauerwerk nach Eignungsprüfung**

Bei Baustellenmörtel der Mörtelgruppen IIa und III gelten für Normalmauermörtel die gleichen Angaben und Anforderungen wie in DIN 1053 Teil 1. Bei Verwendung der Mörtelgruppe IIIa müssen immer vom Bauunternehmer Eignungsprüfungen durchgeführt werden. Dabei sind die Festigkeitsanforderungen nach Tabelle A.4 zu erfüllen.

Bei Verwendung von Werkmörteln werden für den Mörtelhersteller die Anforderungen bei der Eignungsprüfung verschärft. Neben den erforderlichen Mindestdruckfestigkeiten nach den Tabellen A.4 und A.5 (Normdruckfestigkeit gilt nur als Richtwert) müssen die Haftscherfestigkeiten zwischen Stein und Mörtel nachgewiesen werden. Gerade die letztere machte in der Vergangenheit bei manchen Steinen Sorge. Der Anwender gewinnt so mehr Sicherheit.

Bei allen Mörteln der Gruppe IIIa muß der Bauunternehmer während der Bauausführung an jeweils 3 Proben aus 3 verschiedenen Mischungen die Mörteldruckfestigkeit nachweisen (Güteprüfung). Sie muß dabei die Anforderungen an die Druckfestigkeit nach Tabelle A.4, erfüllen. Diese Kontrollen sind für jeweils 10 m³ verarbeiteten Mörtels, mindestens aber je Geschoß vorzunehmen. Hier ist also ein höherer Aufwand erforderlich, der aber auch zu mehr Sicherheit führt.

● **Mörtel bei Rezeptmauerwerk**

Wird jedoch nicht ein Mauerwerk nach Eignungsprüfung, sondern ein Rezeptmauerwerk ausgeführt, dann gibt es bei Verwendung der Mörtelgruppen IIa und III keine Änderung gegenüber DIN 1053 Teil 2. Die oben geschilderte Güteprüfung wird bei Mörtelgruppe IIIa jedoch erforderlich. Ebenso gelten die verschärften Anforderungen an den Werkmörtel. Bei Gebäuden mit mehr als sechs gemauerten Vollgeschossen ist die Mörtelfestigkeit geschoßweise, mindestens aber je 20 m³ Mörtel, auch bei Mörteln der Gruppen IIa und III durchzuführen, wobei bei den obersten 3 Geschossen darauf verzichtet werden darf.

4 Maßordnung

Zur Rationalisierung der Planung und der Bauausführung sollte jedem Bauwerk eine Maßordnung zugrunde gelegt werden. Hierunter ist ein System von Grundmaßen zu verstehen, aus deren Kombination Bauteilmaße abgeleitet werden können. Durch die Anwendung einer Maßordnung werden die Abmessungen von Bauteilen wie Wände, Türen, Fenster usw. so aufeinander abgestimmt, daß ein Aneinanderfügen ohne ein Stückeln der Mauersteine möglich ist. In der Bundesrepublik Deutschland gilt seit 1955 die DIN 4172 „Maßordnung im Hochbau". Dieser Maßordnung liegt ein Modul von 12,5 cm (oktametrische Maßordnung) zugrunde, der zur Bestimmung von Baurichtmaßen dient. Baurichtmaße sind geradzahlige Vielfache des Moduls. Sie sind Koordinationsmaße für die Planung. Aus den Richtmaßen ergeben sich durch Abzug des Fugenmaßes die Bauteilnennmaße (siehe **Abb. A.8**).

Zur Abstimmung der vertikalen Koordination sind die Höhenmaße der Steine ebenfalls auf DIN 4172 abgestimmt (**Abb. A.9**).

Aus Gründen der Rationalisierung sind die Vorzugsgrößen der Öffnungen für Türen in DIN 18 100 auf die Maßordnung abgestimmt. Von der entsprechenden Normung der Fenster ist man abgegangen, weil von seiten der Planer genormte Fenster ungern verwandt wurden und moderne Produktionsmethoden ohne Mehrkosten die Herstellung individueller Fenstergrößen ermöglichen.

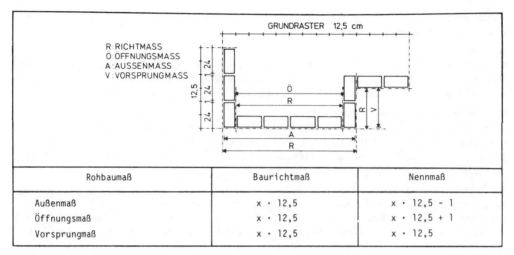

Rohbaumaß	Baurichtmaß	Nennmaß
Außenmaß	x · 12,5	x · 12,5 − 1
Öffnungsmaß	x · 12,5	x · 12,5 + 1
Vorsprungmaß	x · 12,5	x · 12,5

Abb. A.8 Zusammenhang zwischen Richtmaß und Nennmaß

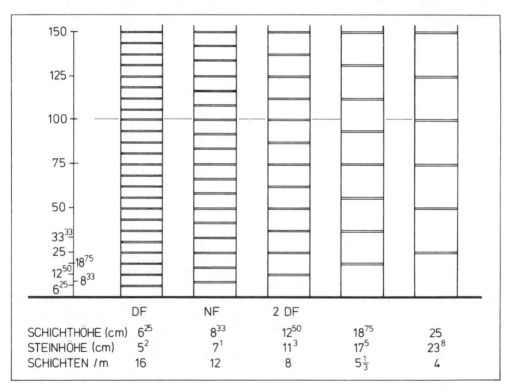

Abb. A.9 Abstimmung zwischen Steinhöhen und Maßordnung

Neben der Maßordnung DIN 4172 wird seit mehreren Jahren an einem neuen System zur Bauteilkoordination, der DIN 18 000 − Modulordnung im Bauwesen − gearbeitet. Der Modulordnung liegt ein Grundmodul von 10 cm zugrunde. Sie wurde mit der Zielsetzung entwickelt, vorgefertigte Bauteile des Rohbaues und des Innenausbaues miteinander zu kombinieren. Die Anwendung der Modulordnung bei Mauerwerksbauten ist möglich. Da aber gegenüber der oktametrischen Maßordnung keine Verbesserungen zu erzielen sind, hat sie sich bisher nicht durchgesetzt. Zur Anwendung oktametrischer Steine in modular geplanten Bauten siehe [A.3].

Das Einhalten einer Maßordnung rationalisiert die Planung und die Bauausführung. Das Schlagen der Steine wird vermieden und der Einbau von industriell nach der Maßordnung gefertigten Einbauteilen, z.B. Türen, vereinfacht. Die am Markt gängigen Steinformate sind an die Maßordnung DIN 4172 angepaßt. Längen, Breiten und Höhen der Steine sind auf das Grundmaß von 12,5 cm bezogen. Dadurch ist die problemlose Herstellung von Verbänden, Ecken, Kreuzungen und Einbindungen möglich.

Hinweis:
Eine Darstellung des Systems der **Bautoleranzen** würde den Rahmen dieses Buches sprengen. Es wird auf folgende Literatur verwiesen:
1) *Braun, G./Haderer, H.:* Maßgerechtes Bauen – Toleranzen im Hochbau, Köln 1987
2) *Braun, G.:* Toleranzen im Hochbau Merkblatt, herausgegeben von den Verbänden der Bauwirtschaft, Bonn 1988

5 Tragverhalten von Mauerwerk

5.1 Allgemeines

Mauerwerk ist im allgemeinen ein Verbundwerkstoff aus Mauersteinen und Mauermörtel. Seine Anwendung ist durch Norm DIN 1053 T 1 (2.90) und DIN 1053 T 2 (6.84) oder bauaufsichtliche Zulassung geregelt.

Mauerwerk kann jedoch auch ohne Mörtel als Trockenmauerwerk (nach Zulassung) angewendet werden.

Mauerwerk muß im Verband ausgeführt werden, d.h. die Mauersteine sind schichtweise so zu verlegen, daß die Stoß- und Längsfugen übereinander liegender Schichten ausreichend gegeneinander versetzt sind. Das Überbindemaß *ü* (siehe **Abb. A.10**) muß nach DIN 1053 T 1 sein:

$$\ddot{u} \geq 0{,}4\ h \geq 45\ mm$$
$h:$ Steinhöhe

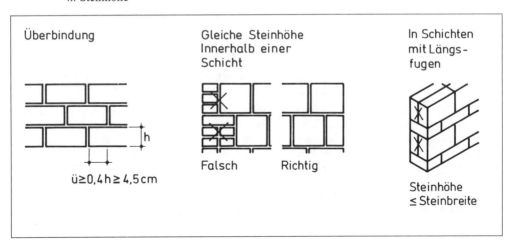

Abb. A.10   Regeln zum Mauerwerksverband

Die Steine einer Schicht sollen gleich hoch sein. In Schichten mit Längsfugen darf die Steinhöhe nicht größer als die Steinbreite sein (siehe **Abb. A.10**). Die Lagerfugen sind stets vollflächig zu vermörteln. Stoßfugen können unvermörtelt, teilvermörtelt oder vollvermörtelt ausgeführt werden (siehe Abschnitt F.3). Auf ausreichenden Schlagregen-, Wärme- und Schallschutz ist zu achten. Durch den Mauerwerkverband können Horizontalkräfte durch Haftung und/oder Reibung zwischen Stein und Mörtel übertragen bzw. aufgenommen werden. Der Verband ist deshalb i.allg. eine wesentliche Voraussetzung für die Zug- bzw. Biegezugbeanspruchbarkeit von Mauerwerk. Aber auch bei Druck- und Schubbeanspruchung bewirkt der Verband in der Regel eine wesentlich höhere Tragfähigkeit.

Der Mörtel in den Fugen, im wesentlichen der Lagerfugenmörtel, sorgt für die Kraftübertragung von Mauerstein zu Mauerstein und durch Ausgleich von Maßabweichungen der Mauersteine für eine gleichmäßigere Spannungsverteilung. Durch unvollständig vermörtelte Lagerfugen entstehen Spannungsspitzen (siehe **Abb. A.11**).

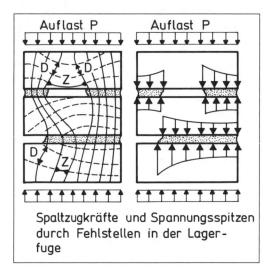

Abb. A.11
Spannungsverteilung im Wandquerschnitt

5.2 Druckbeanspruchung; Spannungszustand, baustoffliche Einflüsse

Die Druckfestigkeit von Mauerwerk ist sehr viel größer als die Zug- und Biegezugfestigkeit. Deshalb wird Mauerwerk vorzugsweise für druckbeanspruchte Bauteile verwendet.

Wird Mauerwerk senkrecht zu den Lagerfugen auf Druck beansprucht, so entstehen im Mauerstein Querzugspannungen. Das Druckversagen tritt durch Überschreiten der Steinquerzugfestigkeit $\beta_{Z, st}$ ein.

Da sich bei druckbeanspruchtem Mauerwerk der Mörtel in der Lagerfuge wegen seiner gegenüber dem Mauerstein im allgemeinen größeren Querverformbarkeit stärker als dieser querverformen will, daran jedoch durch den Verbund mit dem Stein gehindert wird, resultieren daraus *zusätzliche* Querzugspannungen im Stein und entsprechende Querdruckspannungen im Mörtel (siehe **Abb. A.12**). Die zusätzlichen Querzugsspannungen wachsen mit dem Querverformungsunterschied $\Delta\varepsilon_q$ zwischen Mörtel und Stein und verringern die Druckfestigkeit des Mauerwerks. Diese wird somit im wesentlichen von der Steinquerzugfestigkeit und der Mörtelquerverformung bestimmt (siehe auch [A.4]). Da aber die Steinquerzugfestigkeit relativ schwierig zu bestimmen ist, ist die Steindruckfestigkeit nach wie vor die entscheidende mechanische Eigenschaftskenngröße. Aus zahlreichen Untersuchungen der letzten Jahre ist jedoch heute der Zusammenhang zwischen Druck- und Querzugfestigkeit (ersatzweise meist die Spaltzugfestigkeit) der Mauersteine relativ gut bekannt (siehe Tabelle A.11).

Dies erlaubt eine differenziertere und fundiertere Betrachtung des Einflusses der Steinfestigkeit auf die Mauerwerkfestigkeit. Kleinere Verhältniswerte $\beta_{Z,st}/\beta_{D,st}$ führen in der Regel bei gleich großer Steindruckfestigkeit zu niedrigerer Mauerwerkdruckfestigkeit.

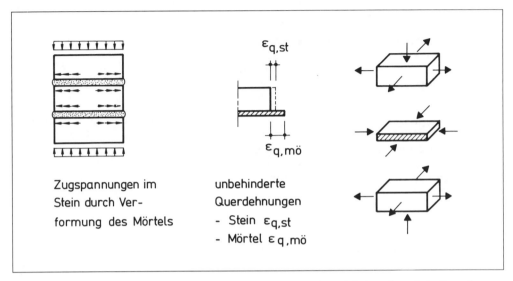

Abb. A.12 Mauerwerk unter Druckbeanspruchung; Spannungszustand, vereinfachte schematische Darstellung

Tab. A.11 Verhältniswert Steinzug-/Steindruckfestigkeit $\beta_{Z,st}/\beta_{D,st}$ Haftscherfestigkeit β_{HS}. Anhaltswerte aus A.5

Steinart/Norm	$\beta_{Z,st}^{1)}/\beta_{D,st}^{2)}$	$\beta_{HS}^{3)}$			
		Normalmörtel; Mörtelgruppe			
		II	IIa	III	IIIa
		N/mm^2			
Hlz/ DIN 105	0,035	0,30	0,50	0,70	1,00
KS, KS L/ DIN 106	0,05	0,10	0,15	0,20	0,25
V, Vbl/ DIN 18152	0,08	0,40	0,60	0,70	0,90
Hbl/ DIN 18151	0,06				
G/ DIN 4165	0,10	0,10	0,15	0,20	0,25

1) In Richtung Steinlänge
2) Steindruckfestigkeit nach Steinnorm (ohne Formfaktor)
3) lufttrockene Steine

Bei Verwendung von Mörteln mit stets der gleichen Zuschlagart, also z.B. *Normalmörtel* mit dichtem Zuschlag (Sand), kann der Mörteleinfluß auf die Mauerwerkdruckfestigkeit ausreichend genau durch die Mörteldruckfestigkeit wiedergegeben werden. *Leichtmörtel* können jedoch, bedingt durch andere Zuschlagarten bei gleicher Mörteldruckfestigkeit, eine größere Querverformbarkeit besitzen und damit zu geringerer Mauerwerkdruckfestigkeit führen. Dies wird in der DIN 1053 T 1 (2.90) durch den Querdehnungsmodul E_q der Leichtmörtel berücksichtigt.

Je kleiner E_q ist, desto größer ist die Querverformung und damit auch der ungünstige Einfluß des Leichtmörtels auf die Mauerwerkdruckfestigkeit (siehe auch [A.6]). In DIN 1053 T 1 (2.90) werden die Leichtmörtel je nach Größe von E_q bzw. von Trockenrohdichte/Wärmeleitfähigkeit in 2 Gruppen (LM 21, LM 36) mit entsprechend unterschiedlichen zulässigen Mauerwerkdruckspannungen eingeteilt (siehe **Abb. A.13**).

Bei Dünnbettmörtel ist ein Einfluß der Querverformbarkeit auf die Mauerwerkdruckfestigkeit wegen der geringen Mörtelfugendicke von 2 bis 3 mm praktisch nicht vorhanden. Im wesentlichen dadurch bedingt, aber auch wegen der größeren Maßgenauigkeit der Mauersteine und der höheren Haftfestigkeit zwischen Stein und Mörtel, sind die zulässigen Druckspannungen für Mauerwerk mit Dünnbettmörtel größer als für Mauerwerk mit Normalmörtel Mörtelgruppe III, der in Bezug auf die Mörteldruckfestigkeit etwa mit Dünnbettmörtel vergleichbar ist.

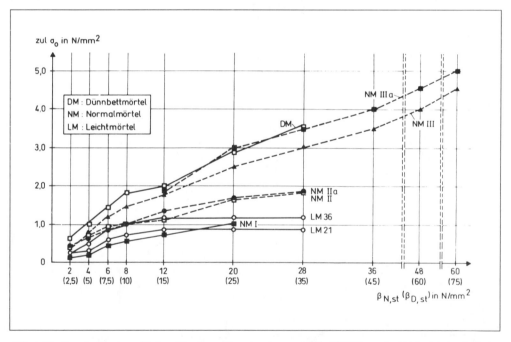

Abb. A.13 Grundwerte der zulässigen Druckspannungen zul σ_0 nach Din 1053 T1 neu in Abhängigkeit von Steinfestigkeitsklasse $\beta_{N,st}$ bzw. mittlerer Mindestdruckfestigkeit $\beta_{D,st}$

Da bislang in Stein- und Mörtelnormen als mechanische Eigenschaftskenngröße nur die Druckfestigkeit $\beta_{D,st}$ bzw. $\beta_{D,mö}$ enthalten und nachzuweisen ist, kann die Mauerwerkdruckfestigkeit $\beta_{D,mw}$ rechnerisch i.allg. auch nur in Abhängigkeit von dieser dargestellt werden. Dies ist heute wegen der Vielzahl vorhandener Versuchsergebnisse (rd. 2000 Mauerwerksversuche) gut möglich.

Der Zusammenhang

$$\beta_{D,mw} = a \cdot \beta_{D,st}^{b} \cdot \beta_{D,mö}^{c}$$

ist in **Abb. A.14** beispielhaft in Form von Mittelwertkurven aller Mauersteinarten für Normal- und Leichtmörtel dargestellt. Daraus geht hervor:

— der Einfluß der Mörteldruckfestigkeit auf $\beta_{D,mw}$ ist bei Steinen mit niedriger Druckfestigkeit meist sehr gering. Dies ist auf die dann geringen Querverformungsunterschiede zwischen Stein und Mörtel zurückzuführen.

— die $\beta_{D,mw}$ -Werte für Leichtmörtel-Mauerwerk sind vor allem bei großer Steindruckfestigkeit — wegen des zunehmenden Querverformungsunterschiedes — deutlich kleiner als für Normalmörtel-Mauerwerk.

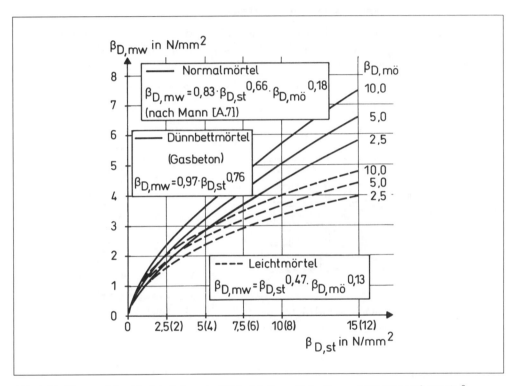

Abb. A.14 Mauerwerkdruckfestigkeit $\beta_{D,mw}$ in Abhängigkeit von Stein- $\beta_{D,st}$ und Mörteldruckfestigkeit $\beta_{D,mö}$

Andere Einflüsse

Der Feuchtegehalt der Mauersteine beim Vermauern kann die Mauerwerkdruckfestigkeit erheblich, nach Steinart unterschiedlich stark, beeinflussen. Bei Mauerziegeln ist der Einfluß des Feuchtegehaltes nicht so groß wie bei anderen Mauersteinen. Die größte Mauerwerkdruckfestigkeit mit Mauerziegeln wurde erreicht, wenn trockene Steine vermauert wurden; bei Kalksandsteinen dagegen mit feuchten Steinen [A.8].

Auch der *Verband* beeinflußt die Mauerwerkdruckfestigkeit. Da bei Normal- und Leichtmörtel-Mauerwerk im Stoßfugenbereich wegen der geringen Haftzugfestigkeit zwischen Mörtel und Stein keine wesentlichen Kräfte aufgenommen werden können, müssen diese über den Verbund Lagerfuge — Stein im Bereich über und unter der Stoßfuge übertragen werden. Deshalb ist z.B. die Mauerwerkdruckfestigkeit eines Pfeilers mit Stoßfugen etwas geringer als die eines stoßfugenfreien Pfeilers. Wegen der geringen

Haftzugfestigkeit im Stoßfugenbereich unterscheidet sich die Mauerwerkdruckfestigkeit von gleichem Mauerwerk mit vermörtelten und nicht vermörtelten Stoßfugen nur unwesentlich. Aus den genannten Gründen ergibt sich eine weitere Verringerung der Mauerwerkdruckfestigkeit, wenn auch in Richtung Wanddicke die Steine im Verband vermauert werden und damit weitere Stoßfugen (Längsfugen) − so zwischen den Läufersteinen − entstehen.

Bei den *zulässigen Druckspannungen* wird i.allg. nicht nach verschiedenen Mauersteinarten unterschieden.

5.3 Zug- und Biegezugbeanspruchung; Spannungszustand, baustoffliche Einflüsse

5.3.1 Beanspruchung senkrecht zu den Lagerfugen

Das Mauerwerk versagt i.allg. durch Überschreiten der Haftzugfestigkeit β_{HZ} zwischen Mauerstein und Lagerfugenmörtel. Nur bei hoher Haftzugfestigkeit (z.B. bei Dünnbettmörtel) und geringer Zugfestigkeit der Mauersteine in Richtung Steinhöhe wird diese für das Versagen maßgebend (siehe **Abb. A.15**).

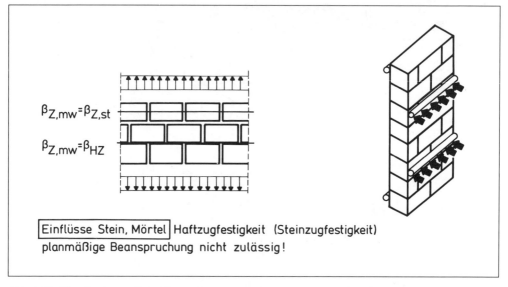

Abb. A.15 Mauerwerk unter Zug-, Biegezugbeanspruchung senkrecht zu den Lagerfugen

Da β_{HZ} meist sehr klein ist und zudem durch Ausführungsmängel (nicht vollfugiges Mauern) und Randschwinden von Mauersteinen und Mauermörtel vermindert wird, ist der Ansatz einer Mauerwerkzugfestigkeit bzw. von zulässigen Zugspannungen für die Standsicherheitsnachweise nach DIN 1053 T 1 und T 2 nicht zulässig. Bei bestimmtem Mauerwerk, z.B. Mauerwerk mit Dünnbettmörtel oder solchem mit geeigneten Lochsteinen, kann die Mauerwerkzugfestigkeit, bedingt durch den festeren Verbund zwischen Stein und Mörtel, vergleichsweise groß sein. Möglicherweise wird zukünftig eine gewisse Zug- bzw. Biegezugfestigkeit von Mauerwerk unter bestimmten Randbedingungen angesetzt werden können.

5.3.2 Beanspruchung parallel zu den Lagerfugen

Bei reiner *Zug*beanspruchung versagt das Mauerwerk durch Überschreiten der Steinzugfestigkeit $\beta_{Z,st}$ oder der Scherfestigkeit β_a in den Lagerfugen zwischen Mauerstein und Mauermörtel. Dabei wird davon ausgegangen, daß im Stoßfugenbereich nennenswerte Zugkräfte nicht übertragen werden können, was für Mauerwerk mit Normal- und Leichtmörtel zutrifft (**Abb. A.16**).

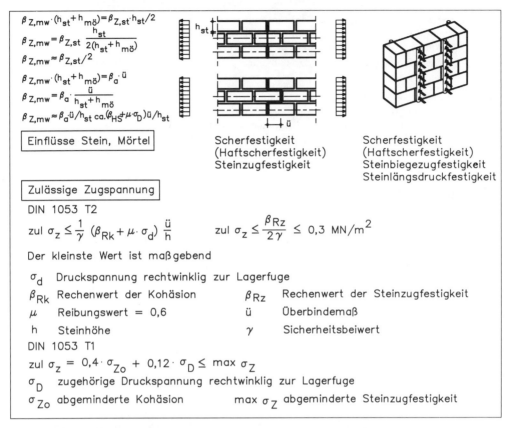

$$\beta_{Z,mw} \cdot (h_{st} + h_{mö}) = \beta_{Z,st} \cdot h_{st}/2$$

$$\beta_{Z,mw} = \beta_{Z,st} \frac{h_{st}}{2(h_{st} + h_{mö})}$$

$$\beta_{Z,mw} \approx \beta_{Z,st}/2$$

$$\beta_{Z,mw} \cdot (h_{st} + h_{mö}) = \beta_a \cdot ü$$

$$\beta_{Z,mw} = \beta_a \cdot \frac{ü}{h_{st} + h_{mö}}$$

$$\beta_{Z,mw} = \beta_a \cdot ü/h_{st} \; ca. (\beta_{HS} + \mu \cdot \sigma_D) ü/h_{st}$$

| Einflüsse Stein, Mörtel |

Scherfestigkeit
(Haftscherfestigkeit)
Steinzugfestigkeit

Scherfestigkeit
(Haftscherfestigkeit)
Steinbiegezugfestigkeit
Steinlängsdruckfestigkeit

| Zulässige Zugspannung |

DIN 1053 T2

$$zul \; \sigma_z \leq \frac{1}{\gamma} (\beta_{Rk} + \mu \cdot \sigma_d) \frac{ü}{h} \qquad zul \; \sigma_z \leq \frac{\beta_{Rz}}{2\gamma} \leq 0,3 \; MN/m^2$$

Der kleinste Wert ist maßgebend

σ_d Druckspannung rechtwinklig zur Lagerfuge

β_{Rk} Rechenwert der Kohäsion $\qquad \beta_{Rz}$ Rechenwert der Steinzugfestigkeit

μ Reibungswert = 0,6 $\qquad ü$ Überbindemaß

h Steinhöhe $\qquad \gamma$ Sicherheitsbeiwert

DIN 1053 T1

$$zul \; \sigma_z = 0,4 \cdot \sigma_{Zo} + 0,12 \cdot \sigma_D \leq max \; \sigma_z$$

σ_D zugehörige Druckspannung rechtwinklig zur Lagerfuge

σ_{Zo} abgeminderte Kohäsion $\qquad max \; \sigma_z$ abgeminderte Steinzugfestigkeit

Abb. A.16 Mauerwerk unter Zug-, Biegezugbeanspruchung parallel zu den Lagerfugen

Die *Steinzugfestigkeit* ist, bedingt durch stoffliche Unterschiede, aber auch wegen möglicher Lochungen und deren Anteil und Form je nach Steinart und -sorte, verschieden groß. Die in Tabelle A.11 angegebenen Anhaltswerte (bezogen auf die Steindruckfestigkeit) unterscheiden sich z.T. um mehr als 100%.

Die *Scherfestigkeit* zwischen Stein und Lagerfuge wird durch die Adhäsion zwischen Stein und Mörtel bzw. durch die Kohäsion im Mörtelfugenbereich und den Reibungsanteil $\mu \cdot \sigma_D$ (μ: Reibungswert, σ_D: Druckspannung senkrecht zur Lagerfuge) bestimmt. Adhäsion und Kohäsion werden als Haftscherfestigkeit β_{HS} bezeichnet. Die Scherfestigkeit β_a ist dann

$$\beta_a = \beta_{HS} + \mu \cdot \sigma_D$$

Die *Haftscherfestigkeit* hängt von den für den Haftverbund (Adhäsion) maßgebenden Bedingungen in der Grenzfläche Stein — Mörtel (vor allem Oberflächenrauhigkeit, Porenstruktur, Feuchtegehalt des Steines, Mörtelzusammensetzung (z.B. Sandsieblinie)) und der Mörtelfestigkeit (Kohäsion) ab. Wegen der beträchtlichen Unterschiede in den Adhäsionseigenschaften ergeben sich auch je nach Steinart sehr unterschiedliche β_{HS}-Werte (siehe Tabelle A.11).

Wegen der günstigen Adhäsionsbedingungen sind die β_{HS}-Werte für die Hochlochziegel am größten. Die kleinsten Werte wurden für Kalksand- und Gasbetonsteine ermittelt.

Die *Mauerwerkzugfestigkeit* $\beta_{Z,mw}$ kann rechnerisch aus $\beta_{Z,st}$, β_{HS} und den geometrischen Verhältnissen nach dem vereinfachten aber hinreichend genauen Verfahren (siehe **Abb. A.15** und **A.16**) ermittelt werden. Sie entspricht dem kleineren der beiden Werte $\beta_{Z,mw}$ aus Steinzugfestigkeit und Haftscherfestigkeit.

Die *Biegezug*festigkeit von Mauerwerk wird bestimmt durch die Scherfestigkeit zwischen Mörtel und Stein, die Steinbiegezugfestigkeit und die Druckfestigkeit der Steine in Wandlängsrichtung (Biegedruckzone). Diese kann vor allem bei Blocksteinen mit hohem Lochanteil sehr niedrig sein (in Einzelfällen weniger als 10% der Normdruckfestigkeit), so daß in diesen Fällen das Versagen des Steins die Biegezugfestigkeit des Mauerwerks bestimmt.

Die zulässigen Zug- bzw. Biegezugspannungen hängen im wesentlichen von der Scherfestigkeit zwischen Stein und Mörtel, der vorhandenen Druckspannung (Auflast) der Steinzugfestigkeit sowie der Steinbiegezug-bzw. Druckfestigkeit in Richtung Steinlänge oder -breite ab (siehe **Abb. A.16**). Dabei wird in DIN 1053 T 1 nicht nach Steinarten bzw. nach Lochungen, in DIN 1053 T 2 jedoch nach Steinlochung unterschieden.

5.4 Schubbeanspruchung; Spannungszustand, baustoffliche Einflüsse

Der Bruchtheorie von *Mann* [A.9] liegen folgende wesentliche Erkenntnisse zugrunde:

a) In den vertikalen Fugen (Stoßfugen) können keine bzw. nur geringe Schubspannungen τ übertragen werden (es existieren keine Druckspannungen senkrecht zur Stoßfuge, deshalb keine Reibungskräfte; häufig nicht vollfugig vermörtelte Stoßfugen; Randablösungen durch Schwinden).

b) In den horizontalen Fugen wirken Schubspannungen und erzeugen ein Drehmoment am Einzelstein. Das notwendige Gleichgewicht gegen Verdrehen kann wegen a) nur durch ein vertikal wirkendes Kräftepaar aus den Druckspannungen σ_x erreicht werden und zwar so, daß σ_x auf einer Steinhälfte größer (σ_1), auf der anderen Steinhälfte kleiner (σ_2) ist (siehe **Abb. A.17**).

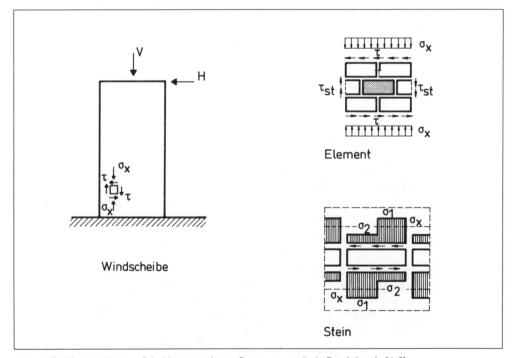

Abb. A.17 Mauerwerk unter Schubbeanspruchung; Spannungszustände Bruchtheorie [A.9]

Aus den Gleichgewichtsbedingungen ergibt sich:

$$\sigma_{1,2} = \sigma_x \pm \tau \cdot \frac{2\Delta x}{2\Delta y}$$

Es sind im wesentlichen 3 Versagensfälle zu unterscheiden (siehe **Abb. A.18**):

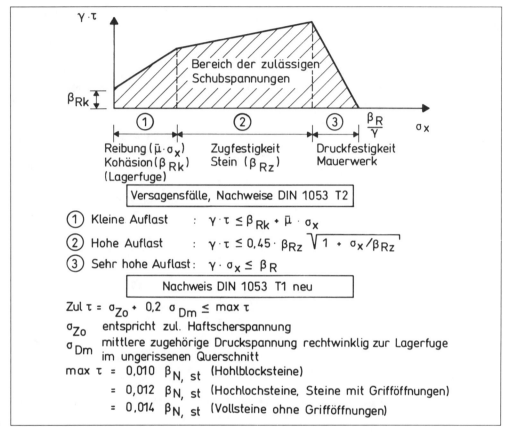

Abb. A.18   Mauerwerk unter Schubbeanspruchung; Hüllkurvendiagramm [A.9] und Versagensfälle, Nachweis nach
DIN 1053

1) Versagen der Lagerfuge auf Abscheren (bei geringen Druckspannungen)
Überschreiten der Scherfestigkeit zwischen Mörtel und Stein im Bereich der Steinhälfte mit der kleinen
Druckspannung σ_2. Die Schubfestigkeit ist abhängig von Haftscherfestigkeit β_{HS} (in DIN 1053 T 2 als Ko-
häsion bezeichnet), Reibungsbeiwert μ und σ_2.

2) Versagen der Mauersteine auf Schub- bzw. Zugbeanspruchung (bei mittleren Druckspannungen)
Wegen a) müssen die Mauersteine jeder 2. Schicht die doppelten Schubkräfte übertragen. Aus Druck-und
Schubspannungen ergeben sich schiefe Hauptzugspannungen, die bei Überschreiten der Steinzugfestig-
keit zum Bruch führen. Die Schubfestigkeit ist im wesentlichen von der Steinzugfestigkeit abhängig.

3) Versagen des Mauerwerks auf Druck (bei hohen Druckspannungen)
Überschreiten der Beanspruchbarkeit der Mauersteine auf Druck im Bereich der höheren Druckspannungen σ_1. Die Schubfestigkeit ist im wesentlichen von der Stein- bzw. Mauerwerkdruckfestigkeit abhängig.

31

Die vom Mauerwerk aufnehmbaren Schubspannungen sind als Hüllkurven-Diagramm dargestellt (siehe **Abb. A.18**). Dieses bzw. die rechnerisch formulierten Versagenskriterien 1 bis 3 — (siehe **Abb. A.18**) sowie DIN 1053 T 1 neu und T 2 — liegen dem Schubnachweis bzw. den zulässigen Schubspannungen zugrunde. Diese hängen ab von der Haftscherfestigkeit (bzw. Kohäsion), der vorhandenen Druckspannung und der Zugfestigkeit der Steine, die je nach Lochung unterschiedlich angesetzt wird.

5.5 Sicherheitskonzept

Die zulässigen Spannungen zul σ in DIN 1053 T 1 (11.74) basieren auf einem globalen Sicherheitsbeiwert γ_{T1} von mindestens 3. Sie beziehen sich auf den Mittelwert der im Labor im Kurzzeitversuch bestimmten Mauerwerkdruckfestigkeit und eine Schlankheit $\lambda = h/d = 10$. Das bisherige Sicherheitsniveau hat sich bewährt. Schäden, die auf einen zu geringen Sicherheitsabstand zur zulässigen Spannung zurückzuführen sind, wurden nicht bekannt.

In DIN 1053 T 2 und DIN 1053 T 1 (2.90) wird analog zur Verfahrensweise bei anderen Baustoffen, z.B. Beton, nicht vom Mittelwert, sondern von der 5%-Fraktile (Nennfestigkeit) der Druckfestigkeit ausgegangen. Dies gilt nicht nur für Mauerwerk, sondern seit längerem auch für Mauersteine und in abgewandelter Form prinzipiell auch für Mauermörtel.

Außerdem wird berücksichtigt, daß die Druckfestigkeit unter Dauerbeanspruchung geringer ist als bei Kurzzeitbeanspruchung im Laborversuch. Die Dauerstandfestigkeit kann etwa zu 85% der Kurzzeitfestigkeit angenommen werden.

Damit leitet sich der Sicherheitsbeiwert in DIN 1053 T 1 (2.90) $\gamma_{T1\,(neu)}$ von 2,0 bei bis auf wenige Ausnahmen (Anpassung an den Erkenntnisstand) gleichgroßen zulässigen Druckspannungen wie in T 1 (11.74) wie folgt her

$$\text{zul } \sigma_{T1\,(alt)} = \text{zul } \sigma_{T1\,(neu)} = \frac{\overline{\beta}_{D,mw}}{3,0} = \frac{\overline{\beta}_{D,mw} \cdot 0,8 \cdot 0,85}{\gamma_{T1\,(neu)}}$$

$$\gamma_{T1\,(neu)} = 3,0 \cdot 0,8 \cdot 0,85 = 2,0$$

mit $\overline{\beta}_{D,mw}$: Mittelwert der Mauerwerkdruckfestigkeit.

Das Sicherheitsniveau ist also in DIN 1053 T 1 neu nicht, wie es auf den ersten Blick scheinen könnte, niedriger als in DIN 1053 T 1 (11.74). Der globale Sicherheitsbeiwert ist nur aufgeteilt worden, wobei praktisch eine Teilsicherheit durch Bezug auf die Nennfestigkeit und Dauerstandfestigkeit bereits berücksichtigt ist. Eine gegenüber T 1 alt sogar erhöhte Sicherheit wird mit $\gamma_{T1\,(neu)} = 2,5$ (γ_P) für Pfeiler angesetzt. In T 1 alt wurde γ nicht nach Wand und Pfeiler unterschieden. Wegen der kleinen Querschnittsfläche und der größeren Versagenswahrscheinlichkeit ist der höhere γ-Wert für Pfeiler jedoch berechtigt.

In DIN 1053 T 2 wird die Rechenfestigkeit β_R aus der Nennfestigkeit des Mauerwerks und dem Dauerstandseinfluß abgeleitet. Es sind also wieder gegenüber der mittleren Druckfestigkeit die Faktoren $0,8 \cdot 0,85$ zu berücksichtigen. Damit ergibt sich analog zur vorangegangenen Betrachtung wieder $\gamma_{T2} = 2,0$; $(3,0 \cdot 0,8 \cdot 0,85)$ für Wände und $\gamma_{T2} = 2,5$ für Pfeiler.

Die Rechenfestigkeit wurde zusätzlich bei höheren Mauerwerksfestigkeiten — für Festigkeitsklassen über M 9 — abgemindert, weil für dieses höherfeste Mauerwerk noch keine so großen Erfahrungen vorliegen. Die Abminderung zur Nennfestigkeit beträgt 0,85 (bis M 9) — nur Dauerstandeinfluß — bis 0,70 (M 25). Die Mauerwerkdruckfestigkeit bezieht sich auf kleine Wände nach DIN 18 554 T 1 ($\lambda = 3$ bis 5). In DIN 1053 T 2 wird die Rechenfestigkeit bzw. $\beta_{R/\gamma}$ auf eine theoretische Schlankheit $\lambda = 0$ bezogen.

Der Vergleich zu $\lambda = 10$ in DIN 1053 T 1 ergibt Übereinstimmung, da sich die Unterschiede aus $\lambda = 3$ bis 5 (Prüfkörper) jeweils zu $\lambda = 10$ und zu $\lambda = 0$ in etwa aufheben.

Der Zusammenhang zwischen DIN 1053 T 1 (2.90) und T 2 ergibt sich unter Berücksichtigung der unterschiedlichen Schlankheiten ($\lambda = 10$ und $\lambda = 0$), die zu einem Faktor von 1,33 (λ_0/λ_{10}) führen. Der Faktor 1,33 läßt sich aus dem Vergleich der Spannungen σ bei $\lambda = 10$ und $\lambda = 0$ für mittige Belastung (m = 0) darstellen

$$\sigma\,(\lambda = 10) = \frac{N}{A}\,(1 + \frac{6\,f}{d}) = \sigma\,(\lambda = 0) \cdot 1,33$$

mit

$$f = \frac{\lambda^2 \cdot d}{1800} = \frac{100 \cdot d}{1800}$$

für $\lambda = 10$

und

$$\left(1 + \frac{6 \cdot 100 \cdot d}{1800 \cdot d}\right) = 1,33.$$

Für $\gamma = 2,0$ wird dann
$\beta_R = 2,0 \cdot 1,33$ zul $\sigma_0 = 2,67$ zul σ_0

6 Natursteinmauerwerk

6.1 Allgemeines

Grundsätzlich zu unterscheiden ist zwischen neu zu errichtendem Natursteinmauerwerk und der Instandsetzung von vorhandenem Natursteinmauerwerk. Der letztgenannte Fall hat derzeit wohl wesentlich mehr Bedeutung als der Neubau von Natursteinmauerwerk. Natursteinmauerwerk ist in DIN 1053 T 1 (2.90) behandelt. Die DIN bezieht sich jedoch prinzipiell nur auf den Neubau, wobei es wegen dessen — im allgemeinen *und vor allem* im Vergleich zu Mauerwerk aus künstlichen Steinen — geringer Bedeutung durchaus gerechtfertigt gewesen wäre, das Natursteinmauerwerk außerhalb dieser DIN zu behandeln. Vorstellbare Anwendungen der DIN sind im wesentlichen Neubau oder Ersatz einzelner Bauteile bzw. Bauteilbereiche.

6.2 Neubau von Natursteinmauerwerk nach DIN 1053 T 1

6.2.1 Natursteine

Es dürfen nur „gesunde" Natursteine (keine Struktur-, Verwitterungsschäden) verwendet werden. Natursteine für Sichtmauerwerk müssen ausreichenden Widerstand gegen Witterungseinflüsse, vor allem Frosttauwechsel, Temperatur- und Feuchtwechsel, besitzen.

Geschichtete-lagerhafte-Natursteine sind im Mauerwerk so zu verlegen, daß die planmäßigen Bauwerksspannungen senkrecht zur Schichtung wirken (siehe **Abb. A.19**). Die Steinhöhe soll nicht größer als die Steinlänge sein. Diese soll nicht größer als die 4- bis 5fache Steinhöhe sein. Die verschiedenen Gesteinsarten können erfahrungsgemäß verschiedenen Mindestdruckfestigkeiten zugeordnet werden (siehe Tabelle A.12). Die Druckfestigkeit kann aber auch nach DIN 52 105 an repräsentativen Natursteinproben ermittelt werden.

A Grundlagen

Maßgebend für die Einordnung der Prüfergebnisse in Steinfestigkeitsklassen ist der 5%-Fraktilewert (Nennfestigkeit) bei 90 % Aussagewahrscheinlichkeit. Für die Prüfung wird eine Probenzahl von $n \geq 10$ empfohlen. Eigenschaftswerte von Natursteinen sind in [A.5] zusammengestellt.

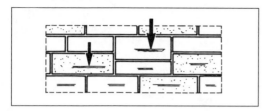

Abb. A.19
Verlegung geschichteter, lagerhafter Natursteine

Tab. A.12 Mindestdruckfestigkeit der Gesteinsarten (aus DIN 1053 T1 neu)

Gesteinsarten	Mindest—druckfestigkeit MN/m^2
Kalkstein, Travertin, vulkanische Tuffsteine	20
Weiche Sandsteine (mit tonigem Bindemittel) und dergleichen	30
Dichte (feste) Kalksteine und Dolomite (einschließlich Marmor), Basaltlava und dergleichen	50
Quarzitische Sandsteine (mit kieseligem Bindemittel), Grauwacke und dergleichen	80
Granit, Syenit, Diorit, Quarzporphyr, Melaphyr, Diabas und dergleichen	120

6.2.2 Mauermörtel

Zulässig sind nur Normalmörtel der Gruppen I, II, IIa und III. Für Sichtmauerwerk sollte Mörtel der Gruppe I nicht verwendet werden (siehe Abschnitt A 3.2). Wegen der in der Regel guten Verarbeitbarkeit und Verformbarkeit (Ausgleich von Zwangspannungen) sind Mörtel der Gruppen II und IIa besonders zu empfehlen.

6.2.3 Mauerwerk

6.2.3.1 Ausführung

Natursteinmauerwerk kann in verschiedenen *Verbänden* als

34

- Trockenmauerwerk (nur für Schwergewichtsmauern – Stützmauern), **Abb. A.20**
- Zyklopenmauerwerk, Bruchsteinmauerwerk, **Abb. A.21** und **A.22**
- Hammerrechtes Schichtenmauerwerk, **Abb. A.23**
- Unregelmäßiges Schichtenmauerwerk, **Abb. A.24**
- Regelmäßiges Schichtenmauerwerk, **Abb. A.25**
- Quadermauerwerk, **Abb. A.26**

errichtet werden.

Abb. A.20 Trockenmauerwerk

Abb. A.21 Zyklopenmauerwerk

Abb. A.22 Bruchsteinmauerwerk

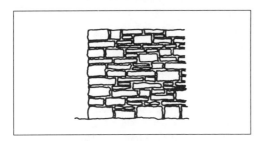

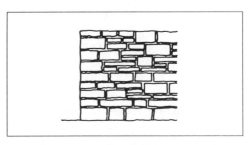

Abb. A.23 Hammerrechtes Schichtenmauerwerk

Abb. A.24 Unregelmäßiges Schichtenmauerwerk

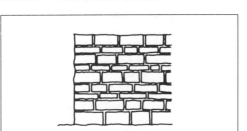

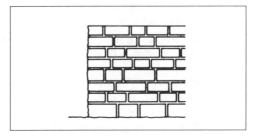

Abb. A.25 Regelmäßiges Schichtenmauerwerk

Abb. A.26 Quadermauerwerk

Dabei ist das Mauerwerk so auszuführen, daß

- an der Vorder- und Rückfläche nirgends mehr als drei Fugen zusammenstoßen (**Abb. A.27**).
- keine Stoßfuge über mehr als zwei Schichten durchgeht (**Abb. A.28**),
- auf zwei Läufer mindestens ein Binder kommt oder Binder- und Läuferschichten miteinander abwechseln,
- die Dicke (Tiefe) der Binder etwa das 1 1/2-fache der Schichthöhe, mindestens aber 300 mm, beträgt,
- die Dicke (Tiefe) der Läufer etwa gleich der Schichthöhe ist,
- die Überdeckung der Stoßfugen bei Schichtenmauerwerk mindestens 100 mm und bei Quadermauerwerk mindestens 150 mm beträgt und
- an den Ecken die größten Steine (gegebenenfalls in Höhe von zwei Schichten) nach **Abb. A.23** und **Abb. A.24** eingebaut werden.

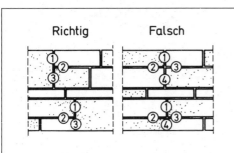

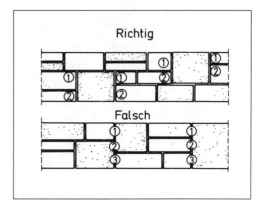

Abb. A.27 Zusammentreffen von Fugen
(höchstens 3)

Abb. A.28 Schichtdurchgang von Stoßfugen
(höchstens über 2 Schichten)

Unvermeidbare größere Zwischenräume im Mauerwerkinnern sind mit Steinstücken, die mit Mörtel zu umhüllen sind, hohlraumfrei auszuzwicken. Dies gilt auch für weite Fugen bei Zyklopen- und Bruchsteinmauerwerk sowie bei Hammerrechtem Schichtenmauerwerk.

Die Fugen in Sichtflächen sollten möglichst direkt durch Fugenglattstrich geschlossen werden. Wird nachträglich verfugt, so muß der Verfugmörtel lückenlos und nach der Norm mindestens so tief wie die Fuge breit ist, eingebaut werden. Empfohlen wird allerdings eine Tiefe von zweimal Fugenbreite, mindestens jedoch 20 mm.

Die Mindestwanddicke beträgt 240 mm, der Mindestquerschnitt 0,1 m². Stark saugende Natursteine wie vor allem Tuffsteine und Sandsteine sind vor dem Vermauern ausreichend vorzunässen, damit dem Mörtel nicht zuviel Wasser entzogen und ein ausreichender Verbund zwischen Mörtel und Stein erreicht wird. Eine an den Mörtel und Stein angepaßte Nachbehandlung — Schutz des frischen Mauerwerks gegen zu starkes und schnelles Austrocknen — ist zu empfehlen. Weitere Hinweise bzw. Einschränkungen hinsichtlich der Ausführung bei ungünstigen Witterungsbedingungen gelten sinngemäß wie für Mauerwerk aus künstlichen Steinen (siehe Abschnitt F.11).

Verblendmauerwerk darf unter bestimmten Bedingungen (gleichzeitiges Hochführen, Verzahnung mit Bindersteinen u.a., **Abb. A.29**) — siehe DIN 1053 T 1 — zum tragenden Querschnitt gerechnet werden.

6.2.3.2 Güteeinstufung, zulässige Spannungen

Da die *Druckbeanspruchbarkeit* des Mauerwerks außer von der Steindruckfestigkeit auch von Fugendicke (im Verhältnis zur Steinhöhe), Neigung der Lagerfuge und den spannungsübertragenden Flächen zwischen 2 übereinanderliegenden Steinbereichen (ohne Stoßfugenbereich) beeinflußt wird, sind diese Merkmale — im wesentlichen der Ausführungsgüte — in DIN 1053 T 1 angegeben (siehe Tabelle A.13).

Die Zahlenwerte sind mittlere Werte und als Anhaltswerte zu betrachten. Im allgemeinen entsprechen die angegebenen Ausführungsarten in Spalte 2 bei sachgerechter Ausführung den zugeordneten Güteklassen N 1 bis N 4. In Abhängigkeit von Güteklasse, Steinfestigkeit und Mörtelgruppe sind die Grundwerte σ_0 der zulässigen Druckspannungen für die Schlankheit $\lambda = h_K/d \leq 10$ in DIN 1053 T 1 angegeben (vgl. C.7.3). Schlankheiten $\lambda \geq 20$ sind nicht zulässig.

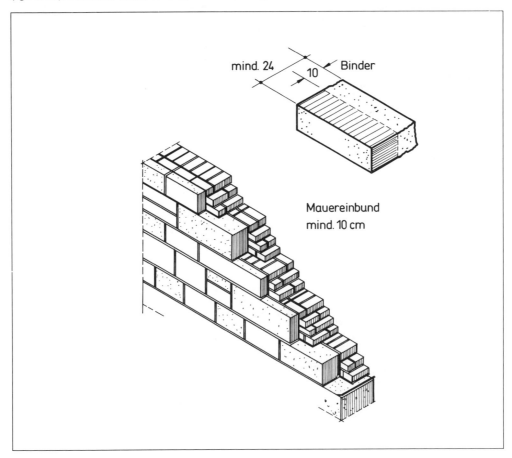

Abb. A.29 Verblendmauerwerk

Zugspannungen sind nur für Quadermauerwerk und nur bis max $\sigma_Z = 0,20$ MN/m² ansetzbar.

Die zulässigen Schubspannungen sind auf maximal max $\tau = 0,3$ MN/m² begrenzt. Der Nachweis erfolgt wie beim Mauerwerk aus künstlichen Steinen.

6.3 Instandsetzung von Natursteinmauerwerk

Eine erfolgreiche Instandsetzung setzt eine sehr sorgfältige umfassende Vorgehensweise und Bearbeitung unter Einbezug aller entsprechenden Fachleute voraus (siehe auch [A.10]). Die Thematik kann hier nur „angerissen" werden. Im folgenden werden einige stichwortartige Hinweise dazu gegeben.

— Eingehende, sorgfältige Zustandsaufnahme des Bauwerks oder Bauteils vor allem in Bezug auf Standsicherheit, Gebrauchsfähigkeit, Feuchtebelastung (Niederschlagswasser, Bodenfeuchtigkeit), Salzbelastung, Mauerwerk-(Wand)aufbau („Schalen"-, „Klamottenmauerwerk"), Hohlräume, Verwitterungszustand, Eigenschaften des Fugenmörtels (Gehalt an schädlich wirkenden Bestandteilen wie Sulfate)

— Inhaltliche und zeitliche Abklärung der Instandsetzungsmaßnahme mit allen notwendigen Fachleuten wie Geologen bzw. Mineralogen, Baustoffkundler, Tragwerksplaner u.a.

— ggf. Probeausführungen

— Intensive fachliche Betreuung und Überwachung der Instandsetzung mit gründlicher Qualitätskontrolle

— Wirksamkeitskontrolle am Bauwerk

— Langzeitige Bauwerkskontrolle.

Tab. A.13 Anhaltswerte zur Güteklasseneinstufung von Natursteinmauerwerk (aus DIN 1053 T1 neu)

Güte-klasse	Grund-einstufung	Fugen-höhe/ Steinlänge h/l	Neigung der Lagerfuge tan α	Über-tragungs faktor η
N 1	Bruchstein-mauerwerk	$\leq$ 0,25	$\leq$ 0,30	$\geq$ 0,50
N 2	Hammer-rechtes Schichten-mauerwerk	$\leq$ 0,20	$\leq$ 0,15	$\geq$ 0,65
N 3	Schichten-mauerwerk	$\leq$ 0,13	$\leq$ 0,10	$\geq$ 0,75
N 4	Quader-mauerwerk	$\leq$ 0,07	$\leq$ 0,05	$\geq$ 0,85

B Mauerwerkskonstruktion unter besonderer Berücksichtigung der Bauphysik

1 Allgemeines

Die bauphysikalischen Anforderungen an Wände aus Mauerwerk lassen sich aus folgenden Bedingungen herleiten:

- Nutzungsart des Gebäudes
- Umwelteinflüsse (Klima, Immissionen)
- Konstruktionsart (Massivbau, Skelettbau).

Wände von Massivbauten sind in der Regel Bestandteile des Gesamttragwerks. Wirtschaftlichkeit, aber auch konstruktive Problematik, liegen bei Massivbauten darin begründet, daß die Wände sowohl statisch-konstruktiven, als auch bauphysikalischen Anforderungen genügen müssen. Wandbaustoffe mit großer Kapillarporosität besitzen gute Wärmedämmeigenschaften, aber in der Regel auch eine große Wasseraufnahmekapazität und geringere Festigkeiten als Baustoffe mit geringerer Kapillarporosität. Bei Wandkonstruktionen, die sowohl auf hohe statische Lasten, als auch auf guten Wärmeschutz eingestellt werden müssen, kann daher ein Baustoffwechsel im Mauerwerkskörper erforderlich werden. Will man vor allem die daraus entstehenden Probleme der unterschiedlichen Verformungen vermeiden, so ist oftmals als langfristig wirtschaftlichste Lösung einschaliges Mauerwerk von großer Dicke angezeigt.

Bei der großen Palette konstruktiver Möglichkeiten ist mit Mauerwerk jedoch fast jedes konstruktive Problem lösbar.

Im folgenden werden Anforderungen, die auf der Grundlage der DIN-Normen vor allen Dingen an Mauerwerk für Wohnbauten zu stellen sind, dargestellt und Konstruktionsbeispiele, die diesen Anforderungen entsprechen.

Menschliches Wohlbefinden ist naturgemäß unter freiem Himmel, im Wald, an der See oder im Gebirge besonders gut. Die Stimulation des natürlichen Klimas wie sauerstoffreiche Luft, Luftfeuchtigkeit durch Verdunstung, Strahlungswärme der Sonne und Temperatur- und Lichtwechsel fehlen in Gebäuden völlig oder kommen nur wenig zur Wirkung.

Das künstliche Klima in Gebäuden sollte daher durch geeignete Wahl und Dimensionierung der Wandkonstruktionen und der Öffnungen, die Innen- und Außenraum miteinander verbinden, den Anforderungen der Behaglichkeit, Gesundheit und Hygiene entsprechen. Gebäude schützen vor störenden außenklimatischen Einflüssen und können bei entsprechender Ausführung bei extremen klimatischen Bedingungen Überlebensschutz bieten.

2 Schutz gegen Wasser und Feuchtigkeit

2.1 Beanspruchungsarten, Schadwirkungen

Feuchtigkeit ist in Gebäuden unerwünscht. Durchfeuchtete Bauteile wirken sich auf die Behaglichkeit des Innenraumklimas und auf die Hygiene negativ aus. Durchfeuchtung poriger Bauteile bewirkt eine Minderung ihrer Wärmedämmfähigkeit, da das Wasser, das dann die Poren ausfüllt, ein besserer Wärmeleiter ist als die ehemals dort eingeschlossene Luft. Außenwände sollten daher trocken bleiben.

Durchfeuchtete Bauteile haben folgende negativen Eigenschaften und Auswirkungen:

— verminderten Wärmeschutz und damit Heizwärmeverluste und Verschlechterung des Innenraumklimas **(Abb. B.1)**
— Übertragung der Feuchtigkeit auf andere Bauteile und Möbel und damit Gefahr deren Zerstörung
— Begünstigung der Entwicklung von Schadinsekten und damit Gefährdung von Hygiene und Gesundheit
— Begünstigung der Entwicklung von bauschädigenden Insekten und Pilzen.

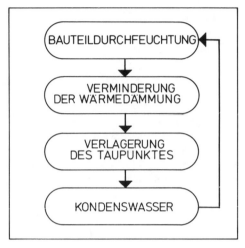

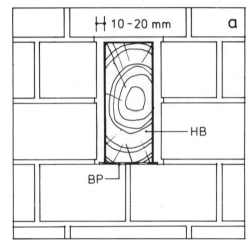

Abb. B.1
Abhängigkeit von Bauteildurchfeuchtung
und verminderter Wärmedämmung

Abb. B.2
Konstruktiver Holzschutz (Prinzipskizze)
BP — Bitumenpappe
HB — Holzbalken

Wasser und Feuchtigkeit müssen daher von Bauteilen aus Mauerwerk, das wegen seiner Porosität Feuchtigkeit aufnehmen kann, ferngehalten werden. In das Mauerwerk einbindende Bauteile, die direkt oder indirekt durch Feuchtigkeit zerstört werden können, müssen durch besondere konstruktive oder chemische Maßnahmen geschützt werden **(Abb. B.2)**:

— Bauteile aus Stahl sind vor Rost zu schützen
— Bauteile aus Nichteisenmetallen müssen vor Korrosion durch im feuchten Mauerwerk freiwerdende aggressive Stoffe und ggf. vor elektrolytischer Korrosion geschützt werden
— Bauteile aus Holz sind vor tierischen und pflanzlichen Schädlingen zu schützen
— Bauteile aus anderen organischen Stoffen sind vor Fäulnis zu schützen.

Mauerwerk selbst kann infolge Einwirkung von Wasser und Feuchtigkeit mechanisch oder chemisch zerstört werden durch

— Frost
— in Mauerwerksfugen eingedrungene Pflanzenwurzeln und
— durch Ausblühungen.

Ausblühungen sind wasserlösliche Stoffe, die auf Putz- oder Mauerwerksflächen sichtbar werden. Ausblühungen werden durch Feuchtigkeit verursacht, die in den Bauteilen vorhandene Stoffe löst und transportiert und beim Verdunsten an der Bauteiloberfläche ablagert. Ausblühbare Stoffe können sich in Mauersteinen, in Mörtelbestandteilen, im Anmachwasser des Mörtels oder in anderen Bauteilen befinden, können aber auch aus chemisch verunreinigter und aggressiver Atmosphäre stammen. Besonders gefährdet ist Mauerwerk von Viehställen. Das Problem von Mauerwerksausblühungen ist bei alten, schlecht gegen Feuchtigkeit geschützten Gebäuden, die zur Sanierung anstehen, besonders akut. Mauerwerks- und Putzausblühungen beeinträchtigen zunächst das Erscheinungsbild dieser Flächen, können jedoch auch zu Zerstörungen führen. Besonders gefährlich ist die Zermürbung des Materials, die bei ständigem Wechsel von Durchfeuchtung und Austrocknung durch den Kristallisationsdruck der kristallisierenden Salze entsteht [B.1].

Aggressive, im Grundwasser oder Schichtenwasser gelöste Stoffe verdienen besondere Beachtung. Hier sind von Fall zu Fall besondere Gegenmaßnahmen erforderlich.

Beanspruchungsarten

Störendes Wasser und Feuchtigkeit treten in folgenden Formen und Aggregatzuständen an und in Gebäuden auf (**Abb. B.3**):

— als atmosphärische Niederschläge in Form von Regen, Schnee und Hagel, die direkt oder indirekt als Spritzwasser oder Tropfwasser auf die Bauteile treffen
— als Bodenfeuchtigkeit
— als Grundwasser
— als Hangwasser
— als Schichtenwasser
— als Stauwasser
— als Nebel
— als Kondenswasser, das bei Abkühlung von Wasserdampf in und an Bauteilen entsteht
— und als Eis.

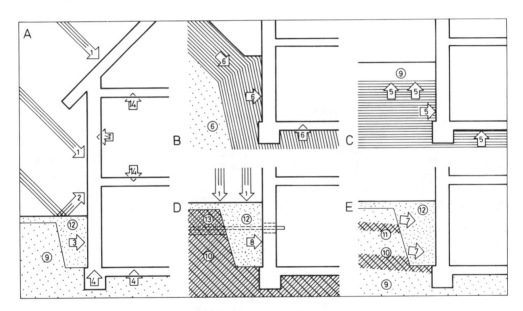

Abb. B.3   Beanspruchung durch Wasser und Feuchtigkeit
1—atmosphärische Niederschläge (Schlagregen), 2—Spritzwasser, 3—seitliche Bodenfeuchtigkeit, 4—aufsteigende Bodenfeuchtigkeit, 5—Grundwasser, 6—Hangwasser, 7—Schichtenwasser, 8—Stauwasser, 9—wasserdurchlässiger Boden, 10—wasserundurchlässiger Boden, 11—wasserführende Schicht, 12—aufgelockerte Baugrubenverfüllung, 13—sandverfüllter Leitungsgraben, 14—Wasserdampf

In Naßräumen von Gebäuden erfordern darüber hinaus Spritz- und Sickerwasser aus Brauchwasser sowie Wasserdampf besondere Beachtung.

Hinzuweisen ist darauf, daß Wasser auch oftmals schädigende und verschmutzende Stoffe transportiert. Bevor Entscheidungen über die Art des Feuchtigkeitsschutzes getroffen werden, muß zuverlässige Kenntnis der Art der Feuchtigkeitsbeanspruchung vorliegen.

2.2 Schutz gegen atmosphärische Niederschläge

2.2.1 Allgemeines

Als oberster Grundsatz gilt:

● **Mauerwerksflächen sollten trocken bleiben.**

Diese Forderung läßt sich jedoch nicht immer, meist nicht vollständig und manchmal überhaupt nicht verwirklichen. Das Studium traditioneller Bauformen in Landstrichen mit viel Wind, hohen Windgeschwindigkeiten und vielen Niederschlägen (Schlagregengefährdung) gibt wichtige Hinweise **(Abb. B.4)**. Mauerwerk, das Wasser bis zur Sättigung aufgenommen hat, wirkt wasserabstoßend. Dieses physikalische Phänomen kann bei der Konstruktion von Außenwänden berücksichtigt werden, jedoch darf die Wärmedämmung der Wand nicht beeinträchtigt werden, und schon gar nicht darf Feuchtigkeit nach innen durchschlagen.

— Weit ausladende Dächer schützen das Mauerwerk vor Schlagregen und Schnee
— tief heruntergezogene Dächer mit niedriger Traufenhöhe verkleinern die gefährdeten Mauerwerksflächen
— Voll- und Krüppelwalme verkleinern die Giebelflächen und bieten geringeren Windwiderstand
— durch Steckwalme oder ebene Verkleidungen aus Materialien, die das Wasser schnell ableiten, wird eine direkte Durchfeuchtung des dahinterliegenden Mauerwerks verhindert.

Abb. B.4 Schutz von Außenwänden durch Dächer

Läßt sich der direkte Schutz des Mauerwerks nicht verwirklichen, so gilt als Grundsatz:

● **Wasser muß von den Mauerwerksflächen schnell und vollständig ablaufen können.**

Mauerwerk aus dichten Materialien mit geringer Saugfähigkeit (siehe Tabelle B.1 — Wasseraufnahmekoeffizienten —) oder Mauerwerk mit wasserabstoßender Oberfläche wird dieser Forderung gerecht. Da Mauerwerksgefüge jedoch selten völlig risse- und hohlraumfrei sind, kann Schlagregen auch hier selbst durch feine Haarrisse infolge kapillarer Saugwirkung in das Mauerwerk eindringen. Das eingedrungene Wasser muß jedoch wieder nach außen entweichen können (Verdunstung). Für die konstruktive Durchbildung der äußeren Mauerwerksflächen bedeutet dies, daß Flächen und Kanten, auf denen Wasser stehen oder Schnee liegenbleiben könnte, zu vermeiden sind.

Tabelle B.1 Wasseraufnahmekoeffizienten
(Die Werte sind abhängig von der Rohdichte, Stoffzusammensetzung und Druckfestigkeit)

Material	Rohdichte (kg/m³)	Wasseraufnahmekoeffizient w (kg/m² · h^{0,5})
Klinker	> 1900	2,0 — 7,0
Vollziegel	1800 — 2000	8,0 — 30,0
Hochlochziegel und Leichtziegel	700 — 1600	7,0 — 30,0
Kalksandstein	1635	7,0
	1760	5,5
	1880	3,2
Beton	2290	1,8
Bimsbeton	845	2,9
Gasbeton	500 — 650	4,0 — 7,5

Fugen im Außen-Sichtmauerwerk haben in der Regel neben ihrer konstruktiven (siehe Abschnitt F.3) auch gestalterische Funktion. Zur Erreichung besonderer Effekte wie starker Schattenwurf aller oder nur der Lagerfugen werden die Fugen oftmals tief ausgekratzt und zurückliegend verfugt (**Abb. B.5 A, B, C**) oder gar als erhabene Fugenleisten ausgebildet. Abgesehen von dem z.T. unschönen Fugenbild treten dann in der Regel Schäden infolge Durchfeuchtung der unteren horizontalen Fugenflanken auf. In diesen Bereichen sind Ausblühungen, Staubverfärbungen und Frostschäden die Folge.

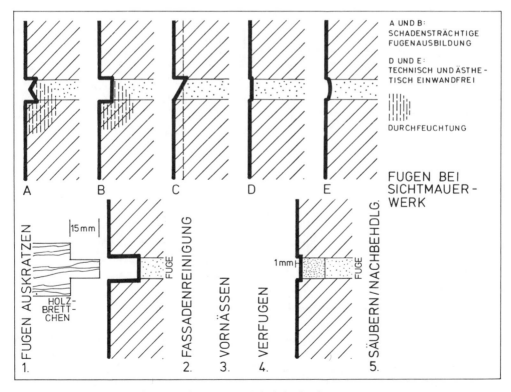

Abb. B.5 Nachträgliches Verfugen von Sichtmauerwerk (Arbeitsgänge)

43

2.2.2 Sockel, Gesimse, Sohlbänke

Vorspringende Kanten und Flächen, auf denen Schnee liegen- oder Wasser stehenbleiben könnte, sollen grundsätzlich vermieden werden. Unvermeidbare Mauerwerksvorsprünge können mit Formsteinen (Betonfertigteile oder Werkstein) oder Metallabdeckungen geschützt werden. Ein einwandfreier Wasserabfluß und Schonung der oberen und unteren Mauerwerksanschlußfugen ist gewährleistet, wenn oben

— eine zurückliegende Standfuge und unten
— ein ausreichender Überstand mit Tropfnase eingeplant werden.

Die vorspringende obere Fläche muß dabei ein ausreichendes Gefälle aufweisen. Die Stoßfugen dieser Formsteine sollten, wenn hier Risse infolge Formänderungen zu erwarten sind, elastoplastisch verfugt werden. Auch Metallabdeckungen nach Art von Fenstersohlbankabdeckungen (**Abb. B.6a**) sind möglich.

Nach oben freie und der Witterung ausgesetzte Putzkanten sollen vermieden werden. Die obere Putzkante kann durch überkragendes Mauerwerk (**Abb. B.6b**) oder mittels Kappleisten aus Zink, Kupfer oder Aluminium geschützt werden. Kappleisten werden in einer ausgekratzten Lagerfuge mittels Mauerhaken aus möglichst gleichem Metall (zur Vermeidung elektrolytischer Korrosion) befestigt. Die Fuge ist anschließend elastoplastisch zu versiegeln. Putzkanten sollen möglichst nicht auf anderen Bauteilen aufstehen, sondern eine freie Abtropfkante haben (**Abb. B.6c**). Diese Putzkante kann mit handelsüblichen Putzabschlußprofilen gerade und scharfkantig abgeschlossen werden.

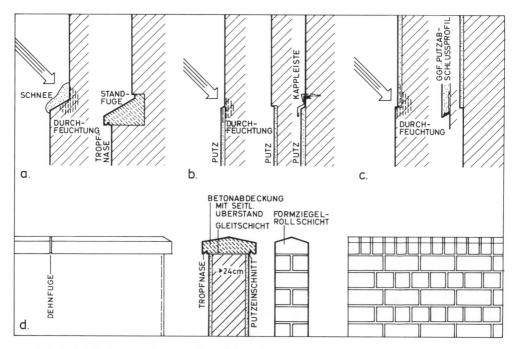

Abb. B.6   Sockel, Gesimse, Abdeckungen (Prinzipskizzen)

Freistehende Mauern sind besonders witterungsgefährdet. Bei Mauerabdeckungen soll daher auf ausreichende Querneigung der Oberflächen zur schnellen und sicheren Abwässerung geachtet werden. Verputzte Mauern sollten aus Gründen des Frostschutzes mindestens 240 mm dick sein und müssen eine beiderseits überkragende Abdeckung mit Tropfnasen erhalten. Werden hierfür Bauteile verwendet (z.B. aus Beton), die sich durch Längenänderung (Schwinden, Temperaturdifferenzen) gegenüber der Mauer verschieben können, so müssen genügend Dehnungsfugen in der Abdeckung und eine funktionsfähige Gleitschicht (z.B.: zwei Lagen unbesandete Dachpappe) unter der Abdeckung vorgesehen werden. Der Putz muß dann durch Kelleneinschnitt von der Abdeckung bzw. der überstehenden Gleitschicht getrennt werden **(Abb. B.6d)**. Bei Mauern aus frostsicheren Klinkern wird aus gestalterischen Gründen häufig auf Abdeckungen aus anderem Material verzichtet. Der obere Abschluß der Mauer kann dann aus Roll-schichten, möglichst aus Vollsteinen, vermauert in Mörtelgruppe III (siehe Abschnitt A.2.2) hergestellt werden. Zur Erzielung einer ausreichenden Querneigung der Maueroberfläche können entweder die Rollschichten pultartig angelegt oder Formziegel mit abgeschrägten Oberflächen verwendet werden.

2.2.3 Schlagregenschutz

Bei Windstille fällt Regen, der Schwerkraft folgend, senkrecht. Schon geringe Dachüberstände reichen dann in der Regel aus, um senkrechte Wände vor Durchnässung zu schützen. Schlagregen entsteht bei Einwirkung von Wind. Das Zusammenwirken von Wind und Regen ist gebietsweise verschieden, so auch die Schlagregengefährdung. Vor allem die lokalen Besonderheiten des Zusammentreffens von jahreszeit-lich bestimmter Hauptwindrichtung, Häufigkeit und Stärke der Regenfälle sind planungsbestimmend **(Abb. B.13)**.

Windstärke und Windrichtung, jedoch nicht die Stärke der Regenfälle, werden oftmals durch mesogeo-graphische Bedingungen verändert wie:

— Lage der Straßen zur Windrichtung
— Exposition der Gebäude in der freien Landschaft (Tal-, Hang- oder Kuppenlage)
— Schutz oder Beeinträchtigung von Gebäuden durch andere Bauwerke oder Bewuchs (Wälder, Hecken, Windschutzpflanzungen).

Am Gebäude, das im Windstrom steht, ergeben sich je nach Gebäudeform besondere Strömungsverhält-nisse und Schlagregenbeanspruchungen. Auf der dem Wind zugewandten Seite herrscht Winddruck und auf der dem Wind abgewandten Windsog. Die Eckbereiche von Gebäuden sind wegen der dort in der Re-gel erhöhten Windgeschwindigkeit **(Abb. B.7)** und wegen des erhöhten Staudrucks auch besonders schlag-regengefährdet, während Mittelflächen weniger beansprucht werden. Windgeschwindigkeiten nehmen mit zunehmender Höhe über der Erdoberfläche zu.

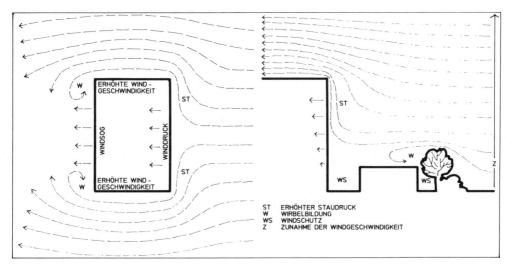

Abb. B.7 Windverhältnisse am Gebäude

Das Verhalten von Außenwänden auf Schlagregenbeanspruchung wird außerdem durch die materialspezifische Kapillarporosität und durch die Konstruktionsart bestimmt.

Besonders gefährdet sind Fugen zwischen verschiedenen Bauteilen, insbesondere solche aus verschiedenen Materialien. Der Problematik von Wandöffnungen (Fenster und Türen) ist dabei besondere Aufmerksamkeit zu widmen. *Rogier* [B.2] zieht aus einer Analyse von Schadensfällen an Gebäuden den Schluß:

— Einschalige Wände haben verhältnismäßig wenig Schlagregenschäden
— Bei zweischaligen Wänden ohne Luftschicht sind häufig Schlagregenschäden festgestellt worden
— Zweischalige Wände mit Luftschicht sind so gut wie schadenfrei.

Schlagregenschutz stellt für die Planung ein großes und oft nicht erkanntes Problem dar.

DIN 4108 Teil 3 (Wärmeschutz im Hochbau; klimabedingter Feuchtigkeitsschutz; Anforderungen und Hinweise für Planung und Ausführung, (8.81)) klassifiziert verschiedene Wandkonstruktionen hinsichtlich ihrer Eignung bei Schlagregenbeanspruchung. Dem Planer werden hiermit wichtige Orientierungshilfen gegeben.

In DIN 1053 Teil 1 (Mauerwerk, Rezeptmauerwerk — Berechnung und Ausführung) wird für Außenwände von Gebäuden, die Aufenthaltsräume besitzen, ausdrücklich Schlagregensicherheit gefordert.

Die Kapillarität eines Baustoffes wird bestimmt durch Zusammensetzung, Größe und Form seiner Poren. Sie beeinflußt die Wasseraufnahmefähigkeit dieses Stoffes. Anhaltswerte für Wasseraufnahmekoeffizienten für einige Baustoffe enthält Tabelle B.1.

Bei Schlagregen sind Wandoberflächen in der Regel mit einem Wasserfilm bedeckt. Bei Materialien mit großem Wasseraufnahmekoeffizienten dringt dann Wasser in die Wand ein. Der Wasserfilm fließt bei starkem Staudruck nicht nur nach unten ab, sondern folgt den Bewegungen des Windes auf den Wandoberflächen (**Abb. B.7**) und gefährdet auch scheinbar sichere Fugen.

Fugen und Risse sind bei Schlagregen besonders gefährdet, wenn sie an Stellen liegen, wo sich das Wasser leicht staut. Dabei ist zu berücksichtigen, daß Wasser nicht nur der Schwerkraft folgend senkrecht abläuft, sondern auch den Windbewegungen folgt. Bei Fugen, durch die Wind hindurchströmt, kann, wenn ein Druckunterschied zwischen beiden Seiten der Fuge herrscht, ab einer bestimmten Breite ($>$ 1 mm) Wasser mittransportiert werden. Fallende Regentropfen können direkt in genügend breite Fugen und Ritzen (ab 2 mm Breite) vom Wind eingeblasen werden.

Schlagregenschutz von Außenwänden kann prinzipiell durch drei verschiedene Konstruktionsarten erreicht werden (DIN 4108 Teil 3 (8.81) Abschnitt 4):

● **Mauerwerk mit kapillarer Speicherfähigkeit** nimmt Wasser bis zur Sättigung auf. Nur die äußere Zone der Wand darf allerdings durchfeuchtet werden. Eindringen des Wassers in den inneren Wandbereich muß durch entsprechende Sperrschichten verhindert und die einmal aufgenommene Feuchtigkeit wieder nach außen abgegeben werden können (Verdunstung).

Konstruktionsarten: (**Abb. B.8**) Sichtmauerwerk nach DIN 1053 Teil 1, Abschnitt 8.4.2.2 (einschaliges Verblendmauerwerk), zweischaliges Verblendmauerwerk mit Putzschicht nach DIN 1053 Teil 1, Abschnitt 8.4.3.5 und zweischaliges Mauerwerk mit Kerndämmung nach DIN 1053 Teil 1, Abschnitt 8.4.3.4. Entscheidend ist hier die Qualität der wasserabweisenden Schichten im Mauerwerk, die die durchfeuchtbare äußere und die trocken bleibende innere Wandzone voneinander trennen.

● **Wasserabstoßende Schichten** (ohne oder mit geringer Kapillarität) müssen den Wassereintritt in die Wand verhindern oder so bremsen, daß auch nach Durchfeuchtung dieser Schicht die Wand nur wenig Wasser aufnimmt. Die Funktionsfähigkeit derartiger Konstruktionen hängt von der absoluten Fugen-und Rissefreiheit und hohen Wasserdampfdurchlässigkeit ab. Konstruktionsarten: Außenwände mit Putz, Beschichtungen, Anstrichen oder mit angemörtelten Bekleidungen. (Bei angemörtelten Bekleidungen, z.B. aus keramischen Platten, ist eine durchgehende Unterputzschicht als wasserabweisende Schicht vorzusehen).

● **Hinterlüftete Wetterschutzschalen** funktionieren nach dem Prinzip der zweistufigen Dichtung. Der Regenschutz bleibt auf die äußerste Schale beschränkt. Wind- und Wärmeschutz werden von der inneren Schale übernommen. Die Belüftung der Wetterschutzschale ermöglicht einen Druckausgleich zwischen ihrer Außen- und Innenseite. Ein Luftstrom durch die Verkleidung findet in der Regel dann nicht statt.

Konstruktionsarten: Zweischaliges Verblendmauerwerk mit Luftschicht, Mauerwerk mit sonstigen hinterlüfteten Wetterschutzschalen.

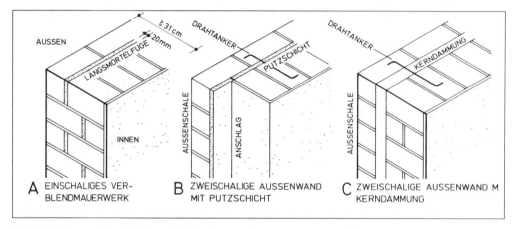

Abb. B.8   Mauerwerk mit kapillarer Speicherfähigkeit (Schlagregensicherung; Prinzipskizzen)

2.2.3.1 Einschaliges Verblendmauerwerk (Abb. B.8a)

Jede Mauerschicht muß nach DIN 1053 Teil 1, Abschnitt 8.4.2.2 aus mindestens zwei Steinreihen bestehen, zwischen denen eine hohlraumfreie, durchgehende, 20 mm dicke Längsmörtelfuge verläuft. Dem Mauerwerksverband entsprechend ist diese Fuge schichtweise versetzt (Ausführung der Fugen siehe Abschnitt F.3) Die Mindestdicke der Außenwand beträgt 31 cm. Es ist vollfugig und haftschlüssig zu mauern.

2.2.3.2 Zweischalige Außenwände mit Putzschicht (Abb. B.8b) (nach DIN 1053 Teil 1, Abschnitt 8.4.3.5)

Diese Konstruktionsart, bislang als zweischaliges Verblendmauerwerk ohne Luftschicht bezeichnet und mit einer auszugießenden Schalenfuge auszuführen, war bekanntermaßen besonders schadensanfällig [B.2], weil in der Regel keine ausreichende Sorgfalt für die Ausführung der Schalenfuge aufgewandt wurde. Die Neufassung der DIN 1053 Teil 1 versuchte mit einer Änderung der Ausführungsart dem Problem Rechnung zu tragen.

Die Verblendschale muß vollfugig und haftschlüssig gemauert und die Verfugung möglichst als Fugenglattstrich ausgeführt werden. Vor der Errichtung der Verblendschale muß auf der Außenseite der Innenschale eine zusammenhängende Putzschicht aufgebracht werden (Empfehlung: P II, d = 15 mm). Problematisch dürften die Stellen sein, an denen die Drahtanker zur Verankerung der Außenschale die Putzschicht durchstoßen. Werden die Drahtanker beim Aufmauern der Innenschale eingelegt, dann würde das Anbringen der Putzschicht durch die herausstehenden Anker behindert werden. Das nachträgliche Eindübeln von Gewindedrahtankern wäre kostspielig und die Putzschicht würde beim Bohren der Dübellöcher nachträglich durchstoßen werden. Schlagregensicherheit dieser Wandkonstruktion ist nur bei äußerster handwerklicher Sorgfalt bei der Herstellung des Mauerwerks zu erreichen. Insbesondere an freien Rändern der Außenschalen, z.B. an Öffnungen, Dehnungsfugen, Gebäudeecken usw., ist Sorgfalt geboten. Außenschalen, die an Mauerwerksöffnungen einen Innenanschlag bilden (**Abb. B.8b**), sollten an der Anschlagseite in Verlängerung der Putzschicht mit gleichem Mörtel ausgeputzt werden. Erhält die Außenschale einen Außenputz, so kann die innere Schutzschicht entfallen.

Auf unterschiedliche Verformungen von Außen- und Innenschale ist zu achten.

An den Fußpunkten der Außenschale, z.B. an Gebäudesockeln und Fensterstürzen (siehe **Abb. B.9**), sind Sperrschichten mit Entwässerungsöffnungen von 3,75 cm² je Quadratmeter Außenwandfläche (incl. Fenster- und Türflächen) gegen das Eindringen von rückstauendem Sickerwasser in die Innenschale und Geschoßdecken erforderlich.

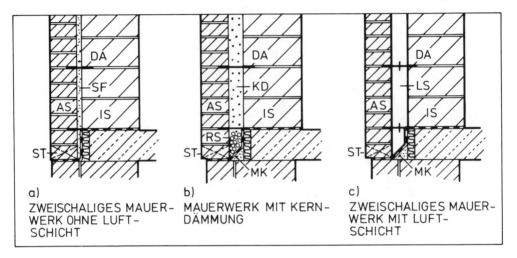

Abb. B.9   Sickerwasserdichtung bei zweischaligem Mauerwerk
AS–Außenschale, DA–Drahtanker, IS–Innenschale, KD–Kerndämmung, LS–Luftschicht, MK–Mörtelkeil, RS–Rieselsperre, SF–Schutzschicht, St–offene Stoßfuge

2.2.3.3 Zweischaliges Verblendmauerwerk mit Kerndämmung (DIN 1053 Teil 1, Abschnitt 8.4.3.4)

Kennzeichnend für die Kerndämmung von zweischaligem Verblendmauerwerk ohne Luftschicht ist ein vollständig mit Dämmaterial ausgefüllter Hohlraum zwischen Innen- und Außenschale. Innen- und Außenschale sind also mit Abstand voneinander gemauert. Diese Außenschale wird wie bei anderem zweischaligem Mauerwerk mit Drahtankern aus nichtrostendem Stahl an der Innenschale verankert.

Das in den Luftzwischenraum eingebrachte Kerndämmaterial darf die Schlagregensicherheit nicht beeinträchtigen und Feuchtigkeit darf nicht zur Innenschale geleitet werden.

Wasserdampfdiffusionsprozesse von den Innenräumen durch Innenschale, Kerndämmung und Außenschale zur in der Regel kühleren Außenluft dürfen nicht behindert werden. Wasserdampfkondensationen in Mauerwerk und Kerndämmung müssen wieder abtrocknen können.

Das Kerndämmaterial darf biologisch nicht verwertbar, also kein Nährboden für tierische und pflanzliche Schädlinge sein, und muß chemisch und physikalisch so neutral sein, daß angrenzende Bauteile und Baustoffe nicht verändert und gefährdet werden können.

Die vorgenannten bauphysikalischen Anforderungen an zweischaliges Verblendmauerwerk mit Kerndämmung werden anschließend noch einmal in bezug auf das Kerndämmaterial konkretisiert:

— permanent wasserabstoßend
— wasserdampfdurchlässig
— der Hohlraum zwischen den Mauerwerksschalen muß vollständig ausgefüllt sein
— biologisch nicht verwertbar
— chemisch nicht aggressiv
— mindestens normalentflammbar bzw. schwerentflammbar bei Hochhäusern.

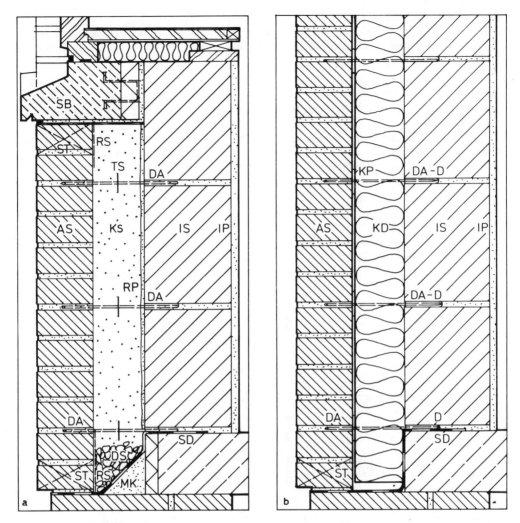

Abb. B.10 Zweischaliges Verblendmauerwerk mit Kerndämmung
a) Schüttdämmung, b) Mineralfaserdämmung
AS—Außenschale, DA—Drahtanker, DA—D—Drahtanker und Dübel, IP—Innenputz, IS—Innenschale, KD—Kerndämmung, KS-Kernschüttung, DS-Drainschicht, MK-Mörtelkehle oder Dämmstoffkeil, RP-Rapputz MG III, SB—Sohlbank, SD—Sickerdichtung, ST—offene Stoßfuge, KP—Krallenplatte, RS—Rieselsperre, TS—Tropfscheibe

Sonstige konstruktive Maßnahmen:

— Sickerwassersperrschicht am Fuß der Verblendschalen (am Sockel und über allen Öffnungen)
— Öffnungen am Fuß der Außenschalen über der Sickerwassersperrschicht für den Ablauf von durch die Außenschale eingedrungenem Schlagregen in einer Größe von mindestens 0,025 cm² je Quadratmeter Außenwandfläche (incl. Fenster- und Türflächen).
— bei geschütteten Kerndämmaterialien: Rieselsperren vor den Öffnungen am Fuß der Außenschale
— Drahtanker aus nichtrostendem Stahl mit aufgeschobenen Kunststoffabtropfscheiben für matten- und plattenartige Dämmstoffe zum Abdecken der Drahtankerdurchstoßstellen
— Verbot von Baustoffen mit hohem Wasserdampf-Diffusionswiderstand (z.B. glasierte Ziegel) für die Außenschale.

Dämmstoffplatten und Belüftungssystem

Folgende Konstruktionsvarianten gelten als erprobt. Die dabei verwendeten Wärmedämmstoffe müssen genormt sein oder bedürfen eines Brauchbarkeitsnachweises, der den bauaufsichtlichen Vorschriften entspricht:

— Hydrophobierte **Dämmstoffplatten** oder **-matten** (z.B. Mineralwolle nach DIN 18165) und Platten (z.B. Schaumkunststoff nach DIN 18164 oder Schaumglas). Zur Verhinderung von Wasserdurchtritt zur Innenschale sind Matten und Platten dicht zu stoßen, zweilagig mit versetzten Stößen anzubringen oder mit Stufenfalz- oder Nut-Federkanten zu verwenden. Eine besondere Konstruktionsvariante sind **Dämmstoffplatten mit Belüftungssystem** (Luftschichtplatten). Bei ihnen sind, z.B. durch auf die Dämmplatten kaschierte bituminierte Wellpappen, senkrechte Kanälchen dicht bei dicht zwischen Außenschale und Dämmplatten zur Abführung von Feuchtigkeit angeordnet (**Abb. B.10** und **B.11**, [B.3]).

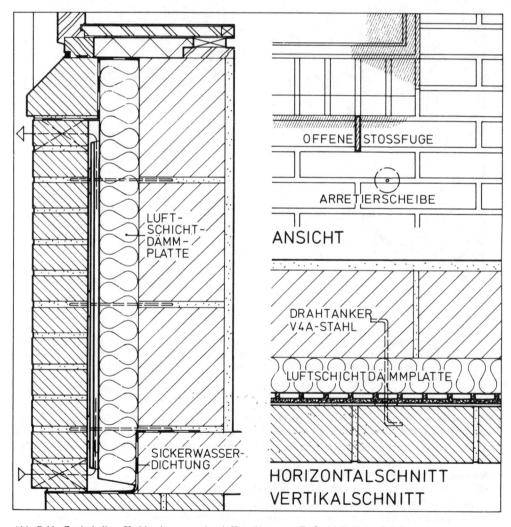

Abb. B.11 Zweischaliges Verblendmauerwerk mit Kerndämmung (Luftschichtdämmplatte)

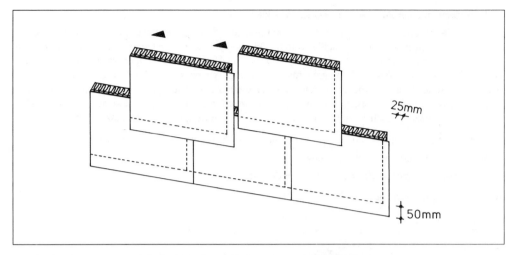

Abb. B.12 Kerndämmung mit Luftschichtplatten, Verlegeschema der Platten.

— **Schüttungen** aus hydrophobierten schüttbaren Dämmstoffen müssen hohlraumfrei eingebracht werden. Hohlräume dürfen auch nicht durch nachträgliches Setzen entstehen.

— **Ortschaum** (z.B. Ortschaum aus Formaldehydharz nach DIN 18195 Teil 2) muß hydrophob sein und den Hohlraum lunkerfrei ausfüllen. Auch spätere Hohlraumentstehung, z.B. durch Schwindprozesse, muß ausgeschlossen sein.

Zusammenfassend ist zu bemerken, daß beim zweischaligen Verblendmauerwerk mit Kerndämmung an Planung und Ausführung hohe Anforderungen zu stellen sind. Vor allem wird Schlagregensicherheit durch die permanent-hydrophobe Einstellung des Dämmaterials bestimmt. In den Laborberichten wird das hydrophobe Verhalten von Polystyrol-Partikelschaum negativ beurteilt.

Älteres Hohlschichtmauerwerk ohne Wärmedämmung ist vielfach nachträglich durch Einbringen von UF-Ortschaum oder hydrophobierter Perlite-Schüttung, in Holland auch durch Einblasen von Polystyrol-Kügelchen oder Mineralfaserflocken, wärmetechnisch verbessert worden. Etliche Jahre nach dem Zeitpunkt der nachträglichen Einbringung der Dämmaterialien sind Untersuchungen über die Wirksamkeit der Maßnahmen und mögliche Schäden angestellt worden [B.4], [B.5]. Das Ergebnis ist weitgehend positiv; jedoch wird auf folgende kritische Punkte hingewiesen:

● Vormauerschalen müssen eine ausreichende Wasserspeicherkapazität und Frostbeständigkeit besitzen. Ihr Feuchtigkeitsgehalt schwankt stark und ist in den Wintermonaten relativ hoch. Damit ist eine besondere Beanspruchung bei Frost vorhanden.

● Feuchtigkeitsgehalte der Dämmaterialien schwanken ebenfalls stark, waren jedoch in der Regel außerhalb kritischer, die Dämmfähigkeit beeinträchtigender Werte.

● Hintermauerschalen waren weitgehend „trocken". Einzelschäden waren auf Fehlstellen in der Dämmung zurückzuführen.

● Als Fehler in der Dämmung stellten sich heraus:
Schwindrisse bei UF-Schäumen; Setzungen bei Perlite-Schüttungen und ggf. Probleme bei späteren Reparaturen an der Außenschale; unregelmäßige Verdichtung von Mineralfaserflocken; gelegentliche Abgabe von Formaldehyd-Gas bei UF-Schäumen.

2.2.3.4 Außenwände mit Putz oder angemörtelten Bekleidungen

Außenwände mit Putz werden zu Unrecht hinsichtlich ihrer Schlagregensicherheit oft negativ eingestuft [B.2]. Die Auswertung von Schadensfällen durch Schlagregenwirkung zeigt jedoch, daß Außenwände mit Putz vergleichsweise besser abschneiden als zweischaliges Verblendmauerwerk ohne Luftschicht. DIN 4108 Teil 3 (8.81) weist den drei Schlagregenbeanspruchungsgruppen (Tabelle B.2) verschiedene Mauerwerkskonstruktionen hinsichtlich ihrer Schlagregensicherheit zu. Kriterien für die Einstufung von Putzen sind der Wasseraufnahmekoeffizient w und die für die Wasserverdunstung wichtige diffusionsäquivalente Luftschichtdicke s_d (nach DIN 18550). Danach sind Putze in drei Gruppen einzuteilen:

– Beanspruchungsgruppe I: Putze ohne Anforderungen hinsichtlich des Regenschutzes

– Beanspruchungsgruppe II: wasserhemmende Putze

– Beanspruchungsgruppe III: wasserabweisende Putze

Weitere Einzelheiten siehe DIN 18 550 Teil 1.

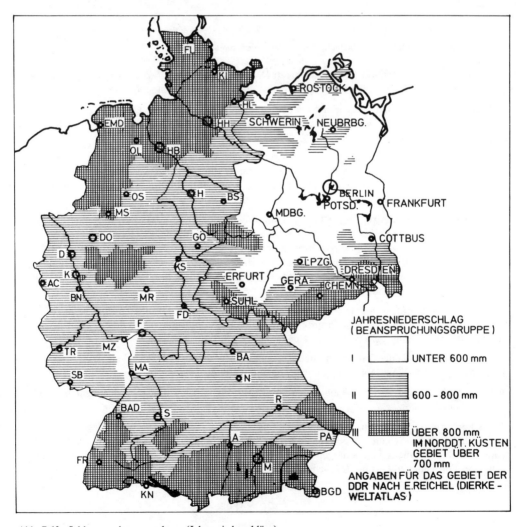

Abb. B.13   Schlagregenbeanspruchung (Jahresniederschläge)

Tabelle B.2 Wandbauarten und Schlagregenbeanspruchungsgruppen nach DIN 4108 Teil 3

Beanspruchungsgruppe I	Beanspruchungsgruppe II	Beanspruchungsgruppe III
Geringe Schlagregenbeanspruchung. Im allgemeinen Gebiete mit Jahresniederschlagsmengen unter 600 mm sowie besonders windgeschützte Lagen auch in Gebieten mit größeren Niederschlagsmengen.	Mittlere Schlagregenbeanspruchung. Im allgemeinen Gebiete mit Jahresniederschlagsmengen von 600–800 mm sowie windgeschützte Lagen auch in Gebieten mit größeren Niederschlagsmengen. Hochhäuser und Häuser in exponierter Lage in Gebieten, die aufgrund der regionalen Regen- und Windverhältnisse einer geringeren Schlagregenbeanspruchung zuzuordnen wären.	Starke Schlagregenbeanspruchung. Im allgemeinen Gebiete mit Jahresniederschlagsmengen über 800 mm sowie windreiche Gebiete auch mit geringeren Niederschlagsmengen. Hochhäuser und Häuser in exponierter Lage in Gebieten, die aufgrund ihrer regionalen Regen- und Windverhältnisse einer mittleren Schlagregenbeanspruchung zuzuordnen wären.
Mit Außenputz ohne besondere Anforderung an den Schlagregenschutz nach DIN 18550 Teil 1 verputzte	Mit wasserhemmendem Außenputz nach DIN 18550 Teil 1 oder einem Kunstharzputz verputzte	Mit wasserabweisendem Außenputz nach DIN 18550 Teil 1 oder einem Kunstharzputz verputzte
— Außenwände aus Mauerwerk, Wandbauplatten, Beton o.ä. — Holzwolle-Leichtbauplatten, ausgeführt nach DIN 1102 mit Fugenbewehrung oder — Mehrschicht-Leichtbauplatten mit zu verputzenden Holzwolleschichten der Dicken 15 mm nach DIN 1104 Teil 2 (mit ganzflächiger Bewehrung)		
	— Mehrschicht-Leichtbauplatten mit zu verputzenden Holzwolleschichten der Dicken 15 mm nach DIN 1104 Teil 2 mit ganzflächiger Bewehrung unter Verwendung von Werkmörtel nach DIN 18557	
Einschaliges Sichtmauerwerk nach DIN 1053 Teil 1, 31 cm dick	Einschaliges Sichtmauerwerk nach DIN 1053 Teil 1, 37,5 cm dick	Zweischaliges Verblendmauerwerk mit Luftschicht nach DIN 1053 Teil 1; Zweischaliges Verblendmauerwerk ohne Luftschicht nach DIN 1053 Teil 1 mit Vormauersteinen
	Außenwände mit angemörtelten Bekleidungen nach DIN 18515	Außenwände mit angemauerten Bekleidungen mit Unterputz nach DIN 18515 und mit wasserabweisendem Fugenmörtel; Außenwände mit angemörtelten Bekleidungen mit Unterputz nach DIN 18515 und mit wasserabweisendem Fugenmörtel
		Außenwände mit gefügedichter Betonaußenschicht nach DIN 1045 und DIN 4219 Teil 1 und Teil 2
		Wände mit hinterlüfteten Außenwandbekleidungen nach DIN 18515 und mit Bekleidungen nach DIN 18516 Teil 1 und Teil 2
	Außenwände in Holzbauart unter Beachtung von DIN 68800 Teil 2 mit 11,5 cm dicker Mauerwerks-Vorsatzschale	Außenwände in Holzbauart unter Beachtung von DIN 68800 Teil 2 a) mit vorgesetzter Bekleidung nach DIN 18516 Teil 1 u. Teil 2 oder b) mit 11,5 cm dicker Mauerwerks-Vorsatzschale mit Luftschicht

Außenwände mit angemörtelten Bekleidungen erfordern einen hohen Aufwand an Sorgfalt bei Planung und Ausführung. Dabei sind die unterschiedlichen Materialeigenschaften von Bekleidung und Untergrund (in der Regel tragende Wände) zu beachten:

— Wärmeausdehnungskoeffizient (Verformung)
— Wasseraufnahmekoeffizient
— Wasserdampfdiffusionswiderstandszahl
— wasserdampfdiffusionsäquivalente Luftschichtdicke (Verdunstung)
— Quell- und Schwindverhalten (Verformung)

DIN 18515 -Fassadenbekleidungen, (7.70) gibt in Abschnitt 1.3 ausführliche Hinweise auf die Wechselwirkungen zwischen Bekleidung und Untergrund und den verschiedenen bauphysikalischen Einflüssen untereinander.

Nach DIN 18515 werden folgende Materialien für angemörtelte Außenbekleidungen angegeben: keramische Fliesen (DIN 18 155), keramische Spaltplatten (DIN 18166), keramische Platten, Spaltziegelplatten, Naturwerksteinplatten und Betonwerksteinplatten. Die meisten dieser Materialien sind extrem zugspannungsempfindlich und damit rissegefährdet. Da sie in der Regel auch wasserabstoßend sind (Glasuren), stellen Risse in derartigen Bekleidungen bei Schlagregenanfall besondere Schadensquellen dar. Es muß daher der in der Norm geforderte Unterputz, der als eigentliche Schlagregenbremse wirkt, besonders sorgfältig ausgeführt werden. Fugen, sowohl Gebäudefugen als auch Fugen in der Bekleidung (Fugen zwischen den Platten, Fuge zwischen Bekleidung und Hintermauerung und Dehnfugen der Bekleidung), müssen selbstverständlich besonders sorgfältig geplant und hergestellt werden.

2.2.3.5 Zweischaliges Verblendmauerwerk mit Luftschicht

Zweischaliges Verblendmauerwerk mit Luftschicht nach DIN 1053 Teil 1, Abschnitt 8.4.3.2 (Zweischalige Außenwände mit Luftschicht) besteht aus der Verblendaußenschale und der tragenden Innenschale. Zwischen beiden befindet sich ein Luftraum, dessen Dicke mindestens 60 mm betragen soll. Er darf auf 40 mm reduziert werden, wenn der Fugenmörtel an einer Hohlraumseite abgestrichen wird.

Innen- und Außenschale müssen durch Drahtanker aus nichtrostendem Stahl miteinander verbunden werden (siehe Abschnitt C.6.1.4 und **Abb. B.14**).

Bei starker Schlagregenbeanspruchung kann Wasser durch die Außenschale dringen, insbesondere dann, wenn Fugen oder Steine Risse aufweisen. Der Luftraum verhindert jedoch eine Übertragung von Feuchtigkeit auf die Innenschale. Potentielle Tropfenbrücken sind die Drahtanker, die beide Schalen zu verbinden haben. Zur Verhinderung von Feuchtigkeitsübertragungen sind deshalb Kunststofftropfscheiben auf die Anker etwa bis zur Mitte des Luftraums aufzuschieben. Durch die Außenschale eingedrungenes Wasser läuft auf deren Innenseite ab und sofern sich Wasser auf die Drahtanker gezogen hat, tropft es an der Kunststoffscheibe ab. Gegen diese Tropf- und Sickerwässer muß an allen Stellen, an denen die Außenschale aufsteht, eine Sickerwasserdichtung **(Abb. B.9c)** vorgesehen werden, damit Feuchtigkeitsübertragung auf die Innenschale und andere Bauteile unterbleibt. Die Luftschicht muß Wasserdampf abführen, der aus den Innenräumen durch die Innenschale in den Luftraum hinein diffundierte. Die Austrocknung der Außenschale erfolgt allerdings zum größten Teil über die Kapillarporosität des Materials auf umgekehrtem Wege, wie es durchfeuchtet wurde. Glasuren auf den Ziegeln der Außenschale würden ihr Austrocknen beeinträchtigen. Glasurziegel sind daher als problematisch einzustufen.

Lüftungsöffnungen in Form offener Stoßfugen oder als Lüftungssteine sollen gleichmäßig verteilt oben und unten in der Verblendschale in einer Größe von jeweils mindestens 3,75 cm^2 je 1 m^2 Wandfläche (bzw. 7 500 mm^2 je 20 m^2 Wandfläche) (incl. Fenster- und Türöffnungen) eine Verbindung des Luftzwischenraums zwischen den Schalen mit der Außenluft herstellen, damit Druckausgleich möglich wird (bei Windstaudruck), Wasserdampf abgeführt werden kann und Sickerwasser abgeleitet werden kann (untere Öffnungen).

Zweischaliges Verblendmauerwerk mit Luftschicht und zusätzlicher Wärmedämmung ist genauso auszuführen (siehe Abschnitt C.6.1) wie das einfache Luftschichtmauerwerk, jedoch dürfen die Mauerschalen höchstens 150 mm Abstand voneinander und die Luftschicht muß zur Gewährleistung ausreichender Schlagregensicherheit mindestens 40 mm Dicke haben. Bei einer Luftschichtdicke ≦ 60 mm muß jedoch der Fugenmörtel an der Innenseite der Außenschale abgestrichen werden. Für ausreichende Befestigung

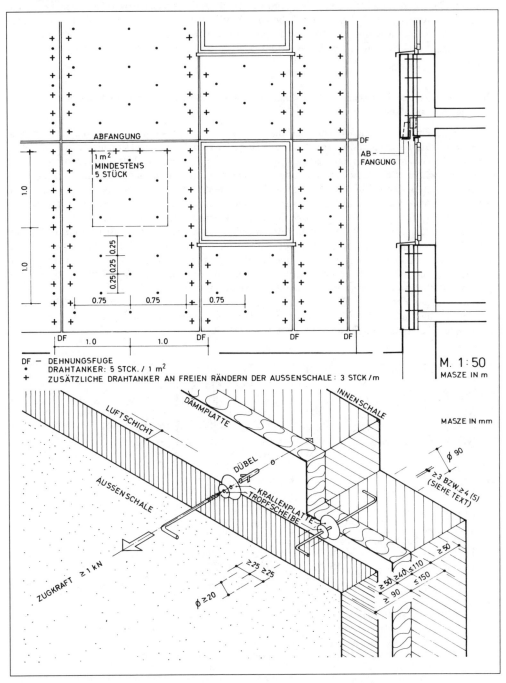

Abb. B.14 Zweischalige Außenwände, Verankerung der Außenwände durch Drahtanker.

vor allem mattenförmiger Wärmedämmungen mittels Kunststoffkrallenplatten (ø 90 mm), die in der Regel auf die konstruktiven Drahtanker aufgeschoben werden, ist zu sorgen, dabei ist auf ebene Verlegung der Wärmedämmatten bzw. -platten zu achten. Drahtanker müssen aus nichtrostendem Stahl nach DIN 17 440 und mindestens 3 mm dick sein. 4 mm dicke Anker sind zu verwenden, wenn die Mauerschalen einen Abstand von 70 bis 120 mm haben und in Wandbereichen, die mehr als 12 m über Gelände liegen. Bei einem Abstand der Mauerwerksschalen von 120 bis 150 mm soll die Anzahl der 4 mm dicken Anker auf 7 Stck/m^2 Wandfläche erhöht oder die Ankerdicke auf 5 mm vergrößert werden. **(Abb. B.14)**.

2.2.3.6 Mauerwerk mit außenseitiger Wärmedämmung und hinterlüfteter Wetterschutzschale aus anderen Materialien als Mauerwerk

Prinzipiell gelten hier die gleichen bauphysikalischen Anforderungen wie sie an zweischaliges Verblendmauerwerk mit Luftschicht und Wärmedämmung zu stellen sind. In der Regel sind nichtgemauerte Wetterschutzschalen sehr viel leichter als gemauerte und werden mit geeigneten Unterkonstruktionen direkt an der Innenschale befestigt. Bei Verwendung von dichten, wasserabweisenden Materialien (Ziegel, Asbestzementplatten oder -tafeln, Kunststofftafeln, Natursteintafeln u.a.) stellt sich das Problem der Durchfeuchtung der Außenschalen und deren Austrocknung nicht. Eindringen von Schlagregen durch Fehlstellen der Wetterschutzschale — meist im Fugenbereich — ist beim Vorhandensein einer nach DIN 18 515 — Fassadenbekleidungen aus Naturwerkstein, Betonwerkstein und keramischen Baustoffen, (7.70), Abschnitt 2 geforderten, mindestens 20 mm dicken Luftschicht unproblematisch. Möglichkeiten zum Ablaufen des Wassers und konstruktive Maßnahmen zur Verhinderung von Feuchtigkeitsübertritten in Wärmedämmung und tragende Innenschale müssen vorhanden sein. Nach DIN 18 515 müssen horizontale Be- und Entlüftungsschlitze am oberen und unteren Abschluß der Fassadenbekleidungen insgesamt 1 bis 3 °/∞ der dazugehörigen bekleideten Fläche betragen. Hinterlüftung ist auch durch gleichmäßig verteilte, offene horizontale und vertikale Plattenfugen möglich. In der folgenden Abbildung sind einige charakteristische Beispiele hinterlüfteter Fassaden dargestellt **(Abb. B.15)**.

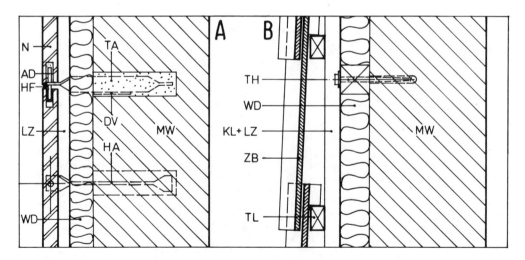

Abb. B.15 Hinterlüftete Wetterschutzschalen
a) Natursteinplattenbehang (nach: Bautech. Inform. d. Dt. Naturwerksteinverbandes),
b) Ziegelbehang (nach: Ziegel-Bauberatung, Blatt 3.9)
AD-Ankerdorn (oben eingemörtelt, unten gleitend in Kunststoffröhrchen); DV-Druckverteilungsplatte; HA—Halteanker, V-IV A; HF—Horizontalfuge, elastoplastisch versiegelt; KL—Konterlattung; LZ—Luftzwischenraum, ≥ 20 mm n. DIN 18515; MW-Mauerwerk, ausgesteift; N-Naturwerksteinplatten; TA—Traganker; V-IV A; TH—Tragholz; WD—Wärmedämmung; TL—Traglattung; ZB—Ziegelbehang.

2.2.3.7 Schlagregenschutz bei Lehmbauten

Lehmziegel werden als Baustoff, für dessen Herstellung nur ein sehr geringer Energieaufwand erforderlich ist [B.8], beim „Alternativen Bauen" heute wieder verwendet. Ehemals praktizierte Techniken sind fast in Vergessenheit geraten, zumal auch die entsprechenden Normen seit 1974 zurückgezogen sind (DIN 1169, DIN 18 951, DIN 18 952, DIN 18 953, DIN 18 954, DIN 18 955, DIN 18 956). Es empfiehlt sich, je nach der beabsichtigten Konstruktion (tragende oder ausfachende Lehmbauteile) schon im Vorplanungsstadium Kontakt mit der zuständigen Bauordnungsbehörde wegen der prinzipiellen Verwendungsmöglichkeit von Lehm für tragende Konstruktion aufzunehmen. Nichttragende Wände bedürfen keiner ausdrücklichen Genehmigung.

DIN 18 951 (Lehmbauten-Vorschriften für die Ausführung),
DIN 18 954 (Vornorm) (Ausführung von Lehmbauten) und
DIN 18 955 (Vornorm) (Baulehm, Lehmbauteile — Feuchtigkeitsschutz) geben Hinweise über den Regenschutz während der Bauzeit. Mindestens die Außenwände an den Wetterseiten müssen einen dauerhaften Wetterschutz erhalten.

In DIN 18 951, Abschnitt 12 (4) wird empfohlen:

● Wasserabweisender, zweilagiger Außenputz, der erst nach Abschluß von Schwind- und Setzprozessen im Lehmmauerwerk aufgebracht werden darf. Der Putzgrund muß wegen der besseren Putzhaftung den Vorschriften der Norm entsprechend aufgerauht werden.

● Hinterlüftete Wetterschutzschalen aus Ziegelmauerwerk (zweischaliges Verblendmauerwerk mit Luftschicht), Dachziegelbehängen, Schiefer, Holzverbretterungen oder Holzschindeln.

● Bei untergeordneten Lehmbauten können die Außenwände mit einem wasserabweisenden Schutzanstrich nach DIN 18 951, z.B. Weißkalk mit Molke (jährlich erneuern), versehen werden.

● Sockelvorsprünge, Gesimse, äußere Fensterleibungen usw. sind zu vermeiden. Empfehlenswert sind große Dachüberstände.

2.2.3.8 Schlagregenschutz durch Pflanzen

Diese Art des Schlagregenschutzes spielte im ländlichen Bauwesen seit jeher eine große, aber zwanglos-unauffällige Rolle. Hinzuweisen ist hier auf die Windschirme aus Sträuchern und Bäumen (meist Sorbus intermedia), die in Westjütland (Dänemark) (Abb. B.16) alte Bauernhäuser einhüllen, oder die geschnittenen Hecken (Ligustrum, Crataegus, Carpinus u.a.) oder die Reihen gestutzter Bäume (z.B. Tilia), die man in West- und Ostfriesland für diesen Zweck, zur Raumgliederung und ästhetischen Bereicherung verwendet. Daneben läßt man dort die Häuser mit Efeu beranken. In West- und Süddeutschland hingegen sind es häufiger echter Wein (Vitis) und an Spalieren gezogene Obstsorten.

Wirksamer Schlagregenschutz wird nur bei geschlossenem, älterem und belaubtem Bewuchs von Außenwänden erreicht. Zu unterscheiden sind hinsichtlich der Belaubung sommergrüne (laubabwerfende) und immergrüne Rank- und Klettergehölze und hinsichtlich ihrer Klettereigenschaften selbstklimmende (Hedera-Arten, Parthenocissus tricuspidata u.a.), rankende (Vitis, Parthenocissus quinquefolia, Clematis), schlingende (Celastrus, Polygonum, Wisteria u.a.) und spreizklimmende (Jasminum, Rosa u.a.) Gehölze. Bei der Verwendung von Klettergehölzen muß die klimatische Exposition (Himmelsrichtung, Hauptwindrichtung, freie oder geschützte Lage), weniger die zur Verfügung stehende Bodenart bedacht werden. Konstruktive Maßnahmen an den Außenwänden sind in Form von Rankgerüsten und anderen Kletterhilfen für alle nicht selbstklimmenden Arten erforderlich [B.9].

Die Schutzwirkung gegen Schlagregen beruht bei sehr dichten Außenwandbegrünungen aus z.B. wildem Wein (Parthenocissus) und Efeu (Hedera) auf der schuppenartigen Anordnung der Blätter, die bei fehlendem Sonnenschein in der Regel senkrecht dicht bei dicht hängen. Druckausgleich zwischen der äußeren Blattebene, dem Rankenwerk und der Außenwand ist gegeben. Windstaudruck auf der Außenwand ist somit kaum möglich. Es herrschen ähnliche physikalische Verhältnisse wie bei offenfugiger hinterlüfteter Wetterschutzschale.

Abb. B.16 Windschutzpflanzung

Der meist ästhetisch motivierte, aber technisch begründete Vorwand, Rankgehölze zerstörten Außenwände, ist kein hinreichendes Argument gegen die Verwendung von Rankgehölzen zur Hausbegrünung. Selbst wenn bei Selbstklimmern wie Efeu möglicherweise Haftwurzeln in Risse und Fugen wachsen, ist die Schutzwirkung in der Regel größer als eine befürchtete Schadwirkung.

2.2.4 Spritzwasserschutz

Bei Schlagregen entsteht Spritzwassser durch Abprall der Regentropfen auf horizontalen und leicht geneigten Flächen. Spritzwasser, das durch Brauchwassernutzung im Innern von Gebäuden verursacht wird, bleibt hier außer Betracht. Wenn Regen senkrecht fällt, wirkt sich Spritzwasser bei Gebäuden mit niedrigen Traufhöhen und großen Dachüberständen nicht negativ aus.

Sockelbereiche von Gebäuden werden bei Schlagregen besonders stark beansprucht **(Abb. B.17a)**. Es kommen dort Schlagregen, Spritzwasser und von den oberen Außenwandbereichen abfließendes Wasser zusammen.

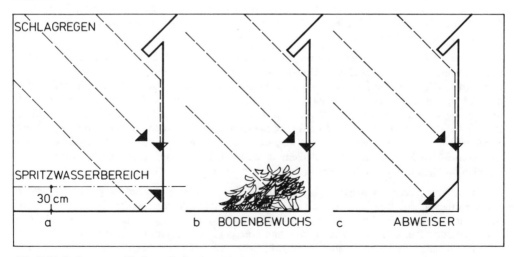

Abb. B.17 Spritzwassergefährdung, Spritzwasserschutz

Spritzwasser nimmt Schmutz- und Bodenteile mit. Dadurch werden die spritzwassergefährdeten Bereiche zusätzlich verschmutzt. Der wirksamste Schutz gegen Spritzwasser besteht darin, seine Entstehung zu verhindern. Bodendeckende, möglichst immergrüne Gehölze, bis dicht an das Gebäude herangepflanzt, oder Spritzwasserabweiser aus vor den Sockel gestellten 45° geneigten Schürzen aus z.B. Betonplatten **(Abb. B.17b, c)** sind geeignet. Die oft als Spritzwasserschutz empfohlenen Grobkieselbeete bieten keinen Schutz. Sie bewirken lediglich eine diffuse Reflexion der aufprallenden Regentropfen.

Spritzwasserschutz wird zwar in DIN 18 195 (Bauwerksabdichtungen) nicht beschrieben, in den Prinzipskizzen jedoch berücksichtigt. Danach ist mindestens ein Sockelbereich von 0,30 m über Geländeoberkante zu schützen. Die Oberkante des Sockelschutzes endet an einer horizontalen, durch das ganze Außenmauerwerk reichenden Sperrschicht gegen aufsteigende Feuchtigkeit (siehe Abschnitt B.2.3.1). Der Sockelschutz stellt praktisch eine Verlängerung des Feuchtigkeitsschutzes der erdberührten Außenmauerwerksteile über die Geländeoberkante dar, muß aber nicht wie dieser ausgeführt werden, wenn im Sockelbereich ausreichend wasserabweisende Bauteile verwendet sind, z.B. mit Sperrmörtel vermauerte Vor-

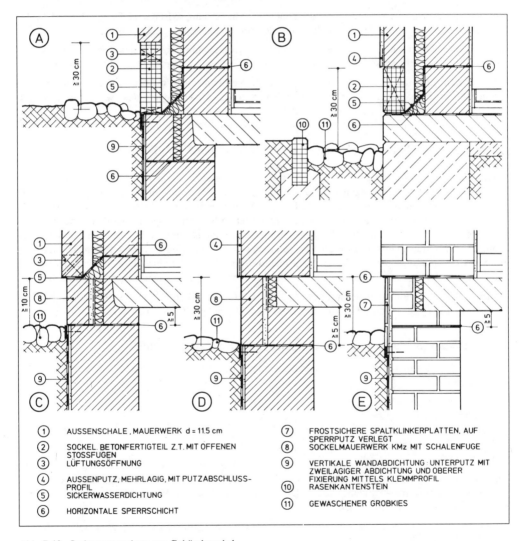

①	AUSSENSCHALE, MAUERWERK d = 11,5 cm
②	SOCKEL, BETONFERTIGTEIL Z.T. MIT OFFENEN STOSSFUGEN
③	LÜFTUNGSÖFFNUNG
④	AUSSENPUTZ, MEHRLAGIG, MIT PUTZABSCHLUSS-PROFIL
⑤	SICKERWASSERDICHTUNG
⑥	HORIZONTALE SPERRSCHICHT
⑦	FROSTSICHERE SPALTKLINKERPLATTEN, AUF SPERRPUTZ VERLEGT
⑧	SOCKELMAUERWERK KMz MIT SCHALENFUGE
⑨	VERTIKALE WANDABDICHTUNG, UNTERPUTZ MIT ZWEILAGIGER ABDICHTUNG UND OBERER FIXIERUNG MITTELS KLEMMPROFIL
⑩	RASENKANTENSTEIN
⑪	GEWASCHENER GROBKIES

Abb. B.18 Spritzwasserschutz am Gebäudesockel

mauer- oder Klinkermauerziegel, Sperrputze oder angemörtelte Sockelbekleidungen z.B. aus frostbeständigen keramischen Spaltplatten. Bei angemörtelten Spaltplattenbekleidungen ist auf ausreichende Verbindung mit dem Mauerwerk und sorgfältige Planung von Dehnfugen zur Aufnahme von Formänderungen aus Temperaturdehnungen zu achten. Ein besonderer Problempunkt ist der Anschluß des Feuchtigkeitsschutzes der erdberührten Mauerwerkswände an den Spritzwasserschutz des Sockels (Abschnitt B.2.2.4). Die Abdichtung der erdberührten Wände ohne besondere konstruktive Maßnahme am Sockel enden zu lassen, birgt die Gefahr, daß, falls sie sich löst, Wasser von oben hinter die Abdichtung gelangen kann. Eine handwerklich anspruchsvolle Lösung dieses Anschlußproblems ist in **Abb. B.18 C-E** gezeigt: Die Abdichtung wird direkt unter oder im geschützten Sockelbereich auf einen durchgehenden Festflansch geführt und mittels Losflansch fixiert. Besteht die Möglichkeit einer konstruktiven Verbindung zwischen senkrechter Feuchtigkeitsisolierung und einer horizontalen Abdichtung gegen aufsteigende Feuchtigkeit, so sollte letztere außen mit entsprechendem Überstand eingebaut werden und dieser Überstand nach dem Herstellen der Außenisolierung über diese nach unten geschlagen und so fixiert werden, daß die obere Abschlußkante der Vertikalisolierung geschützt wird **(Abb. B.18A)**.

Werden Sockel nicht aus wasserabweisenden Baustoffen hergestellt, so ist nach DIN 18 195 Teil 4 die Abdichtung der erdberührten Außenwände hinter der Sockelbekleidung hochzuziehen.

Bei Gebäudesockeln mit auf Geländeniveau liegenden Erdgeschoßfußböden fallen Probleme des Wärmeschutzes, des Spritzwasserschutzes und des Schutzes gegen aufsteigende Feuchtigkeit zusammen.

Bei zweischaligem Mauerwerk mit Luftschicht kann die Verblendschale im Spritzwasserbereich einen zusätzlichen Spritzwasserschutz ersetzen. Die üblichen konstruktiven Regeln des zweischaligen Mauerwerks sind zu beachten (siehe Abschnitt B.2.2.3).

2.3 Schutz von Mauerwerk gegen Bodenfeuchtigkeit

Bodenfeuchtigkeit im Sinne der DIN 18 195 Teil 4 ist im Boden vorhandenes, kapillargebundenes und durch Kapillarkräfte auch entgegen der Schwerkraft fortleitbares Wasser (Bodenfeuchtigkeit, Saugwasser, Haftwasser, Kapillarwasser) und das aus Niederschlägen stammende nicht stauende Sickerwasser an senkrechten Wandbauteilen. Bodenfeuchtigkeit ist immer vorhanden. Nur wenn der Baugrund bis in ausreichende Tiefe unter Fundamentsohle aus nichtbindigen Bodenarten besteht und auch das Hinterfüllmaterial keine bindigen Bestandteile enthält, darf man nur mit Bodenfeuchtigkeit rechnen. Schon bei besonderen Geländeformen muß man sich auf nichtdrückendes Wasser einstellen. Abdichtungen gegen diese Beanspruchungsart müssen höheren Anforderungen genügen als jene gegen Bodenfeuchtigkeit.

Bodenfeuchtigkeit kann in ungeschütztes Mauerwerk infolge kapillarer Saugwirkung seitlich (seitliche Bodenfeuchtigkeit) und von unten (aufsteigende Bodenfeuchtigkeit) eindringen.

2.3.1 Schutz von Mauerwerk gegen aufsteigende Bodenfeuchtigkeit

Nach DIN 18 195 Teil 4, Abschnitt 6.2, sind als Schutz gegen aufsteigende Feuchtigkeit waagrechte Abdichtungen aus

- Bitumendachbahnen
- Dichtungsbahnen
- Dachdichtungsbahnen oder
- Kunststoffdichtungsbahnen
möglich.

Die Bahnen sind einlagig mit einer Stoßüberdeckung von 0,20 m lose auf völlig ebener Mauerwerksfläche zu verlegen. Stöße dürfen verklebt werden. Die Auflagerfläche für die Abdichtung ist durch Mörtel der Gruppen II, IIa oder III abzugleichen.

Bei unterkellerten Gebäuden sind in der Regel horizontale Abdichtungen an folgenden Stellen erforderlich **(Abb. B.19A)**:

● **Bei Außenwänden**

1. ca. 0,10 m über OK Kellerfußboden (bei Kellern mit untergeordneter Nutzung wird eine Durchfeuchtung der untersten Mauerschicht in Kauf genommen),
2. eine Lagerfuge oder mindestens 0,05 m unter dem Deckenauflager (um Beschädigungen beim Herstellen der Betondecke zu vermeiden),
3. mindestens 0,30 m über Geländeoberkante (bei geneigtem Gelände ist die Abdichtung in Stufen zu führen).

Die Abdichtungen zu 2 und 3 können zusammenfallen.

● **Bei Innenwänden**

ca. 0,10 m über OK Kellerfußboden.

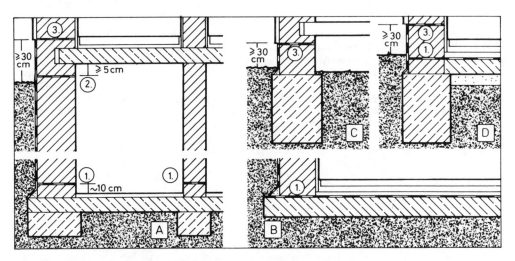

Abb. B.19   Horizontale Sperrschichten (siehe Texterläuterungen)

Die unterste horizontale Abdichtung darf dann in der untersten Lagerfuge liegen, wenn das Mauerwerk auf einer Fundamentplatte steht und der Kellerfußboden gegen aufsteigende Feuchtigkeit durch eine vollflächige Abdichtung geschützt wird. Diese wird unter dem Mauerwerk bis auf die Fundamentaußenkanten **(Abb. B.19B)** geführt. Im Bereich des darauf stehenden Mauerwerks übernimmt sie auch dort die Funktion der untersten horizontalen Abdichtung.

Bei nichtunterkellerten Gebäuden hängt die Lage und Anzahl der horizontalen Abdichtungen von der Höhenlage des Erdgeschoßfußbodens in bezug auf die Geländeoberkante und der Raumnutzung im Innern ab **(Abb. B.19C, D)**.

2.3.2 Schutz von Mauerwerk gegen seitliche Bodenfeuchtigkeit

Nach DIN 18 195 Teil 4, Abschnitt 6.3, dürfen für Abdichtungen von Außenwandflächen je nach Beanspruchung verwendet werden:

– Deckaufstrichmittel, die in mehreren Arbeitsgängen zusammenhängend und deckend aufzutragen sind

– kalt zu verarbeitende Spachtelmassen, die in der Regel zweischichtig auf das ebene, trockene und staubfreie und mit einem Voranstrich behandelte Mauerwerk aufzubringen sind

– Bitumenbahnen nach DIN 18 195 Teil 2 und

– Kunststoff-Dichtungsbahnen.

In allen Fällen muß das Mauerwerk voll und bündig verfugt sein. Bei porigen Baustoffen sind die Außenwandflächen mit Mörtel der Gruppen II oder III zu ebnen und abzureiben.

Tabelle B.3 Sonderkonstruktionen bei Bauwerksabdichtungen
(Zusammenstellung von Maßnahmen nach DIN 18195 Teil 8 und 9)

Konstruktive Problempunkte bei Bauwerksabdichtungen	Sonderkonstruktionen bei Bauwerksabdichtungen gegen . . .		
	Bodenfeuchtigkeit (DIN 18195 Teil 4)	nichtdrückendes Wasser (DIN 18195 Teil 5)	von außen drückendes Wasser (DIN 18195 Teil 6)
Abdichtungen über Bewegungsfugen (DIN 18195 Teil 8) Fugen Typ I (langsam ablaufende und einmalige oder selten wiederholte Bewegungen)	A. Bewegungen bis 5 mm – bei Flächenabdichtungen aus Bitumenwerkstoffen: 1 Lage Bitumen-Dichtungs- oder Schweißbahnen b=500 mm mit Gewebe- oder Metallbandeinlage. Bei Flächenabdichtungen aus Kunststoffdichtungsbahnen sind diese unverstärkt über die Fugen zu ziehen.	B. Bei Flächenabdichtungen aus Bitumenwerkstoffen: Abdichtungen sind über den Fugen eben durchzuziehen und durch mindestens 300 mm breite Streifen aus Kupferband, $d \geq$ 0,2 mm, Edelstahlband, $d \geq$ 0,05 mm, Elastomerbahnen, $d \geq$ 1 mm, Kunststoffdichtungsbahnen, $d \geq$ 1,5 mm, Bitumenbahnen mit Polyestervlieseinlage, $d \geq$ 3 mm zu verstärken.	C. Flächenabdichtungen sind über den Fugen durchzuziehen und durch mindestens 2 Streifen, $b \geq$ 300 mm, aus Kupferband $d \geq$ 0,2 mm, Edelstahlband, $d \geq$ 0,05 mm, oder Kunststoff-Dichtungsbahnen, $d \geq$ 1,5 mm (mindestens 3lagig), zu verstärken, Verstärkungsstreifen immer außen und mit Zulagen aus Bitumenbahnen geschützt.
Abdichtungen über Bewegungsfugen (DIN 18195 Teil 8) Fugen Typ II (schnell ablaufende oder häufig wiederholte Bewegungen)	D. Bewegungen über 5 mm – Abdichtungen über den Fugen wie Konstruktionsbeispiel B.	E. Im Einzelfall festzusetzen, z.B.: Unterbrechung der Flächenabdichtungen und schlaufenartige Anordnung von Verstärkungsstreifen oder Los- und Festflanschkonstruktionen	F. Sonderkonstruktionen, z.B.: Los- und Festflanschkonstruktionen, ggf. als Doppelkonstruktionen.
Anschlüsse an Durchdringungen (DIN 18195 Teil 9)	G. Bei Aufstrichen und Spachtelmassen aus Bitumen: Spachtelbare Stoffe oder Manschetten. Bei Abdichtungsbahnen: Klebeflansch und Anschweißflansch oder Manschette und Schelle.	H. Klebeflansche, Anschweißflansche, Manschetten, Manschetten mit Schellen oder Los- und Festflanschkonstruktionen.	I. Los- und Festflanschkonstruktionen.
Übergänge (DIN 18195 Teil 9)	J. –	K. Klebeflansche, Anschweißflansche, Klemmschienen, Los- und Festflanschkonstruktionen.	L. Los- und Festflanschkonstruktionen ggf. als Doppelflansche mit Trennleiste.
Abschlüsse DIN 18195 Teil 9	M. Abdichtungen aus Bahnen: Einziehen in eine Nut oder Klemmschienenanordnung.	N. Wie M. oder konstruktiv abzudecken. Abdichtungen sind mindestens 150 mm über auf ihnen liegenden Belägen hochzuziehen.	D. Wie N.

Anforderungen an den Untergrund:
- ausreichende Festigkeit (Mörtel)
- staub- und schmutzfrei
- eben
- trocken (sofern nicht für feuchten Untergrund geeignete Aufstrichmittel verwendet werden).

Sonstige Anforderungen:
- Vertikale Abdichtungen müssen lückenlos an die horizontalen Abdichtungen nach Abschnitt B.2.2.1 anschließen
- Beim Verfüllen der Arbeitsräume darf die Abdichtung nicht verletzt werden (schutt- und gesteinsfreier Hinterfüllboden). Gegebenenfalls sind Schutzmaßnahmen zum vorübergehenden Schutz der Abdichtung während der Bauzeit oder Schutzschichten zum dauernden Schutz vorzusehen (DIN 18 195 Teil 10).
- Bei Fundament- oder Sohlplattenüberständen oder ähnlichen Anschlüssen horizontaler Bauteile sollen Kehlen (Durchmesser 8 cm), ggf. aus Mörtel, hergestellt werden, um einen kontinuierlichen Übergang der Abdichtung auf die horizontale Fläche zu ermöglichen
- Bei vertikalen Mauerwerksvorsprüngen (Lisenen) sollten bei den Innenecken ausgerundete Kehlen vorgesehen werden
- Die abzudichtenden Außenwände sollten möglichst wenig gegliedert sein.

Als besonderes Problem hat sich in der Praxis der obere Abschluß der vertikalen Außenwandabdichtungen erwiesen. Löst die Abdichtung sich dort vom Mauerwerk ab, so entsteht in der Regel eine Feuchtigkeitsbrücke. Die Abdichtung einfach oben aufhören zu lassen bedeutet, diesen Mangel vorzuprogrammieren. Als sicherste Lösung gilt die Sicherung des obersten Bereichs der Abdichtung mittels Fest- und Losflansch bzw. Klemmprofilen nach DIN 18 195 Teil 9. Möglich ist auch der Schutz der Oberkante der Abdichtung durch eine nach außen überstehende und dann nach unten umgeschlagene und mit der vertikalen Abdichtung verklebte horizontale Sperrschicht.

Überlappende Verklebung ist auch am Fundamentanschluß mit der ersten horizontalen Sperrlage empfehlenswert.

Abschlüsse, Übergänge, Durchdringungen und Fugen erfordern besondere konstruktive Maßnahmen (Tabelle B.3).

2.4 Schutz von Mauerwerk gegen nichtdrückendes Wasser

Nichtdrückendes Wasser kommt u.a. als Niederschlags-, Sicker- oder Brauchwasser in tropfbarer, flüssiger Form vor. Auf Abdichtungen übt es keinen oder nur kurzzeitig einen geringen hydrostatischen Druck aus.

Es werden nur die für den Mauerwerksbau wesentlichen Aspekte der DIN 18 195 Teil 5 — Bauwerksabdichtungen; Abdichtungen gegen nichtdrückendes Wasser — dargestellt.

Die Norm unterscheidet nach den auf eine Abdichtung einwirkenden Beanspruchungen aus Verkehrslasten, Temperatur und Wasser in mäßig und hoch beanspruchte Abdichtungen. Die Ausführung der Abdichtungen ist den Beanspruchungen anzupassen (genauere Angaben siehe DIN 18 195 Teil 5).

Zur Ausführung der Abdichtungen werden folgende Materialien vorgeschlagen:
- nackte Bitumenbahnen und Glasvlies-Bitumendachbahnen, verklebt mit Stoßüberdeckungen von mindestens 0,10 m, mehrlagig
- Glasvlies-Bitumendachbahnen, verklebt mit Stoßüberdeckungen von mindestens 0,10 m, mehrlagig
- Bitumen-Dichtungsbahnen, Dachdichtungs- oder Schweißbahnen, bei denen mindestens eine Lage Gewebe- oder Metallbandeinlagen besitzen muß. Bitumen-Dichtungs- und Dachdichtungsbahnen sollen Deckaufstriche erhalten
- Kunststoff-Dichtungsbahnen aus PIBC (PIB = Polyisobutylen), ECB (Ethylen-Cop.-Bitumen) oder PVC weich
- Metallbänder in Verbindung mit Bitumenbahnen.

Anforderungen an die Abdichtungen:

— Unempfindlichkeit gegen natürliche und durch Lösungen aus Beton und Mörtel entstandene Wässer
— Überbrückung von Schwindrissen bis zu einer maximalen Breite von 2 mm und einem maximalen Rißkantenversatz von 1 mm
— Unempfindlichkeit gegen Bauwerksbewegungen. Gegebenenfalls sind zusätzliche konstruktive Maßnahmen zu planen.

Wichtige Voraussetzung für die Dauerhaftigkeit und Dauerwirksamkeit der Abdichtungen sind planerische Berücksichtigung der später wirkenden Beanspruchungen und ein einwandfreier Zustand des Untergrunds, der die Abdichtungen trägt (keine klaffenden Risse, keine Nester, keine scharfen Grate, Trockenheit, gerundete Kehlen und Kanten).

2.5 Schutz von Mauerwerk gegen von außen drückendes Wasser

Drückendes Wasser übt auf Abdichtungen hydrostatischen Druck aus. Von außen drückendes Wasser kann unterschiedlicher Herkunft sein, z.B. hoher Grundwasserstand, Baugrund aus bindigem Boden oder mit wasserführenden Schichten, Hanglagen.

Nach DIN 18 195 Teil 6 — Bauwerksabdichtungen; Abdichtungen gegen von außen drückendes Wasser — werden nur bahnenförmige Abdichtungen empfohlen (genauere Angaben siehe dort).

Es werden an die Abdichtungen folgende Anforderungen gestellt:

— Unempfindlichkeit gegen natürliche oder durch Lösungen aus Beton oder Mörtel entstandene Wässer
— Ausführung einer geschlossenen Wanne, die das Bauwerk allseitig umschießt
— Abdichtungsoberkante bei nichtbindigem Boden mindestens 0,30 m über höchstem Grundwasserstand
— Abdichtungsoberkante bei bindigem Boden mindestens 0,30 m über geplantem Geländeniveau
— Unempfindlichkeit gegen Bauwerksbewegungen. Gegebenenfalls sind besondere konstruktive Maßnahmen vorzusehen.
— Überbrückung von Schwindrissen bis zu einer maximalen Breite von 5 mm und einem maximalen Rißkantenversatz von 2 mm.

Voraussetzung für die Dauerhaftigkeit und die Dauerwirksamkeit der Abdichtungen sind die planerische Berücksichtigung der auf die Abdichtung einwirkenden Beanspruchungen und die Einhaltung einer Reihe von Bedingungen für die Ausführung der die Abdichtung tragenden oder an sie angrenzenden Bauteile:

— keine Übertragung von planmäßigen Kräften auf die Abdichtung parallel zur Abdichtungsebene
— Untergründe sollen fest, trocken und frei von Nestern, Graten und klaffenden Rissen sein
— Kehlen und Kanten sind mit einem Durchmesser von 80 mm zu runden
— Gliederung der abzudichtenden Flächen möglichst gering
— das Ablösen der Abdichtung vom Untergrund kann z.B. durch Schutzschichten aus Mauerwerk (**Abb. B.20**) verhindert werden
— gegen Abdichtungen ist hohlraumfrei zu mauern oder zu betonieren. Insbesondere auf der druckwasserabgewandten Seite sind Hohlräume, in die die Abdichtung eingepreßt werden könnte, unzulässig.

2.6 Schutzschichten vor senkrechten Bauwerksabdichtungen

Gegen schädigende Einflüsse aus mechanischen und thermischen Beanspruchungen müssen Abdichtungen geschützt werden. Die Schutzschichten selbst müssen gegen diese Beanspruchungen widerstandsfähig sein.

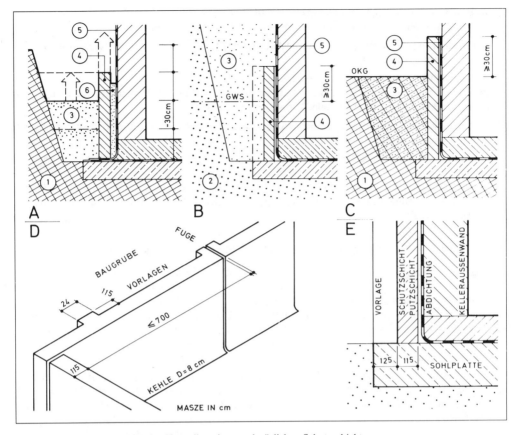

Abb. B.20 A Arbeitsprozeß beim Herstellen einer nachträglichen Schutzschicht
B/C Höhe von senkrechten Abdichtungen und Schutzschichten
D/E Freistehende Schutzschichten aus Mauerwerk
1 bindiger Boden, 2 wasserdurchlässiger Boden, 3 Hinterfüllboden, 4 Schutzschicht aus Mauerwerk, 5 Abdichtung, 6 Mörtelhinterfüllung

2.6.1 Schutzschichten aus Mauerwerk

Senkrechte Abdichtungen können nach DIN 18 195 Teil 10 unter anderem durch Schutzschichten aus Mauerwerk geschützt werden. Es werden je nach den bautechnischen Erfordernissen und Möglichkeiten zwei Ausführungsarten beschrieben:

1. Die Schutzschicht wird nach Fertigstellung der Abdichtung ausgeführt.
2. Freistehende Schutzschichten dienen als Abdichtungsrücklage.

Die Abdichtung wird auf die Schutzschicht aufgebracht und die zu schützenden Bauteile anschließend dagegengesetzt. Nach DIN 18 195 werden folgende Anforderungen an Schutzschichtkonstruktionen aus Mauerwerk gestellt:

— Mauerwerksschalen müssen 115 mm dick in MG II, IIa oder III nach DIN 1053 Teil 1 hergestellt werden
— Senkrechte Schutzschichten sind von waagerechten und geneigten Bauteilen durch Fugen mit Einlagen zu trennen
— Senkrechte Schutzschichten müssen im Abstand von höchstens 7 m durch senkrechte Fugen getrennt werden. Die Fugen sollen Einlagen erhalten, die auch den Bereich von Kehlen erfassen.

– An Ecken sind senkrechte Schutzschichten zu trennen.
– Gegen Abdichtungen ist hohlraumfrei zu mauern oder zu betonieren.

Bei der Ausführung von nachträglich gegen die Abdichtung gesetzten Mauerwerksschutzschichten ist folgendes zu beachten (**Abb. B.20**):

– Abschnittweise Hinterfüllung bzw. Abstützung
– Zwischen Schutzschicht und Abdichtung soll eine 40 mm dicke Fuge hohlraumfrei (Gießverfahren mit Mörtel der Mörtelgruppen II, IIa oder III) ausgeführt werden.

Freistehende Schutzschichten, die vor Herstellung der Abdichtung ausgeführt werden, müssen folgenden Anforderungen entsprechen (**Abb. B.20**):

– Standsicherheit. Die Standsicherheit darf durch Vorlagen von höchstens $b/d = 240/115$ mm verbessert werden
– Die abdichtungsseitige Fläche des Mauerwerks ist 10 mm dick und glatt abgerieben zu putzen. Putzart MG II. Ecken, Kanten und Kehlen sind abzurunden. Kehlen sollen einen Ausrundungsdurchmesser von 80 mm erhalten.

2.6.2 Sonstige Schutzschichten vor senkrechten Mauerwerksabdichtungen

Sonstige Schutzschichten vor senkrechten Mauerwerksabdichtungen müssen den oben beschriebenen allgemeinen Anforderungen genügen. Schutz gegen mechanische Beschädigungen von Abdichtungen gegen Bodenfeuchtigkeit bieten Grundmauerschutzmatten aus unverrottbaren synthetischen Geweben, die mit ihren Oberkanten in den frischen, heißflüssigen Deckanstrich eingedrückt und fixiert werden. Gleiche Funktionen haben Bitumenwellplatten, außen vor die Abdichtung gestellt. In Verbindung mit einer wirkungsvollen Drainage kann man mittels Bitumenwellplatten als Drainageplatten auch die Entstehung von drückendem Wasser in bestimmten Situationen verhindern (siehe Abschnitt B.2.7).

Schutzschichten aus Betonplatten oder Betonwinkelplatten, die vor Herstellung der Abdichtung errichtet werden und als Abdichtungsrücklage dienen, müssen standfest und unverschieblich sein. Die Fugen sollen mit Mörtel der Gruppe III ausgedrückt werden und auf der Seite der Abdichtung bündig mit den Betonoberflächen abschließen.

2.7 Drainagen

Drainagen nach DIN 4095 sollen das Entstehen hydrostatischen Drucks auf Mauerwerksabdichtungen verhindern. Hydrostatischer Druck entsteht z.B. durch Stauwasser, das sich in den Hohlräumen des hinterfüllten Arbeitsraumes bei Baugrund aus bindigen Böden sammelt, bei wasserundurchlässigen und wasserführenden Bodenschichten und beim Auftreten von Hangwasser (**Abb. B.3**).

Drainagen können wasserdruckhaltende Dichtungen, wo sie notwendig sind, nicht ersetzen. Nur dort sind sie als Zusatzmaßnahmen bei Abdichtungen gegen Bodenfeuchtigkeit oder gegen nichtdrückendes Wasser sinnvoll, wo nur kurzzeitig mit Stauwasser zu rechnen ist, der Baugrund also eine gewisse Durchlässigkeit besitzt. Bei fehlerhaften und nicht funktionierenden Drainagen ist der Schaden am Bauwerk, das nur gegen Bodenfeuchtigkeit oder nichtdrückendes Wasser abgedichtet ist, in der Regel vorprogrammiert.

Voraussetzung für die Funktionsfähigkeit von Drainagen sind folgende Bedingungen:

– Ausreichendes Gefälle der Drainrohre (1 bis 2%)
– Vollständiges Abführen des Wassers am besten mit natürlichem Gefälle in eine vorhandene Vorflut. Vor Einleitung in Regenwasserkanalisationen soll ein zu reinigender Sandfang zwischengeschaltet werden. Drainagen, die zu tief liegen, um mit natürlichem Gefälle das anfallende Wasser abführen zu können, dürfen in einen Revisionsschacht geführt werden, aus dem das Wasser mittels einer schwimmerbetätigten automatischen Tauchpumpe auf das erforderliche Abflußniveau gehoben wird. Die Funktionsfähigkeit der Drainage ist dann allerdings mit dem Risiko eines Pumpenausfalls behaftet.

— Einbettung der Drainrohre in Filterkiespackungen, z.B. aus Grobkies oder Filterschlacke, die ggf. zur Vermeidung der Gefahr des Zuschlämmens mit feinkörnigen Bodenbestandteilen mit wasserdurchlässigen, unverrottbaren Vliesen abgedeckt werden können

— Funktionsfähige Sickerschicht zur senkrechten Ableitung des Sickerwassers zur Drainage hin. Die Funktion der Sickerschicht kann auch durch unvermörtelt vor die Abdichtung gesetzte Lochsteine oder Drainplatten bewirkt werden. Bei der Verwendung von Lochsteinen ist allerdings auf Frostsicherheit im frostgefährdeten Bodenbereich zu achten (**Abb. B.21**).

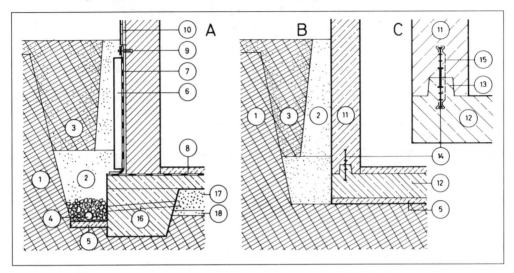

Abb. B.21 Drainage (Prinzipskizzen)

A Mauerwerksbau mit Streifenfundament und Sohlplatte, Verbindung von horizontaler und vertikaler Abdichtung

B „Weiße Wanne" aus wasserundurchlässigem Beton

C Detail der Arbeitsfuge zu B.

1 gewachsener, bindiger Boden, 2 Filterschicht, 3 Hinterfüllboden, 4 Drainagerohr mit Filterkiespackung, 5 Magerbetonsohle, 6 Sickerplatte oder Sickerschicht, 7 vertikale Abdichtung, 8 horizontale Abdichtung, 9 Fixierung des obersten Rands der vertikalen Abdichtung, 10 Spritzwassersockel, 11 Stahlbeton, wasserundurchlässig, 12 wie 11, 13 Betonaufkantung, 14 Arbeitsfugenband, 15 Fugenbandhalter, 16 Entwässerungsröhrchen, 17 Flächenfilter, sandiger Kies, 18 Filtersand.

2.8 Sonstige bauliche Schutzmaßnahmen gegen Feuchtigkeit

In Mauerwerk einbindende Bauteile, die direkt oder indirekt durch Feuchtigkeit zerstört werden können, müssen durch besondere konstruktive oder/und chemische Maßnahmen geschützt werden.

Holzbauteile sind besonders gefährdet. Direkte Berührungsflächen zwischen Holz und Mauerwerk bzw. anderen Massivbauteilen sollten vermieden bzw. dort, wo unvermeidlich, durch eine Feuchtigkeitssperrschicht (z.B. nackte Bitumenpappe) abgesperrt werden.

Beispielhaft werden hier zwei charakteristische Fälle dargestellt.

1. Holzbalkenauflager in einer Außenwand (**Abb. B.22**) [B.11], [B.12].
   Der Balkenkopf soll ringsum zur Vermeidung von Kontakten mit dem Mauerwerk zu diesem 10 bis 20 mm Abstand haben. Die Auflagerfläche wird durch eine Bitumen- oder Teersonderdachpappe geschützt. Falls seitlich konstruktive Verbindungen zum Mauerwerk erforderlich sein sollten, so ist auch hier auf Vermeidung von Feuchtigkeitsbrücken zu achten. Sinnvoll ist eine Verbindung dieses Luftpolsters mit der Raumluft oder den Balkenzwischenräumen, um stehende Luft zu vermeiden und Dampfdruckausgleich zu ermöglichen. Der in der Mauerwerksaussparung liegende Balkenkopf soll, vor allem im Bereich der Hirnholzfläche, besonders intensiven chemischen Holzschutz erhalten.

Da das Mauerwerk wegen seiner Schwächung im Bereich der Balkenauflagertasche dort in der Regel keine ausreichende Wärmedämmung bringt, sollte die Aussparung mit unverrottbaren Wärmedämmplatten ausgekleidet werden.

2. Bei Verkleidungen massiver Wände mittels Holz und Holzwerkstoffen gelten prinzipiell die nachstehend aufgeführten Regeln:

— Keine direkten Kontakte zwischen Holzbauteilen und dem potentiell feuchten Mauerwerk (Abb. B.23)
— Belüftung von Hohlräumen (Abb. B.23a)
— Bei nicht belüfteten Hohlräumen, insbesondere an Außenwänden, sollte auf der Mauerwerksinnenseite eine Dampfsperre vorgesehen werden, damit bei Austrocknungsvorgängen (Baufeuchte) der Hohlraum trocken bleibt (Abb. B.23b)
— Bei innenliegender Wärmedämmung im Hohlraum zwischen Mauerwerk und Verkleidung soll die Wärmedämmung beidseits von Dampfsperrbahnen eingeschlossen werden (Abb. B.23c). Wärmedämmungen sollten bei Neubauten allerdings nicht auf der Innenseite einer Außenwand angeordnet werden. Der Taupunkt der Außenwand liegt dann zu weit innen, möglicherweise sogar an der Grenzfläche zwischen Mauerwerksinnenseite und Wärmedämmung. Bei hoher relativer Luftfeuchte in den Innenräumen und schlechter Lüftung kann dann dort Kondensat entstehen.

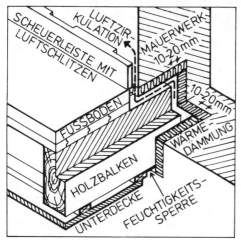

Abb. B.22 Konstruktiver Holzschutz,
Holzbalkenauflager im Mauerwerk

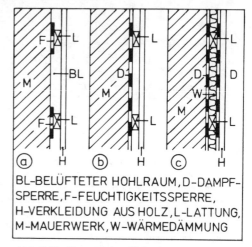

BL-BELÜFTETER HOHLRAUM, D-DAMPF-
SPERRE, F-FEUCHTIGKEITSSPERRE,
H-VERKLEIDUNG AUS HOLZ, L-LATTUNG,
M-MAUERWERK, W-WÄRMEDÄMMUNG

Abb. B.23 Konstruktiver Holzschutz
bei Innenverkleidungen

In Mauerwerk einbindende Stahlbauteile müssen einen Korrosionsschutz erhalten. Art und Intensität des Korrosionsschutzes richten sich nach der Art und Intensität der Beanspruchung [B.13].

Bei Stahlteilen im Freien bzw. in feuchten Räumen sollen folgende Korrosionsschutzverfahren Anwendung finden, falls nicht ohnehin rostfreier Stahl verwendet wird:

— Feuerverzinkung
— Spritzverzinkung mit porenfüllendem Deckanstrich
— Mehrfachanstriche (Grundanstrich u. Deckanstrich).

Im Innern von Gebäuden liegende Stahlbauteile, die durch Verkleidungen vor feuchter Luft geschützt sind, brauchen nur einen Grundanstrich mit einer Schichtdicke von 40 μm zu erhalten.

Verankerungen von Außenschalen an tragenden Innenschalen und die Abfangungen von Außenschalen sind nach Fertigstellung der Außenschalen nicht mehr zugänglich, können daher nicht überwacht und gewartet werden. Aus Gründen des Korrosionsschutzes sollte für diese Stahlteile daher Edelstahl (V IV A) verwendet werden, will man jegliches Risiko ausschließen. Bei den relativ großen Werkstoffdicken der Abfangekonstruktion wären auch feuerverzinkte Stahlteile denkbar, da ein Durchrosten unwahrscheinlich ist.

3 Wärmeschutz

3.1 Allgemeines

Die Vorschriften im Bereich des Wärmeschutzes (Energieeinsparungsgesetz, Wärmeschutzverordnung und DIN 4108) sind vielfältig, sollten aber dem Planer den Blick auf Selbstverständliches nicht verstellen. Die triviale Feststellung, Wärmeschutz sei mehr als nur die Verordnung von Wärmedämmaterialien, soll das Anliegen deutlicher machen, um das es hier geht: Wärmeschutz im Sinne der o.a. Vorschriften ist nur ein Teilaspekt der dem Planer obliegenden Aufgabe, haushälterisch mit Energie umzugehen. Die Komplexität des Wärmeschutzes wird vernachlässigt, wenn die Industrie bei ihrem Kampf um Marktanteile über Gebühr kleine Wärmeleitzahlen und hohe Wärmedämmwerte in ihrer Werbung herausstellt. Sie bietet produktbezogene Interpretationen der Vorschriften und eine Palette fertig berechneter Konstruktionsvarianten. Es wird im Rahmen dieses Buches daher auf die Rechen- und Bemessungsbeispiele verzichtet, dagegen auf die Besonderheiten hingewiesen, die DIN 4108 hinsichtlich des Mauerwerksbaues enthält. Als ein besonderes Problem werden Wärmebrücken im Mauerwerksbau etwas intensiver behandelt.

In anderem Zusammenhang (siehe Abschnitt B.2.2) ist auf traditionelle ländliche Bauformen hingewiesen worden, die im Laufe ihrer Entwicklung zu bauphysikalisch sinnvollen Strukturen wurden. Nicht nur die Gebäude selbst, sondern auch das geschickte Ausnutzen geographischer Gegebenheiten lassen bei vielen älteren Anlagen das Bestreben erkennen, klimatische Ungunst (Wind, Kaltluftlagen usw.) zu vermeiden.

Grundsätzlich sollen, soweit dies möglich ist, folgende Aspekte hinsichtlich ihrer Auswirkungen auf die Energiebilanz eines Gebäudes berücksichtigt werden:

— Einpassung in die Landschaft (Hang-, Tal-, Kuppenlage)
— Windexposition (Hauptwindrichtung, jahreszeitliche Windrichtungen)
— Schlagregenexposition (Zusammenwirken von Windrichtung, Windstärke und Regenhäufigkeit)
— Himmelsrichtungen hinsichtlich des Sonnenstandes
— Klimagebiet (Durchschnittstemperatur, durchschnittliche Jahressonnenstundenzahl)
— Berücksichtigung von Bewuchs (Windschutz, Schattenwurf, Regenschutz)
— Bauweise (offen, geschlossen)
— Gebäudeform (Verhältnis Volumen/Außenfläche)
— Gebäudegröße (Verhältnis Volumen/Nutzfläche)
— Grundrißgestaltung (Nebenräume nach Norden und Osten)
— passive Sonnenenergienutzung
— Wärmerückgewinnung (Abwärme)
— Wärmedämmung/Wärmespeicherung
— Schlagregen- und Feuchtigkeitsschutz
— Heizung und Lüftung.

In DIN 4108 Teil 2 werden diese Aspekte größtenteils in allgemein gehaltenen Formulierungen ausgeführt, gehen jedoch substantiell nur zum Teil in die Norm ein. In der Literatur sind komplexe Betrachtungsweisen selten [B.15], [B.16]. Eine integrierte rechnerische Erfassung sämtlicher die Energiebilanz beeinflussender Faktoren gibt es nicht.

3.2 Winterlicher Wärmeschutz

Winterlicher Wärmeschutz wird nach DIN 4108 von folgenden Einflußgrößen bestimmt:

— Wärmedurchlaßwiderstand bzw. Wärmedurchgangskoeffizienten der Gebäudeaußenbauteile
— Schichtenaufbau der Außenbauteile
— Orientierung und Energiedurchlässigkeit der Fenster
— Luftdurchlässigkeit der Außenbauteile
— Raumlüftung.

Die einzuhaltenden Grenzwerte für den Wärmedurchlaßwiderstand bzw. den Wärmedurchgangskoeffizienten von Bauteilen sind nach Wärmeschutzverordnung und DIN 4108 Teil 2 und 4 festgelegt. Auf die derzeit geltenden Bestimmungen wird verwiesen. Grundsätzlich müssen auch für die „ungünstigsten Stellen" wie Wärmebrücken durch Mauerwerksschwächungen (z.B. Heizkörpernischen) die vorgeschriebenen Dämmwerte eingehalten werden, ggf. durch zusätzliche Dämmaßnahmen (siehe Abschnitt B.3.4).

Bei einschaligen Außen-Mauerwerkskonstruktionen und bei zweischaligen Konstruktionen ohne Luftschicht ist dem Schlagregenschutz (siehe Abschnitte B.2.1 und B.2.2) besondere Aufmerksamkeit zuzuwenden: Durchfeuchtete Wände haben verminderte Wärmedämmwerte.

Grundsätzlich sollen bei mehrschaligen Konstruktionen mit zusätzlicher Wärmedämmung die Dämmmaterialien (geringe Wärmeleitzahl) auf der Außenseite der tragenden Innenschale (Außendämmung) vorgesehen werden. Innendämmung kann im Sonderfall (z.B. zur Dämmung von Wärmebrücken) unumgänglich sein. Wird eine durchgehende Innendämmung geplant, so müssen die vor allem bei in Außenwände einbindenden Innenwände entstehenden geometrischen Wärmebrücken (siehe Abschnitt B.3.4) berücksichtigt werden.

Zweischalige Mauerwerkskonstruktionen mit Luftschicht und zusätzlicher Wärmedämmung und kerngedämmtes Mauerwerk sind wegen der ununterbrochenen Wärmedämmschichten und wegen der Möglichkeit, den Wärmedämmwert mehr durch die Dicke der Dämmschicht als durch die Dicke des Mauerwerks zu beeinflussen, günstiger als homogenes Mauerwerk, zweischaliges Mauerwerk ohne Luftschicht mit Schalenfuge und zweischaliges Mauerwerk mit Luftschicht ohne Zusatzdämmung. Das Problem der materialbedingten und auch der konstruktiven Wärmebrücken gibt es dort im allgemeinen nicht.

Bei der Berechnung des Wärmedurchlaßwiderstands von zweischaligen hinterlüfteten Konstruktionen dürfen Außenschale und Luftschicht nicht auf die vorhandene Wärmedämmung angerechnet werden. Ausgenommen ist zweischaliges Mauerwerk mit Luftschicht: Außenschale und Luftschicht dürfen nach DIN 4108 Teil 2, Abschnitt 5.2.2 und DIN 4108 Teil 4 zum Ansatz gebracht werden, da nur eine sehr geringe Konvektion vorhanden ist [B.7]. Gleiches gilt für mehrschalige Konstruktionen mit stehender Luftschicht.

Abb. B.24 zeigt eine schematische Auflistung von Mauerwerkskonstruktionen. Im folgenden wird auf besondere Problempunkte hingewiesen:

a) Einschalige Außenwände:
   Schlagregenschutz; geometrische, materialbedingte, konstruktionsbedingte Wärmebrücken.
b) Zweischalige Außenwände mit Putzschicht wie a):
   Ausführung der Putzschicht und der sie durchstoßenden Drahtanker; Verankerung der Außenschale; ggf. Abfangung der Außenschale; Dehnfugen der Außenschale; Sickerwasserdichtungen; Verformungsunterschiede der Schalen.
c) Zweischaliges Mauerwerk mit Luftschicht:
   Wärmebrücken; ausreichende Hinterlüftung der Außenschale; Freihalten des Luftraumes von Mörtelbrücken; Verankerung, Abfangungen und Dehnfugen der Außenschale; Sickerwasserdichtungen **(Abb. B.9)**.
d) Zweischaliges Mauerwerk mit Luftschicht und zusätzlicher Wärmedämmung:
   Ausreichende Hinterlüftung der Außenschale; Freihalten des Luftraumes von Mörtelbrücken; Verankerung, Abfangung und Dehnfugen der Außenschale; Sickerwasserdichtungen; Lückenlosigkeit und Befestigung der Dämmplatten.
e) Zweischaliges Mauerwerk mit Kerndämmung:
   Schlagregenschutz; Ausführung der Kerndämmung; Hydrophobierung bei Mineralwolledämmatten und Hyperlite-Schüttungen; Verankerung, Abfangung und Dehnfugen der Außenschale; Sickerwasserdichtungen; der mit Kerndämmaterial ausgefüllte Raum kann durch Mörtelwülste eingeengt werden (Wärmebrücken/Durchfeuchtung).
f) Zweischaliges Mauerwerk mit Wärmedämmung und hinterlüfteter Wetterschutzschale:
   Verankerung der Wetterschutzschale; Lückenlosigkeit und Befestigung der Wärmedämmung; Belüftung des Luftzwischenraumes.

g) Mauerwerk mit Thermohaut oder Wärmedämmputz:
   Gewährleistung der Dampfdiffusion; Schutz des Dämmsystems vor mechanischen Beschädigungen.
h) Einschaliges Mauerwerk mit Innendämmung:
   Wärmebrücken bei einbindenden Innenbauteilen; Dampfsperren; Wärmespeicherfähigkeit.

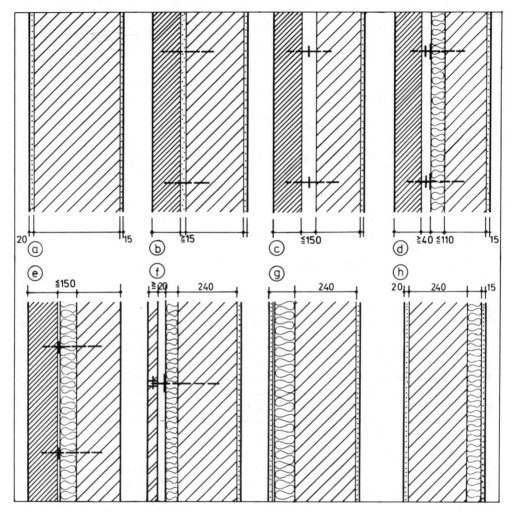

Abb. B.24 Mauerwerkskonstruktionen (Erläuterungen im Text; Maße in mm)

Tauwasserbildung auf der Innenseite von Außenwänden wird bei Einhaltung der vorgeschriebenen Wärmedämmwerte vermieden. Tauwasserbildung im Innern von Bauteilen ist unschädlich, wenn das Wasser wieder verdunsten kann (DIN 4108 Teil 3, Abschnitt 3.2.1).

3.3 Sommerlicher Wärmeschutz

Sommerlicher Wärmeschutz wird durch zwei Problemkomplexe bestimmt: Sonnenschutz und Wärme-speicherfähigkeit der Bauteile (**Abb. B.25**).

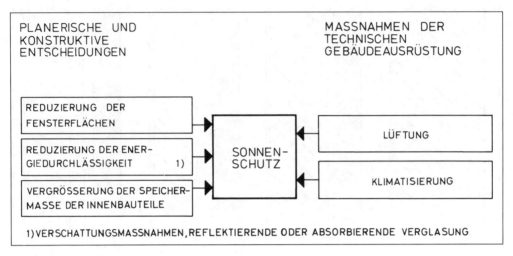

Abb. B.25 Sommerlicher Wärmeschutz durch Sonnenschutz

Entscheidend für die sommerliche Wärmeeinwirkung ist die Größe und Energiedurchlässigkeit der Fen-sterflächen. Wirksamster Sonnenschutz bei Fenstern ist durch außenliegende, dem Sonnenstand anpaß-bare Sonnenschutzanlagen zu erreichen. Bei der Planung soll auch die Himmelsrichtung beachtet wer-den. Ost- und Westseiten sind wegen des tiefen Sonnenstandes und der größeren Wirkung der senkrecht auf Wand- und Fensterflächen auftreffenden Wärmestrahlen besonders gefährdet. Im Tageslauf ergibt sich folgendes Bild: Vormittags werden nach Osten liegende Flächen stärker erwärmt, die Lufttemperatur steigt an. Gegen Mittag wird die Intensität der Sonnenstrahlung stärker, die Einwirkung auf die Außen-wände jedoch nimmt wegen des steileren Sonnenstandes ab, die Lufttemperatur nimmt weiter zu. Nach-mittags ist durch Lufterwärmung eine Erwärmung auch der westlichen Gebäudeseiten schon entstanden, wenn zusätzlich durch tiefstehende Sonne eine Aufheizung geschieht.

Als besonders wirksam für sommerlichen Wärmeschutz haben sich Hausbegrünungen erwiesen [B.8]. An dicht bewachsenen Fassaden sind Kühleffekte in einer Größenordnung von 10 bis 11°C gemessen wor-den. Die Kühlung beruht auf der Verschattung der Fassadenflächen und der Kühlwirkung bei den Ver-dunstungsvorgängen der Pflanzen.

Schwere Bauteile mit guter Wärmespeicherfähigkeit sind vor allem im Gebäudeinnern in der Lage, einen Ausgleich zwischen den Temperaturamplituden (Tageserwärmung und Nachtabkühlung) dadurch zu be-wirken, daß die Abkühlung bzw. Erwärmung der Bauteile mit zeitlicher Phasenverschiebung gegenüber der Erwärmung bzw. Abkühlung der Luft erfolgt. Die Wärmespeicherfähigkeit von Außenwänden mit In-nendämmung ist gering anzusetzen.

Bauteile aus Mauerwerk mit ihrer relativ großen Wärmespeicherfähigkeit bieten gute Voraussetzungen für wirkungsvollen sommerlichen Wärmeschutz.

3.4 Wärmebrücken. Allgemeines

Bauteile oder Bauteilzonen, durch die Wärme stärker fließt als durch benachbarte Zonen, nennt man Wärmebrücken. Es gibt

— materialbedingte

— konstruktionsbedingte und

— geometrisch bedingte Wärmebrücken.

Oft liegen diese Bedingungen beieinander und verstärken sich in ihrer Wirkung.

Ursachen **material**bedingter Wärmebrücken sind Bauteile oder Bauteilzonen aus Materialien mit höherer Wärmeleitzahl als in den angrenzenden Bereichen, wie z.B. bei der Verwendung von Mauerwerk mit größerer Tragfähigkeit unter Trägerauflagern **(Abb. B.26a)**.

Konstruktionsbedingte Wärmebrücken liegen bei Schwächungen von Außenwänden durch Installationsschlitze vor **(Abb. B.26b)** oder an Fensterleibungen und Fensterstürzen. Hier ist in der Regel auch noch die **geometrische** Komponente wirksam.

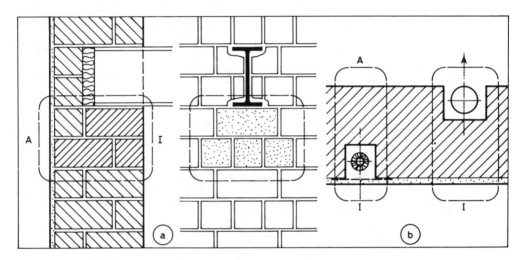

Abb. B.26 Wärmebrücken
a) Trägerauflager mit Mauerziegeln höherer Wärmeleitfähigkeit
b) Schwächung einer Außenwand durch Aussparungen

Eine klassische **geometrisch** bedingte Wärmebrücke ist die Gebäudeaußenecke. Einer sehr kleinen Innenwandfläche (Erwärmung) liegt dort eine sehr große Außenwandfläche (Abkühlung) gegenüber.

Das physikalische Phänomen der Wärmebrücke wird durch Darstellung des Temperaturverlaufs und des Wärmeflusses in den entsprechenden Bauteilen deutlich. Isothermen (Linien gleicher Temperatur) und Adiabaten (Linien gleichen Wärmestroms) sind in Wärmebrückenzonen deutlich verzerrt **(Abb. B.27)**. Aus dem Verlauf der Isothermen ist erkennbar, daß die Temperatur an den Bauteilinnenflächen im Wärmebrückenbereich niedriger ist als in den angrenzenden Zonen. Die Taupunkttemperatur verlagert sich aus dem Wandinnern an die innere Wandoberfläche. Wasserdampfkondensationen auf der Wandinnenfläche sind eventuell die Folge und damit Durchfeuchtung der Außenwand. Durch Wärmebrücken werden außerdem Energieverluste verursacht.

Schäden infolge Tauwasserbildung sind bei Wärmebrücken dann zu befürchten, wenn

- die Wärmedämmung zu knapp dimensioniert ist (im Sinne der DIN 4108)
- hohe relative Luftfeuchtigkeit im Gebäudeinnern existiert
- bei ungenügender Raumlüftung eine Abführung der feuchtigkeitsgesättigten Luft nicht erfolgt und
- bei unzureichender Raumheizung.

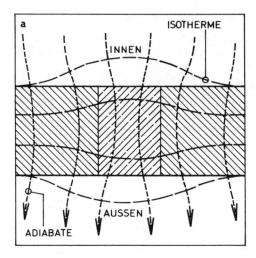 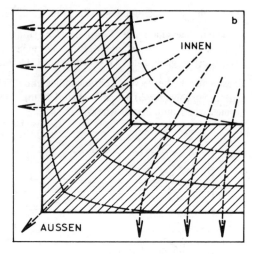

Abb. B.27 „materialbedingte" Wärmebrücke   b) „geometrisch bedingte" Wärmebrücke

Als besonderes Problem gilt die „geometrische" Wärmebrücke. Selbst bei Einhaltung der vorgeschriebenen Wärmedurchgangskoeffizienten für Außenwände wirkt eine Gebäudeecke als Wärmebrücke (**Abb. B.27**). Die Rechtsprechung stuft das Fehlen einer zusätzlichen Dämmaßnahme in diesem Bereich als Planungsfehler ein (Urteil OLG Hamm 21 U 225/80). DIN 4108 Teil 2 (8.81), Abschnitt 5.4, empfiehlt hingegen: „Ecken von Außenbauteilen mit gleichartigem Aufbau (wie die angrenzenden Bereiche) sind nicht als Wärmebrücken zu behandeln". Auf den Widerspruch zwischen Rechtsprechung und der Norm, von der zu vermuten ist, anerkannte Regel der Technik zu sein, haben *Gertis* und *Soergel* [B.14] hingewiesen. Nach DIN 4108 Teil 2 ist bei Einhaltung der vorgeschriebenen Wärmedurchlaßwiderstände auch in Raumaußenecken mit geometrischer Wärmebrückenwirkung nicht mit Schäden zu rechnen, wenn die Räume ordnungsgemäß genutzt werden. Ordnungsgemäße Nutzung heißt:

- ausreichende Raumtemperatur (+ 18°C) und
- ausreichender Luftwechsel zur Abführung von Raumluftfeuchte (> 0,5facher Luftwechsel je Stunde).

Mit Tauwasserniederschlag an Außenbauteilen, wie sie oben beschrieben sind, ist dann nicht zu rechnen.

Zur Berechnung von Wärmebrücken gibt DIN 4108 Teil 5 Hinweise. Grundsätzlich sind die Mindestwerte der in DIN 4108 Teil 2, Tabelle 1, angegebenen Wärmedurchlaßwiderstände bzw. Maximalwerte der Wärmedurchgangskoeffizienten einzuhalten. Bei üblichen Verbindungsmitteln wie Drahtankern bei zweischaligem Mauerwerk sowie bei Mörtelfugen von Mauerwerk sind rechnerische Nachweise der Wärmebrückenwirkung nach DIN 4108 nicht erforderlich.

Auch wenn in DIN 4108 Teil 2 für das Problem der geometrischen Wärmebrückenwirkung an Gebäudeecken und durch Verbindungsmittel sowie durch Mörtelfugen keine besonderen Maßnahmen vorgesehen sind, entbindet dies jedoch den Planer nicht, das Problem konstruktiv zu lösen.

3.5 Wärmebrücken. Lösungsbeispiele

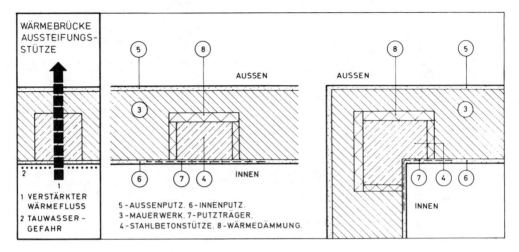

Abb. B.28 Material- und konstruktionsbedingte Wärmebrücke (Prinzipskizzen)

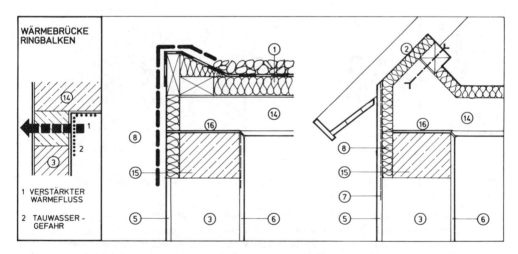

Abb. B.29 Material- und konstruktionsbedingte Wärmebrücke (Prinzipskizzen)

1 Flachdach, 2 Sparrendach, 3 Mauerwerk, 4 Stahlbetonstütze, 5 Außenputz, 6 Innenputz, 7 Putzarmierung, 8 Wärmedämmung, 9 Fenster, 10 Anschlagwinkel, 11 Schlagregenabdichtung, 12 Leibungsverkleidung, 13 Putzanschlußprofil, 14 Stahlbetondecke, 15 Ringbalken, 16 Gleitfuge, 17 U-Schalen-Stein, 18 Entwässerungsrohr

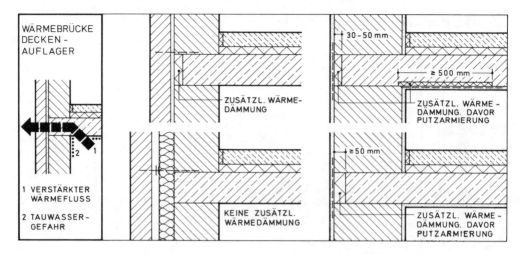

Abb. B.30 Konstruktions- und materialbedingte Wärmebrücke (Prinzipskizzen)

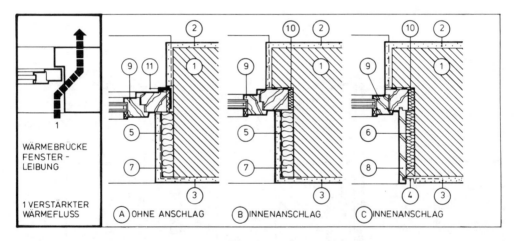

Abb. B.31 Geometrisch- und konstruktionsbedingte Wärmebrücke (Prinzipskizzen)

1 Flachdach, 2 Sparrendach, 3 Mauerwerk, 4 Stahlbetonstütze, 5 Außenputz, 6 Innenputz, 7 Putzarmierung, 8 Wärmedämmung, 9 Fenster, 10 Anschlagwinkel, 11 Schlagregenabdichtung, 12 Leibungsverkleidung, 13 Putzanschlußprofil, 14 Stahlbetondecke, 15 Ringbalken, 16 Gleitfuge, 17 U-Schalen-Stein, 18 Entwässerungsrohr

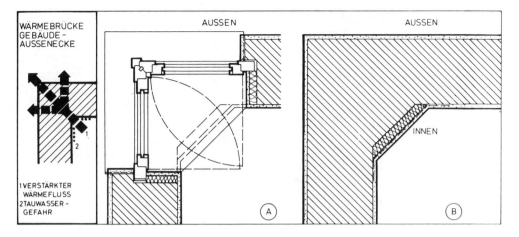

Abb. B.32 Geometrisch bedingte Wärmebrücke

A) Das Wärmebrückenproblem wird durch Anordnung eines Eckfensters umgangen.

B) Die Mauerwerksinnenecke wird geometrisch verändert und zusätzlich wärmegedämmt.

Es ist allerdings ein gut wärmeleitender Innenputz erforderlich. Die Wärmedämmung sollte mittels Putzträger überspannt werden. Die Lüftung behindernde Möbel können nicht mehr bis in die Raumecke geschoben werden.

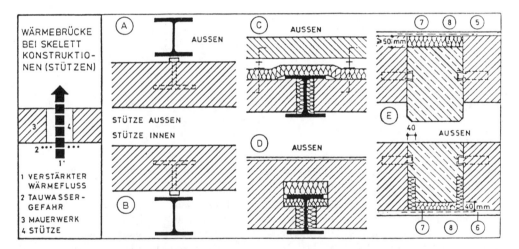

Abb. B.33 Materialbedingte Wärmebrücken

A) und B) sind Stützen des tragenden Skeletts; von der raumabschließenden Außenwand losgelöst, ergeben sich keine Wärmebrücken. C) Bei zweischaligen Konstruktionen kann eine ununterbrochene Wärmedämmung außen vor den Stützen liegen. Wärmebrücken ergeben sich so nicht. D) Zusätzliche Dämmaßnahme an einer Aussteifungsstütze aus Stahl. E) und F) Zusätzliche Dämmaßnahmen an Skelettstützen, die in der Außenwand liegen.

(Bei Beispiel D sind ggf. besondere konstruktive Maßnahmen gegen Windsoglasten erforderlich.)

1 Flachdach, 2 Sparrendach, 3 Mauerwerk, 4 Stahlbetonstütze, 5 Außenputz, 6 Innenputz, 7 Putzarmierung, 8 Wärmedämmung, 9 Fenster, 10 Anschlagwinkel, 11 Schlagregenabdichtung, 12 Leibungsverkleidung, 13 Putzanschlußprofil, 14 Stahlbetondecke, 15 Ringbalken, 16 Gleitfuge, 17 U-Schalen-Stein, 18 Entwässerungsrohr

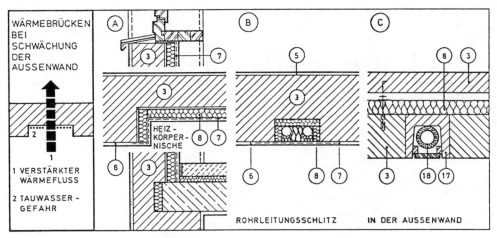

Abb. B.34   Konstruktionsbedingte Wärmebrücken

A) Heizkörpernische. B) Installationsschlitz in einschaliger Außenwand. C) Bei Rohrleitungsschlitz in der Innenschale einer zweischaligen Außenwand mit Luftschicht und zusätzlicher Wärmedämmung sind keine zusätzlichen Maßnahmen erforderlich.

1 Flachdach, 2 Sparrendach, 3 Mauerwerk, 4 Stahlbetonstütze, 5 Außenputz, 6 Innenputz, 7 Putzarmierung, 8 Wärmedämmung, 9 Fenster, 10 Anschlagwinkel, 11 Schlagregenabdichtung, 12 Leibungsverkleidung, 13 Putzanschlußprofil, 14 Stahlbetondecke, 15 Ringbalken, 16 Gleitfuge, 17 U-Schalen-Stein, 18 Entwässerungsrohr

4 Schallschutz

4.1 Allgemeines

Überlegungen zum Schallschutz bei Mauerwerksbauten müssen sich im wesentlichen auf den Luftschallschutz beschränken. Trittschallschutz ist ein Problem bei Fußböden und Decken.

Luftschall breitet sich von einer punktförmigen Schallquelle in Wellen kugelförmig aus. Die Schallenergie nimmt mit dem Quadrat der Entfernung zur Schallquelle ab. Luftschallwellen, die auf eine harte, schwere Wand treffen, werden reflektiert und übertragen ihre Energie z.T. auf diese Wand, die sie als Körperschall transportiert (**Abb. B.35a**). Auf ihrer Rückseite kann diese Wand, derart erregt, sekundären Luftschall abstrahlen. Durch Schallreflexionen wird in Räumen die Schallintensität erhöht. Die Kontrolle der Schallreflexionen spielt in der Raumakustik eine Rolle (**Abb. B.35b**). Luftschall kann in Gebäuden durch Sprache, Nutzungsgeräusche und elektroakustische Geräte und im Freien z.B. durch Verkehr erzeugt werden. Schall wird dann als störend empfunden (Lärm), wenn er nicht mit den augenblicklichen Handlungsabsichten von Personen übereinstimmt. Gesetzgeberische Versuche, Grenzwerte für Schallemissionen rechtsverbindlich festzusetzen, sind in Anfängen steckengeblieben. Die Norm „Schallschutz im Hochbau", DIN 4109, betreibt in erster Linie Immissionsschutz.

Körperschall tritt in Gebäuden z.B. in Form von Trittschall, durch schwingende Geräte (Wäscheschleuder), durch handwerkliche Arbeiten (klopfen, bohren) und sekundär durch luftschallerregte Wände und Decken auf (**Abb. B.36a**).

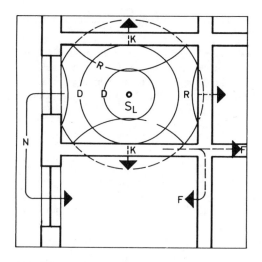

Abb. B.35a   Luftschallausbreitung

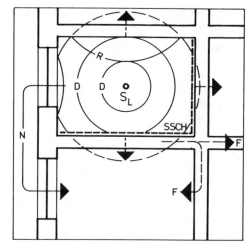

Abb. B.35b   Luftschallausbreitung und
schallschluckende Verkleidung

D–Direktschall, F–Flankeneffekt, K–Körperschall, N–Nebenweg, R–Reflexion, S_L–Luftschallquelle,
SSCH-schallschluckende Auskleidung

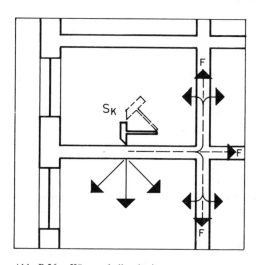

Abb. B.36a   Körperschallausbreitung

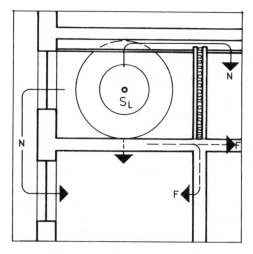

Abb. B.36b   Flankeneffekte und Nebenwege

F-Flankeneffekt, N-Nebenweg, S_K-Körperschallquelle, S_L-Luftschallquelle

Prinzipiell ist Schallschutz im Hochbau durch folgende Maßnahmen zu erreichen:

● **Luftschallschutz:** schwere, biegesteife Bauteile gegen Schalldurchgang. Für einschalige Bauteile gilt: Je
schwerer ein Bauteil, desto größer der Widerstand gegen die relativ energiearmen Schallwellen (*Ber-
ger'sches Gesetz*). Die Frequenz ist zu beachten. Zweischalige Konstruktionen ohne Schallbrücken mit
möglichst ungleich schweren Schalen verbessern den Luftschallschutz erheblich.

● **Schallreflexionen:** weiche Schallschluckauflagen auf schallharten Bauteilen vermindern die Schallausbreitung im Raum.

● **Körperschallschutz:** weichfedernde Lagerung (ohne Schallbrücken) der vom Körperschall betroffenen Bauteile.

Das größte Problem des Schallschutzes im Hochbau ist die Schallübertragung durch Flankeneffekte und auf Nebenwegen. Hierbei sind einbindende Bauteile, Luftschächte und -kanäle, Türen und Fenster besonders zu beachten. Schallschutz beginnt bei der städtebaulichen Planung und der Planung von Gebäuden mit Zuordnung von Räumen oder Raumgruppen mit störempfindlichen Nutzungen zu solchen, in denen Lärm erzeugt wird.

4.2 Schutz gegen Außenlärm

Die schwächsten Glieder einer Gebäudeaußenhülle beim Schutz gegen Außenlärm sind Fenster und Türen. Grundsätzlich sollten Wände einen höheren Außenlärmschutz bieten als gefordert, um die Unzulänglichkeiten bei Fenstern und Türen zu kompensieren. Erhöhter Schallschutz bei Fenstern und Türen ist kostenintensiv.

DIN 4109 setzt Mindestwerte der Luftschalldämmung von Außenbauteilen (Tabelle B.4) fest. Dabei wird in sieben Lärmpegelbereiche differenziert. DIN 18 005 Teil 1 Beiblatt — Schallschutz im Städtebau — enthält Schallemissionsgrenzwerte für die verschiedenen in der Baunutzungsverordnung festgelegte Baugebieten (besondere Art der Nutzung), unterschieden nach Tag- und Nachtzeit (Tabelle B.7).

Immissionsschützende Wirkung hat das „Gesetz zum Schutz gegen Fluglärm" (Schallschutz-Verordnung vom 5.4.1974). Es werden dort für zwei Schutzzonen Mindestwerte für das bewertete Schalldämmaß R_w (siehe Abschnitt B.4.3) der gesamten Bauwerksaußenfläche festgelegt, und zwar:

● Schutzzone I [mit einem äquivalenten Dauerschallpegel

L_{eq} größer als 75 dB (A)]:

R_w gesamt = 50 dB

● Schutzzone II [mit einem äquivalenten Dauerschallpegel

L_{eq} kleiner bis gleich 75 dB (A)]:

R_w gesamt = 45 dB

Mauerwerk ist im allgemeinen wegen seiner relativ großen flächenbezogenen Masse gut wirksam gegen Außenlärm.

Zweischaliges Mauerwerk mit Luftschicht und zusätzlicher Wärmedämmung oder zweischaliges Mauerwerk mit Kerndämmung, häufig verwendete Außenwandkonstruktionen, sind prinzipiell gleich schweren einschaligen Konstruktionen überlegen. Es müssen jedoch eine Reihe von Bedingungen eingehalten werden [B.17]:

— Ausreichender Abstand der Schalen. Bei zwei gleich schweren Schalen mindestens:

$$d = \frac{115 \ (cm)}{\text{flächenbezogene Masse d. Vorsatzschale (kg/m}^2)}$$

Bei leichten Vorsatzschalen vor schweren Wänden:

$$d = \frac{57 \ (cm)}{\text{flächenbezogene Masse d. Vorsatzschale (kg/m}^2)}$$

— Der Hohlraum muß ganz oder teilweise mit einem als Strömungswiderstand geeigneten Material, das die Schallausbreitung zwischen den Schalen hemmt, ausgefüllt sein.
— Schallbrücken zwischen den Schalen sind zu vermeiden.

Tabelle B.4 Anforderungen an die resultierende Schalldämmung von Außenbauteilen
(Wand einschließlich Fenster)

Lärm-pegel-bereich	Maßgeb-licher Außenlärm-pegel	Raumarten		
		Bettenräume in Kranken-anstalten und Sanatorien	Aufenthaltsräume in Woh-nungen, Übernachtungs-räume in Beherbergungs-stätten, Unterrichtsräume und ähnliches	Büroräume[1] und ähnliches
		Anforderungen an das resultierende Schalldämm-Maß des Gesamtaußenbauteils $R'_{w, res}$ in dB		
I	bis 55	35	30	—
II	56 bis 60	35	30	30
III	61 bis 65	40	35	30
IV	66 bis 70	45	40	35
V	71 bis 75	50	45	40
VI	76 bis 80	55	50	45
VII	> 80	[2]	55	50

[1] An Außenbauteile von Räumen, in denen aufgrund der darin ausgeübten Tätigkeiten der Verkehrslärm nur einen untergeordneten Beitrag zum Innenraumpegel leistet, werden keine Anforderungen gestellt.

[2] Die Anforderungen sind hier aufgrund der örtlichen Gegebenheiten festzulegen.

Tabelle B.5 Korrekturwerte für das Gesamtschalldämmaß
nach Tabelle B.4 in Abhängigkeit des Verhältnisses der Außenwandfläche eines Raumes (Wand und Fenster) zur Grundrißfläche des dazugehörigen Raumes: $A_{(W+F)}/A_G$

$\dfrac{A_{(W+F)}}{A_G}$	2.5	2.0	1.6	1.3	1.0	0.8	0.6	0.5	0.4
Korrektur	+ 4	+ 3	+ 2	+ 1	0	− 1	− 2	− 3	− 4

Tabelle B.6 Resultierende Schalldämm-Maße $R'_{w,res}$ bei verschiedenen Wand-Fenster-Kombinationen

Resultierendes Schall-dämm-Maß $R'_{w,res}$	Erforderliche Schalldämm-Maße für Wand und Fenster bei Fensterflächenanteil pro Raum von . . . % (Wand/Fenster: . . . / . . . dB)			
	20	30	45	60
30	30/30 35/25	30/30	30/30	30/25
32	32/32 35/30	32/32 35/30	32/32 35/30	30/35 32/32 40/30

Fortsetzung der Tabelle B.6 siehe folgende Seite

Tabelle B.6. (Fortsetzung)

Resultierendes Schall-dämm-Maß $R'_{w,res}$	Erforderliche Schalldämm-Maße für Wand und Fenster bei Fensterflächenanteil pro Raum von . . . % (Wand/Fenster: . . . / . . . dB)			
	20	30	45	60
35	35/35 37/32 40/30	35/35 40/32 47/30	35/35 42/32	32/40 35/35
37	37/37 40/35 42/32	37/37 40/35 50/32	37/37 40/35	35/40 37/37 47/35
40	40/40 42/37 45/35	40/40 45/37 50/32	40/40 47/37	37/45 40/40 47/37
42	42/42 45/40 47/37	42/42 45/40	42/42 45/40	40/45 42/42 52/40
45	45/45 47/42 52/40	45/45 50/42 57/40	45/45 52/45	45/45
47	50/45 52/42	50/45	50/45	50/45
50	55/45	62/45	[1])	[1])
[1]) Nur als Sonderausführung nach Eignungsprüfung				

Tabelle B.7 Schalltechnische Höchstwerte (Orientierungswerte) für die städtebauliche Planung
(nach DIN 18005 Teil 1, Beiblatt)

Baugebiet nach Baunutzungsverordnung §§ 2 bis 11	Höchstwert (dB)		
	tags	nachts	
		Industrie-, Gewerbe-, Freizeitlärm	sonstiger Lärm
Reine Wohngebiete, Wochenend- und Ferienhaugebiete	50	35	40
Allgemeine Wohngebiete, Kleinsiedlungs-gebiete, Champingplatzgebiete	55	40	45
Besondere Wohngebiete	60	40	45
Dorfgebiete, Mischgebiete	60	45	50
Kerngebiete, Gewerbegebiete	65	50	55
Sonstige Sondergebiete, soweit sie schutzbedürftig sind (z.B. Klinikgebiete), je nach Nutzungsart	45—65	35—65	

Aus einer von *H. Schulze* [B.18] dargestellten Versuchsreihe mit zweischaligen Außenwandkonstruktionen sind folgende Ergebnisse zu resümieren:

— Das bewertete Schalldämmaß R_w nimmt mit der steigenden Frequenz zu, und zwar bei zweischaligen Konstruktionen wesentlich stärker als bei einschaligen **(Abb. B.37)**
— Weiche Dämmstoffausfüllungen des Zwischenraums zwischen den Schalen verbessern den Schallschutz gegenüber einfachem Luftschichtmauerwerk
— Bei zweischaligem Mauerwerk mit Kerndämmung wird bei Verwendung von extrudierten Hartschaumplatten keine Verbesserung des Schallschutzes gegenüber einfachem Luftschichtmauerwerk erzielt, sondern er wird z.T. sogar verschlechtert. Kerndämmplatten KD und Hyperlite-Schüttungen bringen deutlich höhere Dämmwerte.
— Die nach DIN 1053 zur Verankerung der Außenschale erforderlichen Drahtanker und die zur Belüftung der Luftschicht erforderlichen Lüftungsöffnungen wirken sich negativ auf die Schalldämmung aus. Diese Wirkungen sind nicht zu verhindern.
— Einbindende Flankenwände verschlechtern das bewertete Schalldämmaß.

Darüber hinaus lassen sich aus den vorgenannten Ergebnissen weitere Forderungen ableiten:

— vollfugiges Mauerwerk (Vermeiden von Undichtigkeiten, insbesondere durchgehend offener Fugen bei Sichtmauerwerk), ggf. zusätzlicher Verputz
— sorgfältige, dichte Ausführung der Anschlußfugen zwischen Mauerwerkswänden und anderen Bauteilen, insbesondere Fenster und Türen
— sorgfältige Planung einbindender Wände zur Vermeidung sogenannter Flankeneffekte. Das Problem wird eingehender in Abschnitt B.4.3.2.3 behandelt.

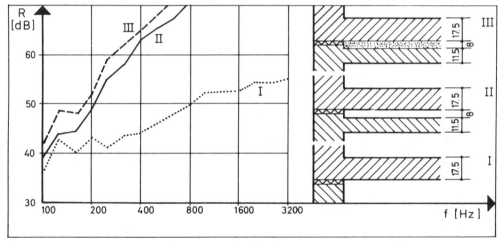

Abb. B.37 Abhängigkeit des Schalldämmaßes *r* von der Frequenz *F*

I) Einschalige Wand aus KS 1.8/3 DF. II) Zweischalige Konstruktion aus KS 1.8/2 DF und 3 DF mit Luftschicht. III) wie II), jedoch Luftschicht mit Hyperlite gefüllt (nach: [B.18])

4.3 Luftschallschutz in Gebäuden

Luftschallschutz wird begrifflich auf den Schutz gegen innerhalb von Gebäuden von Raum zu Raum übertragenen Schall begrenzt. Das Luftschalldämmaß wird in zwei Werten angegeben:

1. Labor-Schalldämmaß R_w (ohne Flankeneffekte)
2. Bau-Schalldämmaß R'_w (mit Flankenübertragung)

Grundregeln des Luftschallschutzes sind bereits in den Abschnitten B.4.1 und B.4.2 dargestellt. Im folgenden werden Anforderungen und besondere technische Problempunkte erörtert.

4.3.1 Anforderungen an den Luftschallschutz von Wänden

Wie in Abschnitt B.4.1 bereits ausgeführt, wird Luftschalldämmung bei einschaligen Bauteilen durch deren flächenbezogene Masse (**Abb. B.38**) und ihre Biegesteifigkeit bestimmt. Die Grenzfrequenz hängt ab von der Biegesteifigkeit des Bauteils. Die Grenzfrequenz ist die Frequenz, bei der die Schallschwingungen der Luft und die durch den Schall in Schwingungen versetzte Bauteilfläche in Resonanz (gleiche Wellenlänge) schwingen. Dies bewirkt Schallverstärkung. Für die Grenzfrequenz f_g von Platten mit gleichmäßigem Gefüge gilt folgende Faustformel:

$$f_g = \frac{63}{d} \sqrt{\frac{\rho}{E_{dyn}}} \quad \text{in Hz}$$

f_g = Grenzfrequenz in Hz

d = Bauteil-(Platten-)dicke in m

E_{dyn} = Dynamischer Elastizitätsmodul des Baustoffs in MN/m²

ρ = Baustoffdichte in kg/m³

Dieser Wert muß kleiner als 200 Hz sein, wenn das Bauteil als biegesteif eingestuft werden soll, und größer als 2000 Hz, wenn das Bauteil als biegeweich eingestuft werden soll.

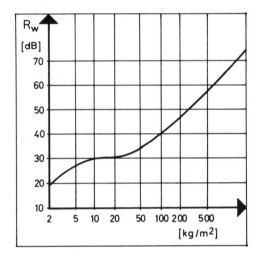

Abb. B.38
Abhängigkeit der Luftschalldämmung einschaliger Wände vom Flächengewicht (nach: [B.17]).

4.3.2 Konstruktive Problempunkte

4.3.2.1 Undichtigkeiten und Schallnebenwege

Die Wirksamkeit der Luftschalldämmung von Wänden kann durch Undichtigkeiten bei Mörtelfugen beeinträchtigt werden. Dies Problem steht jedoch nur bei Sichtmauerwerk an, da schon ein einseitiger Verputz den Nachteil behebt. Nach *Gösele* [B.17] ist Vollfugigkeit nicht unbedingt für den Luftschallschutz erforderlich, wenn überall eine durchgehende steife Mörtelbrücke mindestens an der Außenseite der Fugen existiert. Er weist allerdings auf deutliche Verringerung des Schallschutzes bei Verwendung eines sogenannten Trockenputzes aus Gipskartonplatten bei undichten und unverputzten Wänden hin.

Sorgfalt muß bei der Abdichtung von Wanddurchbrüchen für Installationsrohre aufgewendet werden, vor allem dann, wenn diese Rohre sich bewegen können müssen und deswegen in Hüllrohren angeordnet sind, bei denen ein Luftraum zwischen den Rohrwandungen verbleibt.

Schallnebenwege können bei Luftkanälen oder bei Anschlüssen von abgehängten Decken an nicht bis zur tragenden Decke durchgehenden Trennwänden auftreten. Ein oft unterschätzter Nebenweg ist auch die Luftschallübertragung von Raum zu Raum über (möglicherweise sogar offene) Fenster oder über Türen und Flure.

4.3.2.2 Schwächungen von Mauerwerkswänden

Schlitze und Nischen haben bei geringen Abmessungen, ausreichendem Flächengewicht der verbleibenden Restwand und dichtem Verschluß der Schlitze und Nischen relativ geringe Auswirkungen auf den Schallschutz. Sorgfalt bei der Ausführung der Schlitze (Schlitzhohlraum mit weichfederndem Dämmstoff ausfüllen; Schlitzüberspannung mit Putzträger und Verputz) und der Nischen (Zählernischen mit dichtschließenden Zählerkästen) ist wichtig.

4.3.2.3 Flankeneffekte

Flankeneffekte oder Schallängsleitungen finden über angrenzende Bauteile statt. So kann eine schalltechnisch hervorragende zweischalige Wandkonstruktion ihre Wirksamkeit dadurch einbüßen, daß der Schall sie „umgeht" durch die Schallübertragung (Luftschall wird Körperschall und wieder Luftschall) **(Abb. B.36b)** über flankierende Bauteile auf den Nachbarraum. Auch hier gilt jedoch die allgemeine Regel des Luftschallschutzes:

— Je größer das Flächengewicht der Trennwand und der flankierenden Bauteile, desto geringer sind negativ wirkende Flankeneffekte.

Einflußgrößen für Flankenübertragung sind:

— flächenbezogene Masse
— Biegesteifigkeit und
— innere Dämpfung des trennenden und der angrenzenden Bauteile und
— Ausbildung der Stoßstellen zwischen trennenden und flankierenden Bauteilen.

Tabelle B.8 Wandrohdichten einschaliger biegesteifer Wände aus Steinen und Platten

Nennwert der Rohdichteklasse in kg/dm³ [1])	Wandrohdichte[2]) in kg/m³ bei	
	Normalmörtel	Leichtmörtel mit ≤ 1000 kg/m³
2,20	2080	1940
2,00	1900	1770
1,80	1720	1600
1,60	1540	1420
1,40	1360	1260
1,20	1180	1090
1,00	1000	950
0,90	910	860
0,80	820	770
0,70	730	680
0,60	640	590
0,50	550	500

[1]) Werden Hohlblocksteine nach DIN 106 Teil 1, DIN 18153 und DIN 18153 umgekehrt vermauert und die Hohlräume satt mit Sand oder mit Normalmörtel gefüllt, so darf eine 400 kg/m³ höhere Wandrohdichte angesetzt werden.

[2]) Gültig für alle Formate von Platten und Steinen, die in DIN 1053 Teil 1 und E DIN 4103 Teil 1 für die Wandherstellung ausgewiesen sind.
Bei Wänden aus Leicht- und Gasbeton und bei Wänden aus Plansteinen und -platten mit Dünnbettmörtelfugen sind die Nennwerte der Rohdichteklasse > 1,0 kg/dm³ um 100 kg/m³ und < 1,0 kg/dm³ um 50 kg/m³ abzumindern.

Ergänzend hierzu einige konstruktive Hinweise:

Die Flankenübertragung wird verringert, wenn flankierende, zweischalige Bauteile eine dem Raum mit der Schallquelle zugewandte biegeweiche Schale (siehe Abschnitt B.4.3.1) haben, deren Eigenfrequenz gegenüber der äußeren Schale ausreichend tief liegt. Die Eigenfrequenz soll unter 100 Hz liegen.

Gebäudetrennfugen (siehe Abschnitt B.4.3.2.4), die sich über die gesamte Gebäudehöhe und -tiefe erstrecken, mindern Flankeneffekte erheblich. Flankeneffekte werden bei einschaligen, biegesteifen Bauteilen durch zusätzlich aufgebrachte Dämmplatten von hoher dynamischer Steifigkeit (z.B. Holzwolleleichtbauplatten oder harte Schaumkunststoffplatten) mit z.B. Putz-, Gipskartonplatten- oder Fliesenverkleidung verstärkt.

Die in den Tabellen B.9 bis B.12 dargestellten bewerteten Schalldämmaße berücksichtigen Flankeneffekte. Allerdings sind folgende Bedingungen Voraussetzung für diese Werte:

— flankierende Bauteile mit einer mittleren flächenbezogenen Masse von etwa 300 kg/m^2
— biegesteife Verbindung der flankierenden und trennenden Bauteile, die schwerer als 150 kg/m^2 sind
— trennendes Bauteil als biegesteife Schale
— dichte Anschlüsse zwischen trennenden und flankierenden Bauteilen.

Für flankierende Bauteile, deren flächenbezogene Massen von 300 kg/m^2 abweichen, gelten (nach Normvorlage DIN 4109 Teil 3, 11.83) die Korrekturwerte der Tabelle B.13).

Tabelle B.9 Bewertetes Schalldämmaß R'_w[1]) von einschaligen, biegesteifen Wänden und Decken (Rechenwerte)

Flächenbezogene Masse m' kg/m^2	Bewertetes Schalldämmaß R'_w dB	Flächenbezogene Masse m' kg/m^2	Bewertetes Schalldämmaß R'_w dB
85[2])	34	295	49
90[2])	35	320	50
95[2])	36	350	51
105[2])	37	380	52
115	38	410	53
125	39	450	54
135	40	490	55
150	41	530	56
160	42	580	57
175	43	[3]) 630	58
190	44	680	59
210	45	740	60
230	46	810	61
250	47	880	62
270	48	960	63

[1]) Gültig für flankierende Bauteile mit einer mittleren flächenbezogenen Masse von ca. 300 kg/m^2 (siehe Abschnitt B.4.3.2.3).
Meßergebnisse haben gezeigt, daß bei Gasbetonteilen bis 250 kg/m^2 das bewertete Schalldämmaß um 2 dB höher angesetzt werden kann; zur Unterstützung dieses Ergebnisses werden weitere Messungen vorgenommen.

[2]) Sofern Wände aus Gipswandbauplatten (DIN 18163) bestehen, nach DIN 4103 Teil 2 ausgeführt sind und am Rand ringsum mit Streifen von mindestens 3 mm Bitumenfilz oder einem Material gleichwertiger Körperschalldämpfung eingebaut sind, darf R'_w um 2 dB höher angesetzt werden.

[3]) Die folgenden Werte sind für einschalige Wände unsicher; sie können jedoch für die Ermittlung des Schalldämmaßes zweischaliger Wände aus biegesteifen Schalen als ausreichend gesichert angesetzt werden.

Tabelle B.10 Dämmung von Luftschall aus fremden Wohn- und Arbeitsräumen

Bauteil	Mindestanforderung R'_w in dB
1. Geschoßbauten mit Wohnungen und Arbeitsräumen	
Wohnungstrennwände, Treppenraumwände, Wände neben Hausfluren und zwischen fremden Arbeitsräumen	52
Wände neben Durchfahrten, Einfahrten	55
Türen	27
Türen von Hausfluren und Treppenräumen direkt zu Aufenthaltsräumen in Wohnungen	$\geqq 37$ [1])
2. Einfamilien-Doppelhäuser und Einfamilien-Reihenhäuser	
Haus- und (Wohnungs)-trennwände	57
3. Beherbergungsstätten, Krankenhäuser, Sanatorien	
Nur Wände zwischen Übernachtungs- und Krankenräumen sowie zwischen Fluren und diesen Räumen	47
Türen zwischen Fluren und Krankenräumen	32 [1])
Türen zwischen Fluren und Übernachtungsräumen	32
4. Schulen und vergleichbare Unterrichtsstätten	
Wände zwischen Unterrichtsräumen sowie zwischen Fluren und diesen Räumen	47
Nur Wände zwischen Unterrichtsräumen und lauten Räumen	55
Wände zwischen Unterrichtsräumen und Treppenräumen	52
Türen zwischen Unterrichtsräumen und Fluren	32[1])

[1]) Bei Türen gilt statt R'_w das im Prüfstand ermittelte Schalldämm-Maß R_w (ohne Flankenübertragung)

Tabelle B.11 Luftschallschutz bei gemauerten, einschaligen Wänden

Bewertetes Schalldämmaß R'_w[1])	Mindestrohdichte der Steine und Wanddicke der Rohwand bei einschaligem Mauerwerk					
	Beiderseitiges Sichtmauerwerk		Beiderseitig je 10 mm Putz P IV (Gips- und Kalk-Gips-Putz) (20 kg/m²)		Beiderseitig je 15 mm Putz P I, P II, P III (Kalk-, Kalk- Zement-, Zementputz (50 kg/m²)	
	Steinroh-dichte-klasse	Wand-dicke	Steinroh-dichte-klasse	Wand-dicke	Steinroh-dichte-klasse	Wand-dicke
dB	–	mm	–	mm	–	mm
37	0,6 0,9 1,2 1,4 1,6	175 115 100 80 70	0,5 [2]) 0,7 [2]) 0,8 1,2 1,4	175 115 100 80 70	0,5 0,6 [3]) 0,7 [3]) 0,8 [3])	115 100 80 70
40	0,5 0,8 1,2 1,8 2,2	240 175 115 80 70	0,5 [2]) 0,7 [3]) 1,0 [3]) 1,6 1,8	240 175 115 80 70	0,5 [2]) 0,7 [3]) 1,2 1,4	175 115 80 71

Fortsetzung der Tabelle B.11 siehe folgende Seite

Tabelle B.11 (Fortsetzung)

Bewertetes Schalldämmaß R'_w [1])	Mindestrohdichte der Steine und Wanddicke der Rohwand bei einschaligem Mauerwerk					
	Beiderseitiges Sichtmauerwerk		Beiderseitig je 10 mm Putz P IV (Gips- und Kalk-Gips-Putz) (20 kg/m²)		Beiderseitig je 15 mm Putz P I, P II, P III (Kalk-, Kalk- Zement-, Zementputz (50 kg/m²)	
	Steinrohdichteklasse	Wanddicke	Steinrohdichteklasse	Wanddicke	Steinrohdichteklasse	Wanddicke
dB	–	mm	–	mm	–	mm
42	0,7	240	0,6 ³)	240	0,5 ²)	240
	0,9	175	0,8 ³)	175	0,6 ³)	175
	1,4	115	1,2	115	1,0 ⁴)	115
	2,0	80	1,6	100	1,2	100
			1,8	80	1,4	80
			2,0	70	1,6	70
45	0,9	240	0,8 ³)	240	0,6 ²)	240
	1,2	175	1,2	175	0,9 ³)	175
	2,0	115	1,8	115	1,4	115
	2,2	100	2,0	100	1,8	100
47	0,8	300	0,8 ³)	300	0,6 ²)	300
	1,0	240	1,0 ³)	240	0,8 ³)	240
	1,6	175	1,4	175	1,2	175
	2,2	115	2,0	115	1,8	115
52	0,8	490	0,7	490	0,6	490
	1,0	365	1,0	365	0,9	365
	1,4	300	1,2	300	1,2	300
	1,6	240	1,6	240	1,4	240
			2,2	175	1,8	175
53	0,8	490	0,8	490	0,7	490
	1,2	365	1,2	365	1,2	365
	1,4	300	1,4	300	1,2	300
	1,8	240	1,8	240	1,6	240
					2,2	175
55	1,0	490	0,9	490	0,9	490
	1,4	365	1,4	365	1,2	365
	1,8	300	1,6	300	1,6	300
	2,2	240	2,0	240	2,0	240
57	1,2	490	1,2	490	1,2	490
	1,6	365	1,6	365	1,6	365
	2,0	300	2,0	300	1,8	300

[1]) Gültig für flankierende Bauteile mit einer mittleren flächenbezogenen Masse von ≈ 300 kg/m²

[2]) Bei Schalen aus Gasbetonsteinen und -platten nach DIN 4165 und DIN 4166 sowie Leichtbetonsteinen mit Blähton als Zuschlag nach DIN 18151 und DIN 18152 kann die Steinrohdichte-Klasse um 0,1 niedriger sein.

[3]) Bei Schalen aus Gasbetonsteinen und -platten nach DIN 4165 und DIN 4166 sowie Leichtbetonsteinen mit Blähton als Zuschlag nach DIN 18151 und 18152 kann die Steinrohdichte-Klasse um 0,2 niedriger sein.

[4]) Bei Schalen aus Gasbetonsteinen und -platten nach DIN 4165 und DIN 4166 sowie Leichtbetonsteinen mit Blähton als Zuschlag nach DIN 18151 und DIN 18152 kann die Steinrohdichte-Klasse um 0,3 niedriger sein.

Tabelle B.12 Anforderungen an die Luftschalldämmung von Wänden zwischen besonders lauten und schutzbedürftigen Räumen

Raumart	Bewertetes Schalldämm-Maß R'_w in dB	
	Schallpegel $L_{AF} = 75–80$ dB (A)	Schallpegel $L_{AF} = 81–85$ dB (A)
Räume mit besonders lauten haustechnischen Anlagen oder Anlagenteilen	57	62
Betriebsräume von Handwerks- und Gewerbebetrieben; Verkaufstätten	57	62
Küchen von Beherbergungsstätten, Krankenhäusern, Sanatorien, Gaststätten, Imbißstuben usw.	55	
Küchen wie vor, jedoch bis nach 22 Uhr in Betrieb	55	
Gasträume, nur bis 22 Uhr in Betrieb	55	
Gasträume mit max. Schallpegel $L_{AF} \leq 85$ dB (A) auch nach 22 Uhr in Betrieb	62	
Kegelbahnen	67	
Gasträume mit max. Schallpegel L_{AF} von 85 bis 95 dB (A)	72	

Tabelle B.13 Korrekturwerte für das bewertete Schalldämmaß R'_w von einschaligen, biegesteifen Wänden als trennende Bauteile bei flankierenden Bauteilen, deren mittlere flächenbezogene Masse von 300 kg/m² abweicht

Art des trennenden Bauteils	mittlere flächenbezogene Masse: kg/m²						
	400	350	300	250	200	150	100
	Korrekturwerte: dB						
Einschalige, biegesteife Wände nach Tabelle B.9	0	0	0	0	−1	−1	−1
Einschalige, biegesteife Wände mit biegeweichen Vorsatzschalen nach **Abb. B.38**	+2	+1	0	−1	−2	−3	−4

4.3.2.4 Gebäudetrennfugen

Bei Reihen- und Doppelhäusern läßt sich die Schallübertragung von Haus zu Haus durch zweischalige, schwere Haustrennwände gegenüber gleich schweren, einschaligen Wänden entscheidend verbessern. Bedingungen für die Wirksamkeit der Konstruktion sind in Abschnitt B.4.2 bereits erörtert worden. Entscheidend ist jedoch in erster Linie, daß die Trennung der beiden Schalen konsequent vom Fundament bis zum Dach geführt wird **(Abb. B.39)**. Es können so Verbesserungen der Dämmwirkung gegenüber einschaligen Konstruktionen in einer Größenordnung von 10 bis 15 dB erreicht werden (Tabelle B.14). Bei durchgehenden Betondecken, bei Schallbrücken durch in der Trennfuge verkeilte Steinbrocken oder Mörtelbatzen und bei der Verwendung von Hartschaumplatten werden nicht nur keine Verbesserungen bewirkt, sondern sogar Verschlechterungen gegenüber einschaligen Konstruktionen.

Für die Ausführung zweischaliger, schwerer Haustrennwände mit durchgehender Gebäudetrennfuge gelten folgende Bedingungen:

- Flächenbezogene Masse der Einzelschale mit Putz $\geq$ 150 kg/m^2 (bei Gasbetonwänden $>$ 100 kg/m^2): Trennfugendicke $\geq$ 30 mm
- Fugenhohlraum dicht gestoßen und vollflächig mit mineralischen Faserdämmplatten nach DIN 18 165 Teil 2 (3.87) ausfüllen
- Dämmung des Fugenhohlraumes darf entfallen, wenn m' der Einzelschale $\geq$ 200 kg/m^2 und die Fugendicke $\geq$ 30 mm ist.
- bei einer Dicke der Trennfuge von $\geq$ 50 mm darf das Gewicht der Einzelschale 100 kg/m^2 betragen.

Tabelle B.14 Luftschallschutz zweischaliger, in Normalmörtel gemauerter Wände mit durchgehender Gebäudetrennfuge

Bewertetes Schalldämmaß R'_w (Abschnitt B.4.3.2.3)	Rohdichteklasse der Steine und Mindestwanddicke der Schalen bei zweischaligem Mauerwerk					
	Beiderseitiges Sichtmauerwerk		Beiderseitig je 10 mm Putz P IV (Gips- und Kalkgips-Putz) (20 kg/m^2)		Beiderseitig je 15 mm Putz P I bis P III, Kalk-, Kalkzement-Zementputz (50 kg/m^2)	
	Steinrohdichteklasse	Mindestdicke der Schalen ohne Putz	Steinrohdichteklasse	Mindestdicke der Schalen ohne Putz	Steinrohdichteklasse	Mindestdicke der Schalen ohne Putz
dB	–	mm	–	mm	–	mm
57	0,6 [1]	2 × 240	0,6 [2]	2 × 240	0,7 [3]	2 × 240
	0,8 [3]	2 × 175	0,8 [2]	2 × 175	0,8 [3]	2 × 150
	1,0 [3]	2 × 150	0,9 [2]	2 × 150	1,2	2 × 115
	1,4 [4]	2 × 115	1,4 [2]	2 × 115		
62	0,7 [5]	2 × 240	0,6 [5]	2 × 240	0,5 [5]	2 × 240
	0,8 [6]	175 + 240	0,8 [5]	2 × 175	0,8 [6]	2 × 175
	0,9 [5]	2 × 175	1,0 [6]	2 × 150	0,9 [6]	2 × 150
	1,4	2 × 115	1,4	2 × 115	1,2	2 × 115
67	1,0	2 × 240	1,0 [8]	2 × 240	0,9 [8]	2 × 240
	1,2	175 + 240	1,2	175 + 240	1,2	175 + 240
	1,4	2 × 175	1,4	2 × 175	1,4	2 × 175
	1,8	115 + 175	1,8	115 + 175	1,6	115 + 175
	2,2	2 × 115	2,2	2 × 115	2,0	

[1]) Nur bei Schalenabstand $\geq$ 50 mm.

[2]) Steinrohdichte um 0,2 niedriger. Bei Schalenabstand $>$ 50 mm und Gewicht der Einzelschale einschließlich Putz 100 $<$ 150 kg/m^2.

[3]) Steinrohdichte um 0,3 niedriger. Bei Schalenabstand $>$ 50 mm und Gewicht der Einzelschale einschließlich Putz 100 $<$ 150 kg/m^2.

[4]) Steinrohdichte um 0,5 niedriger. Bei Schalenabstand $>$ 50 mm und Gewicht der Einzelschale einschließlich Putz 100 $<$ 150 kg/m^2.

[5]) Steinrohdichte um 0,1 niedriger. Bei Gasbetonsteinen nach DIN 4165 und DIN 4166 und bei Leichtbetonsteinen mit Blähton als Zuschlag nach DIN 18151 und DIN 18152 sowie Schalenabstand $>$ 50 mm.

[6]) Steinrohdichte um 0,2 niedriger. Bei Gasbetonsteinen nach DIN 4165 und DIN 4166 und bei Leichtbetonsteinen mit Blähton als Zuschlag nach DIN 18151 und DIN 18152 sowie Schalenabstand $>$ 50 mm.

[7]) Steinrohdichte um 0,1 niedriger. Bei Gasbetonsteinen nach DIN 4165 und DIN 4166 und bei Leichtbetonsteinen mit Blähton als Zuschlag nach DIN 18151 und DIN 18152.

[8]) Steinrohdichte um 0,2 niedriger. Bei Gasbetonsteinen nach DIN 4165 und DIN 4166 und bei Leichtbetonsteinen mit Blähton als Zuschlag nach DIN 18151 und DIN 18152.

Für zweischalige Wände aus zwei schweren, biegesteifen Schalen kann das bewertete Schalldämmaß R'_w nach DIN 4109 (11.89) näherungsweise aus der Summe der flächenbezogenen Masse der beiden Einzel-

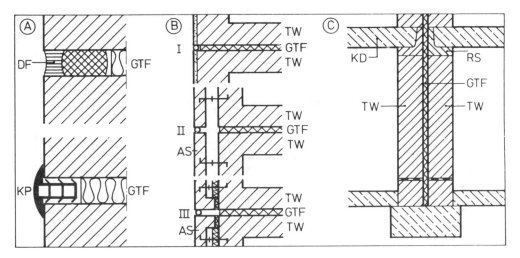

Abb. B.39 Gebäudetrennfugen

A) Fugenabdichtungen gegen Witterungseinflüsse. B) Grundrisse. I) Einschaliges Außenmauerwerk. II) und III) Zweischaliges Außenmauerwerk mit Luftschicht. C) Schnitt.

AS−Außenschale, DF−Elastopl. Fugendichtung mit Hinterfüllschnur, GTF−Gebäudetrennfuge mit weichfedernder Dämmatte, $d = 20$ bis 30 mm, KD−Kellerdecke, RS−Randschalungsstein, TW−Trennwand, $d \geq 100$ mm, flächenbezogene Masse ≥ 150 kg/m^2, KP−Klemmprofil.

schalen unter Berücksichtigung etwaiger Putze wie eine einschalige, massive Wand berechnet werden. Dabei sind auf den Rechenwert des Schalldämmaßes 12 dB für die zweischalige Ausführung mit biegesteifen Schalen und durchgehender Trennfuge aufzuschlagen. Dieser Wert wurde aufgrund von Messungen an fertigen Objekten als Zuschlagswert für Trennfugen bis 30 mm Breite ermittelt. Dieses Verbesserungsmaß von 12 dB kann durch Verbreiterung der Fuge vergrößert werden.

Gösele empfiehlt eine Trennfugenverbreiterung auf mindestens 50 mm und gleichzeitig aus Kostengründen, soweit statisch-konstruktiv vertretbar, eine Verringerung der Wandschalendicken.

Das bewertete Schalldämmaß R'_w ist nach *Gösele* [B.32] folgendermaßen zu berechnen:

$$R'_w = 50 \lg \frac{m' \text{ in kg/m}^2}{300 \text{ kg/m}^2} + 20 \lg \frac{\text{Schalenabstand in mm}}{10 \text{ mm}} + 56 \text{ dB}$$

(m' = flächenbezogene Masse der gesamten Haustrennwand, gültig für $m' \geq 300$ kg/m^2)

Bei einer Fuge von 60 mm erhält man ein Verbesserungsmaß von 6 dB. Die Verbreiterung der Fuge ist ein Weg, bei Verwendung von Wänden mit niedriger flächenbezogener Masse das Schallschutzmaß so anzuheben, daß die Werte für den erhöhten Schallschutz sicher zu erreichen bzw. zu übertreffen sind.

Außerdem läßt sich bei breiten Fugen die Bauausführung besser kontrollieren, und mögliche Schallbrücken können leichter entfernt werden.

Abb. B.40 Luftschallschutz zweischaliger Wände aus einer schweren, biegesteifen Schale mit biegeweicher Vorsatzschale (vgl. folgende Seite)

1) Faserdämmstoffe nach DIN 18165 Teil 1, Typ WZ-w, Nenndicke 40 bis 60 mm, längenbezogener Strömungswiderstand ≥ 5 kN · s/m^4. 2) Bei den Beispielen B und D können auch Ständer aus Blech-C-Profilen nach DIN 18182 Teil 1 (z.Z. Entwurf) verwendet werden. 3) Faserdämmstoffe nach DIN 18165 Teil 1, Typ WV-s, Nenndicke ≥ 40 mm. $s' \leq 5$ MN/m^3. 4) In einem Wand-Prüfstand ohne Flankenübertragung (Prüfstand DIN 52210-P-W) wird das bewertete Schalldämmaß R'_w einer einschaligen, biegesteifen Wand durch Vorsatzschalen der Gruppe I um mindestens 10 dB, der Gruppe II um mindestens 15 dB verbessert. 5) Flächenbezogene Masse der schweren Schale, 6) Bewertetes Schalldämmaß. Gültig für flankierende Bauteile mit einer mittleren flächenbezogenen Masse von ca. 300 kg/m^2.

Wandausbildung und Beschreibung	Konstruktionsart [4]	m' [5] kg/m²	R'_W [6] dB

A — Vorsatzschale aus Holzwolle-Leichtbauplatten nach DIN 1101; Dicke ≥ 25 mm, verputzt, Holzstiele (Ständer) an schwerer Schale befestigt; Ausführung nach DIN 1102.

B — Vorsatzschale aus Gipskartonplatten nach DIN 18 180, Dicke 12,5 oder 15 mm, Ausführung nach DIN 18 181 oder aus Spanplatten nach DIN 68 763, Dicke 10 bis 16 mm; mit Hohlraumausfüllung [1]); Unterkonstruktion an schwerer Schale befestigt [2]).

I. Mit starrer Verbindung der Schalen

m' kg/m²	R'_W dB
100	48
150	48
200	49
250	51
300	53
350	54
400	55
450	56
500	57

C — Ausführung wie A, jedoch Holzstiele (Ständer) mit Abstand ≥ 20 mm vor schwerer Schale freistehend.

D — Ausführung wie B, jedoch Holzstiele (Ständer) mit Abstand ≥ 20 mm vor schwerer Schale freistehend [2]).

E — Vorsatzschale aus Holzwolle-Leichtbauplatten nach DIN 1101, Dicke 50 mm, verputzt, freistehend mit Abstand von 30 bis 50 mm vor schwerer Schale, Ausführung nach DIN 1102, bei Ausfüllung des Hohlraums nach Fußnote [1]) ist ein Abstand von 20 mm ausreichend.

F — Vorsatzschale aus Gipskartonplatten nach DIN 18 180 Dicke 12,5 mm oder 15 mm und Faserdämmplatten [3]), Ausführung nach DIN 18 181, an schwerer Schale streifenförmig angesetzt.

II. Ohne bzw. federnde Verbindung der Schalen

m' kg/m²	R'_W dB
100	49
150	49
200	50
250	52
300	54
350	55
400	56
450	57
500	58

Abb. B.40 (Abbildungsunterschrift siehe Seite zuvor)

4.3.2.5 Verkleidungen an Mauerwerkswänden

Sie finden die Grenzen ihrer Wirksamkeit, wenn, wie in Abschnitt B.4.3.2.3 beschrieben, Schallnebenwege existieren. Entscheidende Kriterien ihrer Wirksamkeit sind:

— dünne, biegeweiche Vorsatzschale
— keine starre Befestigung der Vorsatzschale an der Wand und an angrenzenden Bauteilen.

Werden ungeeignete, d.h. zu steife Dämmschichten (z.B. Hartschaum oder HOLWO-Platten) als Träger für die Vorsatzschalen verwendet und eine Verbindung mit der Trennwand hergestellt, so wird durch Resonanzwirkung eine gegenteilige Wirkung erreicht. Die in **Abb. B.40** dargestellten Systeme sind zu unterscheiden hinsichtlich der Verbindung von Vorsatzschale und Trennwand. Das bewertete Schalldämmaß liegt bei Systemen ohne starre Verbindung (**Abb. B.40,** Beispiel C bis F) um etwa 1 dB höher.

5 Brandschutz

5.1 Allgemeines

Die Brandschutzvorschriften sollen die Einhaltung der öffentlichen Sicherheit und Ordnung gewährleisten. Sie sollen verhindern, daß Brände auf die Nachbarbebauung übergreifen und die Feuerwehr ihren Rettungsaufgaben nicht nachkommen kann. Die Brandschutzvorschriften sollen jedoch nicht den Vermögensschutz einzelner sicherstellen. Es ist deshalb in das Ermessen des Bauherrn gestellt, ob er sich beim Brandschutz mit den teilweise sehr niedrigen bauaufsichtlichen Anforderungen (Tabelle B.15) zufrieden gibt, oder ob er für den Schutz des eigenen Lebens und seines Vermögens mehr tun will. Dieses Mehr kann eine Entscheidung für längere Feuerwiderstandsdauern der Bauteile und auch für weitgehende Verwendung von nichtbrennbaren Baustoffen sein.

5.2 Bauaufsichtliche Anforderungen

Die bauaufsichtlichen Anforderungen bezüglich des Brandschutzes sind in den Landesbauordnungen festgelegt. Die Angaben in Tabelle B.15 für Gebäude normaler Art und Nutzung beziehen sich auf die Landesbauordnung von Bayern. Die Anforderungen in anderen Bundesländern sind ähnlich. Tabelle B.16 verdeutlicht die Zuordnung von Begriffen der Bauordnung zu den Feuerwiderstandsklassen der DIN 4102. Die Buchstaben A, B und AB hinter den Feuerwiderstandsklassen geben an, ob nichtbrennbare (A), in den tragenden Teilen nichtbrennbare (AB) oder brennbare Baustoffe (B) benutzt werden müssen bzw. dürfen.

Tabelle B.16 Zuordnung der Bauordnungsbegriffe zu den Feuerwiderstandsklassen nach DIN 4102

Forderungen gemäß Bauordnung	erfüllt durch Nachweis nach DIN 4102 Teil 2 bzw. DIN 4102 Teil 4
feuerhemmend	Feuerwiderstandsklassen F 30–B, F 30–AB, F 30–A
feuerhemmend und in den tragenden Teilen aus nichtbrennbaren Baustoffen	Feuerwiderstandsklassen F 30–AB, F 30–A
feuerhemmend und aus nichtbrennbaren Baustoffen	Feuerwiderstandsklasse F 30–A
feuerbeständig	Feuerwiderstandsklassen F 90–AB
feuerbeständig und aus nichtbrennbaren Baustoffen	Feuerwiderstandsklasse F 90–A

Wie Baustoffe und Bauteile zur brandschutztechnischen Klassifizierung geprüft werden, ist in DIN 4102 einheitlich geregelt, und zwar:

DIN 4102 Teil 1
Brandverhalten von Baustoffen und Bauteilen; Baustoffe – Begriffe, Anforderungen und Prüfungen (Ausgabe September 1977)

DIN 4102 Teil 2
Brandverhalten von Baustoffen und Bauteilen; Bauteile – Begriffe, Anforderungen und Prüfungen (Ausgabe September 1977)

Tabelle B.15   Bauaufsichtliche Anforderungen an Bauteile bei Gebäuden normaler Art oder Nutzung nach der Landesbauordnung des Landes Bayern vom 2.7.82 und der zugehörigen Durchführungsverordnung

	1 tragende und aussteifende Wände	2 ... in Unter-/Kellergeschossen	3 ... in Dachräumen	4 Trennwände zwischen Gebäuden	5 Trennwände zwischen Wohnungen sowie ...	6 Trennwände zum nichtausgebauten Dachraum	7 Treppenraumwände	8 Wände allgemein zugänglicher Flure	9 Außenwände an offenen Gängen (Rettungsweg)	10 Gebäudeabschlußwände	11 nichttragende Außenwände
Wohngebäude freistehend mit nicht mehr als einer Wohnung	o.A.	F30–B	o.A.	(—)	(—)	o.A.	(—)	(—)	(—)	(—)	o.A.
Wohngebäude mit nicht mehr als zwei Wohnungen und geringer Höhe ≦ 2 Vollgeschosse	o.A.[1]	F30–B	o.A.	F30F90[6]	o.A.[1]	o.A.	o.A.	o.A.	o.A.	F30F90[6]	o.A.
Wohngebäude mit mehr als zwei Wohnungen und einer Höhe von ≦ 3 Vollgeschosse	F30–B[2]	F30–B	F30–B	F90–AB[7]	F30–B	F30–B	F90–AB[4]	F30–B	F30–B	F90–AB[7]	o.A.[3]
> 3 Vollgeschosse	F90–AB	F90–AB	F30–B	Brw	F90–AB	F30–B	Brw	F30–B	F30–B	Brw	A/F30
> 4 Vollgeschosse	F90–AB	F90–AB	F30–B	Brw	F90–AB	F30–B	Brw	F30–B[5]	F30–B[5]	Brw	A/F30

[1] bei 2 Vollgeschossen + ausgebautem Dachgeschoß: F30–B.
[2] bei 3 Vollgeschossen + ausgebautem Dachgeschoß: F90–AB.
[3] > 2 Vollgeschosse: A/F30.
[4] wenn tragende Wände F30–B: F30–B; > 2 Vollgeschosse: Brw.
[5] > 5 Vollgeschosse: F90–B.
[6] F30 von innen, F90 von außen; ohne Öffnungen.
[7] ohne Öffnungen und so dick wie Brw.

DIN 4102 Teil 3

Brandverhalten von Baustoffen und Bauteilen; Brandwände und nichttragende Außenwände – Begriffe,
Anforderungen und Prüfungen (Ausgabe September 1977)

Bei bewährten Baustoffen und Bauteilen, deren Verhalten im Brand bekannt ist, muß die Einstufungsprü-
fung nicht mehr im Einzelfall durchgeführt werden. Diese Baustoffe und Bauteile sind in DIN 4102 Teil 4,
(Ausgabe 3.81) klassifiziert (auszugsweise Wiedergabe in Tabelle B.18).

5.3 Klassifizierung der Baustoffe nach DIN 4102 Teil 1

Man unterscheidet nichtbrennbare Baustoffe der Klasse A und brennbare Baustoffe der Klasse B (Tabelle
B.17).

In der Klasse A 2 dürfen im Gegensatz zu Klasse A 1 geringe Anteile brennbaren Materials vorhanden
sein. Mineralische Mauerwerksbaustoffe sind nach DIN 4102 Teil 4 in Klasse A 1 eingestuft, also nicht-
brennbar, auch wenn in dem Mörtel organische Zusatzmittel in üblicher Menge (nach Prüfbescheid) enthalten sind.

Tabelle B.17 Klassifizierung der Baustoffe

Baustoffklasse	Bauaufsichtliche Benennung
A	nichtbrennbare Stoffe
A1	zulässig sind geringe Mengen organischer (A1)
A2	oder brennbarer Substanzen (A2)
B	brennbare Baustoffe
B1	schwerentflammbare Baustoffe
B2	normalentflammbare Baustoffe
B3	leichtentflammbare Baustoffe (verboten!)

5.4 Feuerwiderstandsklassen von Wänden und Pfeilern aus Mauerwerk nach DIN 4102 Teil 4

Die folgenden Angaben gelten für Wände und Pfeiler aus Mauerwerk und Wandbauplatten nach folgenden Normen:

a) DIN 1053 Teil 1
   Mauerwerk; Berechnung und Ausführung
b) DIN 1053 Teil 2
   Mauerwerk nach Eignungsprüfung; Berechnung und Ausführung
c) DIN 4103
   leichte Trennwände

sowie für Mauerwerk aus zugelassenen Materialien, soweit in der Zulassung nicht besondere Auflagen gemacht werden.

Wände und Pfeiler aus Mauerwerk und Wandbauplatten müssen unter Beachtung der nachfolgenden Abschnitte die in Tabelle B.18 angegebenen Mindestdicken besitzen. Dabei wird die Mindestwanddicke d
immer auf die unbekleidete (z.B. ungeputzte) Wand bezogen. Lochungen von Steinen oder Wandbauplatten dürfen nicht senkrecht zur Wandebene verlaufen. Die Angaben der Tabelle B.18 beziehen sich für
Wände nicht auf den Feuerwiderstand einer einzelnen Wandschale, sondern stets auf den Feuerwiderstand der gesamten (eventuell zweischaligen) Wand.

Die brandschutztechnischen Mindestabmessungen von Pfeilern sind Tabelle B.18 zu entnehmen. Die
Tabelle zeigt, daß die statisch notwendigen Mindestabmessungen z.T. aus brandschutztechnischen
Gründen überschritten werden müssen. Als obere Abgrenzung Pfeiler/Wand kann DIN 1053 herangezo-

Tabelle B.18 **Mindestdicke und Mindestbreite von tragenden [1]) und nichttragenden Wänden sowie von tragenden Pfeilern aus Mauerwerk und Wandplatten**
(Die Angaben dieser Tabelle gelten auch für Mauersteine nach Zulassung)

Zeile	Konstruktionsmerkmale	Feuerwiderstands-Benennung				
		F 30–A	F 60–A	F 90–A	F 120–A	F 180–A
1 1.1	Mindestdicke d in mm nichttragender Wände aus Gasbeton-Blocksteinen oder -Bauplatten nach DIN 4165 und DIN 4166 sowie Hohlblock- oder Vollsteinen bzw. Wandbauplatten aus Leichtbeton nach DIN 18151, DIN 18152, DIN 18153 und DIN 18162	75 (75)	75 (75)	100 (100)	125 (100)	150 (125)
1.2	Mauerziegeln nach DIN 105 (Langlochziegel ausgenommen), Kalksandsteinen nach DIN 106 Teil 1 und Teil 2 und Hüttensteinen nach DIN 398	115 (71)	115 (71)	115 (115)	140 (115)	175 (140)
1.3	Langlochziegeln nach DIN 105	115 (71)	115 (71)	140 (115)	175 (140)	190 (175)
2	Mindestdicke d in mm tragender [1]) Wände aus Gasbeton-Blocksteinen nach DIN 4165 und Hohlblock- oder Vollsteinen aus Leichtbeton nach DIN18151, DIN 18152 und DIN 18153 bei einer maximalen Druckspannung von	115 (115)	150 (115)	150 (115)	150 (115)	175 (125)
2.1.1	$\sigma \leqq 0,3$ N/mm^2					
2.1.2	$\sigma \leqq 1,0$ N/mm^2	150 (115)	175 (150)	200 (175)	240 (200)	240 (200)
2.1.3	$\sigma \leqq 1,6$ N/mm^2	175 (150)	200 (175)	240 (175)	300 (200)	300 (240)
2.2 2.2.1	Mauerziegeln nach DIN 105, Kalksandsteinen nach DIN 106 Teil 1 und Teil 2 und Hüttensteinen nach DIN 398 bei einer maximalen Druckspannung $\sigma \leqq 0,3$ N/mm^2	115 (115)	115 (115)	115[2)] (115)	140[2)] (115[2)])	175[2)] (140[2])
2.2.2	$\sigma \leqq 1,4$ N/mm^2	115 (115)	115 (115)	140 (115)	175 (140)	190 (175)
2.2.3	$\sigma \leqq 3,0$ N/mm^2	115 (115)	140 (115)	140 (115)	190 (175)	240 (190)
3 3.1 3.2.	Mindestquerschnittsabmessungen d/b in mm/mm tragender Pfeiler bei einer maximalen Druckspannung $\sigma \leqq 1,4$ N/mm^2 $\sigma \leqq 3,0$ N/mm^2	 240/240 240/240	 240/300 300/365	 240/365 365/365	 300/365 365/365	 365/365 365/365

[1]) Die Angaben gelten sowohl für tragende, raumabschließende als auch für tragende, nichtraumabschließende Wände.

[2]) Bei Verwendung von Langlochziegeln sind die Werte von Zeile 1.3 maßgebend.

Die ()-Werte gelten für Wände mit beidseitigem Putz nach Tabelle B.19, der bei Verwendung der Mörtelgruppen P II und P IVc eine Dicke $d \geqq 15$ mm und bei Verwendung der Mörtelgruppen P IVa und P IVb eine Dicke $d_1 \geqq 10$ mm besitzen muß.

gen werden. Hiernach gelten als Pfeiler Querschnitte, die aus weniger als 2 ungeteilten Steinen bestehen oder deren Querschnittfläche $<$ 1000 cm^2 ist. Gemauerte Querschnitte, deren Flächen $<$ 400 cm^2 ist, sind als tragende Teile unzulässig. Bei der brandschutztechnischen Einstufung gemauerter Außenwände bei Berechnung nach DIN 1053 Teil 2 wird empfohlen, den Lastfall Wind nur zu 60% anzusetzen. Es sollte nicht von einem gleichzeitigen vollen Eintreten beider Lastfälle ausgegangen werden.

Die Tabelle B.18 wurde für die alte DIN 1053 Teil 1 aufgestellt, d.h. sie legt eine gleichmäßige Spannungsverteilung zugrunde.

In der Neufassung von DIN 1053 Teil 1 jedoch, sowie in DIN 1053 Teil 2, wird der Einfluß von Biegemomenten berücksichtigt, die Spannungsverteilung über den Querschnitt ist deshalb nicht gleich. Um zu gleichen Einstufungen in Feuerwiderstandsklassen zu gelangen, dürfen deshalb bei Bemessung nach DIN 1053 Teil 1 Ausgabe Februar 1990 bei der Spannungsermittlung die Faktoren k nicht angesetzt werden. Bei der Bemessung nach DIN 1053 Teil 2 sind die mittleren Spannungen der brandtechnischen Einstufung zugrunde zu legen, solange es sich um Stein- und Mörtelklassen handelt, die auch nach DIN 1053 Teil 1 Ausgabe 1974 verarbeitet werden können [B.34] (maximal Steinfestigkeitsklasse 28 und Mörtelgruppe III). Für hochfeste Steine (Festigkeitsklasse 36, 48, 60) und Mörtelgruppe IIIa steht eine normenmäßige Regelung noch aus.

Stützen, Riegel, Verbände usw., die zwischen den Schalen zweischaliger Wände angeordnet werden, sind für sich allein zu bemessen. Aussteifende Riegel und Stützen müssen mindestens derselben Feuerwiderstandsklasse wie die Wände angehören.

Dämmschichten in Anschlußfugen, die aus schalltechnischen oder anderen Gründen angeordnet werden, müssen aus mineralischen Fasern nach DIN 18 165 Teil 1, (Ausgabe Januar 1975), Abschnitt 2.1 bestehen, der Baustoffklasse A nach DIN 4102 Teil 1 angehören, einen Schmelzpunkt $\geq$ 1000°C besitzen und eine Rohdichte $\geq$ 30 kg/m^3 aufweisen; ggf. vorhandene Hohlräume müssen dicht ausgestopft werden.

Sperrschichten gegen aufsteigende Feuchtigkeit beeinflussen die Feuerwiderstandsklasse und Benennung nicht.

Als Putze zur Verbesserung der Feuerwiderstandsdauer dürfen nur Putze der Mörtelgruppe P II oder P IV nach DIN 18 550 Teil 2 verwendet werden (Tabelle B.19). Bei Verwendung von Maschinenputzgips nach DIN 1168 Teil 1 ist kein Spritzbewurf erforderlich, wenn die zu putzenden Stein- oder Bauplattenflächen $\leq$ 240 mm $\times$ 115 mm sind. Voraussetzung für die brandschutztechnische Wirksamkeit ist eine ausreichende Haftung am Putzgrund. Sie wird sichergestellt, wenn

a) der Putzgrund die Anforderungen nach DIN 18 550 Teil 2 erfüllt und
b) der Putzgrund einen voll deckenden Spritzbewurf nach DIN 18 550 Teil 2 mit einer Dicke $\geq$ 5 mm erhält (d.h., es muß eine geschlossene Grundschicht von 2 bis 3 mm vorhanden sein).

Die Breite von Stürzen aus Stahlbeton oder bewehrtem Gasbeton muß der geforderten Mindestwanddicke entsprechen. Anstelle eines Sturzes dürfen auch mehrere nebeneinander verlegte Stürze verwendet werden. Stahlstürze sind gemäß DIN 4102 zu ummanteln.

Abgesehen von den im folgenden aufgeführten Ausnahmen beziehen sich die Feuerwiderstandsklassen der in Tabelle B.18 klassifizierten Wände stets auf Wände ohne Einbauten. Steckdosen, Schalterdosen, Verteilerdosen usw. dürfen bei raumabschließenden Wänden nicht unmittelbar gegenüberliegend eingebaut werden; diese Einschränkung gilt nicht für Wände aus Beton oder Mauerwerk mit einer Gesamtdicke = Mindestdicke + Bekleidungsdicke $\geq$ 140 mm. Im übrigen dürfen derartige Dosen an jeder beliebigen Stelle angeordnet werden. Durch die in Tabelle B.18 klassifizierten Wände dürfen einzelne elektrische Leitungen durchgeführt werden, wenn der verbleibende Lochquerschnitt mit Mörtel nach DIN 18 550 Teil 2 vollständig verschlossen wird.

Tabelle B.19 Putze der Mörtelgruppe P II und P IV nach DIN 18550, Hinweis für Mischungsverhältnisse in Raumteilen für baustellengemischte Mörtel
(Bei Verwendung von Werkmörtel hat der Hersteller die Eignung nachzuweisen)

Zeile	Mörtelgruppe	Mörtelart	Baukalke DIN 1060			Putz- und Mauerbinder	Zement DIN 1164	Baugipse ohne werksseitig beigegebene Zusätze DIN 1168		Sand[1]
			Luftkalk Wasserkalk		Hochhydraulischer Kalk					
			Kalkteig	Kalkhydrat	Kalk	DIN 4211		Stuckgips	Putzgips	
1	P II	a	Hochhydraulischer Kalkmörtel, Mörtel mit Putz- und Mauerbinder		1,0 oder 1,0					3,0– 4,0
2		b	Kalkzementmörtel	1,5 oder 2,0				1,0			9,0–11,0
3	P IV	a	Gipsmörtel						1,0[2]		–
4		b	Gipssandmörtel						1,0[2] oder 1,0[2]		1,0– 3,0
5		c	Gipskalkmörtel	1,0 oder 1,0					0,5–1,0 oder 1,0–2,0		3,0– 4,0
6		d	Kalkgipsmörtel	1,0 oder 1,0					0,1–0,2 oder 0,2–0,5		3,0– 4,0

[1] Die Werte dieser Tabelle gelten nur für mineralische Zuschläge mit dichtem Gefüge.

[2] Um die Geschmeidigkeit zu verbessern, kann Weißkalk in geringen Mengen, zur Regelung der Versteifungszeiten können Verzögerer zugesetzt werden.

5.5 Brandwände

Brandwände müssen ganz aus nichtbrennbaren Baustoffen bestehen und immer der Klasse F 90 angehören. Sie dienen der Abschottung von Brandabschnitten.

Bei der brandschutztechnischen Einstufung von Wänden als Brandwände wird nicht nur in einem Brandversuch die Feuerwiderstandsdauer ermittelt, sondern zusätzlich werden die Wände Stoßbeanspruchungen ausgesetzt. Damit soll die Standsicherheit gegen Belastung aus Stößen einstürzender Bauteile simuliert und eine bestimmte Restfestigkeit nach dem Brandversuch sichergestellt werden.[1]

Die Angaben der Tabelle B.20 gelten für Wände aus Mauerwerk nach DIN 1053 Teil 1, die die Anforderungen an Brandwände nach DIN 4102 Teil 3 erfüllen. Gegen eine Anwendung der Tabelle B.20 auf Wände aus Mauerwerk nach DIN 1053 Teil 2 bestehen keine Bedenken, solange die Steinfestigkeitsklasse 28 und die Mörtelgruppe III nicht überschritten werden.

Für einschalige Wände ist inzwischen geklärt, daß die genannten Mindestdicken auch für Mauerwerk gilt, das nach DIN 1053 Teil 2 bemessen ist [B.34]. Abweichend von Tabelle B.20 darf die Bauaufsicht nach [B.32] zweischalige Wände aus Mauerwerk nach DIN 1053 mit 2 × 11,5 cm Dicke bei Bauten bis zu einer bestimmten Höhe oder Geschoßzahl anstelle von Brandwänden erlauben.

Die in Tabelle B.20 angegebenen Mindestwanddicken dürfen nicht um die Dicken von Bekleidungen vermindert werden. Bei Bekleidungen aus Baustoffen der Klasse B sind gegebenenfalls bauaufsichtliche Vorschriften zu beachten.

Anschlüsse von Mauerwerkswänden an angrenzende Massivbauteile müssen vollfugig mit Mörtel nach DIN 1053 Teil 1 ausgeführt werden.

---

[1] Brandwände werden grundsätzlich ungeputzt geprüft.

Aussteifungen von Brandwänden – z.B. aussteifende Querwände, Decken, Riegel, Stützen oder Rahmen – müssen wenigstens der Feuerwiderstandsklasse F 90 entsprechen; Stützen und Riegel, die in oder unmittelbar vor einer Brandwand angeordnet werden, müssen darüber hinaus ausreichend stoßsicher nach DIN 4102 Teil 3 sein. Wandbereiche bzw. Stürze über Öffnungen, sofern diese nach bauaufsichtlichen Bestimmungen gestattet werden, müssen ebenfalls mindestens der Feuerwiderstandsklasse F 90 angehören.

Tabelle B.20 Brandwände

Zeile		zulässige Schlankheit h_s/d	Mindestdicke d in mm bei einschaliger	zweischaliger Ausführung
1	Wände aus Mauerwerk nach DIN 1053 Teil 1, gemauert in Mörtelgruppe II, IIa oder III bei Verwendung von	Bemessung nach DIN 1053 Teil 1		
1.1	Steinen der Rohdichteklasse $\geq 1,4$		240	2×175
1.2	Steinen der Rohdichteklasse $\leq 1,2$ und $> 0,8$		290	2×190
1.3	Steinen der Rohdichteklasse $\leq 0,8$		290	2×240

5.6 Ausmauerung von Stahlstützen und Stahlträgern

Durch Ausmauerung kann bei Stahlstützen und Stahlträgern die Feuerwiderstandsdauer beträchtlich erhöht werden. Weitere Einzelheiten sind DIN 4102 Teil 4 zu entnehmen.

6 Verformung und Rißsicherheit

6.1 Allgemeines

Die Anzahl unterschiedlicher Mauerwerkbaustoffe, Mauersteine und Mauermörtel hat in den letzten Jahren weiter zugenommen. Dies ist vorteilhaft hinsichtlich der Auswahl der für den jeweiligen Anwendungsfall geeignetesten Steine und Mörtel. Zu beachten ist jedoch dabei, daß sich die verschiedenen Mauerwerke z.T. sehr unterschiedlich unter Last-, Feuchte- und Temperatureinwirkung verformen. Dadurch können schädliche Risse entstehen. Diese sind in vielen Fällen zu vermeiden, wenn die Rißsicherheit von Mauerwerksbauteilen oder -bauwerken bereits in der Planungsphase beurteilt und die Ergebnisse berücksichtigt werden. Dazu ist die Kenntnis des Verformungsverhaltens und der Formänderungen von Mauerwerk erforderlich.

6.2 Formänderungen, Verformungseigenschaften

Bei Mauerwerk treten bis auf eine Ausnahme (chemisches Quellen) die gleichen Formänderungsarten wie bei Beton auf (siehe **Abb. B.41**). Mauerwerk verkürzt sich unter kurzzeitiger und langzeitiger Belastung sowie durch Austrocknung (Schwinden) und Abkühlung. Es verlängert sich durch Feuchteaufnahme (Quellen) und Erwärmung. Bei Mauerwerk aus Mauerziegeln kann eine bei normalen Temperaturen nicht umkehrbare Verlängerung durch ein chemisches Quellen der Ziegel auftreten. Für alle Formänderungsarten werden im Mauerwerk-Kalender jährlich aktualisierte Rechenwerte mit einem Streubereich angegeben (siehe Tabelle B.21 und [B.35]).

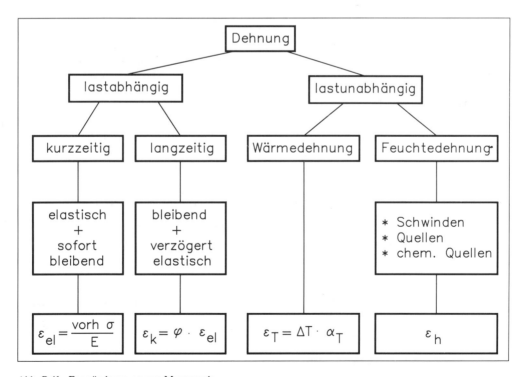

Abb. B.41   Formänderungen von Mauerwerk

Tab. B.21 Formänderungskennwerte von Mauerwerk; Endwert der Feuchtedehnung $\varepsilon_{h\infty}$, Endkriechzahl φ_∞ und Wärmedehnungskoeffizient α_t aus [B.35]

Mauersteine		$\varepsilon_{h\infty}$[1]		φ_∞		α_T	
Stein-sorte	DIN	Rechen-wert	Werte-bereich	Rechen-wert	Werte-bereich	Rechen-wert	Werte-bereich
		mm/m				10^{-6}/K	
Mz, HLz	105	0	−0,2..+0,4	1,0	0,5....1,5	6	5.... 7
KS, KS L	106	− 0,2	−0,1..−0,4	1,5	1,0....2,0	8	7.... 9
Hbl V, Vbl	18151 18152	− 0,4	−0,2..−0,6[2] −0,2[3]	2,0	1,5....2,5	10	8....12
Hbn	18153	− 0,2	−0,1..−0,3	1,0	−	10	8....12
G	4165	− 0,2	+0,2..−0,4	1,5	1,0....2,5	8	7.... 9

1) Vorzeichen minus: Schwinden, Vorzeichen plus: Quellen,
   bei Mz, HLz: chemisches Quellen
2) Werte entsprechen der 10 bzw. 90%−Fraktile
3) Bei besonderer Aufbereitung bzw. Auswahl der Leichtzuschläge

6.2.1 Lastabhängige Formänderungen

Lastabhängige Verformungen entstehen durch Eigenlasten, andere ständige Lasten und Verkehrslasten. Die Verformungen setzen sich zusammen aus den elastischen Verformungen, die sofort nach der Lastaufbringung entstehen, und den plastischen Verformungen durch Kriechen des Baustoffes. Die Größe der lastabhängigen Formänderungen hängt von der Höhe und Dauer der Belastung und den mechanischen Eigenschaften des Mauerwerks ab.

6.2.1.1 Formänderungen aus kurzzeitiger Lasteinwirkung

Mit der vorhandenen Spannung vorh σ und dem entsprechenden E-Modul E_{mw} ergibt sich

$$\varepsilon_{el} = \frac{\text{vorh } \sigma}{E_{mw}} \qquad \text{(mm/m)}$$

Der E-Modul E_{mw} ist als Sekantenmodul bei etwa 1/3 der Höchstspannung und der zugehörigen Gesamtdehnung ges ε aus einmaliger Belastung

$$E_{mw} = \frac{\text{max } \sigma}{3 \cdot \text{ges } \varepsilon}$$

definiert (Abb. B.42).

E_{mw} enthält somit einen geringen Anteil an bleibender Dehnung und ist deshalb etwas kleiner als E nur aus elastischer Dehnung (z.B. E-Modul Beton).

Zu unterscheiden sind Druck- und Zug-E-Modul.

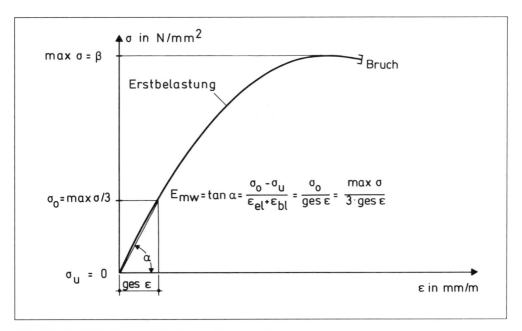

Abb. B.42   Zur Definition des E-Moduls von Mauerwerk E_{mw}

Der *Druck-E-Modul (senkrecht zu Lagerfugen)* $E_{D,mw}$ kann in guter Näherung rechnerisch in Abhängigkeit von der Druckfestigkeit des Mauerwerks $\beta_{D,mw}$ oder der Steine $\beta_{D,st}$ und des Mörtels $\beta_{D,mö}$ ermittelt werden. Er unterscheidet sich jedoch vor allem nach Steinart und -sorte z.T. beträchtlich (siehe **Abb. B.43**). Aber auch die Mörtelart (Normal-, Leicht-, Dünnbettmörtel) kann von Einfluß sein. Wird Leichtmörtel statt Normalmörtel verwendet, so kann sich der *E*-Modul etwa um bis zu 10% verringern.

Für grobe Näherungsrechnungen kann

$$E_{D,mw} = 1000 \cdot \beta_{D,mw} \tag{1}$$

angenommen werden, wobei der Schwankungsbereich mit

$$500 \cdot \beta_{D,mw} \leqq E_{D,mw} \leqq 1500 \cdot \beta_{D,mw} \tag{2}$$

anzusetzen ist. Genauere *E*-Moduln siehe z.B. [B.36]. Versuchsmäßig kann $E_{D,mw}$ nach DIN 18 554 Teil 1 (12.85) ermittelt werden.

Der *Zug-E-Modul (parallel zu Lagerfugen)* $E_{Z,mw}$ kann näherungsweise wie folgt aus der Mauerwerkzugfestigkeit $\beta_{Z,mw}$ bestimmt werden [B.31]:

a) Mauerwerk aus Kalksandsteinen und Normalmörtel

$$E_{Z,mw} = 33000 \; \beta_{Z,mw} \tag{3.1}$$

b) Mauerwerk aus Hochlochziegeln, Leichtbetonsteinen und Gasbetonsteinen[1]) mit Normalmörtel

$$E_{Z,mw} = 15000 \; \beta_{Z,mw} \tag{3.2}$$

Die *E*-Moduln von Mauerwerk verändern sich im Gegensatz zu Beton vergleichsweise wenig. Sie können zumindest ab einem Alter von einem Monat als praktisch konstant angesehen werden.

---

[1]) Neue Bezeichnung: Porenbeton

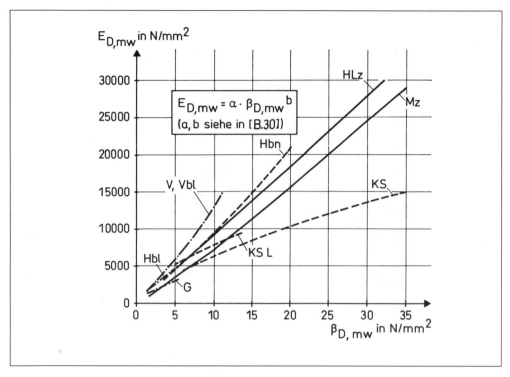

Abb. B.43 E-Modul von Mauerwerk ($E_{D,mw}$) aus verschiedenen Mauersteinen und Normalmörtel in Abhängigkeit von der Druckfestigkeit des Mauerwerks ($\beta_{D,mw}$), aus [B.36]

6.2.1.2 Formänderungen infolge langzeitiger Lasteinwirkung (Kriechen)

Die durch langzeitige Lasteinwirkung entstehenden Dehnungen werden als Kriechdehnungen ε_k bezeichnet. Sie nehmen anfangs stark, danach immer weniger zu. Unter annähernd konstanter Belastung und bei etwa gleichbleibender Lufttemperatur und -feuchte ist das Kriechen nach etwa 3 bis 5 Jahren nahezu beendet.

Da sich die Festigkeit der Mauersteine nach dem Ausliefern aus dem Herstellwerk nicht mehr (Mauerziegel) bzw. nur noch wenig verändert (andere Mauersteine) und der Mörteleinfluß relativ gering ist, ist auch der Einfluß des Belastungsalters auf φ_∞ bei Mauerwerk im Gegensatz zu Beton klein.

Da auch bei Mauerwerk Kriechspannung σ_k und Kriechdehnung ε_k bis zu $\sigma \approx 1/3$ bis $1/2\ \beta_{D,mw}$ annähernd proportional sind, kann als Eigenschaftskenngröße die dann spannungsunabhängige Kriechzahl φ bzw. die Endkriechzahl

$$\varphi_\infty = \frac{\varepsilon_{k_\infty}}{\varepsilon_{el}} = \frac{\varepsilon_{k_\infty} \cdot E}{\sigma_k} \tag{4}$$

verwendet werden.

Rechenwerte für die Endkriechzahl φ_∞ von Mauerwerk siehe Tabelle B.21. Ein erheblicher, quantifizierbarer Einfluß von Mörtelart und -festigkeit läßt sich aus den bisher vorliegenden Versuchsergebnissen nicht ableiten, so daß die φ_∞-Werte nur steinbezogen angegeben sind. Auch die φ_∞-Werte unterscheiden sich wie die E-Modul-Werte je nach Steinart z.T. nennenswert (siehe auch [B.38]).

6.2.2 Lastunabhängige Formänderungen

6.2.2.1 Feuchtedehnung (Schwinden ε_s, Quellen ε_q, chemisches Quellen ε_{cq}) (siehe auch [B.39])

Feuchtedehnung ε_h ist Oberbegriff für alle durch Feuchteeinwirkung bedingten Formänderungen.

Änderungen des Feuchtegehaltes von Mauersteinen und Mörtel können zu mehr oder weniger großen Volumenänderungen bzw. Dehnungen (Feuchtedehnung) führen. Bedeutsam sind vor allem Schwinden und chemisches Quellen (bei einigen Mauerziegeln). Größe und zeitlicher Verlauf des Schwindens hängen ab von der Steinart, in geringem Maße auch von der Mörtelart, der Vorbehandlung der Steine vor dem Vermauern, ihrem „Einbau-Feuchtegehalt" sowie den Austrocknungsbedingungen (relative Luftfeuchte, Luftbewegung). Der rechnerische Endschwindwert $\varepsilon_{S\infty}$ vergrößert sich mit abnehmender relativer Luftfeuchte sowie meistens auch mit zunehmender „Einbaufeuchte" der Steine. Das Schwinden läuft bei rasch austrocknenden Steinen (günstige Porenstruktur), geringer relativer Luftfeuchte, stärkeren Luftbewegungen und dünnen Bauteilen schneller ab.

Meist ist das Schwinden von Innenbauteilen nach 3 bis 5 Jahren weitgehend beendet. Als Anhalt für den zeitlichen Verlauf des Schwindens können die Schwindkurven in **Abb. B.44** dienen. Vor allem bei langsam austrocknenden Steinen und dicken Bauteilen können sich oberflächennahes Schwinden und Schwinden im Kernbereich des Bauteils sehr unterscheiden. Dadurch können oberflächennahe Risse entstehen.

Größe und zeitlicher Verlauf des chemischen Quellens bei einigen Mauerziegeln hängen im wesentlichen von der stofflichen Zusammensetzung der Ziegel und den Brennbedingungen ab. Das chemische Quellen kann sehr schnell, aber auch sehr langsam über einen Zeitraum von mehreren Jahren ablaufen.

Nach Tabelle B.21 ergeben sich Verformungsunterschiede zwischen verschiedenem Mauerwerk infolge Feuchtedehnung bis 0,4 mm/m (Rechenwert) bzw. 1,0 mm/m (Wertebereich).

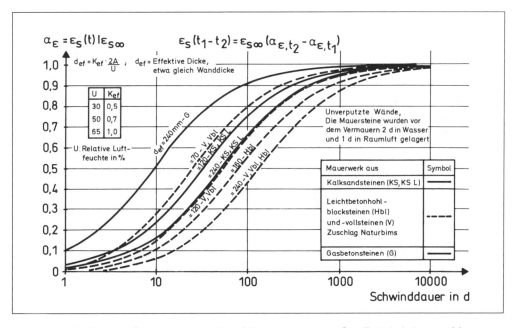

Abb. B.44   Zeitlicher Verlauf des Schwindens $\varepsilon_s(t)$ von Mauerwerk bezogen auf den Endschwindwert $\varepsilon_{S\infty}$: Mauerwerkalter bei Schwindbeginn i.allg. 3 bis 7 d

6.2.2.2 Wärmedehnung

Eine Wärmedehnung ε_T entsteht durch die Änderung der Temperatur ΔT:

$$\varepsilon_T = \Delta T \cdot \alpha_T \tag{5}$$

Der Wärmedehnungskoeffizient α_T (10^{-6}/K) ist eine stoffliche Eigenschaftskenngröße und kann für den baupraktischen Temperaturbereich von $-20\ °C$ bis $+80\ °C$ als konstant angenommen werden.

Die Rechenwerte und die Streubereiche in Tabelle B.21 basieren im wesentlichen auf den α_T-Werten für den Steinscherben. Auch sie unterscheiden sich je nach Steinart erheblich (min $\alpha_T = 6$, max $\alpha_T = 10 \cdot 10^{-6}$/ K). Je nach Wärmeleitfähigkeit der Steine und auch des Mörtels sowie der Bauteildicke können mehr oder weniger große Temperaturunterschiede zwischen Oberfläche und Kernbereich des Bauteils auftreten. Zur Berechnung von Wärmedehnungen wird ΔT als Differenz zwischen Herstell- und „Betrachtungs"-temperatur angesetzt.

6.3 Entstehen von Spannungen und Rissen

Durch Formänderungsunterschiede innerhalb des Bauteils (z.B. Wärme-, Feuchtedehnung) oder zwischen benachbarten Bauteilen entstehen Spannungen, wenn die Formänderungen nicht zwängungsfrei ablaufen können. Rißgefährlich sind wegen der geringen Mauerwerksfestigkeit Zug-, Scher-, und Schubspannungen. Durch innere Kriecheffekte und Spannungsumlagerungen wird die aus den behinderten Dehnungen entstandene Spannung relativ rasch abgebaut. Die Spannungsminderung wird durch die Relaxationszahl ψ gekennzeichnet. Diese kann in etwa mit Hilfe der Kriechzahl beschrieben werden

$$\psi \approx \frac{1}{1 + \varphi} \tag{6.1}$$

und für den Endzustand

$$\psi_\infty \approx \frac{1}{1 + \varphi_\infty} \tag{6.2}$$

Der Spannungsabbau ist bei langsamer ablaufenden Formänderungen wie Schwinden und jahreszeitliche Temperaturänderungen größer als bei sehr kurzzeitigen Formänderungen.

Die Rißsicherheit S_R hängt von der Größe der vorhandenen Spannungen vorh σ oder Dehnungen vorh ε und der Größe der Festigkeit β bzw. Bruchdehnung ε_u ab (siehe **Abb. B.45**).

Die Größe von vorh σ wird bestimmt durch die gesamte vorhandene Dehnung bzw. den Dehnungsunterschied, den E-Modul, die Relaxation und den Behinderungsgrad für die Dehnungen. Der Behinderungsgrad hängt von den Lagerungsbedingungen ab und kann theoretisch zwischen 0 (frei beweglich) und 1 (volle Einspannung) betragen.

Rißgefahr besteht vor allem dann, wenn große Verformungs- (Dehnungs)unterschiede zwischen benachbarten Bauteilen auftreten. Beispiele dafür sind lange Wände, die sich durch Schwinden und ggf. Temperaturabnahme verkürzen wollen (z.B. Verblendschalen) oder Innen- und Außenwände im Verband, die sich in vertikaler Richtung sehr unterschiedlich verformen.

Derartige Risse beeinträchtigen nur in seltenen Fällen die Standsicherheit, i.allg. aber die Gebrauchsfähigkeit (Schall-, Wärme-, Feuchteschutz; Ästhetik). Wegen der Vielzahl von kaum ausreichend genau erfaßbaren Einflußgrößen ist die rechnerische Beurteilung der Rißsicherheit in der Regel nur sehr eingeschränkt möglich, in den nachfolgend beschriebenen Fällen jedoch mit brauchbarer Aussagesicherheit.

Bei langen Wänden (ab etwa 6 bis 10 m) und größeren Geschoßzahlen (ab etwa 3 bis 4) empfiehlt sich zur Vermeidung von Rißschäden immer eine Beurteilung der Rißsicherheit.

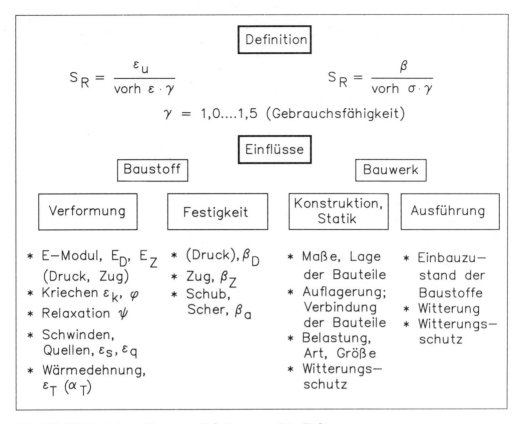

$$S_R = \frac{\varepsilon_u}{\text{vorh } \varepsilon \cdot \gamma} \qquad\qquad S_R = \frac{\beta}{\text{vorh } \sigma \cdot \gamma}$$

$$\gamma = 1,0....1,5 \ (\text{Gebrauchsfähigkeit})$$

Definition			

Einflüsse

Baustoff		Bauwerk	
Verformung	Festigkeit	Konstruktion, Statik	Ausführung

* E–Modul, E_D, E_Z (Druck, Zug)
* Kriechen ε_k, φ
* Relaxation ψ
* Schwinden, Quellen, ε_s, ε_q
* Wärmedehnung, ε_T (α_T)

* (Druck), β_D
* Zug, β_Z
* Schub, Scher, β_a

* Maße, Lage der Bauteile
* Auflagerung; Verbindung der Bauteile
* Belastung, Art, Größe
* Witterungs– schutz

* Einbauzu– stand der Baustoffe
* Witterung
* Witterungs– schutz

Abb. B.45 Rißsicherheit von Mauerwerk; Definition, wesentliche Einflüsse

6.4 Beurteilung der Rißsicherheit

6.4.1 Formänderungsunterschiede überwiegend in vertikaler Richtung; Verformungsfall V

6.4.1.1 Verformungsfall V1: Innenwand verkürzt sich stärker als Außenwand (Abb. B.46 und B.47)

Durch Belastungsunterschiede und/oder unterschiedliche Formänderungseigenschaften von Innen- und Außenwandmauerwerk entstehen Verformungsunterschiede. Diese können besonders dann groß werden, wenn für die Innenwände stark kriechendes und schwindendes Mauerwerk und für die Außenwände wenig kriechendes und wenig schwindendes bzw. chemisch quellendes Mauerwerk verwendet werden soll.

Eine unabhängige und unbehinderte Verformung von Außen- und Innenwand ist aber im Regelfall, bei dem aussteifende Querwände und die auszusteifende Wand im Verband bzw. entsprechend verankert hochzuführen sind, nicht möglich. Da die Querwände die auftretenden Verformungsunterschiede nicht spannungsfrei ausgleichen können, entstehen im Bereich der größten Behinderung (in Außenwandnähe) Zug- bzw. Schubspannungen, die zu den in **Abb. B.46** und **B.47** dargestellten Rissen führen können. Die Rißgefahr und im Schadensfall die Rißweite nehmen mit der Geschoßzahl zu, weil die Verformungsunterschiede mit der gesamten Wandhöhe wachsen.

Rißempfindlich und deshalb sorgfältig auf Rißsicherheit zu beurteilen sind vor allem die Kombinationen Kalksandsteine oder Leichtbetonsteine (z.B. auch Leichtbetonvollsteine V 12) für die Innenwände und Mauerziegel für die Außenwände (siehe dazu auch Tabelle B.21). Für die rechnerische Beurteilung der Rißsicherheit werden die Formänderungen von Außen- und Innenlängswand getrennt für jede Wand ohne Einfluß des Verbandes mit der Querwand ermittelt und auf die Wandhöhe der obersten, rißgefährdetsten Querwand bezogen. Der zulässige Formänderungsunterschied zwischen Außen- und Innenlängswand für Rißsicherheit ist 0,3 mm/m. Das Rechenverfahren ist in [B.40] beschrieben.

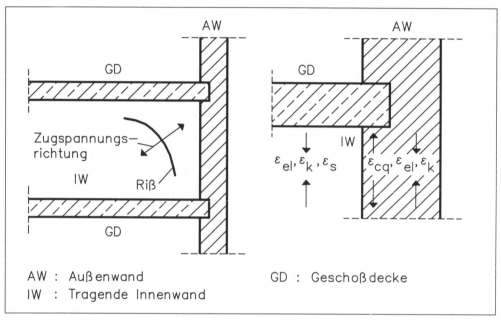

Abb. B.46 Risse durch Formänderungsunterschiede in vertikaler Richtung; Verformungsfall V1: Innenwand verkürzt sich stärker als Außenwand

Abb. B.47 Riß; Verformungsfall V1

6.4.1.2 Verformungsfall V2: Außenwand verkürzt sich stärker als Innenwand (siehe **Abb. B.48** und **B.49**)

Besteht die Innenwand aus Mauerwerk, das sich infolge Belastung nur wenig verformt (verkürzt) − hoher
E-Modul, niedrige Kriechzahl −, wenig schwindet oder ggf. chemisch quillt und die Außenwand aus stark
schwindendem Mauerwerk, das sich u.U. noch unter die Herstelltemperatur abkühlt, so entstehen Zugspannungen in der Außenwand senkrecht zu den Lagerfugen. Die Rißgefahr ist wegen der geringen Zugfestigkeit senkrecht zu den Lagerfugen groß. Das Rechenverfahren zur Abschätzung der Rißsicherheit ist
das gleiche wie für den Verformungsfall V1 (siehe Abschnitt 6.4.1.1). Der zulässige rißfrei aufnehmbare
Verformungsunterschied ist jedoch sehr viel kleiner. Der Anhaltswert dafür ist 0,1 mm/m, d.h. erhöhte
Rißgefahr besteht, wenn sich die Außenwand gegenüber der Innenwand um mehr als 0,1 mm/m verkürzen will.

Rißempfindliche Mauerwerkskombinationen sind Mauerziegel für die Innenwände und Leichtbeton-
oder Gasbetonsteine[1]) für die Außenwände.

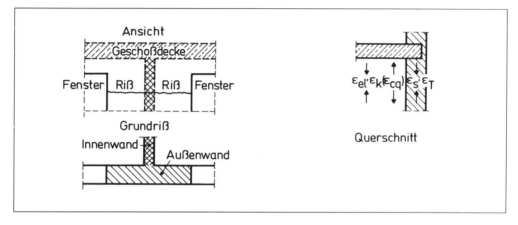

Abb. B.48 Risse durch Formänderungsunterschiede in vertikaler Richtung; Verformungsfall V2: Außenwand verkürzt sich stärker als Innenwand [B.40]

Abb. B.49 Riß; Verformungsfall V2

---

[1]) neue Bezeichnung: Porenbeton

6.4.1.3 Maßnahmen zur Erhöhung der Rißsicherheit bzw. zur Rißvermeidung

● Mauerwerk der Innen- und Außenwände so wählen, daß Dehnungsdifferenz $\Delta\varepsilon$ möglichst klein wird.

● Soweit möglich, statisches System so wählen, daß $\Delta\varepsilon$ möglichst klein wird bzw. weitgehend unwirksam ist (Stumpfstoßtechnik).

● Bauseitige Ursachen für Dehnungsunterschiede zwischen Innen- und Außenwänden (z.B. unterschiedliche Herstellfeuchte der Wände) möglichst vermeiden.

● Wände möglichst spät verputzen.

● Konstruktive Bewehrung im rißgefährdeten Wandbereich (Verformungsfall V1, Bewehrung in den Lagerfugen, z.B. Murfor-Armierungselemente, siehe **Abb. B.50**).

Abb. B.50
Lagerfugenbewehrung mit Murfor-Armierungselementen

6.4.2 Formänderungsunterschiede in horizontaler Richtung; Verformungsfall H (siehe dazu in [B.37])

6.4.2.1 Verformungsvorgang, Beurteilung der Rißsicherheit

Bei längeren, nicht oder nur wenig belasteten Mauerwerkwänden (Ausfachungen, leichte Trennwände, Verblendschalen) können Formänderungen in horizontaler Richtung infolge Schwinden und Abkühlen unter die Herstelltemperatur des Bauteils zu Rissen führen. Die Formänderungen werden durch die obere, untere oder seitliche Verbindung der Mauerwerkwände mit angrenzenden Bauteilen behindert und führen zu Zugspannungen, die bei halber Wandlänge annähernd horizontal verlaufen (**Abb. B.51** und **B.52**). Die Rißgefahr vergrößert sich mit höherem Schwinden und größerer Temperaturabnahme, mit größerem Behinderungsgrad, d.h. stärkerem Verbund mit benachbarten, sich anders verformenden Bauteilen, höherem E-Modul des Mauerwerks in Wandlängsrichtung, geringerer Zugfestigkeit (siehe Abschnitt A.5.3) und kleinerem Verhältnis Wandhöhe/Wandlänge. Die rißfreie Wandlänge kann mit Rechenformeln (siehe dazu [B.37]) oder aus Diagrammen (Beispiel **Abb. B.53**) in guter Näherung abgeschätzt werden.

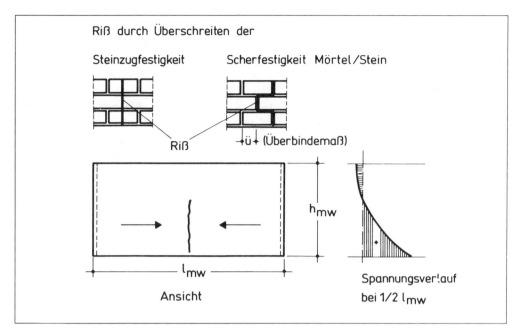

Riß durch Überschreiten der

Steinzugfestigkeit   Scherfestigkeit Mörtel/Stein

Riß   ü (Überbindemaß)

h_{mw}

l_{mw}

Ansicht

Spannungsverlauf
bei 1/2 l_{mw}

Abb. B.51 Risse durch Formänderung in horizontaler Richtung; Verformungsfall H, Wand unten verformungsbehindert (aufgelagert) [B.37]

Abb. B.52 Riß; Verformungfall H

111

Im Diagramm **Abb. B.53** ist auf der Ordinate die rißfreie Wandlänge l_{r1} für 1 m Wandhöhe und auf der Abszisse die gesamte Dehnung ges ε infolge Schwinden und Temperaturabnahme angegeben. Die Kurven gelten für eine unten aufgelagerte Wand, die sich am oberen Wandende frei verformen kann (z.B. Dehnungsfuge). Je nach Auflagerungsbedingungen werden verschiedene Behinderungsgrade R für die Verformung ges ε angegeben. Bei Wänden auf einer Feuchtesperrschicht (Dachpappe) kann R zu 0,4 bis 0,6 angesetzt, ohne Zwischenlage sollte $R = 0,8$ gewählt werden.

Mit dem ermittelten ges ε und dem anzusetzenden R kann nun aus dem Diagramm für das gewählte Mauerwerk l_{r1} abgelesen werden. Die rißfreie Wandlänge l_r bzw. der Dehnungsfugenabstand ergibt sich dann mit der tatsächlichen Wandhöhe h_{mw} zu

$$l_r = l_{r1} \cdot h_{mw}. \tag{7}$$

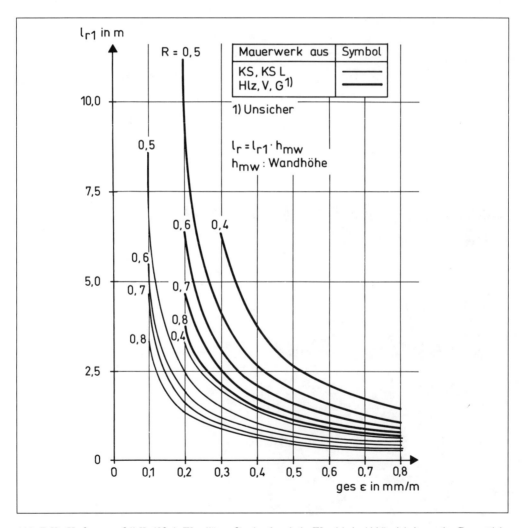

Abb. B.53 Verformungsfall H; rißfreie Wandlänge für eine 1 m hohe Wand l_{r1} in Abhängigkeit von der Gesamtdehnung ges ε und dem Behinderungsgrad R am Wandfuß

Beispiel:

Verblendschale aus Kalksandsteinen auf Feuchtesperrschicht, Wandhöhe: 5,50 m. Schwinddehnung $\varepsilon_s = 0,2$ mm/m, Wärmedehnung (Temperaturabnahme gegen Herstelltemperatur, $\Delta T = 10$ K)

Gesamtdehnung: $\qquad$ ges $\varepsilon = 0,20 + 0,08 = 0,28$ mm/m

Behinderungsgrad: $\qquad R = 0,6$

Rißfreie Wandlänge: $\qquad l_r = 1,3 \cdot 5,5 = 7,2$ m.

Da Mauerziegel praktisch kaum schwinden, besteht bei diesem Mauerwerk im allgemeinen keine Rißgefahr. Bei langen Verblendschalen (etwa über 15 m) empfehlen sich Dehnungsfugen im Bereich der Gebäudeecken, um temperaturbedingte Verformungen im Eckbereich schadensfrei aufnehmen zu können. Bei Kalksandsteinmauerwerk, vor allem für Verblendschalen, kann die rißfreie Wandlänge zu 6 bis 8 m angenommen werden. In dem etwa gleichen Bereich liegen die rißfreien Wandlängen für Gasbetonmauerwerk[1]. Wegen des häufig höheren Endschwindwertes sind die rißfreien Wandlängen für Leichtbetonmauerwerk meist etwas kleiner. Erhöhte Rißgefahr kann im Bereich von Brüstungen wegen der Belastungs- und Formänderungsunterschiede zwischen Brüstung und angrenzendem Wand- bzw. Pfeilerbereich auftreten.

Zur Vermeidung von Rissen im Brüstungsbereich empfiehlt sich eine Lagerfugenbewehrung, die beidseits der Brüstung mindestens 0,5 m ins angrenzende Mauerwerk reichen sollte oder die Anordnung von Dehnungsfugen zwischen Brüstung und angrenzendem Mauerwerk, wobei die Standsicherheit der Brüstung durch konstruktive Maßnahmen (z.B. Verankerung) zu gewährleisten ist.

6.4.2.2 Maßnahmen zur Erhöhung der Rißsicherheit bzw. zur Rißvermeidung

Baustofflich

Mauersteine:
— geringe Schwinddehnung (kleiner Endschwindwert),
— geringer Feuchtegehalt beim Vermauern.

Mauermörtel:
— gute Verarbeitbarkeit,
— geringes Schwinden,
— große Verformbarkeit (kleiner E-Modul).

Mauerstein/Mauermörtel:
— große Haftscherfestigkeit,
— große Verformbarkeit (kleiner Scher-Modul).

Mauerwerk:
— große Zugfestigkeit parallel zu den Lagerfugen,
— kleiner E-Modul parallel zu den Lagerfugen,
— geringes Schwinden.

Konstruktiv
— Geringe Behinderung der Verformung des Mauerwerks durch die Verbindung mit anderen Bauteilen; möglichst freie vertikale Verformbarkeit der Wände, verringerte Verformungsbehinderung am Wandfuß (nur Reibung ohne Haftverbund).
— Anordnung von vertikalen und horizontalen Dehnungsfugen in ausreichenden Abständen.
— Bewehrung der Lagerfugen mit nichtrostenden oder ausreichend korrosionsgeschützten Bewehrungselementen, vor allem in besonders rißgefährdeten Bereichen (z.B. Brüstungsbereichen).

---

[1] neue Bezeichnung: Porenbeton

Ausführung

- Mauerwerkwände bei Läuferverband mit halbsteiniger Überbindung (größtmögliche scherkraftübertragende Fläche) und möglichst bei geringen Außentemperaturen herstellen.

- Junges Mauerwerk gegen Durchfeuchtung (Regen) und schnelles, starkes Austrocknen schützen.

6.4.2.3 Anordnung und Ausbildung von Dehnungsfugen

Die Dehnungsfugen sollen am Bauwerk so angeordnet werden, daß sich die klimatisch (Temperatur, Feuchte) am stärksten beanspruchten Wände auch am meisten verformen können (siehe **Abb. B.54**). Bei Verblendschalen sind jedoch auch waagerechte Dehnungsfugen unter Abfangungen bzw. angrenzenden Bauteilen (Geschoßdecken, Attiken) sowie unter Fensterbänken erforderlich.

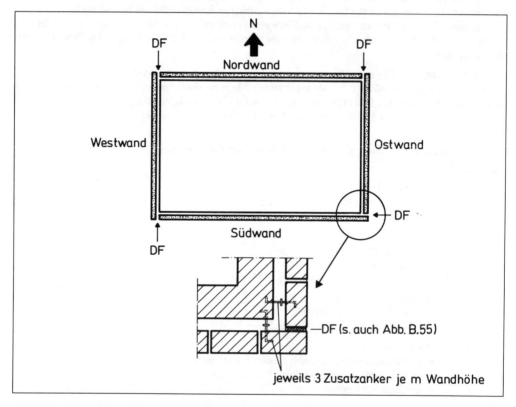

Abb. B.54   Dehnungsfugen *DF* an Gebäudeecken

Die Dehnungsfugen sind nach DIN 18 540 (10.88) auszubilden **(Abb. B.55)**. Die Fugenflanken müssen bis zu einer Tiefe der zweifachen Fugenbreite, mindestens aber 30 mm parallel verlaufen, damit das Hinterfüllmaterial ausreichenden Halt hat. Die Fugenflanken müssen vollfugig, sauber und frei von Stoffen sein, die das Haften und Erhärten der Fugendichtungsmasse beeinträchtigen. Die Mörtelfugen müssen im Bereich der Fugenflanken bündig abgestrichen sein. DIN 18 540 enthält Fugenbreiten b_F in Abhängigkeit vom Fugenabstand l_F. Für $l_F > 5, \leq 6,5$ m ist das Nennmaß für b_F 30 mm, für $l_F > 6,5, \leq 8$ m beträgt es 35 mm. Bei Abweichung von diesen Werten ist ein genauerer Nachweis zu führen. Dabei ist b_F so zu bemessen, daß die Gesamtverformung des Fugendichtstoffes aus Verkürzung und Verlängerung bei einer Bauteiltemperatur von +10 °C höchstens 0,25 b_F beträgt.

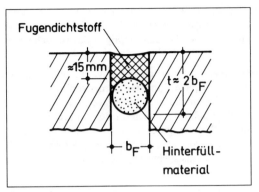

Abb. B.55
Ausbildung von Dehnungsfugen (siehe auch DIN 18540)

6.5 Rißgefahr im Mauerwerk durch Verbindung mit Bauteilen aus anderen Baustoffen (Beton, Stahl)

6.5.1 Allgemeines

Durch die Verbindung von Mauerwerkbauteilen (Wände) mit Bauteilen aus anderen Baustoffen mit anderen Verformungseigenschaften und/oder anderen Verformungsrichtungen sowie anderen Belastungen können große Verformungsunterschiede und Spannungen entstehen, die, wenn es sich um Zug- oder Schubspannungen handelt, meist erhöhte Rißgefahr für das Mauerwerk bedeuten. Besonders rißgefährdet sind Mauerwerkwände unter Stahlbetondachdecken. Aber auch durch die Verbindung von Mauerwerkwänden mit Stahlbetongeschoßdecken können Rißschäden entstehen. Nachfolgend soll beispielhaft nur auf diese 2 Fälle eingegangen werden.

6.5.2 Massive Dachdeckenkonstruktionen auf Mauerwerkwänden (siehe auch [B.41])

Planung und Ausführung sind in DIN 18 530 (3.87) geregelt. Für die Mauerwerkwände rißgefährliche Verformungsunterschiede zwischen Dachdecke und Wand können entstehen durch:

a) *Unterschiedliche Längsverformungen (horizontal in Wandlängsrichtung im wesentlichen infolge Schwinden und Wärmedehnung* (siehe **Abb. B.56**)). Auch bei gut wärmegedämmter Dachdecke kann sich diese lagebedingt (intensivere Sonneneinstrahlung) stärker erwärmen als die Außenwand, allerdings ist der darauf zurückzuführende Dehnungsunterschied relativ gering. Die Wärmedehnungsunterschiede resultieren im wesentlichen aus den unterschiedlichen Wärmedehnungskoeffizienten α_T von Deckenbeton und Mauerwerk. Je nach verwendetem Mauerwerk kann der α_T-Wert von Beton bis zu etwa doppelt so groß wie der von Mauerwerk sein. Beton, vor allem Ortbeton, schwindet im allgemeinen mehr als Mauerwerk, insbesondere, wenn dieses witterungsungeschützt ist. Will sich die Dachdecke parallel zur Wandebene bei Temperaturabnahme und größerem Schwinden gegenüber der Wand verkürzen, werden im Auflagerbereich Reibungs- und/oder Haftungskräfte zur Herstellung der Verformungsgleichheit beider Bauteile geweckt, die zu Druckspannungen im Mauerwerk führen. Diese könnten wegen der relativ hohen Mauerwerkdruckfestigkeit schadlos aufgenommen werden, verursachen aber, weil sie nicht gleichmäßig über die Wandhöhe sondern nur über den horizontalen Rand eingeleitet werden, Scherspannungen, die zu weitgehend horizontal verlaufenden Rissen führen können.

Die Risse treten zumeist wegen der höheren Scherfestigkeit der direkt unter der Decke liegenden Lagerfuge (vollflächige Verbindung der Steine mit dem Deckenbeton) erst in der 2. oder 3. Fuge auf. Von Nachteil ist dabei, daß die Scherfestigkeit des Mauerwerks gerade im obersten Geschoß wegen der geringen Auflast am kleinsten ist.

Weitaus kritischer und schadensanfälliger ist eine Verlängerung der Dachdecke gegenüber der Außenwand, da aus der Verformungsbehinderung und den Druckspannungen aus den Auflagerkräften schiefe Hauptzugspannungen im Mauerwerk entstehen, die wegen der sehr geringen Beanspruchbarkeit leicht Risse hervorrufen können.

b) *Biegeverformungen infolge der Durchbiegung der Dachdecke.* Es entstehen Deckenverdrehungen an den äußeren Auflagern und aus diesen Biegeverformungen und ungleichmäßige Normalverformungen der Wände (siehe **Abb. B.56**). Dies wird nur dann vermieden, wenn die Dachdecke zentrisch und frei drehbar gelagert ist. Fehlt diese Auflagerung, so kann sich die Dachdecke außen von der Wand abheben. An den Ecken kann sich die Dachdecke vollständig von den Wänden abheben. Ist keine Trennschicht zwischen Dachdecke und Wand vorhanden und der Verbund zwischen Beton und der obersten Steinlage sehr gut, so können die Risse auch erst im Bereich der 2. Steinschicht unter der Dachdecke auftreten.

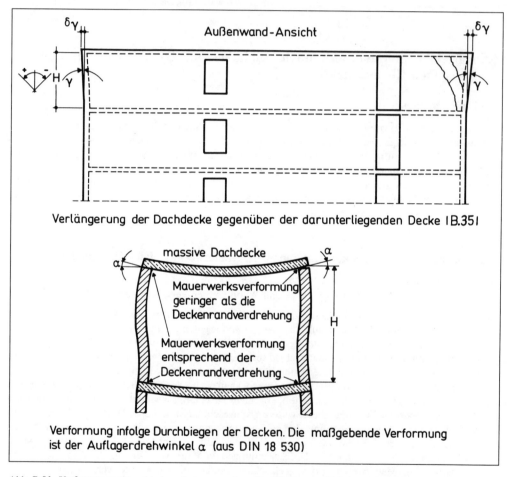

Abb. B.56 Verformungsunterschiede zwischen massiven Dachdecken und Mauerwerkwänden

Längsverformungen der Dachdecke rechtwinklig zur Mauerwerkwand sind wegen der i.allg. geringen Biegesteifigkeit der Wände in der Regel nicht rißgefährlich.

Bei fester Auflagerung der Dachdecke auf den Mauerwerkwänden dürfen die *Dehnungsdifferenzen* $\Delta\varepsilon$ in Längsrichtung der Wände aus unbehinderten Dehnungen von Dachdecke und Wand $\Delta\varepsilon = \varepsilon_D - \varepsilon_w$

— 0,4 mm/m (Verkürzung der Dachdecke gegenüber der Wand) bzw.
+ 0,2 mm/m (Verlängerung der Dachdecke gegenüber der Wand)

nicht überschreiten.

Der *Verschiebewinkel* γ zwischen Dachdecke und darunterliegender Geschoßdecke als Verhältniswert der Längenänderungsdifferenz Δl zwischen den Decken und der Geschoßhöhe H ($\gamma = \Delta l / H$) darf bei fester Auflagerung der Dachdecke nicht kleiner bzw. größer als

$$ - \frac{1}{2500} \text{ bzw. } + \frac{1}{2500} \text{ sein.} $$

Werden die Grenzwerte für $\Delta\varepsilon$ und γ nicht eingehalten, ist mit Rissen im Mauerwerk zu rechnen.

Maßnahmen zur Erhöhung der Rißsicherheit sind:

● hohe Wärmedämmung der Dachdecke nach außen, um deren temperaturbedingte Verformungen zu minimieren.
● Durchbiegung der Dachdecke aus Kriechen und Schwinden verringern, indem das Ausschalen möglichst spät erfolgt und die Stahlbetonplatte feuchtgehalten wird. Einige Schalungsstützen lange stehen lassen.
● Ausbildung der Attika als Überzug, um die Verformung an den Ecken klein zu halten, ggf. vertikale Bewehrung im Eckbereich (in Formsteinen) gegen das Abheben der Decke.
● Wahl geeigneter Mauerwerkbaustoffe für die Wände.
● Möglichst geringe Biegeschlankheit l_i/h der Decke.
● Anordnung von Trennschichten (Vermeiden von Rissen *im* Mauerwerk infolge Durchbiegen der Dachdecke), Gleit- oder Verformungslagern (Vermeiden von Rissen im Mauerwerk durch Verformungen in Längsrichtung) zwischen Dachdecke und Wand.

Die Wirksamkeit des Gleitlagers muß gewährleistet sein. Besser als Folien, deren Wirksamkeit durch die unvermeidlichen Unebenheiten der Bauteile beschränkt ist, wirken Streifenlager aus Neoprene o.ä.. Zusätzlich erzielt man hierdurch eine Zentrierung der Lasteinleitung, wodurch die gefährlichen Kantenpressungen verringert werden. Bei Verwendung eines Gleitlagers muß die Stabilität der Wand durch einen wärmegedämmten Ringbalken gewährleistet sein. Weiterhin ist darauf zu achten, daß der Deckenputz nicht die Funktion des Gleitlagers beeinträchtigt. Abdeckung durch Gesimsblech, Vorhangfassade oder zweischaliges Mauerwerk.

● Anordnung von Gebäudedehnfugen.

Ohne Nachweis darf die Dachdecke auf Mauerwerk unverschieblich aufgelagert werden, wenn die maßgebliche Verschiebungslänge $L \leq 6$ m ist und es sich um mehrgeschossige Gebäude handelt. Die Verschiebungslänge L ist die Länge zwischen Festpunkt (Verformungsruhepunkt, z.B. verformungssteifes Bauteil) und der entferntesten Außenwand (siehe **Abb. B.57**).

Durch die seit einigen Jahren erheblich verbesserte Wärmedämmung der Dachdecken bei Neubauten hat das dargestellte Problem nicht mehr die gleiche Bedeutung wie noch vor einigen Jahren.

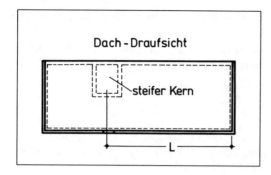

Abb. B.57
Maßgebliche Verschiebungslänge *L*

6.5.3 Mauerwerkwände in Verbindung mit Geschoßdecken

In Außenwänden aus Mauerwerk können Risse infolge Durchbiegung von Stahlbetongeschoßdecken entste- hen, vor allem bei großer Biegeschlankheit der Decke und wenn die Auflast aus den oberen Mauerwerk- wänden gering ist (Leichtmauerwerk). Rißgefahr besteht dann insbesondere in den obersten Geschossen und im Bereich der Gebäudeecken (Abheben der Deckenplatte).

Maßnahmen zur Erhöhung der Rißsicherheit sind:

● möglichst geringe Biegeschlankheit der Decken,

● Verringerung der Durchbiegung der Stahlbetondecke infolge Kriechen und Schwinden durch spätes Ausschalen, langes Feuchthalten,

● Ggf. vertikale Bewehrung im Bereich der Gebäudeecken (in Formsteinen), um ein Abheben der Dek- kenplatte zu verhindern.

In nichttragenden Mauerwerkwänden auf bzw. zwischen Stahlbetondecken können ebenfalls infolge Durchbie- *gung der Decken Risse entstehen.* Die Durchbiegung der Stahlbetondecke wird durch Belastung und Schwinden hervorgerufen. Praktisch ohne Einfluß auf die Rißsicherheit der Trennwand ist der unmittel- bar nach dem Belasten der Decke (Eigengewicht Decke und Wand) auftretende Anteil der Durchbiegung, da er vor dem Errichten der Wand bzw. im noch verformungsfähigen Zustand des Mauerwerks auftritt. Auch die kurzzeitig auftretende Durchbiegung aus der Nutzlast braucht, weil sie klein ist, nicht berück- sichtigt zu werden. Ausschlaggebend und Risse verursachend sind dagegen die langzeitig ablaufenden Formänderungen infolge Kriechen und Schwinden, die zu erheblichen Durchbiegungen führen können. Sind diese groß genug, entsteht zunächst im mittleren Auflagerbereich in der Fuge zwischen Wand und Decke ein horizontaler Riß, ggf. auch zusätzliche vertikale Risse. Die Wand trägt sich zunächst über sich ausbildende Stützgewölbe. Bei weiter zunehmender Deckendurchbiegung rücken die Wandauflager wei- ter auseinander, bis schließlich die Zugfestigkeit des Mauerwerks senkrecht zu den Lagerfugen über- schritten wird und sich ein Teil des Mauerwerks löst und auf der Decke absetzt. Dieser Vorgang kann sich mit zunehmender Deckendurchbiegung wiederholen, bis sich der Rest des Mauerwerks über das sich je- weils bildende Stützgewölbe selbst tragen kann (siehe **Abb. B.58**).

Der Rißbildungsvorgang wird außer von der Größe der Durchbiegung von der Stützweite, den Wandab- messungen und deren Verformungseigenschaften sowie von evtl. vorhandenen Wandöffnungen beein- flußt.

Maßnahmen zur Erhöhung der Rißsicherheit sind:

● möglichst spätes Aufmauern der Wände,

● Trennschicht zwischen Wand und Decke,

● Konstruktive Bewehrung der Wand in den Lagerfugen,

● möglichst geringe Biegeschlankheit der Decke sowie kriech- und schwindverringernde Maßnahmen.

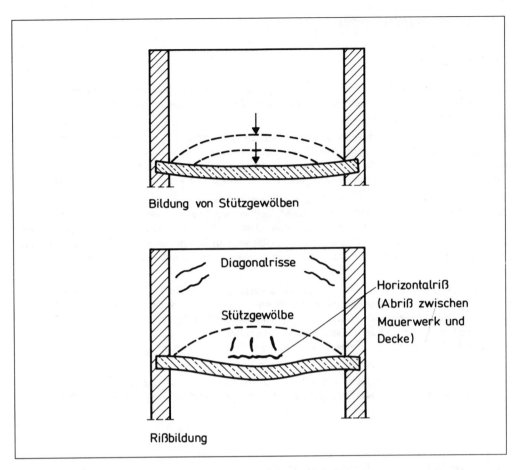

Bildung von Stützgewölben

Rißbildung

Abb. B.58 Risse in Trennwänden infolge Durchbiegung der Geschossdecke

7 Konstruktionsbeispiele

7.1 Allgemeines

Mauerwerksgerecht zu konstruieren heißt: die Möglichkeiten, die die Mauerwerkstechnik bietet, auszuschöpfen und die Bedingungen, die sie stellt, zu erfüllen. Diese Forderung enthält ästhetische, konstruktive und wirtschaftliche Aspekte.

Der ästhetische Wert eines baukonstruktiven Details und einer konstruktiven Struktur ist zu messen an der Ablesbarkeit der in ihnen enthaltenen konstruktiven Ideen. Werden diese Ideen auch dem fachlich nicht informierten Laien aufgrund eindeutiger Zeichen verständlich, dann ist der ästhetische Wert gegeben. Er wird angezeigt durch die Befriedigung beim Erkennen und Verstehen des Wahrgenommenen.

Die baukonstruktiven Probleme von Mauerwerkskonstruktionen ergeben sich aus der Einstellung der Mauerwerkseigenschaften hinsichtlich Festigkeit, Verformung, Masse, Wärmeleitfähigkeit und Wasseraufnahme auf die normativen Anforderungen. Besondere Probleme des Mauerwerksbaus sind in diesem Zusammenhang der Anschluß von Bauteilen aus Mauerwerk an Bauteile aus anderen Materialien und die Vermeidung bzw. Aufnahme von Zugkräften und Biegezugkräften durch geeignete konstruktive Maßnahmen.

Der ästhetische und konstruktive Aspekt kann selbstverständlich nicht nur für sich betrachtet werden. Die Konkurrenzfähigkeit von Mauerwerkskonstruktionen ist nicht zuletzt eine Frage der Wirtschaftlichkeit. Gute Mauerwerkskonstruktionen können bauphysikalische Vorteile in bezug auf Wärme-, Schall-, Brand- und Feuchtigkeitsschutz mit guten Trageigenschaften und gutem Erscheinungsbild verbinden. In der Regel ist dann auch ein günstiges Kosten-Nutzen-Verhältnis gegeben.

Die folgenden Konstruktionsdetails des Mauerwerksbaus sind als Prinzipskizzen zu verstehen, dennoch sind sie in abgreifbaren Maßstäben dargestellt, um vor allem Studierenden ungefähre Größenordnungen und Proportionen zu vermitteln. Die Zeichnungsdarstellungen sind an DIN 1356 — Bauzeichnungen — orientiert.

7.2 Stürze bei zweischaligem Mauerwerk

Bei der Überdeckung von Öffnungen in zweischaligem Mauerwerk sind folgende Aspekte zu beachten: Bei zweischaligem Verblendmauerwerk mit Luftschicht wird im Sturzbereich in der Regel die Luftschicht unterbrochen und damit in ihrer Funktion behindert. Es werden zusätzliche Belüftungsöffnungen über dem Sturz und auch zusätzliche Sickerwasserdichtungen erforderlich. Die ausreichende Wärmedämmung ist sicherzustellen.

Die Überdeckung von Öffnungen in alter handwerklicher Mauertechnik mittels scheitrechter oder gewölbter Bögen findet ihre Grenzen in den möglichen Spannweiten und vor allem in den (verlorengegangenen) handwerklichen Fähigkeiten, die bei ihrer Herstellung erforderlich sind. Die heute verwendeten bautechnischen Hilfsmittel bei Sturzkonstruktionen ergeben jedoch z.T. konstruktionsästhetisch zweifelhafte Lösungen. Unsichtbare Abfangekonstruktionen aus Edelstahl oder die in U-Schalen versteckten Stahlbetonbalken geben sich im äußeren Erscheinungsbild vom Mauerwerk nicht zu erkennen, im Gegenteil werden bisweilen nicht ausgeübte Tragfunktionen vorgetäuscht. Technisch ausgeklügelte Abfangekonstruktionen aus Edelstahl sind relativ kostenintensiv. Es ist oft sinnvoll, vorgefertigte Stürze zu verwenden (siehe Abschnitte C.6.15 und F.13.4).

Mauerwerksgerechtes Entwerfen wird daher eher auf Öffnungen mit kleineren Spannweiten abzielen.

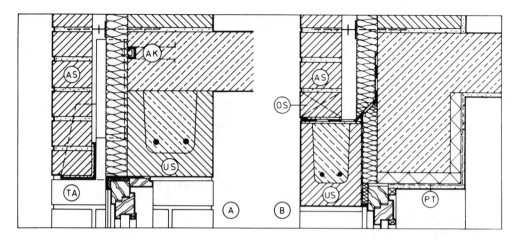

Abb. B.59   Fensterstürze bei zweischaligem Mauerwerk mit Luftschicht und zusätzlicher Wärmedämmung (M 1 : 10)[1])

A) Abfangung der Außenschale mittels Traganker aus Edelstahl und Ankerschiene in Ortbetonbauteil. Innensturz in der Dicke der Innenschale aus U–Schalen mit Stahlbetonbalken. B) Außenschale steht auf selbsttragendem Sturz aus U–Schalen-Steinen mit Stahlbetonbalken. Innensturz aus Stahlbeton (Legende siehe **Abb. B.60).**

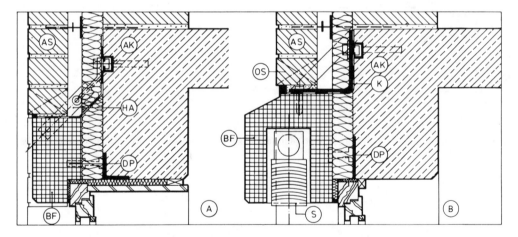

Abb. B.60   Fensterstürze bei zweischaligem Mauerwerk mit Luftschicht und zusätzlicher Wärmedämmung (M 1 : 10)[1])

A) Betonfertigteilsturz mittels Hängezuganker und Ankerschiene an Stahlbetondecke aufgehängt. Horizontalkomponente (Druck) wird über einen Druckdorn auf eine Druckplatte abgetragen.
B) Betonfertigteilsturz für Sonnenschutzanlage. Abhängung mittels Abfangekonsole und Ankerschiene.
Erläuterungen zu **Abb. B.59** und **B.60:**
AS–Außenschale, AK–Ankerschiene, BF–Betonfertigteil, DP–Druckplatte, HA–Hängezuganker aus nichtrostendem Stahl, K–Konsole, OS–Offene Stoßfuge, PT–Putzträger, S–Sonnenschutzstore, TA–Traganker aus nichtrostendem Stahl, US–U–Schalen-Stein.

---

[1]) Traganker, Ankerschienen und Dübel sind statisch nachzuweisen. Ankerteile sollten den Verband der Außenschale möglichst wenig stören. Beispiel **B.59 A** ist in dieser Hinsicht problematisch.

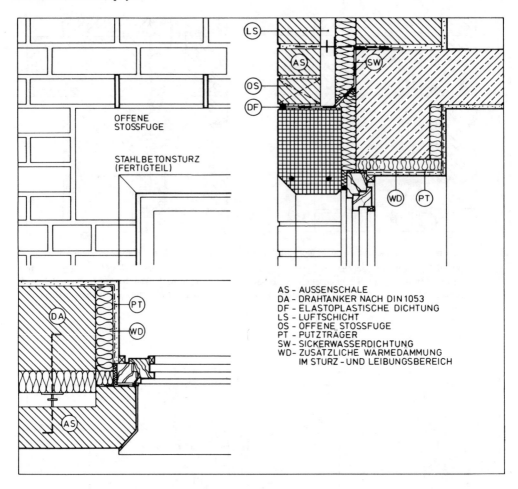

OFFENE
STOSSFUGE

STAHLBETONSTURZ
(FERTIGTEIL)

AS – AUSSENSCHALE
DA – DRAHTANKER NACH DIN 1053
DF – ELASTOPLASTISCHE DICHTUNG
LS – LUFTSCHICHT
OS – OFFENE STOSSFUGE
PT – PUTZTRÄGER
SW – SICKERWASSERDICHTUNG
WD– ZUSÄTZLICHE WÄRMEDÄMMUNG
     IM STURZ - UND LEIBUNGSBEREICH

Abb. B.61   Fenstersturz bei zweischaligem Verblendmauerwerk mit Luftschicht und zusätzlicher Wärmedämmung
(M 1 : 10)

7.3 Abfangungen von Außenschalen bei zweischaligem Mauerwerk

Außenschalen müssen vollflächig auf einer tragfähigen Unterkonstruktion aufstehen. Konstruktive Regeln, Bedingungen und Besonderheiten für Abfangekonstruktionen werden in Abschnitt C.6.1.3 dargestellt.

Bei Abfangungen soll darauf geachtet werden, daß die Funktion der Zweischaligkeit (Schlagregenschutz, Wärmeschutz) nicht behindert wird.

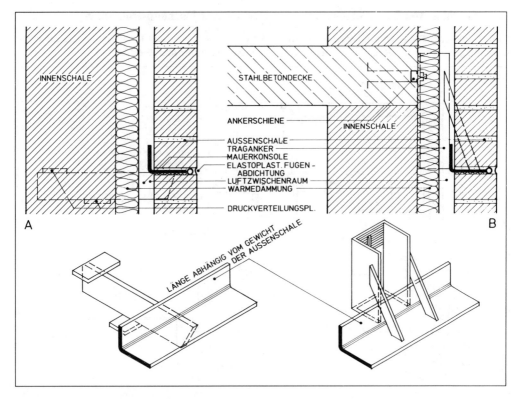

Abb. B.62 Abfangungen von Außenschalen (M 1 : 10)

Stahlteile aus nichtrostendem Stahl. Durchgehende Auflagerung erforderlich.

A) Abfangung mittels Mauerkonsole, die beim Aufmauern der Innenschale eingesetzt wird. Die Konsole besitzt im Mauerwerk zwei Druckverteilungsplatten. Statischer Nachweis des Mauerwerks erforderlich.

B) Abfangung mittels Traganker, der an einer Ankerschiene in der Stahlbetondecke befestigt ist. Statische Nachweise sind erforderlich.

(Die Traganker sollten den Verband der Verblendschalen möglichst wenig stören. Beispiel B ist in dieser Hinsicht problematisch.)

7.4 Anschlüsse von Mauerwerk an andere Bauteile

7.4.1 Allgemeines

Werden Bauteile aus unterschiedlichen Baustoffen zusammengefügt, so entstehen bei kraftschlüssigen Verbindungen dieser Bauteile Spannungen und ggf. Schäden, sobald an ihnen unterschiedliche Verformungen auftreten. Es gibt lastabhängige und lastunabhängige Verformungen.

Werden aus Verformungen anderer Bauteile Zugkräfte auf Mauerwerk übertragen, so können entweder in der Anschlußfuge oder im Mauerwerk Risse entstehen.

Sind Verformungen nicht zu vermeiden, so muß durch konstruktive Maßnahmen sichergestellt werden, daß Zugkräfte nicht auf Mauerwerk übertragen werden können. An die Anschlußfugen sind daher in dieser Hinsicht besondere Anforderungen zu stellen.

Fugen, die der Witterung ausgesetzt sind, müssen darüber hinaus auch den Anforderungen des Witterungsschutzes genügen.

123

7.4.2 Anschluß von Umfassungswänden an Decken und Dachkonstruktionen

Umfassungswände müssen mit Decken konstruktiv verbunden werden. Bei Massivdecken, die auf Wänden auflagern, ist in der Regel diese Bedingung durch den Reibungsschluß erfüllt.

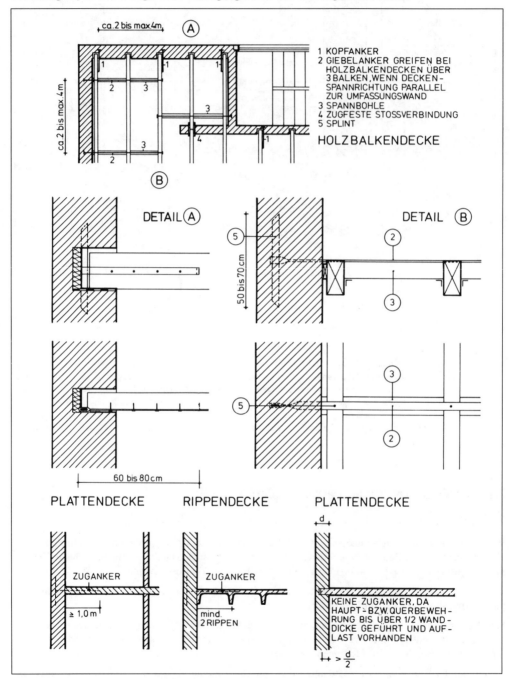

Abb. B.63 Anschluß von Umfassungswänden an Decken und Dachstuhl

Bei anderen Deckenkonstruktionen sind Zuganker vorzusehen. Für die Anordnung der Zuganker gelten folgende Regeln:

— Abstand der Zuganker: 2 m, höchstens jedoch 4 m
— wenn Deckenspannrichtung parallel zu den Wänden:
ein Deckenstreifen von $\geq$ 1 m Breite muß von den Zugankern erfaßt werden, oder
zwei Deckenrippen oder zwei Balken, oder (bei Holzbalkendecken) drei Balken müssen erfaßt werden
— über Innenwänden gestoßene Balken müssen an der Stoßstelle zugfest verbunden werden, wenn sie mit den Umfassungswänden verbunden sind
— bei Satteldächern müssen die gemauerten Giebeldreiecke bei unzureichender Aussteifung mit dem Dachstuhl zugfest verbunden werden
— Mauerwerkswände und Holzkonstruktionen (Holzbalkendecken, Dachstühle) werden durch Anker mit Splinten zugfest miteinander verbunden.

7.4.3 Fensterleibungen

An Fensterleibungen überlagern sich mehrere konstruktive und bauphysikalische Funktionen von Fenster und Außenwand (Wind-, Wärme-, Schall- und Feuchtigkeitsschutz; Verankerung der Fenster). Bei zweischaligen Wandkonstruktionen mit Luftschicht und zusätzlicher Wärmedämmung muß zwangsläufig der Regelwandquerschnitt im Leibungsbereich verändert werden. Bei einschaligen Außenwänden ist im Leibungsbereich in der Regel auch das Problem von Wärmebrücken zu beachten (siehe Abschnitt B.3.4). Nach der Leibungsart werden Außenanschlag, Innenanschlag und stumpfe Leibung (ohne Anschlag) unterschieden.

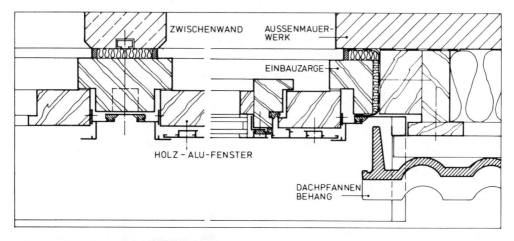

Abb. B.64   Mauerwerk mit hinterlüfteter Wetterschutzschale (M 1 : 5)

Holz-Alu-Fenster im Außenanschlag. Mittelpfosten mit Zwischenwandanschluß. Fensterleibung ohne Wärmebrücke. Das Fensterelement wird nach Abschluß der Innenputzarbeiten komplett in die vormontierte Einbauzarge gesetzt. Schlagregenschutz für die Innenschale ist zu beachten.

Abb. B.65   A) Zweischaliges Mauerwerk mit Luftschicht und zusätzlicher Wärmedämmung (M 1 : 5).
Holz-Alu-Fenster im Innenanschlag. Montage nach Fertigstellung des Innenputzes. Schlagregenschutz von Wärmedämmung und Innenschale ist zu beachten.

B) Einschaliges, beidseitig verputztes Mauerwerk. Holzfenster mit Einbauzarge in stumpfer Leibung (ohne Anschlag). Das Fensterelement wird nach Abschluß der Putzarbeiten montiert. Wärmebrückenwirkung der Fensterleibung ist zu beachten. (siehe **Abb. B.31**).

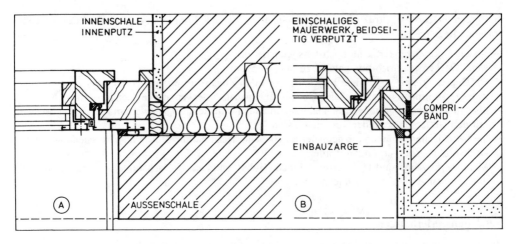

Abb. B.65 (Abbildungsunterschrift siehe Seite zuvor)

7.4.4 Anschlüsse von Trennwänden aus Mauerwerk an andere Bauteile

Prinzipiell gelten für Anschlüsse von Trennwänden aus Mauerwerk an andere Bauteile die in Abschnitt B.7.4.1 beschriebenen Anforderungen. Trennwände müssen in der Regel gegen Kippen gesichert werden. Die aufgeführten Beispiele zeigen Halterungen aus Maueranschluß- oder Ankerschienen mit Anschlußankern, die die Verbindung zur Trennwand herstellen, oder Einfassungen der Wandenden, oder Deckenanschlüsse mittels Stahlprofilen. Die Beweglichkeit der miteinander verbundenen Bauteile ist mindestens in einer Richtung immer gewährleistet.

Bauphysikalische Anforderungen, vor allem des Schall- und des Brandschutzes, müssen besonders berücksichtigt werden.

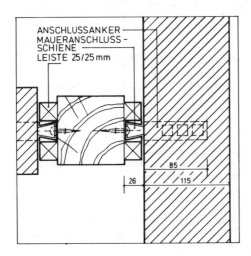

Abb. B.66
Anschluß von Trennwänden aus Mauerwerk
an eine freistehende Holzstütze

Abb. B.67
Anschluß einer Trennwand aus Mauerwerk
an eine freistehende Stahlstütze

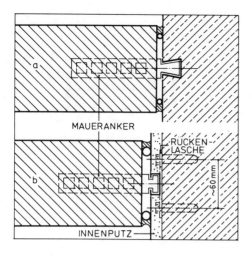

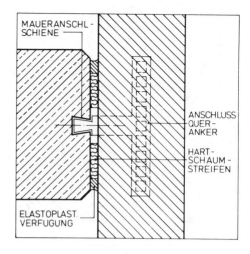

Abb. B.68   Abb. B.69

Anschlüsse von Trennwänden aus Mauerwerk an Stahlbetonwände oder -stützen

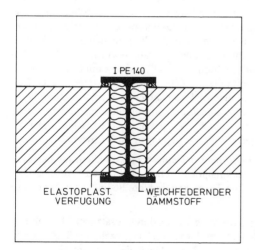

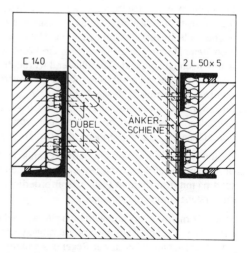

Abb. B.70   Abb. B.71
Anschluß von Trennwänden aus Mauerwerk   Anschlußmöglichkeiten von Trennwänden aus
an eine Aussteifungsstütze aus einem   Mauerwerk an eine Stahlbetonwand
Stahlwalzprofil

Bei **Abb. B.70** und **B.71** sind bei sorgfältiger Ausführung Beweglichkeit der angeschlossenen Bauteile gegeneinander und die Ausschaltung von Flankeneffekten bei der Luftschallübertragung gegeben.

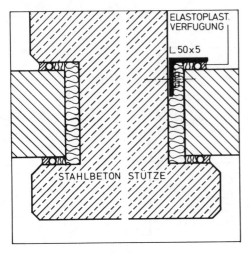

Abb. B.72

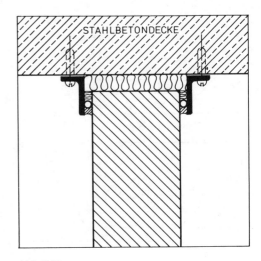

Abb. B.73

Anschluß von Trennwänden aus Mauerwerk an Stahlbetonbauteile
Bei sorgfältiger Ausführung bleiben die angeschlossenen Bauteile in ihrer Beweglichkeit
gegeneinander unbehindert, und bei der Luftschallübertragung werden Flankeneffekte vermieden.

7.4.5 Holzfachwerk mit Ausfachungen aus Mauerwerk

Als Fachwerkbauten werden üblicherweise Gebäude mit einem sichtbaren, tragenden Holzskelett bezeichnet. Das Holzskelett aus Ständern, Riegeln, Rähmen und Streben hat keine raumabschließende Funktion. Wände entstehen erst, wenn die Flächen zwischen den Skelettbauteilen ausgefüllt werden. Die urtümlichste Ausfachungstechnik ist bislang auch die diesem Konstruktionsprinzip angemessenste geblieben: Flechtwerk mit Lehmstakung. Dabei schlug man in mittig in den Riegeln angeordnete Kerben gespaltene Holzstaken als Gerüst für ein Weidengeflecht. In dessen Hohlräume wurden feuchte Strohlehmbatzen eingedrückt. Anschließend wurde die Fläche bündig mit dem Fachwerk mit Strohlehm verputzt. Der Verputz erhielt in der Regel Kalkanstriche mit unterschiedlichen Zusätzen (Heringslake, Leinölfirnis, Magermilch), die als Abbindeverzögerer, als Bindemittel oder abdichtend wirkten. Diese Technik, zwar lohn- und unterhaltungsintensiv, besitzt dennoch eine Reihe von Vorteilen gegenüber anderen Techniken: ausschließliche Verwendung von Naturprodukten, Wärmeschutz, Schallschutz, Dampfdurchlässigkeit, Unempfindlichkeit gegen Bewegungen und Verschiebungen im Fachwerk.

Bis ins 19. Jahrhundert hinein ist die Technik des Fachwerkbaus in Deutschland, vor allem auf dem Lande, allgemein gebräuchlich gewesen. Im Rahmen der Denkmalpflege ist heute verstärkt die Auseinandersetzung mit historischem Fachwerk erforderlich. Die alten Techniken und ihre Bedingungen gilt es also zu verstehen und ggf. aufzugreifen.

Je nach Erhaltungszustand wird man alte Ausfachungen restaurieren und durch zusätzliche Maßnahmen auf heutige bauphysikalische Anforderungen einstellen oder entfernen und durch zeitgemäße Konstruktionen ersetzen, wobei in der Regel das äußere Erscheinungsbild der Gebäude zu wahren ist.

Prinzipiell ist mit folgenden Alternativen zu rechnen (**Abb. B.74**):

a) Verputzte Ausfachung. Verputz flächenbündig mit dem Fachwerk.
b) Verputzte Ausfachung. Der Verputz steht um Putzdicke gegenüber der Holzkonstruktion vor, ist aber zum Fachwerk hin kissenartig abzuflachen. Vorstehende Putzkanten sind zu vermeiden.
c) Ausfachung mit Sichtmauerwerk.
d) Hinterlüftete Wetterschutzschale aus Brettern, Schindeln, Dachpfannen oder Schiefer vor der ausge-

mauerten Fachwerkwand. An Wetterseiten und in Giebeldreiecken wird diese Technik angewendet, wenn nicht das ganze Gebäude ohnehin eine Wetterschutzschale erhält.

Die Art und der Aufbau der Ausfachung hängen vor allem von dem angestrebten äußeren Erscheinungsbild des Gebäudes und der Dicke des Holzfachwerks ab. Die Einhaltung bauphysikalischer Anforderungen (Schall-, Wärme- uund Feuchtigkeitsschutz) muß ggf. rechnerisch nachgewiesen werden.

Besondere Aufmerksamkeit erfordert der Anschluß zwischen Ausfachung und Fachwerk. Keinesfalls dürfen dort durchgehende Fugen entstehen. Wegen der unvermeidlichen Bewegungen im Fachwerk sollten großformatige Steine nicht verwendet werden. Der Mauermörtel sollte nicht zu spröde sein.

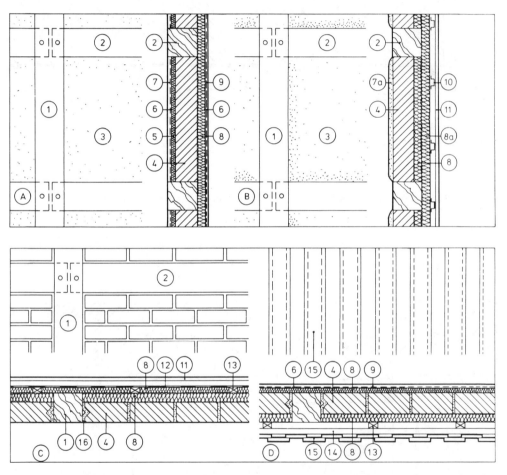

Abb. B.74 Holzfachwerk mit Ausfachungen aus Mauerwerk (siehe Texterläuterungen)
1—Fachwerkstiel, 2—Fachwerkriegel, 3—Verputzte Ausfachung, 4—Mauerwerk aus kleinformatigen Steinen, 5—Äußere Wärmedämmung, 6—Putzträger, 7—Außenputz, 7a—Außenputz kissenartig gewölbt, 8—Innendämmung, 9—Innenputz, 10—Federschiene, 11—Gipskartonplatten, 12—Dampfsperre, 13—Traglattung, 14—Konterlattung, 15—Aufgedoppelte Schalung, 16—Mörtelfuge und Dreikantleiste.

7.4.6 Putzabschlußkanten

Aus der Fülle der vom Handel angebotenen Profile sind hier beispielhaft einige typische Anwendungsfälle dargestellt. Putzabschluß- und -übergangsprofile sollen die Übertragung von Spannungen auf Mauerwerk und Putz vermeiden helfen. Sie dienen dem Schutz des Putzes, der Herstellung sauberer und fluchtrechter Kanten und Abschlüsse und können ggf. als Putzlehren auch für die Herstellung von ebenen Putzflächen vorteilhaft sein. Durch Putzabschlußprofile lassen sich Schattennuten herstellen und dadurch Konstruktionszusammenhänge veranschaulichen.

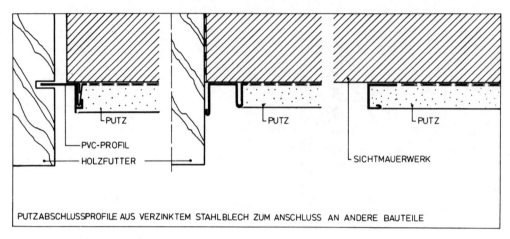

Abb. B.75   Putzabschlußprofile für Innenputz

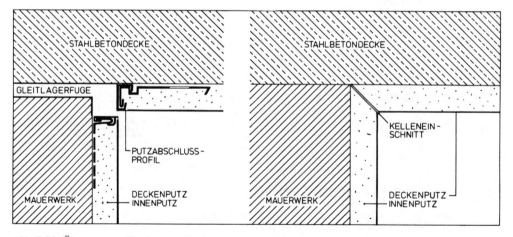

Abb. B.76   Übergang von Wandputz zu Deckenputz

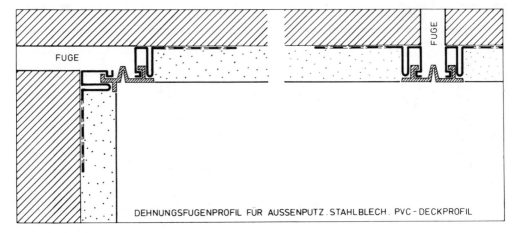

Abb. B.77   Dehnfugenprofile für Außenputz

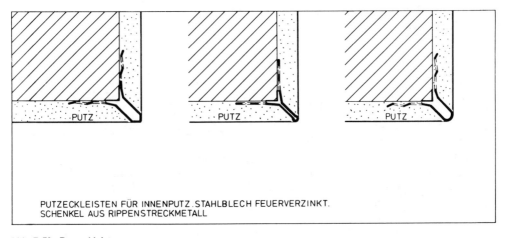

Abb. B.78   Putzeckleisten

7.4.7 Anschluß von Holzbauteilen an Mauerwerk

Abb. B.79   A und F: M 1 : 20, B bis E: M 1 : 5 (siehe folgende Seite)

A) Holztüranlage im Sichtmauerwerk. Türelement raumhoch, daher Entfallen eines Türsturzes im Mauerwerk. Blockzarge mit Schattennut gegen Mauerwerk abgesetzt.

B) und C) Führung der Elt.-Leitungen in Zargennut oder Installationskanal. Montage nach Fertigstellung des Mauerwerks. Keine Elt.-Leitungen mehr in den Mauerwerksfugen.

D) bis F) Führung der Elt.-Leitungen in Wandschlitzen, die sichtbar abgedeckt sind. Revisionsmöglichkeit. Rest-Wanddicke im Schlitzbereich bei 2 DF-KS-Mauerwerk durch hochkant gestellte DF- oder NF-Vollsteine.

131

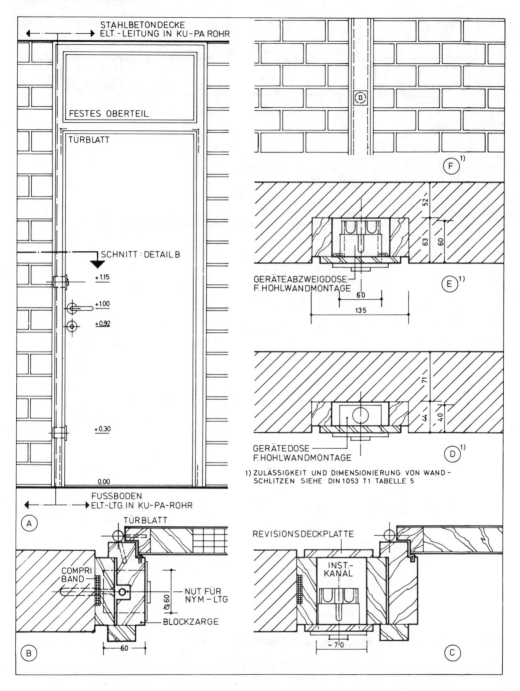

Abb. B.79 (Abbildungsunterschrift siehe Seite zuvor)

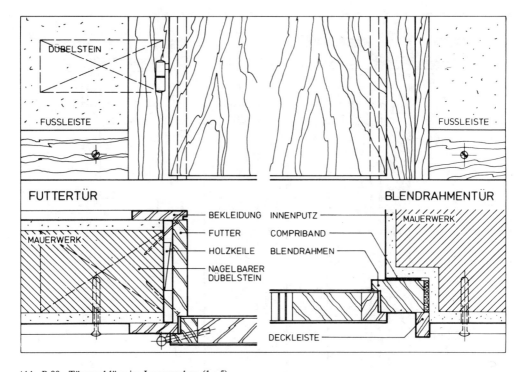

Abb. B.80 Türanschläge im Innenausbau (1 : 5)

Futtertür mit Bekleidung. Die Holzkonstruktion umfaßt die Mauerwerksleibung. Die Holzteile werden durch verdeckte Nagelung befestigt.

Blendrahmentür. Die vollständig verputzte Leibung muß besonders sorgfältig lot- und fluchtrecht hergestellt werden. Befestigung des Blendrahmens durch Dübel und verdeckte Schrauben.

Abb. B.81 Ringbalken (Ringanker) aus Brettschichtholz (BSchH) (M 1:20) (siehe folgende Seite)

I) Zweischaliges Verblendmauerwerk mit Luftschicht und zusätzlicher Wärmedämmung. Außenschale und Luftschicht mit Formstein abgedeckt. Über Innenschale und Wärmedämmung liegt ein Holzringanker (oder -balken), gleichzeitig als Sturz im Fensterbereich und Auflager der Holzdachkonstruktion. Verankerung des Holzringankers über Hammerkopfschrauben und Ankerschiene in einem mit Ortbeton ausgefüllten Trog aus U-Schalen. Die Konstruktion ist statisch nachzuweisen.

In einem senkrechten Wandschlitz der Außenschale wird ein Regenrohr geführt. Dieser Wandschlitz ist als Dehnungsfuge ausgeführt, da dort die Schale durchgehend unterbrochen ist.

IA) Alternative zu I: Statt eines durchgehenden Trogs aus U-Schalen werden diese senkrecht im Verband derart aufgestellt, daß ein senkrechter Hohlraum für eine Stahlbetonsäule entsteht. In diese ist eine Ankerschraube oder eine lange Hammerkopfschraube zur Halterung des Holzringankers eingelassen. Die Bemessung von Stahlbetonsäule und Ankerschrauben ist auf die Windsogkräfte abzustellen, die am Flachdachrand wirken.

(Flachdachdetails schematisch dargestellt)

133

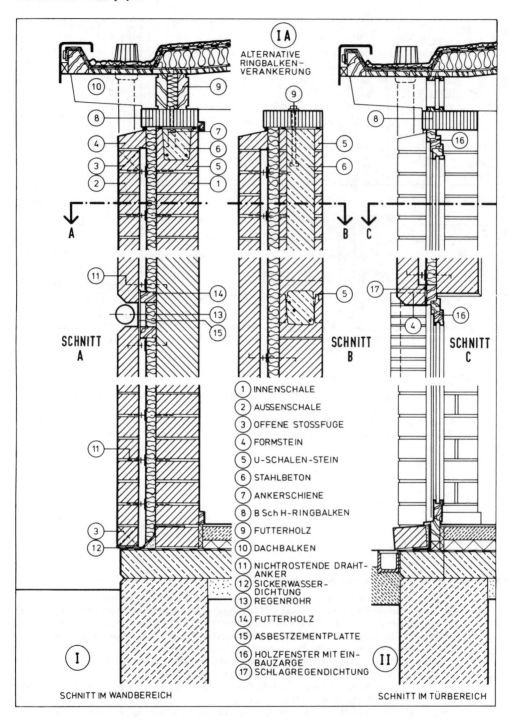

I A

ALTERNATIVE RINGBALKEN-VERANKERUNG

SCHNITT A

SCHNITT B

SCHNITT C

1. INNENSCHALE
2. AUSSENSCHALE
3. OFFENE STOSSFUGE
4. FORMSTEIN
5. U-SCHALEN-STEIN
6. STAHLBETON
7. ANKERSCHIENE
8. B Sch H-RINGBALKEN
9. FUTTERHOLZ
10. DACHBALKEN
11. NICHTROSTENDE DRAHT-ANKER
12. SICKERWASSER-DICHTUNG
13. REGENROHR
14. FUTTERHOLZ
15. ASBESTZEMENTPLATTE
16. HOLZFENSTER MIT EIN-BAUZARGE
17. SCHLAGREGENDICHTUNG

I

SCHNITT IM WANDBEREICH

II

SCHNITT IM TÜRBEREICH

Abb. B.81   (Abbildungsunterschrift siehe Seite zuvor)

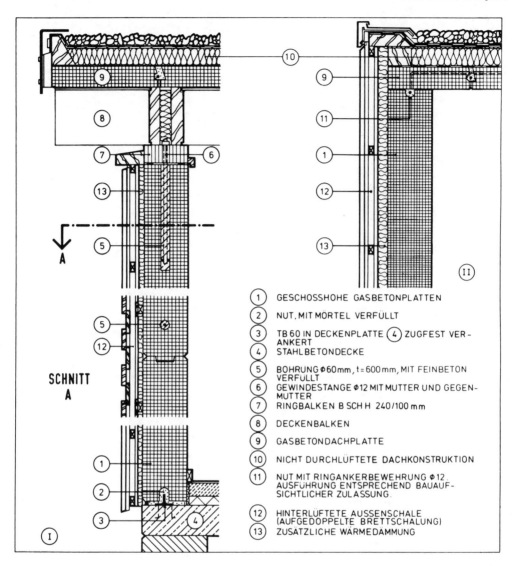

Abb. B.82 Ringbalken-(Ringanker)Konstruktion bei geschoßhohen Gasbetonwandplatten (M 1:20)

I) Ringbalken (Ringanker) aus BSchH wird mit langen Gewindestangen mit den Wandplatten verbunden. Die Gewindestangen sitzen in Bohrungen im Gasbeton, die mit Feinbeton verfüllt sind.
II) Ringankerbewehrung liegt in einer mit Feinbeton verfüllten Nut in der Auflagerfuge zwischen Wand- und Deckenplatten. Die Ringankerbewehrung wird in den Stoßfugen der Deckenplatten mit der Fugenbewehrung verbunden. Bei konstruktiver Ausbildung entsprechend den bauaufsichtlichen Zulassungen kann für die Decken Scheibenwirkung angesetzt werden.

(Flachdachdetails in schematischer Darstellung)

C Berechnung von Mauerwerk nach DIN 1053 Teil 1 (2.90)

1 Vorbemerkungen

1.1 Allgemeines

Warum gibt es zwei Normen für die Berechnung von unbewehrtem Mauerwerk: DIN 1053 Teil 1 (2.90) und DIN 1053 Teil 2 (8.84)? Wodurch unterscheiden sich diese beiden Normen? Wann wendet man die eine, wann die andere Norm an? Welches ist die „wichtigere" Norm?

Diese Fragen kann man beantworten, indem man einige Fakten im Zusammenhang mit der Mauerwerksnormung in den letzten Jahren darstellt.

Mit der Norm DIN 1053 Teil 2 (August 1984) wurde den Tragwerksplanern ein neues, wirklichkeitsnäheres Berechnungsverfahren für Mauerwerksbauten zur Verfügung gestellt. Diese Norm beruht auf neuen Erkenntnissen über das Tragverhalten von Mauerwerk als Ergebnis intensiver Forschung. Hierdurch wird dem Mauerwerk ein größerer Anwendungsbereich erschlossen.

Zwischenzeitlich wurde die alte Norm DIN 1053 überarbeitet und als DIN 1053 Teil 1 im Februar 1990 herausgebracht. Auch wenn man ein Bauwerk nach dem genaueren Verfahren nach DIN 1053 Teil 2 berechnet, benötigt man die konstruktiven Informationen aus DIN 1053 Teil 1.

Praktisch ist DIN 1053 Teil 2 eine Art Anhang zu Teil 1, denn sie hat im wesentlichen zwei Funktionen:

● Erläuterung (Begründung) des vereinfachten Berechnungsverfahrens nach Teil 1,
● genaueres Berechnungsverfahren, mit dem man
  − Mauerwerkskonstruktionen außerhalb der Anwendungsgrenzen des Teiles 1 berechnen kann, oder
  − punktuell auftretende Spezialprobleme (z.B. größere horizontale Einzellasten, größere Exzentrizitäten, hochbelastete dünne Wände) innerhalb eines Bauwerks, das nach Teil 1 berechnet wird, lösen kann.

Daß es zur Zeit dennoch zwei Normen − DIN 1053 Teil 1 und Teil 2 − gibt, hat lediglich „normungstechnische" und „historische" Gründe.

Es war die Vorgabe an den Normenausschuß, DIN 1053 Teil 1 (neu) im Prinzip so einfach zu belassen wie DIN 1053 (alt). Dies ist im wesentlichen auch gelungen. Es wurden lediglich „Ecken und Kanten" beseitigt und DIN 1053 Teil 1 wurde außerdem an das statische Konzept von Teil 2 angepaßt.

Der Unterschied im statischen Konzept von DIN 1053 Teil 1 und Teil 2 wird im folgenden Abschnitt C.1.2 dargelegt. Inhaltlich deckt DIN 1053 Teil 1 folgende Bereiche ab:

● Baustoffe
● Berechnung
● Bauausführung

Teil 2 dagegen beinhaltet nur:
● Berechnung (genaueres Verfahren)
● Mauerwerk nach Eignungsprüfung
  (vgl A.3.3.2 . . . . z. Zt. noch ohne Bedeutung).

Daraus läßt sich folgern:

Bauen kann man nur mit DIN 1053 Teil 1.

1.2 Statisches Konzept von DIN 1053 Teil 2 und Teil 1

DIN 1053 Teil 2

Wie bereits oben erwähnt, basiert die Norm DIN 1053 Teil 2 auf neueren Forschungsergebnissen über das Tragverhalten von Mauerwerk. Dadurch ergibt sich eine wirklichkeitsnähere Berücksichtigung der statischen Verhältnisse bei Mauerwerkskonstruktionen und ein gleichmäßigeres Sicherheitsniveau.

Einige wichtige Punkte des statischen Konzeptes von Teil 2 sind:

- Wand-Decken-Knoten
- genauerer Knicknachweis
- genauerer Schubnachweis
- genauerer Nachweis bei Zug und Biegezug
- Nachweis von Kellerwänden.

Einzelheiten sind dem Abschnitt D zu entnehmen. Lediglich zum ersten Punkt werden hier einige Anmerkungen gemacht. Bei der Berücksichtigung einer Rahmenwirkung zwischen Decke und Wand (Wand-Decken-Knoten) gibt es für die Bemessung der Wand einen „negativen" und einen „positiven" Einfluß:

— „Belastend" wirken sich die Biegemomente aus Rahmenwirkung aus:

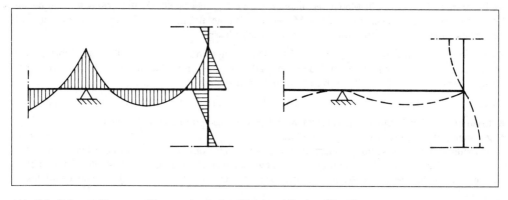

Abb. C.1   Rahmenwirkung von Mauerwerkswänden (Stiele) und Decken (Riegel)

— „Entlastend" wirkt sich die Reduzierung der Knicklänge infolge der elastischen Einspannung der Wand in die Decke aus:

Näherungsweise:

$s_K = 0,75h_s$
(h_s = lichte Geschoßhöhe)

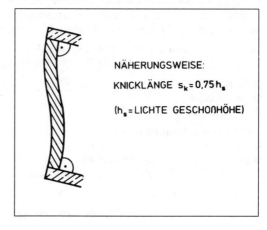

NÄHERUNGSWEISE:

KNICKLÄNGE $s_k = 0,75\,h_s$

(h_s = LICHTE GESCHOßHÖHE)

Abb. C.2   Elastische Einspannung der Wand

DIN 1053 Teil 1

DIN 1053 Teil 1 wurde dem statischen Konzept von Teil 2 angepaßt. Allerdings wurde der Berechnungsmodus erheblich vereinfacht. Daher darf DIN 1053 Teil 1 nur bei „einfachen" Mauerwerksbauten angewendet werden. Es gelten die Anwendungsgrenzen des folgenden Abschnittes.

2 Anwendungsgrenzen für DIN 1053 Teil 1

Alle Bauwerke, die innerhalb der im folgenden zusammengestellten Anwendungsgrenzen liegen, dürfen mit dem vereinfachten Verfahren nach DIN 1053 Teil 1 berechnet werden. Es ist selbstverständlich auch eine Berechnung nach Teil 2 möglich. Befindet sich das Bauwerk außerhalb der Anwendungsgrenzen, *muß* es nach DIN 1053 Teil 2 gerechnet werden. Im einzelnen müssen für die Anwendung des vereinfachten Berechnungsverfahrens die folgenden Voraussetzungen erfüllt sein:

- Gebäudehöhe < 20 m über Gelände
  (bei geneigten Dächern darf die Mitte zwischen First- und Traufhöhe zugrunde gelegt werden)
- Verkehrslast $p \leq 5{,}0$ kN/m^2
- Deckenstützweiten $l \leq 6{,}0$ m^1)
  (bei zweiachsig gespannten Decken gilt für l die kürzere Seite)
- **Innenwände**
  Wanddicke 11,5 cm $\leq d < 24$ cm: lichte Geschoßhöhe $h_s \leq 2{,}75$ m
- **Einschalige Außenwände**
  Wanddicke 17,5 cm^2) $\leq d < 24$ cm: lichte Geschoßhöhe $h_s \leq 2{,}75$ m
  Wanddicke $d \geq 24$ cm: lichte Geschoßhöhe $h_s \leq 12\,d$
- **Zweischalige Außenwände und Haustrennwände**
  Tragschale 11,5 cm $\leq d < 24$ cm: lichte Geschoßhöhe $h_s \leq 2{,}75$ m
  Tragschale $d \geq 24$ cm: lichte Geschoßhöhe $h_s \leq 12\,d$

  Zusätzliche Bedingung, wenn $d = 11{,}5$ cm:
  a) Maximal 2 Vollgeschosse zuzüglich ausgebautem Dachgeschoß
  b) Verkehrslast einschließlich Zuschlag für unbelastete Trennwände $q \leq 3$ kN/m^2
  c) Abstand der aussteifenden Querwände $e \leq 4{,}50$ m bzw. Randabstand $\leq 2{,}0$ m
- Als horizontale Lasten dürfen nur Wind oder Erddruck angreifen
- Es dürfen keine größeren planmäßigen Exzentrizitäten eingeleitet werden.

3 Standsicherheit

3.1 Standsicheres Konstruieren

Jedes Bauwerk muß so konstruiert werden, daß alle auftretenden vertikalen *und* horizontalen Lasten einwandfrei in den Baugrund abgeleitet werden können und daß somit eine ausreichende Standsicherheit vorhanden ist. Im Mauerwerksbau wird dies in der Regel durch Wände und Deckenscheiben erreicht. In Sonderfällen kann die Standsicherheit auch durch andere Maßnahmen (z.B. Rahmenkonstruktionen, Ringbalken) gewährleistet werden.

Auf einen Nachweis der räumlichen Steifigkeit kann verzichtet werden, wenn folgende Bedingungen erfüllt sind:

---

^{1}) Es dürfen auch Stützweiten $l > 6$ m vorhanden sein, wenn die Deckenauflagerkraft durch Zentrierung mittig eingeleitet wird (Verringerung des Einflusses des Deckendrehwinkels).

^{2}) Bei eingeschossigen Garagen und vergleichbaren Bauwerken, die nicht zum dauernden Aufenthalt von Menschen dienen, ist auch $d = 11{,}5$ cm zulässig.

● Die Decken sind als steife Scheiben ausgebildet oder es sind stattdessen statisch nachgewiesene Ring-balken vorhanden.

● In Längs- und Querrichtung des Bauwerkes ist eine offensichtlich ausreichende Anzahl von aussteifen-den Wände vorhanden.

Diese müssen ohne größeren Schwächungen und Versprünge bis auf die Fundamente gehen.

Die Norm DIN 1053 Teil 1 enthält keine Angaben darüber, was „offensichtlich ausreichend" bedeutet. Dies läßt sich in kurzer Form in einer Norm auch nicht darstellen. Hier muß also der Ingenieur im Einzel-fall entscheiden. Im Zweifelsfall muß ein Nachweis geführt werden. In einfachen Fällen kann dies nach Teil 1 geschehen. In der Regel erscheint es jedoch sinnvoll, das genauere Nachweisverfahren nach Teil 2 zu wählen (vgl. Zahlenbeispiel im Abschnitt D.4.5.3).

Bei dem Standsicherheitsnachweis einzelner Wände unterscheidet man in DIN 1053 Teil 1 zwischen:

— zweiseitig
— dreiseitig oder
— vierseitig

gehaltenen Wänden. Frei stehende (einseitig gehaltene) Wände sind nach DIN 1053 Teil 2 zu berechnen.

3.2 Windnachweis für Wind rechtwinklig zur Wandebene

Ein Nachweis für Windlasten rechtwinklig zur Wand ist in der Regel nicht erforderlich. Voraussetzung ist jedoch, daß die Wände durch Deckenscheiben oder statisch nachgewiesene Ringbalken oben und unten einwandfrei gehalten sind. Bei kleinen Wandstücken und Pfeilern mit anschließenden großen Fensteröff-nungen ist jedoch ein Nachweis ratsam. Insbesonders in Dachgeschossen mit geringen Auflasten.

In jedem Fall ist unabhängig davon die räumliche Steifigkeit des Gesamtgebäudes sicherzustellen (vgl. Abschnitt C.3.1)

3.3 Lastfall „Lotabweichung"

Bei Mauerwerksbauten, bei denen ein rechnerischer Windnachweis erforderlich ist, muß am unverform-ten System zusätzlich der Lastfall „Lotabweichung" berücksichtigt werden. Hierdurch werden die an je-dem Bauwerk auftretenden ungewollten Lastausmitten infolge Herstellungsungenauigkeiten näherungs-weise berücksichtigt. Wie auch im Stahlbetonbau gemäß DIN 1045 sind bei Mauerwerkskonstruktionen horizontale Lasten infolge Schrägstellung des Gebäudes um den Winkel $\varphi = \pm 1/(100 \cdot \sqrt{h_G})$ anzusetzen (φ im Bogenmaß, h_G = Gebäudehöhe in m über OK Fundament).

Weitere Einzelheiten und Beispiele siehe auch [C.1], S. 5.26 und Abschnitt D.4.5.3.

3.4 Beispiele für Decken mit und ohne Scheibenwirkung

Für die Beurteilung der Standsicherheit eines Bauwerkes ist es wichtig zu wissen, ob die Deckenkonstruk-tionen als Scheiben anzusehen sind.

Als Decken *mit Scheibenwirkung* und damit als ausreichende horizontal aussteifende Konstruktionsteile gelten z.B.:
— Stahlbetonplatten und Stahlbetonrippendecken aus Ortbeton;
— Decken aus Stahlbetonfertigteilen, wenn sie die Bedingungen nach DIN 1045, 19.7.4 erfüllen.

Decken *ohne Scheibenwirkung* sind z.B.:
— Fertigteildecken aus Stahlbeton, die nicht den Bedingungen nach DIN 1045, 19.7.4 genügen;
— Holzbalkendecken

3.5 Ringbalken
Horizontale Aussteifung bei Bauten mit Decken ohne Scheibenwirkung

3.5.1 Allgemeines

Ringbalken sind in der Wandebene liegende horizontale Balken, die Biegemomente infolge von *rechtwinklig* zur Wandebene wirkenden Lasten (z.B. Wind) aufnehmen können. Ringbalken können auch Ringankerfunktionen übernehmen, wenn sie als „geschlossener Ring" um das ganze Gebäude herumgeführt werden.

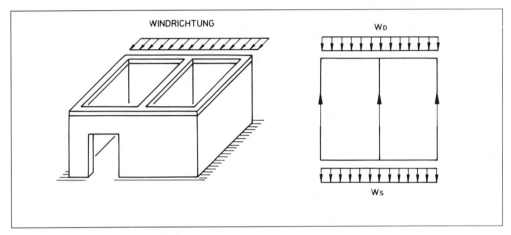

Abb. C.3   Belastung und Lastabgabe eines Ringbalkens

Die in Windrichtung liegenden Balken geben die Lasten über Reibungskräfte an die Wandscheiben ab.

● **Ausführung von Rinkbalken:** Stahlbeton, bewehrtes Mauerwerk, Stahl, Holz[1])

Wenn bei einem Mauerwerksbau
— keine Decken mit Scheibenwirkung vorhanden sind oder
— unter der Dachdecke eine Gleitschicht angeordnet wird,
muß die horizontale Aussteifung der Wände durch einen *Ringbalken* oder andere statisch gleichwertige Maßnahmen (z.B. horizontale Fachwerkverbände) sichergestellt werden.

3.5.2 Bemessung von Ringbalken

Ein Ringbalken muß folgende horizontale Lasten aufnehmen:
— Windlasten unter Berücksichtigung der Einflußhöhen
— 1/100 der maximalen senkrechten Belastung der Wände.

Bei der Bemessung von Ringbalken unter Gleitschichten sollten außerdem die Zugkräfte berücksichtigt werden, die sich aus den verbleibenden Reibungskräften ergeben.

Die vom Ringbalken aufzunehmenden Kräfte sind bis zur Aufnahme durch die Fundamente (rechnerisch) zu verfolgen. Ein Ringbalken braucht grundsätzlich nur bis zu dem Bauelement geführt zu werden, in das die horizontalen Kräfte weitergeleitet werden sollen, es sei denn, der Ringbalken ist auch gleichzeitig Ringanker (vgl. Abschnitt C.3.6). Die Krafteinleitung von der horizontal auszusteifenden Wand in den Ringbalken und vom Ringbalken in ein vertikales Aussteifungselement muß in der Regel nachgewiesen werden.

---

[1]) Konstruktive Vorschläge für Ausführung aus Holz siehe [C.3]

Ringbalken sollten möglichst steif ausgebildet werden, damit die Formänderung gering ist und im horizontal auszusteifenden Mauerwerk keine Schäden entstehen.

Zahlenbeispiel:
Bemessung eines Ringbalkens in einem mehrgeschossigen Wohnhaus, in das Decken ohne Scheibenwirkung eingebaut werden. Es wird beispielhaft nur ein Teil des Ringbalkens (siehe **Abb. C.4**) bemessen.

Gegeben:

Ringbalken, der sich in einem Windeinflußbereich zwischen 8 m und 20 m befindet.
→ $q = 0,8$ kN/m^2 (DIN 1055 Teil 4 bzw. [C.1], S. 3.17).
Geschoßhöhe: 2,875 m
Senkrechte Belastung von oben: 36 kN/m

Windlast:

$$w = c_p \cdot q = 0,8 \cdot 0,8 = 0,64 \text{ kN/m}^2 \text{ (vgl. [C.1], S. 3.21)}$$

Horizontale Belastung des Ringbalkens:

aus Wind $0,64 \cdot 2,875$	$= 1,84$ kN/m
aus Last von oben $36/100$	$= 0,36$ kN/m
q	$= 2,20$ kN/m

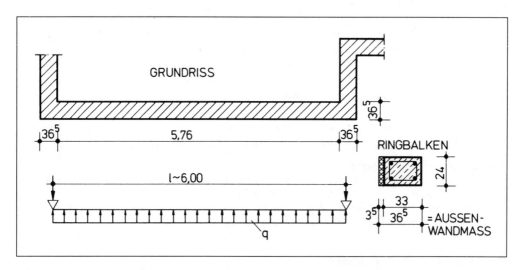

Abb. C.4 Bemessung eines Ringbalkens

Schnittgrößen:

$$\text{max } M = 2,2 \cdot 6,0^2/8 = 9,9 \text{ kNm}$$
$$A = 2,2 \cdot 6,0 /2 = 6,6 \text{ kN}$$

Biegebemessung (vgl. [C.1], S. 5.90):

gewählt B 25, BSt 420 S (III S)
$b/d/h = 24/33/29$ cm

$$k_h = \frac{h \text{ (cm)}}{\sqrt{\dfrac{M \text{ (kNm)}}{b \text{ (m)}}}} = \frac{29}{\sqrt{\dfrac{9,9}{0,24}}} = 4,5 \rightarrow k_s = 4,4$$

$$A_s = \frac{M \text{ (kNm)}}{h \text{ (cm)}} \cdot k_s = \frac{9,9}{29} \cdot 4,4 = 1,5 \text{ cm}^2$$

gewählt 2 Ø 12 III S je Seite   vorh $A_s = 2,26 \text{ cm}^2 > 1,5 \text{ cm}^2$

Die Bewehrung wurde reichlich gewählt, sodaß der Ringbalken auch die Ringankerfunktion (vgl. Abschnitt C.3.6.1) übernehmen und die zusätzliche rechnerische Zugkraft von 30 kN (vgl. Abschnitt C.3.6.4) aufnehmen kann.

Schubmessung (vgl. [C.1], S. 5.43 ff.):

$$\max \tau_o = \frac{Q}{b_o \cdot z} = \frac{0,0066}{0,24 \cdot 0,29 \cdot 0,85} = 0,112 \text{ MN/m}^2$$

zul $\tau_o = 0,75 \text{ MN/m}^2$ (Schubbereich 1)

Bei Schubdeckung nur durch vertikale Bügel folgt:

$$\text{erf } a_{s\text{bü}} = \text{Faktor} \cdot b_o \cdot \tau_o = 0,167 \cdot 24 \cdot 0,112 = 0,45 \text{ cm}^2/\text{m}$$

Größter zulässiger Bügelabstand (vgl. [C.1], S. 5.43):

$$s_{\text{bü}} = 0,8 \, d \text{ bzw. } 30 \text{ cm; d.h. erf } s_{\text{bü}} = 0,8 \cdot 33 = 26,4 \text{ cm}$$

gewählt Bügel Ø 6 III S, $s_{\text{bü}} = 25$ cm   vorh $a_{s\text{bü}} = 2,26 \text{ cm}^2/\text{m} > 0,41 \text{ cm}^2/\text{m}$

3.6 Ringanker

3.6.1 Aufgabe des Ringankers

Der Ringanker hat eine Teilfunktion bei der Aufgabe, die Gesamtstabilität eines Bauwerks zu gewährleisten. Er erfüllt im wesentlichen drei Aufgaben:

a) Scheibenbewehrung in den vertikalen Mauerwerksscheiben
b) Teil der Scheibenbewehrung der Deckenscheiben
c) Umlaufender Ring zum „Zusammenhalten" der Wände

zu a) Z.B. können durch unterschiedliche Setzungen des Bauwerks in den vertikalen Mauerwerksscheiben Zugspannungen auftreten, die von der Ringankerbewehrung aufgenommen werden.
zu c) Der Ringanker soll als umlaufender Ring die Wände des Bauwerks zusammenhalten, und er erhält somit (z.B durch Verformungsunterschiede des Bauwerks in Richtung des Ringankers) Zugspannungen. Der Ringanker wirkt also im Gegensatz zum Ringbalken (vgl. Abschnitt C.3.5) nicht als Biegebalken, sondern als Zugglied. Während ein Ringbalken auch Ringankerfunktion übernehmen kann, ist ein Ringanker wegen der geringeren Querschnittsabmessungen und der geringeren Bewehrung in der Regel nicht in der Lage, eine Ringbalkenfunktion zu übernehmen.

3.6.2 Erforderliche Anordnung von Ringankern

Ringanker sind auf allen Außenwänden anzuordnen und auf den lotrechten Scheiben (Innenwänden), die der Abtragung von horizontalen Lasten (z.B. Wind) dienen. Ringanker sind in folgenden Fällen erforderlich:

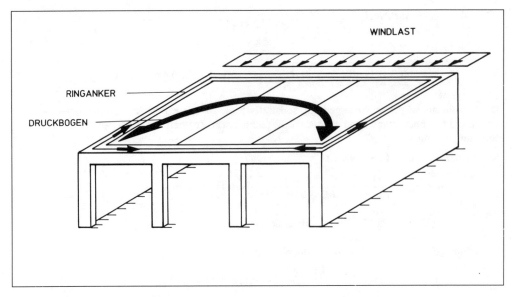

Abb. C.5   Ringanker „als Zugband" eines Druckbogens innerhalb einer Deckenscheibe

a) bei Bauten, die insgesamt mehr als zwei Vollgeschosse haben oder länger als 18 m sind,
b) bei Wänden mit vielen oder besonders großen Öffnungen, besonders dann, wenn die Summe der Öff-
   nungsbreiten 60% der Wandlänge oder bei Fensterbreiten von mehr als 2/3 der Geschoßhöhe 40% der
   Wandlänge übersteigt,
c) wenn die Baugrundverhältnisse es erfordern.

Ringanker können bereits unter der in Punkt a) genannten Grenze erforderlich sein, wenn die Punkte b)
oder/und c) maßgebend sind. Die Rißempfindlichkeit von Wänden hängt von sehr vielen Faktoren ab
(vgl. z.B. Abschn. B.6), so daß im Zweifelsfall von Fachleuten entschieden werden muß, ob ein Ringanker
im Fall b) die Rißgefahr vermindert. Im Fall c) kann die Entscheidung ebenfalls nur am konkreten Bauwerk erfolgen, wobei die Hinzuziehung eines Baugrundfachmannes in jedem Fall sinnvoll ist.

3.6.3 Lage der Ringanker

Die Ringanker sind in jeder Deckenlage oder unmittelbar darunter anzubringen. Sie können mit Stahlbetondecken oder Fensterstürzen aus Stahlbeton vereinigt werden. Eine Einbeziehung von Fensterstürzen

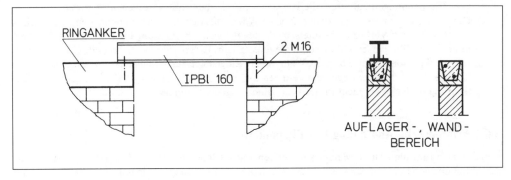

Abb. C.6   Unterbrechung von Ringankern

ist natürlich nur möglich, wenn die Ringankerwirkung (Zugglied) dadurch nicht unterbrochen wird. Ist eine Unterbrechung des Ringankers, der üblicherweise als Stahlbetonbalken ausgeführt wird, nicht zu umgehen, so muß die zu übertragende Ringankerkraft von anderen Konstruktionsteilen (z.B. Stahlträger, vgl. **Abb. C.6**) übernommen oder „umgeleitet" werden.

3.6.4 Konstruktion der Ringanker

Ringanker werden häufig als Stahlbetonbalken ausgeführt, wobei häufig U-Schalen **(Abb. C.6)** verwendet werden. Grundsätzlich sind jedoch auch andere Konstruktionen möglich, wenn sie in der Lage sind, die entsprechenden Zugkräfte zu übertragen (z.B. Ringanker aus bewehrtem Mauerwerk, Holz, Stahl).

Ringanker sind mit durchlaufenden Rundstäben zu bewehren, die im Gebrauchszustand eine Zugkraft von 30 kN aufnehmen können. Die zulässigen Spannungen zur Ermittlung der erforderlichen Ringankerbewehrung sind der folgenden Zusammenstellung zu entnehmen. Die „Klammerwerte" geben jeweils die erforderliche Mindestbewehrung an.

1. Ringanker aus Stahlbeton:
   BSt 420 S; zul $\sigma = 240$ MN/m^2 (mindestens 2 Ø 10 III S)
   BSt 500 S; zul $\sigma = 286$ MN/m^2 (mindestens 2 Ø 10 IV S)
2. Ringanker aus Mauerwerk:
   BSt 420 S; zul $\sigma = 240$ MN/m^2 (mindestens 3 Ø 8 III S)
   BSt 500 S; zul $\sigma = 286$ MN/m^2 (mindestens 4 Ø 6 IV S)

Auf die erforderliche Ringankerbewehrung dürfen dazu parallel liegende, durchlaufende Bewehrungen mit vollem Querschnitt angerechnet werden, wenn sie in Decken oder in Fensterstürzen im Abstand von 50 cm von der Mittelebene der Wand bzw. der Decke liegen **(Abb. C.6)**. Bei Anrechnung dieser Bewehrung auf die Ringankerbewehrung sollten jedoch die zwei folgenden Bedingungen erfüllt sein:

— Die Haupt- und Querbewehrung der Stahlbetondecke muß mindestens bis zur halben Wanddicke an die Außenseite der Außenwände geführt werden, und das aufgehende Mauerwerk muß auf der Stahlbetonplatte aufliegen.
— Die anrechenbaren Bewehrungsstäbe müssen die ihnen zugeordnete Ringankerkraft ohne Überschreitung der zul. Stahlspannung aufnehmen können. Anderenfalls ist eine zusätzliche Bewehrung (z.B. im Sturzbereich) anzuordnen.

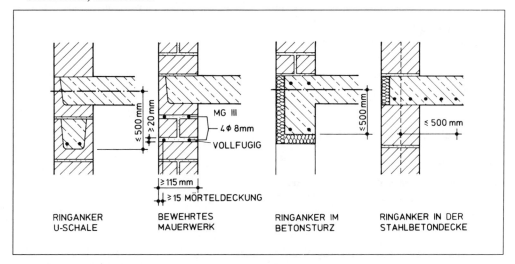

Abb. C.7 Verschiedene Möglichkeiten der Ausbildung von Ringankern

Die Stöße der Ringankerbewehrung sind bei Stahlbetonringankern nach DIN 1045, Abschnitt 18.4.1, und bei Ringankern aus bewehrtem Mauerwerk nach DIN 1053 Teil 3 (siehe Abschnitt E.4.5) auszuführen.

3.7 Anschluß der Wände an Decken und Dachstuhl

Umfassungswände müssen an die Decken durch Zuganker oder über Haftung und Reibung angeschlossen werden.

● Zuganker müssen in belasteten Wandbereichen (nicht in Brüstungen) angeordnet werden. Bei fehlender Auflast sind zusätzlich Ringanker anzuordnen. Abstand der Zuganker (bei Holzbalkendecken mit Splinten): 2 m bis 3 m. Bei parallel spannenden Decken müssen die Anker mindestens einen 1 m breiten Deckenstreifen erfassen (bei Holzbalkendecken mindestens 3 Balken). Balken, die mit Außenwänden verankert und über der Innenwand gestoßen sind, müssen untereinander zugfest verbunden sein. Giebelwände sind durch Querwände auszusteifen oder mit dem Dachstuhl kraftschlüssig zu verbinden.

● Haftung und Reibung dürfen bei Massivdecken angesetzt werden, wenn die Decke mindestens 10 cm aufliegt.

4 Wandarten und Mindestabmessungen

4.1 Allgemeines

Grundsätzlich muß die statisch erforderliche Dicke jeder Wand nachgewiesen werden. Ist jedoch eine gewählte Wanddicke offensichtlich ausreichend (Erfahrungswerte!), so darf ein statischer Nachweis entfallen. In keinem Fall dürfen jedoch die in der Norm DIN 1053 Teil 1, angegebenen Mindestwanddicken (vgl. folgende Abschnitte und Abschnitt 2) unterschritten werden. Bei der Wahl der Wanddicke sind neben statischen Gesichtspunkten auch bauphysikalische Aspekte zu beachten (vgl. Abschnitt B).

Innerhalb eines Geschosses sollte der Wechsel von Steinarten und Mörtelgruppen möglichst eingeschränkt werden, um Bauüberwachung und Ausführung zu vereinfachen.

Steine, die unmittelbar der Witterung ausgesetzt sind, müssen frostwiderstandsfähig sein. Gibt es in bestimmten Stoffnormen bezüglich der Frostwiderstandsfähigkeit verschiedene Klassen, so sind für folgende Konstruktionsarten Steine mit der höchsten Frostwiderstandsklasse zu verwenden:

– Schornsteinköpfe
– Kellereingangs-, Stütz- und Gartenmauern
– stark strukturiertes Mauerwerk.

Horizontale und leicht geneigte Sichtmauerflächen sind vor eindringendem Wasser zu schützen (z.B. durch Abdeckungen).

4.2 Tragende Wände und Pfeiler

4.2.1 Begriff

Wände und Pfeiler gelten als tragend, wenn sie
a) vertikale Lasten (z.B. aus Decken, Dachstielen)
    und/oder
b) horizontale Lasten (z.B. aus Wind) aufnehmen
    und/oder
c) zur Knickaussteifung von tragenden Wänden dienen.

Tragende Wände und Pfeiler sollen unmittelbar auf Fundamente gegründet werden. Ist dies in Sonderfällen nicht möglich, so sind die Abfangekonstruktionen ausreichend steif auszubilden, damit keine größeren Verformungen auftreten.

4.2.2 Mindestdicken von tragenden Wänden

Die Mindestdicke von tragenden Innen- und Außenwänden beträgt $d = 11{,}5$ cm, sofern aus statischen oder bauphysikalischen Gründen nicht größere Dicken erforderlich sind.

Bei Räumen, die dem dauernden Aufenthalt von Menschen dienen, gilt zusätzlich:
Bei einschaligen Außenwänden, bei denen der Schlagregenschutz nur durch Putz erfolgt, soll die Wanddicke mindestens $d = 24$ cm betragen.

4.2.3 Mindestabmessungen von tragenden Pfeilern

Die Mindestabmessungen von tragenden Pfeilern betragen 11,5 cm $\times$ 36,5 cm bzw. 17,5 cm $\times$ 24 cm.

4.3 Nichttragende Wände

4.3.1 Begriff

Wände, die überwiegend nur durch ihre Eigenlast belastet sind und nicht zur Knickaussteifung tragender Wände dienen, werden als *nichttragende Wände* bezeichnet. Sie müssen jedoch in der Lage sein, rechtwinklig auf die Wand wirkende Lasten (z.B. aus Wind) auf tragende Bauteile (z.B. Wand- oder Deckenscheiben) abzutragen. Nichttragende Wände übernehmen keine statische Funktion innerhalb eines Gebäudes. Es ist daher auch möglich, sie wieder zu entfernen, ohne daß dies statische Konsequenzen für die anderen Bauteile hat.

4.3.2 Nichttragende Außenwände

Nichttragende Außenwände können ohne statischen Nachweis ausgeführt werden, wenn sie vierseitig gehalten sind (z.B. durch Verzahnung, Versatz oder Anker), den Bedingungen der Tabelle C.1 genügen und Normalmörtel mit mindestens der Mörtelgruppe IIa verwendet wurde.

Werden Steine der Festigkeitsklassen ≥ 20 verwendet und ist $\varepsilon = h/l \geq 2$ ($h =$ Höhe und $l =$ Breite der Ausfachungsfläche) so dürfen die entsprechenden Tabellenwerte (Tabelle C.1) verdoppelt werden.

Tabelle C.1 Zulässige Größtwerte der Ausfachungsfläche von nichttragenden Außenwänden ohne rechnerischen Nachweis

Wand-dicke in cm	Zulässiger Größtwert[1]) der Ausfachungsfläche in m² bei einer Höhe über Gelände von:																	
	bis 8,0 m ε						8 bis 20 m ε						20 bis 100 m ε					
	$=1{,}0$	$=1{,}2$	$=1{,}4$	$=1{,}6$	$=1{,}8$	$\geq 2{,}0$	$=1{,}0$	$=1{,}2$	$=1{,}4$	$=1{,}6$	$=1{,}8$	$\geq 2{,}0$	$=1{,}0$	$=1{,}2$	$=1{,}4$	$=1{,}6$	$=1{,}8$	$\geq 2{,}0$
11,5²)	12,0	11,2	10,4	9,6	8,8	8,0	8,0	7,4	6,8	6,2	5,6	5,0	6,0	5,6	5,2	4,8	4,4	4,0
17,5	20,0	18,8	17,6	16,4	15,2	14,0	13,0	12,2	11,4	10,6	9,8	9,0	9,0	8,8	8,6	8,4	8,2	8,0
24	36,0	33,8	31,6	29,4	27,2	25,0	23,0	21,6	20,2	18,8	17,4	16,0	16,0	15,2	14,4	13,6	12,8	12,0
≥ 30	50,0	46,6	43,2	39,8	36,4	33,0	35,0	32,6	30,2	27,8	25,4	23,0	25,0	23,4	21,8	20,2	18,6	17,0

[1]) Zwischenwerte dürfen geradlinig eingeschaltet werden. ε ist das Verhältnis der größeren zur kleineren Seite der Ausfachungsfläche.

[2]) Bei Verwendung von Steinen der Festigkeitsklasse ≥ 12 dürfen die Werte dieser Zeile um 33% vergrößert werden.

4.3.3 Nichttragende innere Trennwände

Für nichttragende innere Trennwände, die nicht rechtwinklig zur Wandfläche durch Wind beansprucht werden, ist DIN 4103 Teil 1 (7.84) maßgebend

Abhängig vom Einbauort werden nach DIN 4103 Teil 1 zwei unterschiedliche Einbaubereiche unterschieden.

Einbaubereich I:
Bereiche mit geringer Menschenansammlung, wie sie z.B. in Wohnungen, Hotel-, Büro- und Krankenräumen sowie ähnlich genutzten Räumen einschließlich der Flure vorausgesetzt werden müssen.

Einbaubereich II:
Bereiche mit großen Menschenansammlungen, wie sie z.B. in größeren Versammlungs- und Schulräumen, Hörsälen, Ausstellungs- und Verkaufsräumen und ähnlich genutzten Räumen vorausgesetzt werden müssen.

Für die Versuchsdurchführung sind das statische System und die Belastung nach **Abb. C.8** maßgebend.

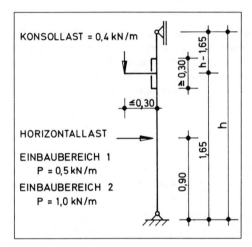

Abb. C.8 Einbaubereiche

Aufgrund neuer Forschungsergebnisse hat die DGfM[1]) ein Merkblatt über „Nichttragende innere Trennwände aus künstlichen Steinen und Wandbauplatten" herausgegeben. Die folgenden Ausführungen basieren auf diesem Merkblatt.

Zur Herstellung der Trennwände sind nur genormte oder bauaufsichtlich zugelassene Baustoffe zu verwenden. Bei Einhaltung der in den folgenden Tafeln angegebenen Grenzabmessungen ist kein statischer Nachweis erforderlich. Beispiele für den Anschluß von Trennwänden an andere Bauteile sind Abschnitt B.7.4.4 zu entnehmen.

---

[1]) Deutsche Gesellschaft für Mauerwerksbau e.V.

Tabelle C.2a Grenzabmessungen für vierseitig[1]) gehaltene Wände ohne Auflast[2]) bei Verwendung von Ziegeln oder Leichtbetonsteinen[3])

d (cm)	max. Wandlänge in m (Tabellenwert) im Einbaubereich I (oberer Wert) Einbaubereich II (unterer Wert) bei einer Wandhöhe in m				
	2,5	3,0	3,5	4,0	4,5
5,0	3,0 / 1,5	3,5 / 2,0	4,0 / 2,5	– / –	– / –
6,0	4,0 / 2,5	4,5 / 3,0	5,0 / 3,5	5,5 / –	– / –
7,0	5,0 / 3,0	5,5 / 3,5	6,0 / 4,0	6,5 / 4,5	7,0 / 5,0
9,0	6,0 / 3,5	6,5 / 4,0	7,0 / 4,5	7,5 / 5,0	8,0 / 5,5
10,0	7,0 / 5,0	7,5 / 5,5	8,0 / 6,0	8,5 / 6,5	9,0 / 7,0
11,5	10,0 / 6,0	10,0 / 6,5	10,0 / 7,0	10,0 / 7,5	10,0 / 8,0
12,0	12,0 / 6,0	12,0 / 6,5	12,0 / 7,0	12,0 / 7,5	12,0 / 8,0
17,5	keine Längenbegrenzung 12,0	12,0	12,0	12,0	12,0

Tabelle C.2b Grenzabmessungen für vierseitig[1]) gehaltene Wände mit Auflast[2]) bei Verwendung von Ziegeln oder Leichtbetonsteinen[4])

d (cm)	max. Wandlänge in m (Tabellenwert) im Einbaubereich I (oberer Wert) Einbaubereich II (unterer Wert) bei einer Wandhöhe in m				
	2,5	3,0	3,5	4,0	4,5
5,0	5,5 / 2,5	6,0 / 3,0	6,5 / 3,5	– / –	– / –
6,0	6,0 / 4,0	6,5 / 4,5	7,0 / 5,0	– / –	– / –
7,0	8,0 / 5,5	8,5 / 6,0	9,0 / 6,5	9,5 / 7,0	– / 7,5
9,0	12,0 / 7,0	12,0 / 7,5	12,0 / 8,0	12,0 / 8,5	12,0 / 9,0
10,0	12,0 / 8,0	12,0 / 8,5	12,0 / 9,0	12,0 / 9,5	12,0 / 10,0
11,5	keine Längenbegrenzung	12,0	12,0	12,0	12,0
12,0	keine Längenbegrenzung			12,0	12,0
17,5	keine Längenbegrenzung				

[1]), [2]), [3]), [4]) siehe folgende Seite

Tabelle C.2c Grenzabmessungen für dreiseitig gehaltene Wände (der obere Rand ist frei) ohne Auflast[2]) bei Verwendung von Ziegeln oder Leichtbetonsteinen[5])

d (cm)	max. Wandlänge in m (Tabellenwert) im Einbaubereich I (oberer Wert) Einbaubereich II (unterer Wert) bei einer Wandhöhe in m						
	2,0	2,25	2,50	3,0	3,50	4,0	4,5
5,0	3,0 1,5	3,5 2,0	4,0 2,5	5,0 –	6,0 –	– –	– –
6,0	5,0 2,5	5,5 2,5	6,0 3,0	7,0 3,5	8,0 4,0	9,0 –	– –
7,0	7,0 3,5	7,5 3,5	8,0 4,0	9,0 4,5	10,0 5,0	10,0 6,0	10,0 7,0
9,0	8,0 4,0	8,5 4,0	9,0 5,0	10,0 6,0	10,0 7,0	12,0 8,0	12,0 9,0
10,0	10,0 5,0	10,0 5,0	10,0 6,0	12,0 7,0	12,0 8,0	12,0 9,0	12,0 10,0
11,5	8,0 6,0	9,0 6,0	10,0 7,0	10,0 8,0	12,0 9,0	12,0 10,0	12,0 10,0
12,0	8,0 6,0	9,0 6,0	10,0 7,0	12,0 8,0	12,0 9,0	12,0 10,0	12,0 10,0
17,5	keine Längenbegrenzung						
	8,0	9,0	10,0	12,0	12,0	12,0	12,0

[1]) Bei dreiseitiger Halterung (ein freier, vertikaler Rand) sind die max. Wandlängen zu halbieren.

[2]) „Ohne Auflast" bedeutet, daß der obere Anschluß so ausgeführt wird, daß durch die Verformung der angrenzenden Bauteile keine Auflast entsteht. „Mit Auflast": Durch Verformung der angrenzenden Bauteile entsteht geringe Auflast (starrer Anschluß).

[3]) Bei Verwendung von Gasbeton-Blocksteinen und Kalksandsteinen mit Normalmörtel sind die max. Wandlängen zu halbieren. Dies gilt nicht bei Verwendung von Dünnbettmörteln oder Mörteln der Gruppe III. Bei Verwendung der Mörtelgruppe III sind die Steine vorzunässen.

[4]) Bei Verwendung von Gasbeton-Blocksteinen und Kalksandsteinen mit Normalmörtel und Wanddicken < 10 cm sind die max. Wandlängen zu halbieren. Dies gilt auch für 10 cm dicke Wände der genannten Steinarten und Normalmörtel im Einbaubereich II. Die Einschränkungen sind nicht erforderlich bei Verwendung von Dünnbettmörteln oder Mörteln der Gruppe III. Bei Verwendung der Mörtelgruppe III sind die Steine vorzunässen.

[5]) Bei Verwendung von Steinen aus Gasbeton und Kalksandsteinen mit Normalmörtel sind die max. Wandlängen wie folgt zu reduzieren:
a) bei 5, 6 und 7 cm dicken Wänden auf 40%
b) bei 9 und 10 cm dicken Wänden auf 50%
c) bei 11,5 und 12 cm dicken Wänden im Einbaubereich II auf 50% (keine Abminderung im Einbaubereich I)
Die Reduzierung der Wandlängen ist nicht erforderlich bei Verwendung von Dünnbettmörteln oder Mörteln der Gruppe III. Bei Verwendung der Mörtelgruppe III sind die Steine vorzunässen.

5 Berechnung von Mauerwerk aus künstlichen Steinen

5.1 Lastannahmen

Bei Hoch- und Ingenieurbauten gilt für die Aufstellung der Lastannahmen die Norm DIN 1055, soweit bei Ingenieurbauten keine Sondervorschriften maßgebend oder besondere Lasten berücksichtigt werden müssen.

Der „Lastfall" Temperatur erzeugt bei statisch bestimmten Konstruktionen keine Schnittgrößen, aber Verformungen. Um daraus resultierende Schäden zu vermeiden, sind gegebenenfalls konstruktive Maßnahmen (z.B. Dehnungsfugen, vgl. Abschnitt B.6.3) erforderlich. Bei statisch unbestimmten Konstruktionen ergeben sich aus dem „Lastfall" Temperatur zusätzliche Schnittgrößen, die bei größeren Gewölben und Bogen berücksichtigt werden sollten.

Nicht nur infolge Temperatur sondern auch durch Schwinden und Kriechen können durch die starre Verbindung von Baustoffen mit unterschiedlichem Verformungsverhalten erhebliche Zwängungen auftreten. Hierdurch entstehen zusätzliche Spannungen und Verformungen, die zu Schäden im Mauerwerk führen können. Bei größeren zu erwartenden Zwängungen kann eine konstruktive Bewehrung sinnvoll sein, um einer Rißbildung im Mauerwerk entgegen zu wirken (vgl. Abschnitt E.5). Weitere Empfehlungen über konstruktive Maßnahmen zur Vermeidung von Schäden sind dem Abschnitt B.6 zu entnehmen.

Bei Sturz- und Abfangeträgern brauchen nur die Lasten gemäß **Abb. C.9a bis c** angesetzt zu werden.

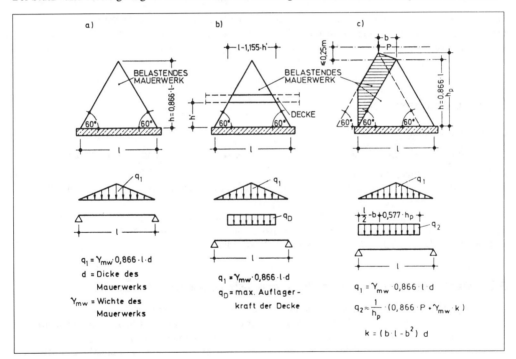

Abb. C.9 Gewölbewirkung bei Mauerwerksöffnungen

Deckenlasten oberhalb des Belastungsdreiecks brauchen nicht berücksichtigt zu werden. Gleichmäßig verteilte Deckenlasten[1] innerhalb des Dreiecks brauchen nur mit dem Teil als Belastung angesetzt zu werden, der sich im Belastungsdreieck befindet **(Abb. C.9b)**.

---

[1] Als „gleichmäßig verteilt" gelten Balkendecken mit Balkenabständen $\leq 1,25$ m

Im Falle der **Abb. C.9c** ist folgendes zu beachten: Für Einzellasten, die innerhalb oder in der Nähe des Belastungsdreiecks liegen, darf eine Lastverteilung von 60° angenommen werden. Liegen Einzellasten außerhalb des Belastungsdreiecks, so brauchen sie nur berücksichtigt zu werden, wenn sie noch innerhalb der Stützweite des Trägers und unterhalb einer Waagerechten angreifen, die 25 cm über der Dreiecksspitze liegt. Solchen Einzellasten ist die Eigenlast des waagerecht schraffierten Mauerwerks zuzuschlagen.

Voraussetzung für die verminderten Lastannahmen entsprechend den **Abb. C.9a bis c** ist, daß sich oberhalb und neben dem Träger und der Belastungsfläche ein Gewölbe ausbilden kann. Es dürfen also keine störenden Öffnungen vorhanden sein, und der Gewölbeschub muß vom angrenzenden Mauerwerk aufgenommen werden können. Eine grobe Abschätzung für die hierzu erforderlichen Abmessungen des ungestörten Mauerwerks neben und über der Öffnung findet man in der Vorschrift 158 (Ausgabe 1985) der Staatlichen Bauaufsicht (DDR); siehe **Abb. C.10** und Tabelle.

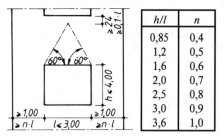

h/l	n
0,85	0,4
1,2	0,5
1,6	0,6
2,0	0,7
2,5	0,8
3,0	0,9
3,6	1,0

Abb. C.10   Mindestwandflächen bei Gewölbebewirkung

Grundsätzlich ist es auch möglich, den Gewölbeschub durch ein „Zugband" aufzunehmen (z.B. Stahlbetonplatte mit zusätzlicher Zugbewehrung). Hierbei muß jedoch gewährleistet sein, daß der Gewölbeschub durch Reibung und Haftung auf einer ausreichend langen Strecke in das „Zugband" eingeleitet werden kann.

5.2 Lastermittlung

5.2.1 Allgemeines

Die Gesamtbelastung einer Wand oder eines Pfeilers setzt sich aus folgenden Anteilen zusammen:

— Eigenlast der Wand bzw. des Pfeilers,
— Eigenlast aller die Wand (den Pfeiler) belastenden Bauteile (z.B. Decken, Unterzüge, Wände oder Pfeiler oberhalb der betrachteten Wand, Dachtragwerke),
— Verkehrslast aller die Wand (den Pfeiler) belastenden Bauteile. Hierzu gehören auch „Unbelastete leichte Trennwände" nach DIN 1055 Teil 3, Abschnitt 4 (vgl. auch [C.1], S. 3.19),
— Horizontale Lasten (z.B. aus Wind, Erddruck, Wasserdruck).

5.2.2 Mauerwerkskörper rechtwinklig zu einachsig gespannten Decken

Die Auflagerkräfte von einachsig gespannten Platten oder Balken werden in der Regel nach Verfahren ermittelt, die auf der Elastizitätstheorie beruhen (z.B. Kraftgrößen-Verfahren, *Cross, Kani,* Tabellen). Die Auflagerkräfte dürfen jedoch näherungsweise auch so berechnet werden, als ob die Tragwerke über den Innenstützen gestoßen und frei drehbar gelagert sind (Gelenke). Bei der ersten Innenstütze muß jedoch die Durchlaufwirkung immer und bei den übrigen Innenstützen dann berücksichtigt werden, wenn das Verhältnis benachbarter Felder kleiner als 0,7 ist.

5.2.3 Mauerwerkskörper parallel zu einachsig gespannten Decken

In Wandbereichen, die parallel zur Deckenspannrichtung verlaufen, sind ungewollte Deckenlasten als Wandbelastung anzusetzten. Es ist i.allg. ausreichend, je Wandseite einen 1 m breiten Deckenstreifen (Eigenlast und Verkehrslast) in Rechnung zu stellen.

5.2.4 Zweiachsig gespannte Decken

Bei zweiachsig gespannten Stahlbetonplatten, die durch eine gleichmäßig verteilte Last belastet sind, können die Auflagerkräfte aus den Lastanteilen ermittelt werden, die sich aus der Zerlegung der Grundrißfläche in Dreiecke und Trapeze ergeben. Stoßen an einer Ecke zwei Plattenränder mit gleichartiger Stützung zusammen, so beträgt der Zerlegungswinkel 45°. Stößt ein voll eingespannter mit einem frei aufliegenden Rand zusammen, so beträgt der Zerlegungswinkel auf der Seite der Einspannung 60° (vgl. **Abb. C.11**). Bei teilweiser Einspannung dürfen die Winkel zwischen 45° und 60° angenommen werden (DIN 1045, 20.1.5). In [C.1], S. 5.19 sind die anzunehmenden Ersatzlastbilder zusammengestellt. Häufig ist es baupraktisch sinnvoll, die dreieck- bzw. trapezförmigen Lastbilder in „auf der sicheren Seite liegende" rechteckförmige Lastbilder umzuwandeln.

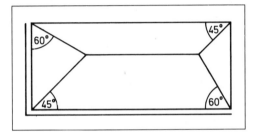

Abb. C.11   Auflagerkräfte bei zweiachsig gespannten Platten

5.3 Knicklängen

5.3.1 Allgemeines

Für die Berechnung einzelner Mauerwerkskörper (Wände, Wandstücke, Pfeiler) ist es nicht entscheidend, ob diese „ausgesteift" oder „nicht ausgesteift" sind. Es ist lediglich festzustellen, ob die Mauerwerkskörper

— zweiseitig
— dreiseitig oder
— vierseitig

gehalten sind.

Die Knicklängen sind gemäß den folgenden Abschnitten zu ermitteln. Allerdings müssen die Anwendungsgrenzen nach Abschnitt C.2 eingehalten sein. Anderenfalls ist eine Berechnung nach DIN 1053 Teil 2 durchzuführen (vgl. Abschnitt D). Sollte sich im Einzelfall bei einer dreiseitig gehaltenen Wand eine größere Knicklänge ergeben, als mit den Formeln für zweiseitig gehaltene Wände, so darf mit der kleineren Knicklänge weiter gerechnet werden.

Die Formeln für die Ermittlung der Knicklänge in DIN 1053 Teil 1 ergeben sich aus Vereinfachungen der Formeln in Teil 2. Letztere entsprechen den Angaben in DIN 1045 (Beton- und Stahlbetonbau). Für zweiseitig gehaltene Baukörper wurde die Wirkung einer elastischen Einspannung berücksichtigt, während bei drei- und vierseitig gehaltenen Wänden immer gelenkige Halterungen zugrundegelegt werden. Hier gibt es über den Einfluß von elastisch eingespannten Halterungen noch keine gesicherten wissenschaftlichen Erkenntnisse.

5.3.2 Hinweise zur Halterung (Knickaussteifung) von belasteten Wänden

Als unverschiebliche Halterungen für belastete Wände dürfen Deckenscheiben und aussteifende Querwände oder andere ausreichend steife Bauteile angesehen werden.

Bei einseitig angeordneten Querwänden darf unverschiebliche Halterung der belasteten Wand nur angenommen werden, wenn Wand und Querwand aus Baustoffen annähernd gleichen Verformungsverhaltens gleichzeitig im Verband hochgeführt werden und wenn ein Abreißen der Wände infolge stark unterschiedlicher Verformung nicht zu erwarten ist, oder wenn die zug- und druckfeste Verbindung durch andere Maßnahmen gesichert ist. Beidseitig angeordnete Querwände, deren Mittelebenen gegeneinander um mehr als die dreifache Dicke der auszusteifenden Wand versetzt sind, sind wie einseitig angeordnete Querwände zu behandeln.

Aussteifende Wände müssen mindestens eine wirksame Länge von 1/5 der lichten Geschoßhöhe und eine Dicke von 1/3 der Dicke der belasteten Wand, jedoch mindestens 11,5 cm haben.

Befinden sich in der aussteifenden Wand Öffnungen, so muß die Länge des im Bereich der zu haltenden (belasteten) Wand verbleiben Wandteile ohne Öffnungen mindestens 1/5 der lichten Höhe der Öffnungen betragen (siehe **Abb. C.12**).

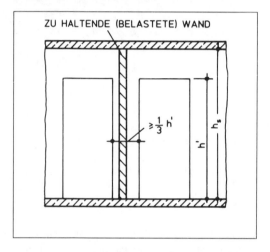

Abb. C.12
Mindestlänge einer knickaussteifenden Wand
bei Öffnungen

Bei beidseitig angeordneten, nicht versetzbaren Querwänden darf auf das gleichzeitige Hochführen der beiden Wänden im Verband verzichtet werden, wenn jede der beiden Querwände den vorstehend genannten Bedingungen für aussteifende Wände genügt. Auf Konsequenzen aus unterschiedlichen Verformungen und aus bauphysikalischen Anforderungen ist in diesem Fall besonders zu achten.

Werden Halterungen als Knickaussteifung von belasteten Wänden statt von Querwänden durch andere aussteifende Bauteile (z.B. Aussteifungsstützen) gebildet, so ist auf folgendes zu achten: Stahlbeton- oder Stahlstützen müssen oben und unten unverschieblich gehalten sein. Die Biegesteifigkeit EI der Stützen sollte in etwa der Biegesteifigkeit einer Mauerwerksvorlage (Breite $= h_s/5$) entsprechen. Bei einer Wandhöhe von 2,7 m würde z.B. eine Stahlstütze IPBv 120 ausreichen.

5.3.3 Zweiseitig gehaltene Wände

● Allgemein gilt:

$$h_K = h_s$$

● Bei Einspannung der Wand in flächig[1]) aufgelagerten Massivdecken gilt:

$$h_K = \beta \cdot h_s$$ h_s lichte Geschoßhöhe

Für β gilt:

β	Wanddicke d in mm
0,75	≤ 175
0,90	$175 < d \leq 250$
1,00	> 250

● Die Abminderung der Knicklänge ist nur zulässig, wenn

a) als horizontale Last nur Wind vorhanden ist,
b) folgende Mindestauflagertiefen gegeben sind:

Wanddicke d in mm	Auflagertiefe a in mm
≥ 240	≥ 175
< 240	$= d$

5.3.4 Drei- und vierseitig gehaltene Wände

● Für die Knicklänge gilt:

$$h_K = \beta \cdot h_s$$

h_s lichte Geschoßhöhe
β aus Tabelle C.3a in Abhängigkeit von b' und b (vgl. **Abb. C.13**)

$\beta = 1$, wenn $h_s > 3,50$ m

Tabelle C.3a   Beiwerte β für drei- und vierseitig gehaltene Wände in Abhängigkeit von b und b'

b' in m	0,65	0,75	0,85	0,95	1,05	1,15	1,25	1,40	1,60	1,85	2,20	2,80
β	0,35	0,40	0,45	0,50	0,55	0,60	0,65	0,70	0,75	0,80	0,85	0,90
b in m	2,00	2,25	2,50	2,80	3,10	3,40	3,80	4,30	4,80	5,60	6,60	8,40

Folgendes ist zu beachten:
● Wenn $b > 30\,d$ bzw. $b' > 15\,d$ (vgl. Tabelle C.3b) ist die Knicklänge wie für zweiseitig gehaltene Wände zu ermitteln.

Tabelle C.3b   Grenzwerte für b' und b in m

Wanddicke in cm	11,5	17,5	24	30
max $b' = 15\,d$	1,75	2,60	3,60	–
max $b = 30\,d$	3,45	5,25	7,20	9,00

---

[1]) Als flächig aufgelagerte Massivdecken gelten auch Stahlbetonbalken- und Stahlbetonrippendecken mit Zwischenbauteilen nach DIN 1045, bei denen die Auflagerungen durch Randbalken erfolgt.

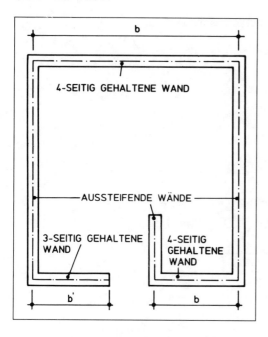

Abb. C.13 Drei- und vierseitig gehaltene Wände

● **Schwächung der Wände durch Schlitze oder Nischen**

a) vertikal in Höhe des mittleren Drittels:

d = Restwanddicke oder freien Rand annehmen.

b) unabhängig von der Lage eines vertikalen Schlitzes oder einer Nische:

Wandöffnung annehmen, wenn die Restwanddicke $d <$ halbe Wanddicke oder $<$ 115 mm ist.

● **Öffnungen in Wänden**

Bei Wänden, deren Öffnungen

a) in ihrer lichten Höhe $>$ 1/4 der Geschoßhöhe oder

b) in ihrer lichten Breite $>$ 1/4 der Wandbreite oder

c) in ihrer Gesamtfläche $>$ 1/10 der Wandfläche sind,

gelten die Wandteile

— zwischen der Wandöffnung und der aussteifenden Wand als dreiseitig,

— zwischen den Wandöffnungen als zweiseitig gehalten.

5.4 Bemessung von Mauerwerkskonstruktionen nach dem vereinfachten Verfahren

5.4.1 Allgemeines

Die Anwendungsgrenzen für das vereinfachte Verfahren sind dem Abschnitt C.2 zu entnehmen.

Hier wird nochmal auf den letzten Punkt eingegangen:

„Es dürfen keine Lasten mit größeren planmäßigen Exzentrizitäten eingeleitet werden". Sind Wandachsen infolge von Änderungen der Wanddicken versetzt, so gilt dies nicht als „größere Exzentrizität", wenn der Querschnitt der dickeren Wand den Querschnitt der dünneren Wand umschreibt. Ebenso handelt es sich nicht um eine „größere Exzentrizität", wenn bei einer exzentrisch angreifenden Last und einer Lastverteilung von 60° in der Mitte des Mauerwerkskörpers ein Spannungsnachweis geführt werden kann (vgl. auch Abschnitt C.5.4.10).

5.4.2 Grundprinzip der Bemessung nach DIN 1053 Teil 1

Beim vereinfachten Verfahren brauchen Einflüsse aus Beanspruchungen wie Biegemomente infolge Deckeneinspannungen, ungewollte Exzentrizitäten, Knicken oder Wind auf Außenwände (vgl. jedoch Abschnitt C.3.2) bei der Spannungsermittlung nicht berücksichtigt zu werden.

Diese Einflüsse sind durch den Sicherheitsabstand des Grundwertes der zulässigen Spannungen σ_0 (vgl. Abschnitt C.5.4.4), durch den Abminderungsfaktor k (vgl. Abschnitt C.5.4.5) sowie durch konstruktive Regeln und Grenzen (vgl. Abschnitt C.2) abgedeckt.

Es gilt in der Regel das einfache Bemessungsprinzip:

$$\sigma = \frac{F}{A} \leq \text{zul } \sigma$$

Greifen jedoch größere Horizontallasten an oder werden Vertikallasten mit größerer planmäßiger Exzentrizität eingeleitet, so ist der Knicknachweis nach DIN 1053 Teil 2 zu führen.

Tabelle C.4 Grundwerte der zulässigen Druckspannungen σ_0 in MN/m²

Steinfestig-keitsklasse	Normalmörtel mit Mörtelgruppe					Dünn-[2) bett-mörtel	Leichtmörtel	
	I	II	IIa	III	IIIa		LM 21	LM 36
2	0,3	0,5	0,5 [1)	−	−	0,6	0,5 [3)	0,5 [3) [4)
4	0,4	0,7	0,8	0,9	−	1,0	0,7 [5)	0,8 [6)
6	0,5	0,9	1,0	1,2	−	1,4	0,7	0,9
8	0,6	1,0	1,2	1,4	−	1,8	0,8	1,0
12	0,8	1,2	1,6	1,8	1,9	2,0	0,9	1,1
20	1,0	1,6	1,9	2,4	3,0	2,9	0,9	1,1
28	−	1,8	2,3	3,0	3,5	3,4	0,9	1,1
36	−	−	−	3,5	4,0	−	−	−
48	−	−	−	4,0	4,5	−	−	−
60	−	−	−	4,5	5,0	−	−	−

[1) $\sigma_0 = 0{,}6$ MN/m² bei Außenwänden mit Dicken ≥ 300 mm. Diese Erhöhung gilt jedoch nicht für den Nachweis der Auflagerpressung nach Abschnitt C.5.4.9.

[2) Verwendung nur bei Gasbeton-Plansteinen nach DIN 4165 und bei Kalksand-Plansteinen. Die Werte gelten für Vollsteine. Für Kalksand-Lochsteine und Kalksand-Hohlblocksteine nach DIN 106 Teil 1 gelten die entsprechenden Werte bei Mörtelgruppe III bis Steinfestigkeitsklasse 20.

[3) Für Mauerwerk mit Mauerziegeln nach DIN 105 Teile 1 bis 4 gilt $\sigma_0 = 0{,}4$ NM/m²

[4) $\sigma_0 = 0{,}6$ MN/m² bei Außenwänden mit Dicken ≥ 300 mm. Diese Erhöhung gilt jedoch nicht für den Nachweis der Auflagerpressung.

[5) Für Kalksandsteine nach DIN 106 Teil 1 der Rohdichteklasse $\geq 0{,}9$ und für Mauerziegel nach DIN 105 Teile 1 bis 4 gilt $\sigma_0 = 0{,}5$ MN/m².

[6) Für Mauerwerk mit den in Fußnote [5) genannten Mauersteinen gilt $\sigma_0 = 0{,}7$ MN/m².

5.4.3 Spannungsnachweis bei zentrischer und exzentrischer Druckbeanspruchung

Auf der Grundlage einer linearen Spannungsverteilung ist der Spannungsnachweis unter Ausschluß von Zugspannungen zu führen (klaffende Fugen maximal bis zur Schwerpunktmitte des Querschnitts zulässig, vgl. auch Abschnitt C.5.4.7). Es ist nachzuweisen, daß die folgenden zulässigen Druckspannungen nicht überschritten werden:

$$\text{zul } \sigma = k \cdot \sigma_0$$

σ_0 Grundwerte der zulässigen Druckspannungen nach Abschnitt C.5.4.4
k Abminderungsfaktor nach Abschnitt C.5.4.5

5.4.4 Grundwerte der zulässigen Druckspannungen σ_0

In der Tabelle C.4 sind die Grundwerte der zulässigen Druckspannungen für Mauerwerk mit Normal-, Dünnbett- und Leichtmörtel zusammengestellt.

5.4.5 Abminderungsfaktor k

Der Abminderungsfaktor k, der zur Ermittlung der zulässigen Spannung benötigt wird (zul $\sigma = k \cdot \sigma_0$), berücksichtigt folgende Einflüsse:

— Pfeiler/Wand   → k_1
— Knicken   → k_2
— Deckendrehwinkel   → k_3

Es sind zwei Fälle zu unterscheiden:

● **Wände bzw. Pfeiler als Zwischenauflager**

$$k = k_1 \cdot k_2$$

Als Zwischenauflager zählen:

— Innenauflager von Durchlaufdecken
— Beidseitige Endauflager von Decken

● **Wände als einseitiges Endauflager**

$$k = k_1 \cdot k_2 \quad \text{oder} \quad k = k_1 \cdot k_3$$

Der kleinere Wert ist maßgebend.

Eine Kombination von k_2 und k_3 ist nicht erforderlich, da der Einfluß des Knickens im mittleren Drittel der Wand und der Einfluß des Deckendrehwinkels im oberen bzw. unteren Wandbereich wirksam ist.

● **Ermittlung der einzelnen k_i–Faktoren[1]**
a) Pfeiler/Wand

Ein Pfeiler im Sinne der Norm liegt vor, wenn
— $A < 1000 \text{ cm}^2$ bzw.
— wenn weniger als zwei ungeteilte Steine vorhanden sind.

---

[1] Die Zahlenwerte bzw. Formeln für die k_i-Faktoren wurden auf der Basis der theoretischen Grundlagen in DIN 1053 Teil 2 ermittelt, vgl. Abschnitt C.8

Pfeiler mit einer Fläche $A < 400$ cm^2 sind unzulässig.

| Wände: $k_1 = 1,0$ | Pfeiler: $k_1 = 0,8$ |

b) Knicken

$$\begin{array}{ll} h_K/d \leq 10 & k_2 = 1,0 \\ 10 < h_K/d < 25 & k_2 = \dfrac{25 - h_K/d}{15} \end{array}$$

$h_K =$ Knicklänge

c) Deckendrehwinkel (nur bei Endauflagern)

$$\begin{array}{ll} l \leq 4,20 \text{ m} & k_3 = 1,0 \\ 4,20 \text{ m} < l \leq 6,00 \text{ m} & k_3 = 1,7 - l/6 \end{array}$$

Bei zweiachsig gespannten Platten ist l die kleinere Stützweite

5.4.6 Zahlenbeispiele

Beispiel 1

Gegeben: Innenwand: $d = 11,5$ cm
lichte Geschoßhöhe: $h_s = 2,75$ m
Belastung UK. Wand: $R = 49,6$ kN/m
Stahlbetondecke

Knicklänge: $h_K = \beta \cdot h_s = 0,75 \cdot 2,75 = 2,06$ m

a) $k_1 = 1$ (Wand)

b) k_2
$h_K/d = 206/11,5 = 17,9 > 10$

$$k_2 = \frac{25 - h_K/d}{15} = \frac{25 - 17,9}{15} = 0,47$$

Ermittlung des Abminderungsfaktors k

$k = k_1 \cdot k_2 = 1 \cdot 0,47 = \mathbf{0,47}$

Spannungsnachweis

$$\sigma = \frac{49,6}{100 \cdot 11,5} = 0,043 \text{ kN/cm}^2 = 0,43 \text{ MN/m}^2$$

| gew. HLz 12/II | $\sigma_0 = 1,2$ MN/m^2 (aus Tabelle C.4) |

zul $\sigma = k \cdot \sigma_0 = 0,47 \cdot 1,2 = 0,56$ MN/m$^2 > 0,43$

Beispiel 2

Gegeben: Außenwandpfeiler: $b/d = 49/17,5$ cm
lichte Geschoßhöhe: $h_s = 2,75$ m

Stützweite Decke: $l = 4,80$ m
Belastung UK Pfeiler: $R = 68$ kN
Stahlbetondecke

Knicklänge: $h_k = \beta \cdot h_s = 0,75 \cdot 2,75 = 2,06$ m

a) $k_1 = 0,8$ (Pfeiler, da $A < 1000$ cm^2)

b) k_2

$$h_k/d = 206/17,5 = 11,8$$

$$k_2 = \frac{25 - h_k/d}{15} = \frac{25 - 11,8}{15} = 0,88$$

c) $k_3 = 1,7 - l/6 = 1,7 - 4,8/6 = 0,9$

Ermittlung des Abminderungsfaktors k

$k = k_1 \cdot k_2 = 0,8 \cdot 0,88 = \mathbf{0,70}$
bzw.
$k = k_1 \cdot k_3 = 0,8 \cdot 0,9 = 0,72$

Spannungsnachweis

$$\sigma = \frac{68}{49 \cdot 17,5} = 0,079 \text{ kN/cm}^2 = 0,79 \text{ MN/m}^2$$

$\boxed{\text{gew. KSL 12/II}}$ $\qquad \sigma_0 = 1,2$ MN/m^2 (aus Tabelle C.4)

zul $\sigma = k \cdot \sigma_0 = 0,70 \cdot 1,2 = 0,84$ MN/m$^2 > 0,79$

Weitere Beispiele siehe Anhang

5.4.7 Längsdruck und Biegung/Klaffende Fuge

Bei ausmittiger Druckbeanspruchung odr bei Beanspruchung eines Querschnittes durch Längsdruck *und* ein Biegemoment (Längsdruck mit Biegung) treten bei großer Ausmittigkeit der Druckkraft bzw. bei gro-ßem Biegemoment im Mauerwerksquerschnitt Biegezugspannungen auf. Die (geringe) Zugfestigkeit des Mauerwerks darf jedoch in der Regel (Ausnahme siehe Abschnitt C.5.4.10) beim Spannungsnachweis nicht in Rechnung gestellt werden. Daher wird ein Teil des Querschnitts „aufreißen" (klaffende Fuge) und sich somit der Spannungsübertragung entziehen. Nach DIN 1053 Teil 1 ist es erlaubt, mit „klaffender Fu-ge" zu rechnen, wobei sich die Fugen jedoch höchstens bis zur Schwerachse öffnen dürfen.

Rechteckquerschnitte

Für einen Rechteckquerschnitt ergibt sich damit eine zulässige Ausmittigkeit von $e = d/3$ ($d = $ Bauteil-dicke in Richtung der Ausmittigkeit), vgl. Tabelle C.5, Zeile 5.

Tabelle C.5 Randspannungen bei einachsiger Ausmittigkeit für Rechteckquerschnitte
(Baustoff ohne rechnerische Zugfestigkeit)

BELASTUNGS- UND SPANNUNGSSCHEMA	LAGE DER RESULTIE- RENDEN KRAFT	RANDSPANNUNGEN
1	$e = 0$ (R IN DER MITTE)	$\sigma = \dfrac{R}{b\,d}$
2	$e < \dfrac{d}{6}$ (R INNERHALB DES KERNS)	$\sigma_1 = \dfrac{R}{b\,d}\left(1 - \dfrac{6e}{d}\right)$ $\sigma_2 = \dfrac{R}{b\,d}\left(1 + \dfrac{6e}{d}\right)$
3	$e = \dfrac{d}{6}$ (R AUF DEM KERNRAND)	$\sigma_1 = 0$ $\sigma_2 = \dfrac{2R}{b\,d}$
4	$\dfrac{d}{6} < e < \dfrac{d}{3}$ (R AUSSERHALB DES KERNS)	$\sigma = \dfrac{2R}{3\,c\,b}$ $c = \dfrac{d}{2} - e$
5	$e = \dfrac{d}{3}$ (KLAFFUNG BIS ZUR SCHWERACHSE)	$\sigma = \dfrac{4R}{b\,d}$

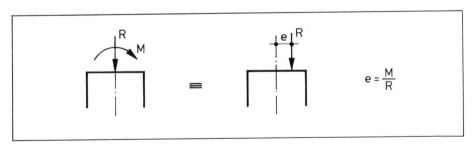

Abb. C.14 Umrechnung eines Moments M und einer mittigen Längsbelastung R in eine ausmittige Längsbelastung R

T-Querschnitte [C.3]

Bei der Spannungsermittlung für T-Querschnitte aus Mauerwerk sind zwei Fälle zu unterscheiden:

Fall 1: Druckbereich ist T-Querschnitt

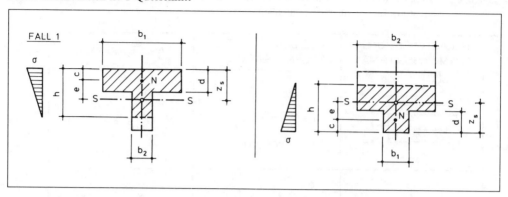

$e = M/N; \quad c = z_s - e; \quad \beta = b_1/b_2; \quad c > d/3; \quad h \geqq z_s$

Aus der nachfolgenden Gleichung dritten Grades ermittelt man h:

$$h^3 - 3 \cdot c \cdot h^2 (1 - \beta) \cdot [(6 \cdot c \cdot d - 3 \cdot d^2) \cdot h + 2 \cdot d^3 - 3 \cdot d^2 \cdot c)] = 0$$

$$\sigma = \frac{2 \cdot N \cdot h}{b_2 \cdot h^2 + (2 \cdot d \cdot h - d^2) \cdot (b_1 - b_2)}$$

Fall 2: Druckbereich ist Rechteckquerschnitt

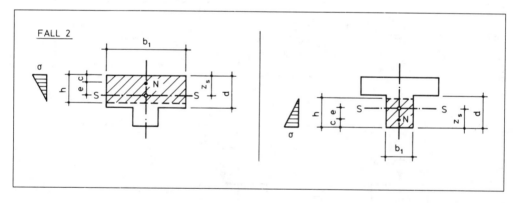

$z_s/3 \leqq c \leqq d/3; \quad h = 3 \cdot c$

$$\sigma = \frac{2 \cdot N}{h \cdot b_1} = \frac{2 \cdot N}{3 \cdot c \cdot b_1}$$

● **Windbeanspruchung von Pfeilern rechtwinklig zur Wandebene** („Plattenbeanspruchung")
Da in diesem Fall die Spannrichtung des Pfeilers rechtwinklig zur Fugenrichtung verläuft, darf keine Zugfestigkeit des Mauerwerks in Rechnung gestellt werden (vgl. Abschnitt C5.4.12). Eine vertikale Lastabtragung ist daher nur möglich, wenn eine genügend große Auflast vorhanden ist. Es darf jedoch mit „klaffender Fuge" gerechnet werden.

Zahlenbeispiel

Es wird der statische Nachweis des Mauerwerkspfeilers Pos. 1 **(Abb. C.15)** im obersten Geschoß eines 4 geschossigen Wohnhauses geführt. Die Außenwände bestehen aus zweischaligem Mauerwerk wobei in **Abb. C.15** nur die tragende Innenschale dargestellt ist. Es handelt sich bei Pos. 1 im Sinne der Norm DIN 1053 Teil 1 um einen Pfeiler, da zwar $A = 49 \cdot 24 = 1176 \text{ cm}^2 > 1000 \text{ cm}^2$ ist, aber bei Verwendung von großformatigen Steinen weniger als zwei ungeteilte Steine vorhanden sind (vgl. Abschnitt C.5.4.5).

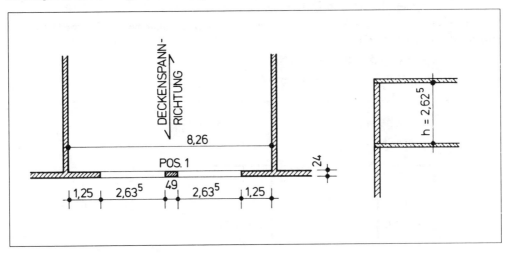

Abb. C.15   Durch Wind beanspruchter Mauerwerkspfeiler

Gegeben:

Auflagerkraft der Dachdecke (Holzbalkendecke) max $A = 9{,}7$ kN/m

min $A = 8{,}1$ kN/m (nur Eigenlast)

Deckenstützweite $l = 4{,}50$ m

Mauerwerk KSL 12/1,0

Eigenlast (einschl. Putz) $g_M = 3{,}43$ kN/m² (vgl. [C.1] S. 3.32).

Eigenlast des Sturzes (einschl. Sturzmauerwerk) $g_{St} = 2{,}4$ kN/m

Pfeilerabmessungen $b/d = 49/24$ cm

Einflußbreite $B = 0{,}49 + 2 \cdot 2{,}635/2 = 3{,}13 \text{ m}^1$)

Es sind *zwei Nachweise* zu führen:

a) Minimale Vertikallast in halber Geschoßhöhe und Windlast

b) Maximale Vertikallast in halber Geschoßhöhe und Windlast

Nachweis a)

Hier ist nachzuweisen, daß die Bedingungen $e \leqq d/3$ (klaffende Fuge darf höchstens bis zur Schwerachse gehen) erfüllt ist.

Vertikale Belastung:

Aus Dachdecke (min A) $8{,}1 \cdot 3{,}13$ $\qquad = 25{,}4$ kN

Mauerwerkspfeiler (Geschoßmitte) $3{,}43 \cdot 0{,}49 \cdot 2{,}625/2$ $\qquad = 2{,}2$ kN

Sturzeigenlast (einschl. Mauerwerk) $2{,}4 \cdot 3{,}13$ $\qquad = 7{,}5$ kN

$$\text{min } R = 35{,}1 \text{ kN}$$

---

[1]) Es wird davon ausgegangen, daß die Fensterstürze als Einfeldträger ausgeführt werden. Anderenfalls wäre bei der Lastzusammenstellung ein Durchlauffaktor anzusetzen (z.B. 1,25).

C DIN 1053 Teil 1

Windbelastung nach DIN 1055 Teil 4:

$$w = c_p \cdot q \text{ (siehe z.B. [C.1], S. 3.17 und 3.21)}$$
$$w = 0.8 \cdot 0.8 = 0.64 \text{ kN/m}^2$$

Die Windlast ist beim Nachweis einzelner Bauglieder um 25% zu erhöhen. Unter Berücksichtigung der Einflußbreite $B = 3.13$ m ergibt sich:

$$w = 0.64 \cdot 1.25 \cdot 3.13 = 2.5 \text{ kN/m}$$

Als statisches System wird ein vertikaler „Träger auf zwei Stützen" angenommen, als Stützweite der lichte Abstand der horziontalen Halterungen:

$$\max M_w = 2.5 \cdot 2.63^2/8 = 2.2 \text{ kNm}$$

Ausmittigkeit $e = M_w/R = 2.2/35.1 = 0.063$ m $= 6.3$ cm $< d/3 = 8$ cm

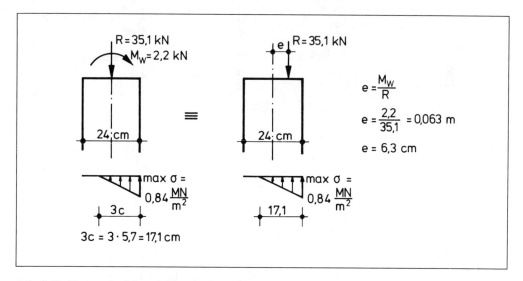

Abb. C.16 Mauerwerkspfeiler mit Längsdruck und Biegung

Knicklänge: $h_k = h_s = 2.625$ m (vgl. Abschnitt C.5.3.3)
$\quad\quad k_1 = 0.8$ (Pfeiler)
$\quad\quad h_k/d = 262.5/24 = 10.9$

$$k_2 = \frac{25 - h_k/d}{15} = \frac{25 - 10.9}{15} = 0.94$$

$$k_3 = 1.7 - l/6 = 1.7 - 4.5/6 = 0.95$$

Abminderungsfaktor k:
$\quad\quad \min k = k_1 \cdot k_2 = 0.8 \cdot 0.94 = 0.75$

Spannungsnachweis:
$\quad\quad$ Tabelle C.5, Zeile 4: $c = 24/2 - 6.3 = 5.7$ cm
$\quad\quad \max \sigma = 2 \cdot 35.1/(3 \cdot 5.7 \cdot 49) = 0.0838 \text{ kN/cm}^2 = 0.84 \text{ MN/m}^2$

$\boxed{\text{gew. KSL 12/II}} \quad\quad \sigma_0 = 1.2 \text{ MN/m}^2 \text{ (Tabelle C.4)}$

$\quad\quad$ zul $\sigma = k \cdot \sigma_0 = 0.75 \cdot 1.2 = 0.9 \text{ MN/m}^2 > 0.84$

164

Nachweis b)

Hier ist zu überprüfen, ob die max. Druckspannung größer wird als bei „Nachweis a)".

Vertikale Belastung:

Aus Dachdecke (max A) $9,7 \cdot 3,13$		$= 30,4$ kN
Mauerwerk und Sturzeigenlast wie bei a) $2,2 + 7,5$		$= 9,7$ kN
	max R	$= 40,1$ kN

Windmoment wie unter a): $M_w = 2,2$ kNm

Spannungsnachweis:

Ausmittigkeit $e = M_w/R$ $2,2/40,1 = 0,055$ m $= 5,5$ cm $< d/3 = 8$ cm

Tab. C.5, Zeile 4: $c = 24/2 - 5,5 = 6,5$ cm

max $\sigma = 2 \cdot 40,1/(3 \cdot 6,5 \cdot 49) = 0,0839$ kN/cm$^2 = 0,84$ MN/m$^2 <$ zul $\sigma = 0,9$

● **Freistehende Mauern**

Für freistehende Mauern, die oben nicht gehalten sind (z.B. Einfriedigungen), ist die Windbeanspruchung der kritische Lastfall. Beim Nachweis einer solchen Mauer liegt die größte Schwierigkeit in einer vernünftigen Windlastannahme. Die Windkräfte unmittelbar über dem Erdboden sind als Mittelwert kaum formelmäßig erfaßbar. Sie sind direkt am Boden in etwa gleich Null und vergrößern sich mit zunehmender Höhe. Hinzu kommt noch die Schwierigkeit, daß die Größe der Windlast auch von den Außenabmessungen der betrachteten Mauer abhängt, und ebenso davon, ob es sich um eine frei im Gelände stehende Mauer oder um eine Mauer als Teil eines Bauwerks handelt.

Für die folgenden Berechnungen wird als Mittelwert eine gleichmäßig verteilte Windlast $w = 0,6$ kN/m^2 angenommen. Dieser Wert entspricht den Angaben der alten DIN 1055 Teil 4 (Ausgabe Juni 1938) für Bauwerke bis 8 m über Geländeoberkante. In der neuen Windlastnorm DIN 1055 Teil 4 (Ausgabe August 1986) gibt es für den vorliegenden Fall keine eindeutige Angabe für die Windbelastung. Es wird empfohlen, im Einzelfall mit der zuständigen Bauaufsichtsbehörde Kontakt aufzunehmen.

Maßgebend für die Bemessung einer freistehenden Mauer ist die allgemeine Bedingung, daß eine Klaffung der Fuge höchstens bis zum Schwerpunkt zugelassen ist, d.h., es muß sein

$$\boxed{\text{max } e \leqq d/3} \qquad (1) \qquad \qquad \text{mit } e = M/R \qquad (2)$$

Wenn die freistehende Mauer *keine* Auflast hat, so besteht die maßgebende vertikale Last R nur aus der Eigenlast des Mauerwerks.

Damit folgt:

$$R = g_M \cdot b \cdot d \cdot h \qquad (3) \qquad \qquad g_M \quad \text{Eigenlast des Mauerwerks}$$

Außer dem Nachweis der Gleichung (1) ist streng genommen die maximale Randspannung zu ermitteln (Tabelle C.5) und mit der zulässigen Spannung zu vergleichen. Wegen der geringen Längsdruckkraft (nur Eigenlast des Mauerwerks) kann auf diesen Nachweis in der Regel verzichtet werden. Ist wegen zusätzlicher Auflast (z.B. aus Abdeckungen) ein Spannungsnachweis erforderlich, so ist dieser nach DIN 1053 Teil 2 zu führen.

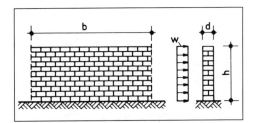

Abb. C.17 Freistehende Mauer

Zahlenbeispiel

Wie hoch darf eine Mauer mit einer Dicke von $d = 36,5$ cm, die aus Vollziegeln Mz 12 − 1,8 in Mörtelgruppe II gemauert wird, ausgeführt werden?

Es wird ein 1 m breiter Wandbereich nachgewiesen.
Eigenlast des Mauerwerks $g_M = 18$ kN/m³, Windlast $w = 0,6$ kN/m².

Nachweis der zulässigen Klaffung

Maximales Biegemoment: $\max M = w \cdot h^2/2 = 0,6 \cdot h^2/2 = 0,3 \cdot h^2$

Aus Gl. (3): $R = 18 \cdot 0,365 \cdot 1,0 \cdot h = 6,57 \cdot h$

aus Gl. (2): $e = 0,3 \cdot h^2/(6,57 \cdot h) = 0,046 \cdot h$

aus Gl. (1): $e = d/3; \quad 0,046 \cdot h = 0,365/3$

                  zul $h = 2,65$ m (vgl. auch Tabelle C.6)

Zulässige Höhen für verschiedene Mauerwerksdicken und Eigenlasten können der Tabelle C.6 entnommen werden.

Tabelle C.6 Tragfähigkeit freistehender Mauern (ungegliedert)[1]

Eigenlast kN/m³	Zulässige Mauerhöhe h in m bei einer Dicke d in cm von			
	36,5	30	24	17,5
12	1,75	1,20	0,75	0,40
13	1,90	1,30	0,80	0,40
14	2,05	1,40	0,90	0,45
15	2,20	1,50	0,95	0,50
17	2,50	1,70	1,05	0,55
18	2,65	1,80	1,15	0,60
19	2,80	1,90	1,20	0,65
20	2,95	2,00	1,25	0,65

[1]) Erforderliche Mindeststeinfestigkeitsklasse: 8 MN/m².
Den Tabellenwerten liegt eine Windbelastung von 0,6 kN/m² zugrunde. Bei anderen Windbelastungen w' ergibt sich die neue zulässige Mauerhöhe $h' = h \cdot w/w'$

Anstelle einer ungegliederten, freistehenden Mauer ist es oft zweckmäßig, eine gegliederte Mauer mit Zwischenpfeilern oder Zwischenstützen aus Stahlbeton bzw. Stahl zu konstruieren **(Abb. C.18)**. Die Windlast muß dann vom Mauerwerk zwischen den gemauerten Vorlagen bzw. den Stahlbeton- oder Stahlstützen horizontal abgetragen werden (vgl. Abschnitt C.5.4.10).

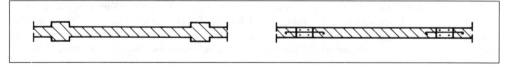

Abb. C.18   Gegliederte freistehende Mauern

5.4.8 Zusätzlicher Nachweis bei Scheibenbeanspruchung

Sind Wandscheiben infolge Windbeanspruchung rechnerisch nachzuweisen, so ist bei klaffender Fuge außer dem Spannungsnachweis ein Nachweis der Randdehnung

$$\varepsilon_R \leq 10^{-4}$$

zu führen. Der Elastizitätsmodul für Mauerwerk darf zu $E = 3000 \, \sigma_0$ angenommen werden.

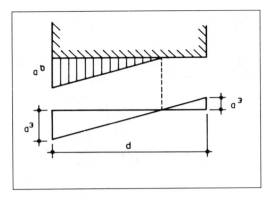

Abb. C.19 Zulässige rechnerische Randdehnung
bei Scheiben: $\varepsilon_R = \sigma_D/E \leqq 10^{-4}$

5.4.9 Lastverteilung

Bei Mauerwerksscheiben kann entsprechend dem Verlauf der Spannungstrajektorien eine Lastverteilung unter 60° angesetzt werden.

Aus der Darstellung der Spannungstrajektorien in **Abb. C.20** ist ersichtlich, daß die Ausstrahlung der Druckkräfte gleichzeitig Querzugkräfte zur Folge hat. Während diese sog. Spaltzugkräfte im Stahlbetonbau durch zusätzliche Bewehrung aufgenommen werden, müssen sie bei Mauerwerkskonstruktionen vom Mauerwerk selbst aufgenommen werden. Auf eine besonders sorgfältige Ausführung eines Mauerwerksverbandes ist daher zu achten (vgl. Abschnitt A.4).

Auch eine einseitige Lastverteilung unter 60° darf rechnerisch angesetzt werden, wenn der dadurch auftretende Horizontalschub aufgenommen werden kann. Für eine vereinfachte Darstellung des Kräftespiels bei einseitiger Lastverteilung kann das „Pendelstab-Modell" hilfreich sein **(Abb. C.21)**. Man sieht bei diesem Modell deutlich, daß bei einseitiger Lastverteilung aus Gleichgewichtsgründen Horizontalkräfte *H* auftreten, deren Aufnahme gewährleistet sein muß (z.B. durch Deckenscheiben). Bei der Einleitung von größeren Einzellasten in Mauerwerkskonstruktionen (z.B. Auflager von Abfangungen, Sturzauflager, Einzellasten durch Stützen) sind häufig Untermauerungen in höherer Mauerwerksfestigkeit oder sogar Stahlbetonschwellen notwendig.

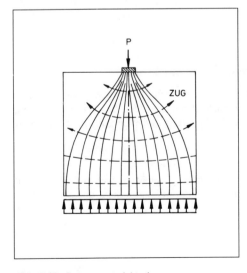

Abb. C.20 Spannungstrajektorien

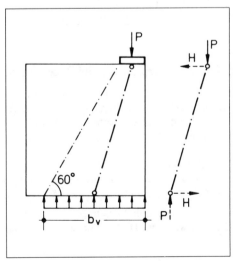

Abb. C.21 Einseitige Lastverteilung

Bei der Wahl des Materials zu Untermauerungen sind jedoch besonders die Ausführungen in Abschnitt C.5.1 („Zwängungen") zu beachten.

Bei einer Lastverteilung unter 60° ergeben sich die mathematischen Beziehungen zwischen der Verteilungsbreite b_v und der Höhe h des höherwertigen Mauerwerks aus den **Abb. C.22** und **C.23**.

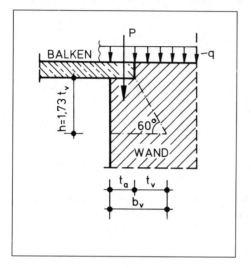

Abb. C.22 Lastverteilungsbreite bei
einseitiger Lastverteilung

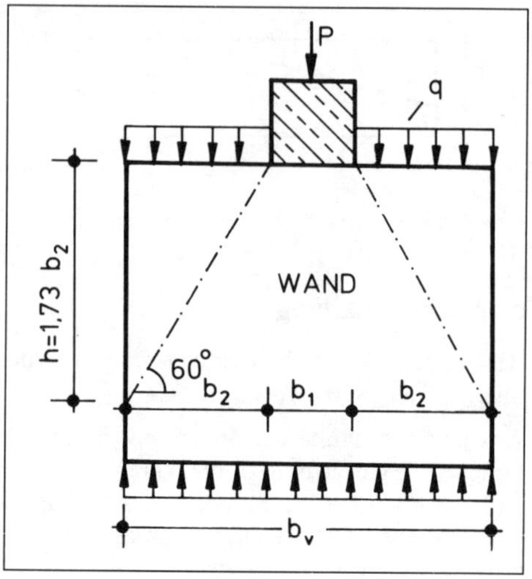

Abb. C.23 Lastverteilungsbreite

Näherungsformeln für b_v

Bei Vernachlässigung der (geringen) Eigenlast des Mauerwerks im Bereich der Lastausbreitung erhält man zur Ermittlung von b_v folgende Näherungsformel (**Abb. C.22** und **C.23**):

$$\text{erf } b_v \approx \frac{P}{d \cdot \sigma_0 - q}$$

5.4.10 Auflagerpressung bei Belastung in Richtung der Wandebene

Unter Einzellasten (z.B. unter Balken, Stützen usw.) darf eine gleichmäßig verteilte zulässige Auflagerpressung von $1{,}3 \cdot \sigma_0$ angesetzt werden (σ_0 aus Tabelle C.4). Zusätzlich muß jedoch nachgewiesen werden, daß in Wandmitte (Lastverteilung unter 60°) die vorhandene Spannung den Wert zul σ nach Abschnitt C.5.4.3 nicht überschreitet.

Zahlenbeispiel

Ermittlung der Abmessungen und der Güte der Untermauerung in der Mauerwerksscheibe gemäß **Abb. C.24**. Außerdem ist nachzuweisen, daß die Spannung in Wandmitte zul σ nicht überschreitet.

Die lichte Geschoßhöhe betrage $h_s = 2{,}88$ m.
Die Stützweite der Decke (Endauflager) betrage $l = 5{,}80$ m

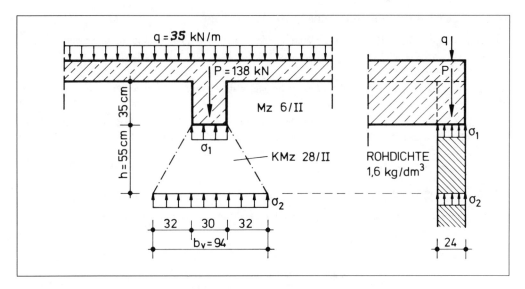

Abb. C.24   Lastverteilung unter Auflagern

Pressung unter Stahlbetonbalken:

Gesamtlast $138 + 35 \cdot 0,3 = 149$ kN

$\sigma_1 = 149/(30 \cdot 24) = 0,207$ kN/cm$^2 = 2,07$ MN/m$^2 <$ zul $\sigma = 1,3$ $\sigma_0 = 1,3 \cdot 1,8 = 2,34$ MN/m^2

gewählt: $b_v = 94$ cm $h = 1,73 \cdot 32 = 55$ cm

Pressung unter höherwertigem Mauerwerk:

Eigenlast des Mauerwerks im Bereich der Untermauerung (Rohdichte = 1,6 kg/dm^3)

$G_M = 0,94 \cdot 0,90 \cdot 0,24 \cdot 17 = 3,5$ kN

Gesamtlast: $138 + 35 \cdot 0,94 + 3,5 = 174$ kN

$\sigma_2 = 174/(94 \cdot 24) = 0,077$ kN/cm$^2 = 0,77$ MN/m$^2 <$ zul $\sigma = 0,9$ MN/m^2 (Tabelle C.4)

Spannungsnachweis in Wandmitte:

Lastverteilungsbreite in Wandmitte:

$h = 288/2 - 35 = 109$ cm (vgl. **Abb. C.24**)

$b_2 = h/1,73 = 109/1,73 = 63$ cm (vgl. **Abb. C.23**)

$b_v = 2 \cdot 63 + 30 = 156$ cm

Eigenlast des Mauerwerks (Rohdichte = 1,6 kg/dm^3)

$G_M = 1,56 \cdot 1,44 \cdot 0,24 \cdot 17 = 9,2$ kN

Gesamtlast: $138 + 35 \cdot 1,56 + 9,2 = 202$ kN

Ermittlung der k_i-Werte (Abschnitt C.5.4.5)

$k_1 = 1,0$ (Wand

$h_K = 0,9 \cdot 2,88 = 2,59$ m (Abschnitt C.5.3.3)

$h_K/d = 259/24 = 10,8$

$k_2 = \dfrac{25 - h_K/d}{15} = \dfrac{25 - 10,8}{15} = 0,95$

$k_3 = 1,7 - l/6 = 1,7 - 5,8/6 = 0,73$

min $k = k_1 \cdot k_3 = 0,73$

zul $\sigma = k \cdot \sigma_0 = 0,73 \cdot 0,9 = 0,66$ MN/m^2

vorh $\sigma = 202/(156 \cdot 24) = 0,054$ kN/cm$^2 = 0,54$ MN/m$^2 < 0,66$

5.4.11 Teilflächenpressung rechtwinklig zur Wandebene

Bei Teilflächenpressung rechtwinklig zur Wandebene darf zul $\sigma = 1{,}3\,\sigma_0$ angenommen werden. Bei Einzellasten ≥ 3 kN ist zusätzlich ein Schubnachweis in den Lagerfugen der belasteten Steine gemäß Abschnitt C.5.4 zu machen.

Bei Loch- und Kammersteinen muß die Last mindestens über zwei Stege eingeleitet werden (Unterlagsplatten).

Man beachte jedoch, daß der Knicknachweis für Mauerwerkskonstruktionen, die durch größere Einzellasten rechtwinklig zur Wandebene belastet sind, nach DIN 1053 Teil 2 geführt werden muß (vgl. auch Abschnitt C.5.4.2).

5.4.12 Biegezugspannungen

Zulässig sind nur Biegezugspannungen parallel zur Lagerfuge in Wandrichtung. Es gilt:

$$\boxed{\text{zul } \sigma_z = 0{,}4\,\sigma_{z0} + 0{,}12\,\sigma_D \leq \max \sigma_z} \qquad (1)$$

zul σ_z zulässige Biegezugspannung parallel zur Lagerfuge

σ_D zugehörige Druckspannung rechtwinklig zur Lagerfuge

σ_{z0} und max σ_z siehe Tabelle C.7 und C.8

Tabelle C.7 $\sigma_{z0}{}^{1)}$

Mörtelgruppe	I	II	IIa	III	IIIa	LM 21	LM 36	Dü [2]
σ_{z0} in MN/m²	0,01	0,04	0,09	0,11	0,11	0,09	0,09	0,11

[1] Bei unvermörtelten Stoßfugen (weniger als die halbe Wanddicke ist vermörtelt) sind die σ_{z0}-Werte zu halbieren)

[2] Dü = Dünnbettmörtel

Tabelle C.8 max σ_z

Steinfestigkeitsklasse	2	4	6	8	12	20	≥ 28
max σ_z in MN/m²	0,01	0,02	0,04	0,05	0,10	0,15	0,20

Gleichung (1) ergibt sich aus der Kombination der folgenden beiden Gleichungen nach DIN 1053 Teil 2:

$$\text{zul } \sigma_z \leq \frac{1}{\gamma}\,(\beta_{RK} + \mu \cdot \sigma_D)\,\ddot{u}/h \qquad \text{(Versagen der Fugen)}$$

$$\text{zul } \sigma_z \leq \beta_{RZ}/2\gamma \qquad \text{(Versagen der Steinzugfestigkeit)}$$

Kombiniert man die beiden obigen Gleichungen und setzt ein:

$\gamma = 2$; $\ddot{u}/h = 0{,}4$; $\mu = 0{,}6$; $\beta_{RK}/\gamma = \sigma_{z0}$
dann folgt die in Teil 1 angegebene Gleichung (1)

5.4.13 Schubnachweis

In DIN 1053 Teil 1 ist nur die Beanspruchung „Scheibenschub" (Belastung in Richtung der Wandebene) geregelt. Über die Beanspruchung „Plattenschub" (Belastung rechtwinklig zur Wandebene) gibt es keine Aussage. Bei den üblichen Beanspruchungen (Wind, Erddruck) sind die Schubspannungen jedoch in der Regel gering.

Ein Schubnachweis ist in der Regel nicht erforderlich, wenn eine ausreichende räumliche Steifigkeit eines Bauwerkes offensichtlich gegeben ist. Ist jedoch im Einzelfall ein Schubnachweis zu führen, so kann dies für Rechteckquerschnitte nach dem vereinfachten Verfahren mit Hilfe der Gleichungen (1) und (2) erfolgen[1]):

$$\boxed{\text{zul } \tau = \sigma_{z0} + 0{,}20 \; \sigma_{Dm} \leqq \text{max } \tau} \qquad (1)$$

Es ist nachzuweisen:

$$\boxed{\tau = \frac{1{,}5 \; Q}{A} \leqq \text{zul } \tau} \qquad (2)$$

A	überdrücke Querschnittsfläche
σ_{z0}	aus Tabelle C.7 (Abschnitt C.5.4.12)
σ_{Dm}	mittlere zugehörige Druckspannung rechtwinklig zur Lagerfuge im ungerissenen Querschnitt A
max $\tau =$	$n \cdot \beta_{NSt}$
	$n = 0{,}010$ bei Hohlblocksteinen
	$n = 0{,}012$ bei Hochlochsteinen und Steinen mit Grifföffnungen oder -löchern
	$n = 0{,}014$ bei Vollsteinen ohne Grifföffnungen oder -löcher
β_{NSt}	Steindruckfestigkeit

Die obige Gl. (1) folgt aus der Kombination und Vereinfachung der Gl. (3) und (4) aus DIN 1053 Teil 2:

$$\gamma \cdot \tau \leqq \beta_{RK} + \underline{\mu \cdot \sigma} \qquad (3)$$

$$\leqq 0{,}45 \cdot \beta_{Rz} \cdot \sqrt{1 + \sigma/\beta_{Rz}} \qquad (4)$$

indem man den Reibungskoeffizienten $\mu = 0{,}4$ und $\beta_{RK}/\gamma = \sigma_{z0}$ setzt.

Zahlenbeispiel

Gegeben: Wandscheibe mit Rechteckquerschnitt **(Abb. C.25)**
Vertikale Belastung $R = 350$ kN
Horizontale Last $H = 60$ kN

Biegespannung (vgl. Tabelle C.5)
Der Nachweis wird in der unteren Fuge I–I geführt.
$M = H \cdot 2{,}625 = 60 \cdot 2{,}625 = 157{,}5$ kNm
$e = M/R = 157{,}5/350 = 0{,}45$ m $< d/3 = 2{,}49/3 = 0{,}83$ m
$c = d/2 - e = 2{,}49/2 - 0{,}45 = 0{,}795$ m; $3c = 2{,}385$ m
Tabelle C.5, Zeile 4: max $\sigma = 2 \cdot 350/(238{,}5 \cdot 24) = 0{,}122$ kN/cm² $= 1{,}22$ MN/m²

Schubspannung
$\tau = 1{,}5 \; Q/A = 1{,}5 \cdot 60/238{,}5 \cdot 24 = 0{,}016$ kN/cm² $= 0{,}16$ MN/m²

Zulässige Schubspannung
Ermittlung nach Gleichung (1):
gew. KS 20/III (Vollsteine)
$\sigma_{z0} = 0{,}11$ MN/m² (Tabelle C.7)
$\sigma_{Dm} = 1{,}22/2 = 0{,}61$ MN/m²
max $\tau = n \cdot \beta_{NSt} = 0{,}014 \cdot 20 = 0{,}28$ MN/m²
zul $\tau = 0{,}11 + 0{,}20 \cdot 0{,}61 = 0{,}23$ MN/m²

---

[1]) Es ist jedoch in der Regel sinnvoller, den Schubnachweis nach dem genaueren Verfahren in DIN 1053 Teil 2 durchzuführen. Vgl. auch Zahlenbeispiel im Abschnitt D.4.5.3

Schubnachweis

$$\tau = 0{,}16 \text{ MN/m}^2 < 0{,}23 \text{ MN/m}^2 = \text{zul } \tau$$

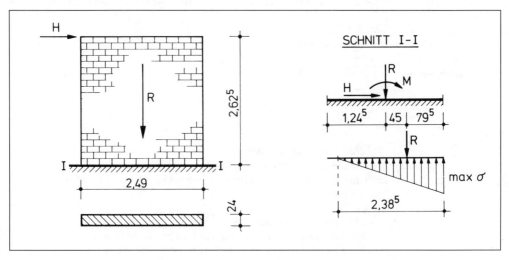

Abb. C.25   Wandscheibe mit Rechteckquerschnitt

5.5 Bemessung von Mauerwerkskonstruktionen nach dem genaueren Verfahren

Soll Rezeptmauerwerk nach DIN 1053 Teil 1 nach dem genaueren Verfahren gemäß DIN 1053 Teil 2 berechnet werden, so sind die folgenden Materialkennwerte zu verwenden (vgl. auch Abschnitt D. 3.1.2)

$$\beta_R = 2{,}67 \cdot \sigma_0$$

$$E = 3000 \cdot \sigma_0$$

Tabelle C.9   Rechenwerte der Kohäsion β_{RK} bei vermörtelten Stoßfugen

Mörtelgruppe	I	II	IIa	III	IIIa	LM 21	LM 36	Dü
β_{RK} in MN/m²	0,02	0,08	0,18	0,22	0,25	0,18	0,18	0,22

Bei unvermörtelten Stoßfugen (weniger als die halbe Wanddicke ist vermörtelt) sind die Tabellenwerte zu halbieren.
Dü = Dünnbettmörtel

6 Statisch konstruktive Hinweise für spezielle Mauerwerkskonstruktionen

6.1 Zweischalige Außenwände (vgl. auch Abschnitt B.2.2.3)

6.1.1 Allgemeines

Nach dem Wandaufbau wird unterschieden nach zweischaligen Außenwänden
- mit Luftschicht
- mit Luftschicht und Wärmedämmung
- mit Kerndämmung
- mit Putzschicht.

Bei der Bemessung ist als Wanddicke nur die Dicke der tragenden Innenschale anzusetzen

6.1.2 Mindestdicken

Die Mindestdicke von tragenden Innenschalen beträgt 11,5 cm. Bei der Anwendung des vereinfachten Berechnungsverfahrens ist Abschnitt C.2 zu beachten.

Die Mindestdicke der Außenschale beträgt 9 cm. Dünnere Außenschalen sind Bekleidungen, deren Ausführung in DIN 18515 geregelt ist.

6.1.3 Auflagerung und Abfangung der Außenschalen

- Die Außenschale soll über ihre ganze Länge und vollflächig aufgelagert sein. Bei unterbrochener Auflagerung (z.B. auf Konsolen) müssen in der Abfangebene alle Steine beidseitig aufgelagert sein.

- Außenschalen von 11,5 cm Dicke sollen in Höhenabständen von etwa 12 m abgefangen werden. Ist die 11,5 cm dicke Außenschale nicht höher als zwei Geschosse oder wird sie alle zwei Geschosse abgefangen, dann darf sie bis zu einem Drittel ihrer Dicke über ihr Auflager vorstehen. Für die Ausführung der Fugen der Sichtflächen von Verblendschalen siehe Abschnitt F.

- Außenschalen von weniger als 11,5 cm Dicke dürfen nicht höher als 20 m über Gelände geführt werden und sind in Höhenabständen von etwa 6 m abzufangen. Bei Gebäuden bis zwei Vollgeschossen darf ein Giebeldreieck bis 4 m Höhe ohne zusätzliche Abfangung ausgeführt werden. Diese Außenschalen dürfen maximal 15 mm über ihr Auflager vorstehen. Die Fugen der Sichtflächen von diesen Verblendschalen sollen in Glattstrich ausgeführt werden.

6.1.4 Verankerung der Außenschale

- Die Mauerwerksschalen sind durch Drahtanker aus nichtrostendem Stahl nach DIN 17440, Werkstoff-Nr. 1.4401 oder 1.4571, zu verbinden (siehe Tabelle C.10). Die Drahtanker müssen in Form und Maßen der **Abb. C.26** entsprechen. Der vertikale Abstand der Drahtanker soll höchstens 500 mm, der horizontale Abstand höchstens 750 mm betragen.

- An allen freien Rändern (von Öffnungen, an Gebäudeecken, entlang von Dehnungsfugen und an den oberen Enden der Außenschalen) sind zusätzlich zu den Angaben in Tabelle C.10 drei Drahtanker je m Randlänge anzuordnen.

- Andere Verankerungsarten der Drahtanker sind zulässig, wenn durch Prüfzeugnis nachgewiesen wird, daß diese Verankerungsart eine Zug- und Druckkraft von mindestens 1 kN bei 1,0 mm Schlupf je

Tabelle C.10 Mindestanzahl und Durchmesser von Drahtankern je m² Wandfläche

	Drahtanker	
	Mindestanzahl	Durchmesser
mindestens, sofern nicht die beiden folgenden Zeilen maßgebend sind	5	3
Wandbereich höher als 12 m über Gelände oder Abstand der Mauerwerksschalen über 70 bis 120 mm	5	4
Abstand der Mauerwerksschalen über 120 bis 150 mm	7 oder 5	4 5
Bei zweischaligen Außenwänden mit Putzschicht genügt grundsätzlich eine Drahtankerdicke von 3 mm.		

Drahtanker aufnehmen kann. Wird einer dieser Werte nicht erreicht, so ist die Anzahl der Drahtanker entsprechend zu erhöhen.

Die Drahtanker sind unter Beachtung ihrer statischen Wirksamkeit so auszuführen, daß sie keine Feuchte von der Außen- zur Innenschale leiten können (z.B. Aufschieben einer Kunststoffscheibe, siehe **Abb. C.26**.

Andere Ankerformen (z.B. Flachstahlanker) und Dübel im Mauerwerk sind zulässig, wenn deren Brauchbarkeit nach den bauaufsichtlichen Vorschriften nachgewiesen ist, z.B. durch eine allgemeine bauaufsichtliche Zulassung.

Bei nichtflächiger Verankerung der Außenschale, z.B. linienförmig oder nur in Höhe der Decken, ist ihre Standsicherheit nachzuweisen.

Bei gekrümmten Mauerwerksschalen sind Art, Anordnung und Anzahl der Anker unter Berücksichtigung der Verformung festzulegen.

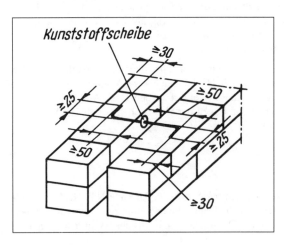

Abb. C.26 Drahtanker für zweischaliges Mauerwerk für Außenwände

6.1.5 Überdeckung von Öffnungen

Tür- und Fensterstürze sind in der Regel nachzuweisen. Bei Lichtweiten bis zu ca. 1,2 m kann auf den Nachweis verzichtet werden, wenn ein scheitrechter Bogen mit einem Gewölbestich von 1/50 der Lichtweite ausgeführt wird. Diese Konstruktion ist jedoch nur möglich, wenn seitlich des Sturzes genügend

Mauerwerk zur Aufnahme des Horizontalschubs vorhanden ist. Richtwerte hierfür findet man im Abschnitt C.5.1.

Für Stützweiten bis zu 3 m kann man die Öffnungen mit „Flachstürzen" überdecken. Hierbei wird Zuggurt aus Stahlbeton mit Schalen aus Leichtbeton, Kalksandstein, Ziegeln und dergleichen als Fertigteil hergestellt und beim Einbau zum Zusammenwirken mit einer „Druckzone" aus Mauerwerk gebracht. Maßgebend dafür sind die „Richtlinien für die Bemessung und Ausführung von „Flachstürzen" (vgl. auch Abschnitt E.4.3). Nicht alle Werke, die Mauersteine herstellen, fertigen auch Flachstürze. Daher sollte man schon bei der Auswahl der Steine auf die Möglichkeit achten, auch Flachstürze mit der gleichen Oberfläche und Farbe geliefert zu bekommen. Bei größeren Stützweiten sind bis zur Erhärtung des Mauerwerks Montagestützen anzuordnen.

Gelegentlich werden auch verzinkte Stahlwinkel als Sturzträger verwendet. Da der vertikale Schenkel an der Rückseite der Außenschale liegt, sind sie kaum sichtbar. Der Nachteil dieser Konstruktion liegt darin, daß die Lastebene nicht durch den Schubmittelpunkt geht. Dadurch tritt eine Verdrehung des Winkelprofils auf. Es kann daher infolge Verkantung des Winkels zu Rissen in der unteren Mauerwerksfuge kommen.

6.2 Kellerwände

6.2.1 Allgemeines

Nach DIN 1053 Teil 1 können Kellerwände unter Erddruck ohne rechnerischen Nachweis ausgeführt werden, wenn bestimmte Bedingungen erfüllt sind (vgl. Abschnitt C.6.2.2). Es handelt sich um eine Vereinfachung der in DIN 1053 Teil 2 angegebenen Formeln (vgl. Abschnitt D.5.2). Diese Angaben basieren auf theoretischen Überlegungen von *Mann/Bernhardt* (siehe [C.6], S. 36 ff). Bei hohen Auflasten kommt man eventuell zu günstigeren Dicken der Kelleraußenwände, wenn man einen statischen Nachweis gemäß Abschnitt C.6.2.3 durchführt. Hierbei wird eine vertikale Spannrichtung der Wand zugrunde gelegt.

In [C.6], S. 39 ff wird die Möglichkeit einer zweiachsigen Lastabtragung bei auf Erddruck beanspruchten Kellerwänden untersucht.

6.2.2 Ausführung von Kellerwänden ohne genauen statischen Nachweis[1])

Auf einen rechnerischen Nachweis kann verzichtet werden, wenn folgende Bedingungen erfüllt sind (vgl. **Abb. C.27**):

a) lichte Wandhöhe $h_s \leq 2{,}60$ m und Wanddicke $d \geq 240$ mm
b) die Kellerdecke wirkt als Scheibe, die die aus dem Erddruck entstehende Kräfte aufnimmt
c) im Einflußbereich Erddruck/Kellerwand beträgt die Verkehrslast auf der Geländeoberfläche ≤ 5 kN/m^2
d) die Geländeoberfläche steigt nicht an und Anschütthöhe $h_e \leq$ Wandhöhe h_s
e) die Auflast N_0 der Kellerwand unterhalb der Kellerdecke liegt innerhalb folgender Grenzen:

$$\boxed{\max N_0 > N_0 > \min N_0 \quad \text{mit } \max N_0 = 0{,}45 \cdot d \cdot \sigma_0}$$

σ_0 siehe Abschnitt C.5.4.4
$\min N_0$ siehe Tabelle C.11

Ist die durch Erddruck belastete Kellerwand durch Querwände oder statisch nachgewiesene Bauteile im Abstand b ausgesteift, so gelten für N_0 folgende Mindestwerte:

---

[1]) Vgl. auch Hinweis am Ende von Abschnitt D.5.2.

$b \leq h_s$	$N_0 \geq 1/2 \min N_0$
$b \geq 2\,h_s$	$N_0 \geq \min N_0$

Zwischenwerte dürfen geradlinig interpoliert werden

Tabelle C.11 min N_0 für Kellerwände ohne rechnerischen Nachweis

Wanddicke d	min N_0 in kN/m bei einer Anschütthöhe h_e			
mm	1,0 m	1,5 m	2,0 m	2,5 m
240	6	20	45	75
300	3	15	30	50
365	0	10	25	40
490	0	5	15	30
Zwischenwerte sind geradlinig zu interpolieren				

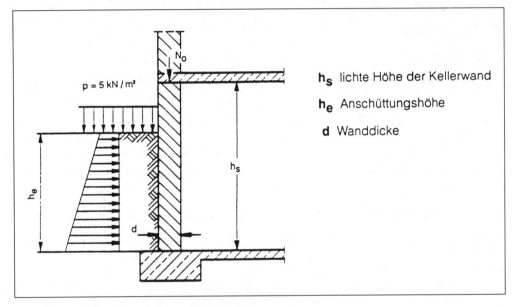

h$_s$ lichte Höhe der Kellerwand

h$_e$ Anschüttungshöhe

d Wanddicke

Abb. C.27   Erddruck bei Kellerwänden

6.2.3 Vertikal gespannte Kellerwände

Nach DIN 1053 Teil 1 darf rechtwinklig zu den Lagerfugen keine Zugfestigkeit des Mauerwerks angesetzt werden. Daher ist eine vertikale Spannrichtung bei auf Erddruck beanspruchten Kellerwänden nur möglich, wenn die Biegezugspannung durch Druckspannungen (infolge Auflast) „überdrückt" werden, d.h. wenn die Längsdruckkraft so groß ist, daß eine klaffende Fuge höchstens bis zur Querschnittsmitte geht ($e \leq d/3$).

Bei der Ermittlung der Erddruckordinaten geht man im allgemeinen von einem Erddruckbeiwert $K_{ah} = 0,33$ aus. Dieser Wert ergibt sich bei einem Boden mit dem Winkel der inneren Reibung $\varphi = 30°$ und einem Wandreibungswinkel $\delta = 0$, einer Annahme, die bei Kellerwänden mit geglättetem Putz und Bitumenanstrich (Feuchtigkeitsisolierung) durchaus vertretbar ist. Nimmt man als statisches System näherungsweise einen Träger auf zwei Stützen an (**Abb. C.28**), so ergibt sich das maximale Moment nach [C.6] zu

$$\max M \approx \frac{K_{ah} \cdot \gamma_e \cdot h^3}{6 \cdot l} \left(l - h + \frac{2}{3} h \sqrt{\frac{h}{3 \cdot l}} \right) \qquad (1)$$

Es bedeuten:

K_{ah} Erddruckbeiwert

γ_e Wichte des angeschütteten Bodens

$h = h_e + p/\gamma_e$ ideelle Anschütthöhe, durch die der Erddruck infolge Verkehrslast berücksichtigt wird

l lichte Geschoßhöhe [1])

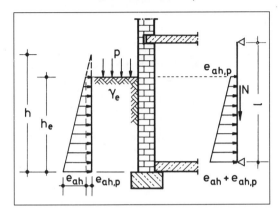

N minimale Längskraft ca. in halber Wandhöhe

$$e = \frac{M}{N} \text{ muß} \leq \frac{d}{3} \text{ sein} \qquad (2)$$

$$\text{erf } N = \frac{\max M \cdot 3}{d} \qquad (3)$$

Abb. C.28   Erddruckbelastung einer Kellerwand

Der statische Nachweis erfolgt zunächst mit der Gl. (2) bzw. (3).

Außer dem Nachweis nach Gl. (2) oder Gl. (3) muß zusätzlich nachgewiesen werden, daß die maximale Randspannung σ gemäß Tabelle C.5 für max N und für max M kleiner als zul σ ist.

In [C.6] wird alternativ auch mit einem elastisch eingespannten senkrechten Träger gerechnet und außerdem eine ungewollte Ausmitte berücksichtigt. Es ergeben sich bei dieser Betrachtungsweise günstigere Bemessungsmomente und damit geringere erforderliche Auflasten.

6.3 Gewölbe, Bogen, gewölbte Kappen

6.3.1 Allgemeines

Gemauerte Gewölbe, Bogen und gewölbte Kappen kommen heute als Neuentwurf relativ selten vor, jedoch trifft man auf derartige Konstruktionen bei der Sicherung und Sanierung historischer Bauten (vgl. z.B. [C.7]). Gewölbe und Bogen sollen möglichst nach der Stützlinie geformt sein. Wichtig ist die einwandfreie Aufnahme des Horizontalschubs. Gewölbe und Bogen mit günstigen Stichverhältnissen ($f/l > 1/10$) und voller Hintermauerung oder größerer Überschüttungshöhe können nach dem Stützlinienverfahren berechnet werden. Dies ist allerdings nur möglich, wenn der Anteil der ständigen Lasten erheblich größer ist als der Anteil der Verkehrslasten. Gewölbe und Bogen mit kleineren Stützweiten können in jedem Fall nach dem Stützlinienverfahren berechnet werden. Bei größeren Stützweiten und stark wechselnden Lasten ist eine Berechnung nach der Elastizitätstheorie durchzuführen.

6.3.2 Ermittlung der Stützlinie

● **Definition der Stützlinie**

Wird die Form eines statischen Systems so gewählt, daß für eine bestimmte Belastung nur Längskräfte

---

[1]) Diese Annahme ist vertretbar, da das oben angenommene statische System auf der sicheren Seite liegt.

auftreten ($M = 0$ und $Q = 0$), so wird diese Form als *Stützlinie* bezeichnet. Bei einer gleichmäßig verteilten Belastung hat die Stützlinie die Form einer quadratischen Parabel (vgl. [C.8]).

● **Zeichnerische Auflagerkraftermittlung beim Dreigelenkrahmen**
Da beim Vorliegen einer Stützlinie die Momente an jeder Stelle gleich Null sind, kann bei statischen Überlegungen im Zusammenhang mit nach der Stützlinie geformten statischen Systemen von Dreigelenksystemen ausgegangen werden.

In der **Abb. C.29** ist ein Dreigelenkbogen mit Einzellasten dargestellt. Die Auflagerkräfte lassen sich sowohl auf zeichnerischem als auch auf rechnerischem Wege ermitteln. Das rechnerische Verfahren ist der entsprechenden Fachliteratur (z.B. [C.8]) zu entnehmen. Im folgenden wird die zeichnerische Methode erläutert. Man geht wie folgt vor:

a) Ermittlung der Auflagerkräfte A_l und B_l infolge der äußeren Belastung links vom Scheitelgelenk **(Abb. C.29)**. Zunächst wird die Resultierende R_l mit Hilfe eines Polecks und eines Seilecks ermittelt. Die Richtung der Auflagerkraft B_l ergibt sich aus der Verbindungslinie des rechten Kämpfergelenkes mit dem Scheitelgelenk. Durch den Schnittpunkt der Auflagerkraftrichtung von B_l mit R_l muß auch die Auflagerkraft A_l gehen. Damit sind die Richtungen von A_l und B_l bekannt. Die Größen können mit Hilfe eines Kraftecks ermittelt werden.

b) Ermittlung der Auflagerkräfte A_r und B_r infolge der äußeren Belastung rechts vom Scheitelgelenk entsprechend wie unter a) **(Abb. C.29)**.

c) Zusammensetzen der Teilauflagerkräfte A_l und A_r zu A sowie B_l und B_r zu B.

● **Konstruktion der Stützlinie (Abb. C.30)**
Es sind folgende Arbeitsgänge durchzuführen:

a) Schnittpunkt von A und B im Kräfteplan als neuen Pol wählen.
b) Poleck zeichnen.
c) Seileck zeichnen, beginnend mit dem ersten Seilstrahl durch den linken Auflagerpunkt.
d) Seileck = Stützlinie

Mit der Stützlinie sind Größe und Richtung der resultierenden Schnittkräfte bekannt.

Begründung: Aus dem Krafteck **(Abb. C.30)** ist ersichtlich, daß jeder Polstrahl gleich der Resultierenden aller links davon liegenden Kräfte ist. Das gleiche gilt für den entsprechenden Seilstrahl. Daraus ergibt sich, daß der Seilstrahl 4 durch das Gelenk gehen muß ($M = 0$).

● **Stützlinie – Achse der Konstruktion**
Stimmen die Achse der Konstruktion (z.B. Bogenachse) und die Stützlinie überein, so treten in der Konstruktion nur Längskräfte auf. Da jedoch in der Regel mehrere Lastfälle zu berücksichtigen sind und da sich für jeden Lastfall eine andere Stützlinie ergibt, ist der obige Idealfall kaum zu realisieren.

Allerdings ist es oft möglich, eine Konstruktionsform so zu wählen, daß die Stützlinien für alle möglichen Lastfälle im Kern des Querschnitts liegen (mittleres Drittel bei Rechteckquerschnitten). In diesem Fall treten in den Querschnitten nur Spannungen *eines* Vorzeichens (i. allg. Druckspannungen) auf. Bei ausschließlicher Druckbeanspruchung kann die Konstruktion somit aus einem Material ohne rechnerische Zugfestigkeit (z.B. Mauerwerk) gebaut werden.

Mit Hilfe der Stützlinien läßt sich in der Regel eine geeignete, wirtschaftliche Konstruktionsform finden. Es müssen vorab lediglich die Gelenkpunkte festgelegt werden.

6.3.3 Ermittlung der Schnittgrößen aus der Stützlinie

Weicht die Stützlinie von der Achse der Konstruktion ab, so treten in den Querschnitten neben Längskräften auch Biegemomente und Querkräfte auf. Führt man z.B. einen Schnitt gemäß **Abb. C.31**, so ist R_2 die Resultierende aller äußeren Kräfte des herausgeschnittenen Teilsystems (vgl. auch **Abb. C.30**). N_2 und

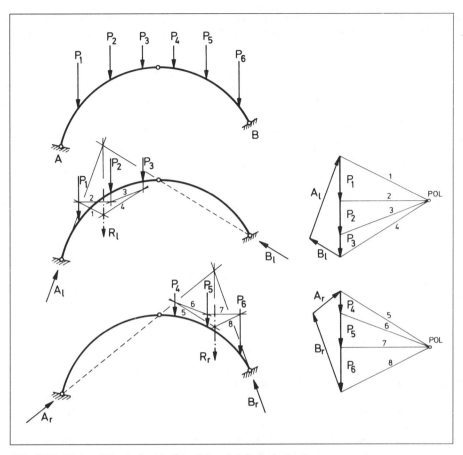

Abb. C.29 Zeichnerische Auflagerkraftermittlung bei Dreigelenksystemen

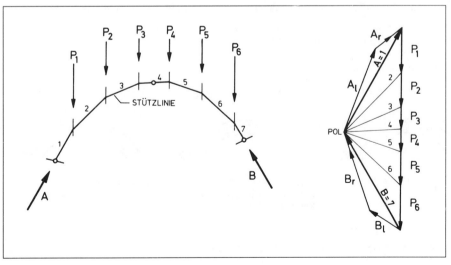

Abb. C.30 Konstruktion der Stützlinie

Q_2 ergeben sich aus einer Kraftzerlegung von R_2 zu $N_2 = R_2 \cdot \cos\alpha$ und $Q_2 = -R_2 \cdot \sin\alpha$. Durch Versetzung von N_2 in die Stabachse folgt $M_2 = N_2 \cdot e$. Hierbei ist R_2 als Druckkraft mit negativem Vorzeichen einzusetzen.

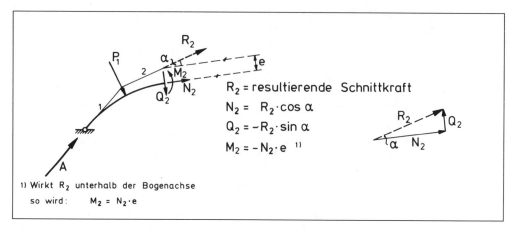

Abb. C.31   Schnittgrößenermittlung aus der Stützlinie

6.3.4 Berechnung von Mauerwerksbögen nach dem Stützlinienverfahren

Die Form der Stützlinie hängt nur von der Lage der Gelenke und von der Belastung ab. Im Mauerwerk sind keine echten Gelenke vorhanden. Als theoretische Annahme werden jedoch jeweils drei Gelenke angenommen, so daß als statisches System ein Dreigelenkbogen vorliegt. Diese Annahme hat sofern eine gewisse Berechtigung, da sich beim Mauerwerk durch Öffnen der Mörtelfugen (klaffende Fugen) „Gelenke" einstellen können. Um zu einem brauchbaren Berechnungsergebnis zu kommen, nimmt man verschiedene Gelenklagen an **(Abb. C.32a bis c)**, nachdem vorher eine Bogenform entworfen worden ist. Für jede dieser Gelenklagen sind verschiedene Lastfälle anzusetzen (z.B. auch halbseitige Last) und die zugehörigen Stützlinien zu konstruieren. Schließlich muß die Bogenform so gewählt werden, daß alle Stützlinien im Kern des Querschnitts (bei Rechteckquerschnitten mittleres Drittel) liegen.

Die Bemessung ist für die ungünstigste Schnittgrößenkombination durchzuführen, wobei die einzelnen Schnittgrößen entsprechend Abschnitt C.6.3.3 zu ermitteln sind.

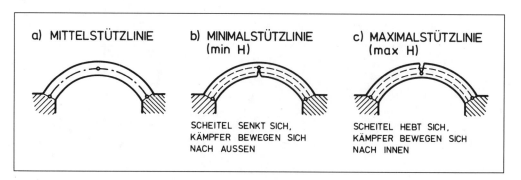

Abb. C.32   Verschiedene Gelenklagen beim Stützlinienverfahren

6.3.5 Gewölbte Kappen zwischen Trägern

Für gewölbte Kappen zwischen Trägern **(Abb. C.33)**, die durch vorwiegend ruhende Belastung nach DIN 1055 Teil 3 belastet sind, ist i. allg. kein statischer Nachweis erforderlich, da die vorhandene Kappendicke erfahrungsgemäß ausreicht.

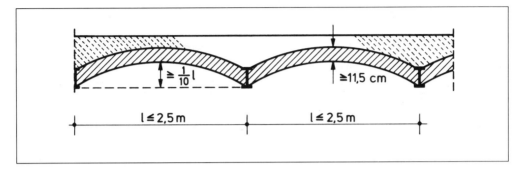

Abb. C.33 Gewölbte Kappen

Für die Konstruktion von gewölbten Kappen sind die folgenden Punkte zu beachten:

● Die Mindestdicke der Kappen beträgt 11,5 cm. Die Kappen sind im Verband zu mauern (Kuff oder Schwalbenschwanz) **(Abb. C.34)**.

● Die Stichhöhe f muß mindestens 1/10 der Kappenstützweite betragen.

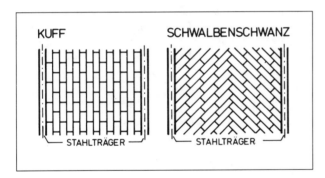

Abb. C.34 Mauerwerksverbände bei
gewölbten Kappen

● Die auftretenden Horizontalschübe müssen über die Endfelder einwandfrei auf die seitlichen Wandscheiben (parallel zur Spannrichtung der Kappen) übertragen werden. Hierzu sind in den Endfeldern zwischen den Stahlträgern Zuganker anzuordnen, und zwar mindestens in den Drittelpunkten und an den Trägerenden. Die „Endscheiben mit Zugankern" müssen mindestens so breit sein wie 1/3 ihrer Länge **(Abb. C.35)**. Es kann also bei schmalen Endfelder u.U. erforderlich sein, die Zuganker über mehrere Felder zu führen.

Die Endfelder als Ganzes müssen seitliche Auflager erhalten, die in der Lage sind, den Horizontalschub der Mittelfelder auch dann aufzunehmen, wenn die Endfelder unbelastet sind. Die Auflager dürfen durch Vormauerung, dauernde Auflast, Verankerung oder andere geeignete Maßnahmen gesichert werden.

● Bei Kellerdecken in Wohngebäuden und Decken in einfachen Stallgebäuden mit einer Kappenstützweite bis zu 1,30 m gilt die Aufnahme des Horizontalschubes unter folgenden Voraussetzungen als gewährleistet: Es müssen mindestens 2 m lange und 24 cm dicke Querwände (ohne Öffnungen) im Abstand $\leq$ 6 m vorhanden sein. Die Wände müssen mit der Endauflagerwand (meistens Außenwand) im Verband hochgemauert oder -bei Loch- bzw. stehender Verzahnung- kraftschlüssig verbunden werden.

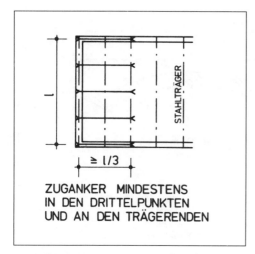

Abb. C.35   Zuganker bei gewölbten Kappen

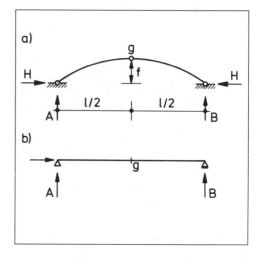

Abb. C.36   Statisches System für gewölbte Kappen

Statische Hinweise

Für die Ermittlung der vertikalen und horizontalen Auflagerkräfte wählt man zweckmäßigerweise einen Dreigelenkbogen als statisches System **(Abb. C.36)**. Die vertikalen Auflagerkräfte A und B ergeben sich wie bei einem Träger auf zwei Stützen **(Abb. C.36b)**. Der Horizontalschub ist $H = M_g/f$ **(Abb. C.36a)**. Hierbei ist f der Bogenstich und M_g das Moment an der Stelle g (Trägermitte) des „Trägers auf zwei Stützen" **(Abb. C.36b)**.

Beispiel

Belastung: Gleichstreckenlast q; $M_g = q \cdot l^2/8$
Auflagerkräfte des Dreigelenkbogens: $A = B = q \cdot l/2$; $H = M_g/f = q \cdot l^2/(8 \cdot f)$

Um näherungsweise die Beanspruchung des Mauerwerks im Bereich der Kappen zu ermitteln, kann man von einer Stützlinie ausgehen, die durch den Kernrand des Querschnitts geht (vgl. Abschnitt C.6.3.4). Damit ergibt sich die maximale Randspannung zul $\sigma = 2 \cdot H/(b \cdot d)$.

7 Berechnung von Mauerwerk aus Natursteinen (vgl. auch A.6)

7.1 Einstufung in Güteklassen

Das Natursteinmauerwerk ist nach seiner Ausführung (insbesondere Steinform, Verband und Fugenausbildung) in die Güteklassen N1 bis N4 einzustufen. Tabelle C.12 und **Abb. C.37** geben einen Anhalt für die Einstufung. Die darin aufgeführten Anhaltswerte Fugenhöhe/Steinlänge, Neigung der Lagerfuge und Übertragungsfaktor sind als Mittelwerte anzusehen. Der Übertragungsfaktor ist das Verhältnis von Überlappungsflächen der Steine zu Wandquerschnitt im Grundriß. Die Grundeinstufung nach Tabelle C.12 beruht auf üblichen Ausführungen.

Tabelle C.12 Anhaltswerte zur Güteklasseneinstufung von Natursteinmauerwerk

Güte-klasse	Grund-einstufung	Fugen-höhe/ Steinlänge h/l	Neigung der Lagerfuge $\tan a$	Über-tragungs-faktor η
N1	Bruchstein-mauerwerk	$\leqq 0{,}25$	$\leqq 0{,}30$	$\geqq 0{,}5$
N2	Hammerrechtes Schichten-mauerwerk	$\leqq 0{,}20$	$\leqq 0{,}15$	$\geqq 0{,}65$
N3	Schichten mauerwerk	$\leqq 0{,}13$	$\leqq 0{,}10$	$\geqq 0{,}75$
N4	Quader-mauerwerk	$\leqq 0{,}07$	$\leqq 0{,}05$	$\geqq 0{,}85$

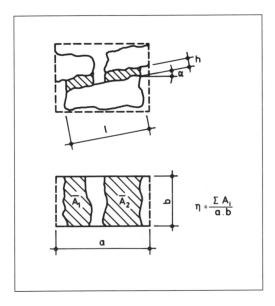

a) Ansicht

$$\eta = \frac{\Sigma A_i}{a \cdot b}$$

b) Grundriß des Wandquerschnittes

Abb. C.37 Darstellung der Anhaltswerte nach Tabelle C.12

7.2 Druckfestigkeit und Mindestabmessungen

Die Druckfestigkeit von Gestein, das für tragende Bauteile verwendet wird, muß mindestens 20 MN/m² betragen. Abweichend davon ist Mauerwerk der Güteklasse N4 aus Gestein mit der Mindestdruckfestigkeit von 5 MN/m² zulässig, wenn die Grundwerte σ_0 nach Tabelle C.14 für die Steinfestigkeit $\beta_{St} = 20$ MN/m² nur zu einem Drittel angesetzt werden. Bei einer Steinfestigkeit von 10 MN/m² sind die Grundwerte σ_0 zu halbieren.

Erfahrungswerte für die Mindestdruckfestigkeiten einiger Gesteinsarten sind in Tabelle C.13 angegeben. Als Mörtel darf nur Normalmörtel verwendet werden.

Die Mindestdicke von tragendem Natursteinmauerwerk beträgt $d = 24$ cm. Als Mindestquerschnitt ist 0,1 m² erforderlich.

183

Tabelle C.13 Mindestdruckfestigkeiten der Gesteinsarten

Gesteinsarten	Mindest-druckfestigkeit MN/m²
Kalkstein, Travertin, vulkanische Tuffsteine	20
Weiche Sandsteine (mit tonigem Bindemittel) und dergleichen	30
Dichte (feste) Kalksteine und Dolomite (einschließlich Marmor), Basaltlava und dergleichen	50
Quarzitische Sandsteine (mit kieseligem Bindemittel), Grauwacke und dergleichen	80
Granit, Syenit, Diorit, Quarzporphyr, Melaphyr, Diabas und dergleichen	120

7.3 Spannungsnachweis bei zentrischer und exzentrischer Belastung

Die Grundwerte σ_0 der zulässigen Spannung sind Tabelle C.14 zu entnehmen. In Tabelle C.14 bedeutet β_{St} die charakteristische Druckfestigkeit der Natursteine (5% Quantil bei 90% Aussagewahrscheinlichkeit), geprüft nach DIN 52105.

Es sind zwei Fälle zu unterscheiden:

a) Schlankheit $h_K/d \leqq 10$ Q zul $\sigma = \sigma_0$ (Tabelle C.14)

b) Schlankheit $h_K/d > 10$ Q zul $\sigma = \dfrac{25 - h_K/d}{15} \cdot \sigma_0$

Außerdem ist zu beachten:

● Wände mit Schlankheiten $h_K/d > 10$ nur zulässig bei Güteklasse N3 und N4
● Schlankheiten $h_K/d > 14$ nur zulässig bei mittiger Belastung
● Schlankheiten $h_{K/d} > 20$ sind unzulässig

Tabelle C.14 Grundwerte σ_0 der zulässigen Druckspannungen in MN/m²
für Natursteinmauerwerk mit Normalmörtel[1])

Güteklasse	N 1		N 2		N 3			N4		
Steinfestigkeit β_{St} in MN/m²	$\geqq 20$	$\geqq 50$	$\geqq 20$	$\geqq 50$	$\geqq 20$	$\geqq 50$	$\geqq 100$	$\geqq 20$	$\geqq 50$	$\geqq 100$
Mörtelgruppe I	0,2	0,3	0,4	0,6	0,5	0,7	1,0	1,2	2,0	3,0
Mörtelgruppe II	0,5	0,6	0,9	1,1	1,5	2,0	2,5	2,0	3,5	4,5
Mörtelgruppe IIa	0,8	0,9	1,4	1,6	2,0	2,5	3,0	2,5	4,0	5,5
Mörtelgruppe III	1,2	1,4	1,8	2,0	2,5	3,5	4,0	3,0	5,0	7,0

[1]) Bei Fugendicken über 40 mm sind die Grundwerte σ_0 um 20% zu vermindern.

7.4 Zugspannung

Zugspannung dürfen im Regelfall bei Natursteinmauerwerk der Güteklassen N1, N2 und N3 nicht angesetzt werden. Bei der Güteklasse N4 gilt sinngemäß Abschnitt C.5.4.12 mit max $\sigma_z = 0,20$ MN/m².

7.5 Schubnachweis

Für den Nachweis der Schubspannungen gilt sinngemäß Abschnitt C.5.4.13 mit max $\tau = 0,3$ MN/m²

8 Ableitung der Abminderungsfaktoren k_i (vgl. C.5.4.5)

8.1 Allgemeines

Die Abminderungsfaktoren k_i lassen sich aus den genaueren Berechnungsgrundlagen in DIN 1053 Teil 2 ableiten.

Zunächst wird der Zusammenhang zwischen σ ($\bar{\lambda} = 10$) und σ ($\bar{\lambda} = 0$) aufgezeigt.

Die Grundwerte σ_0 der zulässigen Spannungen in DIN 1053 Teil 1 sind aufgrund von Versuchen an Mauerwerkskörpern mit $\bar{\lambda} = 10$ und mittiger Belastung ermittelt worden. Nach DIN 1053 Teil 2 (vgl. Abschnitt D.4.2.2) kann man für $m = 0$, d.h. $e_1 = 0$ (mittige Belastung) ermitteln:

$$f = \bar{\lambda} \cdot \frac{1}{1800} \, h_K = \frac{\bar{\lambda}^2 \cdot d}{1800} \qquad (1)$$

(ungewollte Ausmitte und Theorie II. Ordnung)

Setzt man Gl. (1) in die folgende Spannungsformel (vgl. Tabelle C.5, Zeile 2) für f ein, so ergibt sich bei $\bar{\lambda} = 0$:

$$\sigma \, (\bar{\lambda} = 10) = \frac{N}{A} \, (1 + \frac{6f}{d}) = \sigma \, (\bar{\lambda} = 0) \cdot 1{,}33 \qquad (2)$$

Entsprechend gilt für den Zusammenhang der zulässigen Spannungen in Abhängigkeit von der Schlankheit $\bar{\lambda}$:

$$\text{zul } \sigma \, (\bar{\lambda} = 10) = \text{zul } \sigma \, (\bar{\lambda} = 0) \cdot \frac{1}{1{,}33} = \text{zul } \sigma \, (\bar{\lambda} = 0) \cdot 0{,}75 = \sigma_0 \qquad (3)$$

Die zulässigen Spannungen bei $\bar{\lambda} = 10$ und $\bar{\lambda} = 0$ unterscheiden sich also um den Faktor 0,75.

Da in DIN 1053 Teil 2 der Rechenwert der Bruchfestigkeit β_R für den Bruchzustand und für $\bar{\lambda} = 0$ gilt, ergibt sich der Zusammenhang mit σ_0 bei einem Sicherheitsbeiwert $\gamma = 2$ wie folgt:

$$\sigma_0 = \frac{\beta_R}{2{,}0 \cdot 1{,}33} \qquad \text{(vgl. auch Abschnitte A.5.5, C.5.5 und D.4.1.3)}$$

$$\beta_R = 2{,}67 \, \sigma_0$$

8.2 Abminderungsfaktor k_1 (Pfeiler/Wand)

Der Faktor k_1, der den Unterschied zwischen Pfeiler und Wand berücksichtigt, folgt aus den unterschiedlichen Sicherheitsbeiwerten für Pfeiler und Wände in DIN 1053 Teil 2.

$$\boxed{k_1 = \frac{\gamma_{\text{Wand}}}{\gamma_{\text{Pfeiler}}} = \frac{2{,}0}{2{,}5} = 0{,}8 \text{ bei Pfeilern}}$$

8.3 Abminderungsfaktor k_2 (Knicken)

Aus der allgemeinen Spannungsformel

$$\sigma \, (\bar{\lambda}) = \frac{N}{A} \left(1 + \frac{6f}{d}\right) \qquad (4)$$

folgt für $m = 0$ (mittige Belastung) die Exzentrizität infolge ungewollter Ausmitte und Theorie II. Ordnung

$$f = \frac{\bar{\lambda}^2 \cdot d}{1800} \qquad (1)$$

Setzt man (1) in (4) ein, so folgt

$$\sigma(\bar{\lambda}) = \frac{N}{A} \left(1 + \frac{\bar{\lambda}^2}{300} \right)$$

und damit $\bar{k}_2$:

$$\bar{k}_2 = \frac{\sigma(\bar{\lambda}=0)}{\sigma(\bar{\lambda})} = \frac{N/A}{N/A \, (1 + \bar{\lambda}^2/300)} = \frac{1}{1 + \bar{\lambda}^2/300}$$

Die Funktion $\bar{k}_2$ ist als Kurve ② in **Abb. C.38** dargestellt.

In DIN Teil 1 gilt k_2 für den Sonderfall „zentrische Last". Es ist jedoch baupraktisch unvermeidlich, daß auch kleine Exzentrizitäten auftreten, k_2 soll daher unter $\bar{k}_2$ liegen.

Die Abminderungsfaktoren k_2 sind als Kurve ① in **Abb. C.38** dargestellt, allerdings multipliziert mit dem Faktor 0,75 (Begründung: vgl. Abschnitt C.8.1, Gl. 3).

Die Grenzschlankheit ist wie in DIN 1053 Teil 1 auf $\bar{\lambda} = h_K/d = 25$ festgesetzt.

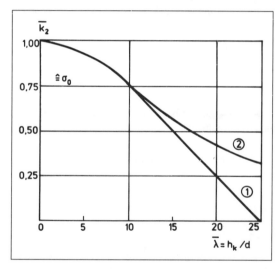

① nach DIN 1053 Teil 1 (2.90)

② nach DIN 1053 Teil 2 (7.84) unter planmäßiger zentrischer Belastung

Abb. C.38
Abminderung der Traglast infolge der Schlankheit h_K/d (aus Mauerwerk-Kalender 1988)

8.4 Abminderungsfaktor k_3 (Deckendrehwinkel)

8.4.1 Mittelwände

In **Abb. C.39** ist in Abhängigkeit der variierten Stützweite l_2 der Wert $\delta = N_2/N_1$ aufgetragen.

Es bedeutet:

$N_2 = $ Aufnehmbare Kraft nach DIN 1053 Teil 2
$N_1 = $ Aufnehmbare Kraft nach DIN 1053 Teil 1

Die Kurve für die verschiedenen Mauerwerksfestigkeitsklassen M 1,5; M 2,5; M 7; M 25 (vgl. Tabelle D.1) sind als Standardbeispiel für eine Wanddicke $d = 24$ cm ermittelt worden.

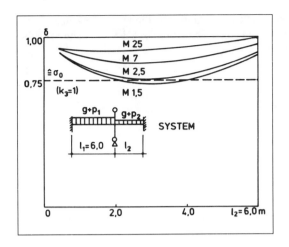

Abb. C.39 Beispiel für die Verringerung der Trag-
fähigkeit von Innenwänden infolge des
Deckendrehwinkels (aus Mauerwerk-
Kalender 1988)

Der Bereich $0{,}75 \leqq \delta \leqq 1{,}0$ in **Abb. C.39** gibt die Tragreserve durch Rechnung nach Teil 1 mit σ_0 als Grundwert der zul. Spannungen ($\bar{\lambda} = 10$) an, gegenüber der Rechnung nach Teil 2 ($\bar{\lambda} = 0$). Die geringfügige Unter-
schreitung ist vertretbar, so daß gilt:

$$k_3 = 1$$

8.4.2 Außenwände

Entsprechend den Ausführungen in Abschnitt C.8.4.1 werden die Werte $\delta = N_2/N_1$ in Abhängigkeit einer
veränderlichen Sützweite l eines Deckenendfeldes aufgetragen **(Abb. C.40)**.

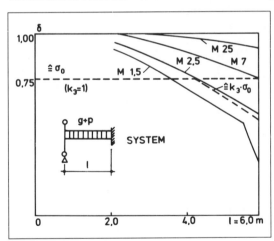

Abb. C.40 Beispiel für die Verringerung der Tragfähigkeit von Außenwänden infolge
des Deckendrehwinkels (aus Mauerwerk-Kalender 1988)

Aus der **Abb. C.40** kann der Abminderungsfaktor k_3 wie folgt vertretbar festgelegt werden:

$$k_3 = 1 \qquad \text{für} \leqq 4{,}20 \text{ m}$$

$$k_3 = 1{,}7 - l/6 \qquad \text{für } 4{,}20 < l \leqq 6{,}0 \text{ m}$$

In **Abb. C.40** ist k_3 durch gestrichelte Linie dargestellt, allerdings multipliziert mit 0,75 (Tragfähigkeitsreserve, da σ_0 für $\lambda = 10$ ermittelt wurde, vgl. Abschnitt C.8.1, Gl.3). Die geringfügige Überschreitung für die Mauerwerksfestigkeitsklasse M 1,5 ist vertretbar.

D Berechnungen von Mauerwerk nach DIN 1053 Teil 2 (Ausgabe 7.84)

1 Vorbemerkungen

Die Norm DIN 1053 Teil 2 basiert auf neuen Forschungsergebnissen über das Tragverhalten von Mauerwerk. Das Bemessungsverfahren führt zu einer wirklichkeitsnaheren Berücksichtigung der statischen Verhältnisse und zu einem gleichmäßigeren Sicherheitsniveau. Außer einer Mindestwanddicke $d = 11,5$ cm gibt es beim Entwurf von Mauerwerkskonstruktionen nach DIN 1053 Teil 2 aus statischer Sicht keinerlei Einschränkungen. Voraussetzung ist selbstverständlich ein statischer Nachweis.

Der Anstoß zur Entwicklung einer Mauerwerksnorm auf ingenieurmäßiger Grundlage kam ursprünglich aus dem Bestreben heraus, vielgeschossige Gebäude aus Mauerwerk zu bauen. Dieses Problem ist zur Zeit zwar nicht so aktuell, aber die vorliegende Norm kann auch für den üblichen Hochbau von großem Nutzen sein. Zum Beispiel sind für die Ausführung von Innenschalen von zweischaligem Mauerwerk und für tragende Innenwände mit Dicken $d < 24$ cm sowie für Umbauten im Rahmen von Sanierungsmaßnahmen genauere Berechnungsverfahren erforderlich. Das gleiche gilt für Konstruktionen moderner Architektur.

DIN 1053 Teil 2 gilt für Bauwerke, die mit Mauerwerk nach Eignungsprüfung (EM) ausgeführt werden. Darüber hinaus besteht jedoch auch die Möglichkeit, Rezeptmauerwerk (RM) anzuwenden (vgl. Abschnitt D.3.1.2).

Es ist grundsätzlich möglich, bei einem Bauwerk, das nach DIN 1053 Teil 1 berechnet wird, einzelne Geschosse oder Bauteile nach DIN 1053 Teil 2 zu bemessen.

Die Berechnungsweise von Mauerwerk nach DIN 1053 Teil 2 unterscheidet sich von der Berechnung nach DIN 1053 Teil 1 u.a. in folgenden Punkten:

- Einführung von Mauerwerksfestigkeitsklassen,
- Bruchsicherheitsnachweis mit einer rechnerischen Bruchfestigkeit und einem definierten Sicherheitsbeiwert,
- genauere Berücksichtigung des Decken-Auflagerdrehwinkels,
- genauere Ermittlung der Knicklängen,
- genauerer Nachweis der Knicksicherheit,
- genauerer Nachweis bei Schub und Zug.

2 Räumliche Steifigkeit

Die Standsicherheit gemauerter Bauwerke muß durch aussteifende Wände und Deckenscheiben oder durch andere Maßnahmen (z.B. Ringbalken, Rahmen) ausreichend gesichert sein.

Ist bei einem gemauerten Bauwerk nicht von vornherein erkennbar, daß Steifigkeit und Standsicherheit gewährleistet sind, so ist ein rechnerischer Nachweis der waagerechten und lotrechten Bauteile erforderlich. Dabei sind auch Lotabweichungen infolge rechnerischer Schiefstellung des Gebäudes um einen Winkel

$$\varphi = \pm \, 1/(100 \cdot \sqrt{h_G}\,) \qquad\qquad h_G = \text{Gebäudehöhe über OK Fundament}$$

zu berücksichtigen. Durch die Schrägstellung des Bauwerks ergeben sich zusätzliche horizontale Kräfte H_i (vgl. Abschnitt D.4.5 **Abb. D.25**).

Bei großer Nachgiebigkeit der aussteifenden Bauteile muß die Schnittgrößenermittlung unter Berücksichtigung der Formänderungen (Theorie II. Ordnung) erfolgen. Die Berechnung nach Theorie II. Ordnung kann entfallen, wenn für die lotrechten Wände die folgende Bedingung erfüllt ist:

$$
\begin{aligned}
h_G \, \sqrt{R/(EI)} \; &\leq 0,6 &&\text{für } n \geq 4 &&(*)\\
&\leq 0,2 + 0,1 \cdot n &&\text{für } 1 \leq n \leq 4
\end{aligned}
$$

Hier bedeuten:

h_G	Gebäudehöhe über OK Fundament
R	Summe aller lotrechten Lasten des Gebäudes
EI	Summe der Biegesteifigkeit aller lotrechten, aussteifenden Bauteile im Zustand I nach der Elastizitätstheorie (E siehe Abschnitt D.3.11)
n	Anzahl der Geschosse

Ein Zahlenbeispiel für die Anwendung der Gleichung (*) befindet sich z.B. in [D.2], Abschnitt 2.6.

Beim Nachweis der Aufnahme der horizontalen Kräfte, z.B. infolge von Wind und „Lotabweichung" (vgl. Zahlenbeispiel im Abschnitt D.4.5.3), ist folgendes zulässig: Ein für eine Wand ermittelter horizontaler Lastanteil darf bis zu 15% auf andere Wände umverteilt werden.

3 Berechnungsgrundlagen

3.1 Mauerwerksarten

3.1.1 Mauerwerk nach Eignungsprüfung (EM)/Mauerwerksfestigkeitsklassen

Mauerwerk nach Eignungsprüfung ist Mauerwerk, das auf Grund von Eignungsprüfungen an Prüfkörpern in Mauerwerksfestigkeitsklassen eingestuft wird (vgl. Abschnitt A.3.3.2). In der Tabelle D.1 sind die Anforderungen an die einzelnen Mauerwerksfestigkeitsklassen zusammengestellt.

3.1.2 Rezeptmauerwerk (RM)

Rezeptmauerwerk nach DIN 1053 Teil 1 kann auch für das Berechnungsverfahren nach DIN 1053 Teil 2 verwendet werden.

In diesem Fall dürfen nach DIN 1053 Teil 1 folgende Materialkennwerte angesetzt werden:

$$\beta_R = 2,67 \; \sigma_0$$
$$E = 3000 \; \sigma_0$$
$$\sigma_0 = \text{Grundwert der zulässigen Spannungen nach DIN 1053 Teil 1 (vgl. Tabelle C.4)}$$

Rechenwerte der Kohäsion β_{Rk} siehe Tabelle D.2a

Die obigen Gleichungen für β_R und E sind in Tabelle D.2b ausgewertet.

Tabelle D.1 Anforderungen an die Mauerwerksdruckfestigkeit von Mauerwerk nach Eignungsprüfung

1	2	3	4	5
Mauerwerks-festigkeits-klasse M	Nennfestigkeit des Mauerwerks $\beta_M{}^1)$ MN/m²	Mindestdruckfestigkeit kleinster Einzelwert β_{MW} MN/m²	Mittelwert β_{MS} MN/m²	Rechen-wert β_R MN/m²
1,5	1,5	1,5	1,8	1,3
2,5	2,5	2,5	2,9	2,1
3,5	3,5	3,5	4,1	3,0
5	5,0	5,0	5,9	4,3
6	6,0	6,0	7,0	5,1
7	7,0	7,0	8,2	6,0
9	9,0	9,0	10,6	7,7
11	11,0	11,0	12,9	9,0
13	13,0	13,0	15,3	10,5
16	16,0	16,0	18,8	12,5
20	20,0	20,0	23,5	15,0
25	25,0	25,0	29,4	17,5

¹) Der Nennfestigkeit liegt die 5%-Fraktile der Grundgesamtheit zugrunde.

Tabelle D.2a Rechenwerte der Kohäsion β_{Rk}

Mörtelgruppe	I	II	IIa	III	IIIa	LM 21	LM 36	Dü
β_{Rk} in MN/m²	0,02	0,08	0,18	0,22	0,25	0,18	0,18	0,22

Bei unvermörtelten Stoßfugen (weniger als die halbe Wanddicke ist vermörtelt) sind die Tabellenwerte zu halbieren.
Dü = Dünnbettmörtel   LM = Leichtmörtel

Tabelle D.2b Rechenwerte β_R und E in MN/m²

Mörtelgruppe	Steinfestigkeitsklasse									
	2	4	6	8	12	20	28	36	48	60
II	1,34 *1500*	1,87 *2100*	2,40 *2700*	2,67 *3000*	3,20 *3600*	4,27 *4800*	4,81 *5400*	– –	– –	– –
IIa	1,34 *1500*	2,14 *2400*	2,67 *3000*	3,20 *3600*	4,27 *4800*	5,07 *5700*	6,14 *6900*	– –	– –	– –
III	– –	2,40 *2700*	3,20 *3600*	3,74 *4200*	4,81 *5400*	6,41 *7200*	8,01 *9000*	9,35 *10500*	10,68 *12000*	12,02 *13500*

(Fortsetzung der Tabelle D.2b siehe folgende Seite)

Tabelle D.2b (Fortsetzung)

Mörtelgruppe	Steinfestigkeitsklasse									
	2	4	6	8	12	20	28	36	48	60
IIIa	–	–	–	–	5,07	8,01	9,35	10,68	12,02	13,35
	–	–	–	–	*5700*	*9000*	*10500*	*12000*	*13500*	*15000*
LM 21	1,34[1])	1,87[2])	1,87	2,14	2,40	2,40	2,40	–	–	–
	1500[1])	*2100[2])*	*2100*	*2400*	*2700*	*2700*	*2700*	–	–	–
LM 36	1,34[1])	2,14[3])	2,40	2,67	2,94	2,94	2,94	–	–	–
	1500[1])	*2400[3])*	*2700*	*3000*	*3300*	*3300*	*3300*	–	–	–
Dü	1,60	2,67	3,74	4,81	5,34	7,74	9,08	–	–	–
	1800	*3000*	*4200*	*5400*	*6000*	*8700*	*10200*	–	–	–

[1]) Für Mauerziegel $\beta_R = 1{,}07 \ MN/m^2$; $E = 1200 \ MN/m^2$
[2]) Für Mauerziegel und Kalksandstein $\beta_R = 1{,}34 \ MN/m^2$; $E = 1500 \ MN/m^2$
[3]) Für Mauerziegel und Kalksandstein $\beta_R = 1{,}87 \ MN/m^2$; $E = 2100 \ MN/m^2$
Dü = Dünnbettmörtel   LM = Leichtmörtel

3.2 Lastfälle, Auflagerkräfte, Wandmomente

Die Auflagerkräfte aus den Decken und die Schnittgrößen im Mauerwerk sind für die Lastfälle zu ermitteln, die sich im Gebrauchszustand ergeben und die während des Errichtens des Bauwerks auftreten. Die Ermittlung der Auflagerkräfte erfolgt wie in den Abschnitten C.5.2.2 bis C.5.2.4.

Der Einfluß der Decken-Auflagerdrehwinkel auf die Ausmitte der Lasteinleitung in die Wände muß berücksichtigt werden. Hierzu betrachtet man Decken und Wände als Rahmen. Die Ermittlung der Wandmomente kann auf zwei Wegen erfolgen:

a) Genauere Berechnung durch eine statisch unbestimmte Rechnung mit Annahme eines idealisierten statischen Systems (siehe Abschnitt D.3.3).

b) Vereinfachte Berechnung mit in der Norm angegebenen groben Näherungsformeln (siehe Abschnitt D.3.4).

3.3 Genauere Berechnung der Wandmomente

3.3.1 Vereinfachte Annahmen und Vorzeichendefinition

Eine exakte Ermittlung der statischen Größen im Wand-Decken-Knoten ist einerseits jedoch nur mit einem großen Rechenaufwand möglich (hochgradig statisch unbestimmte Systeme) und andererseits problematisch, da die Materialkennwerte von Mauerwerk und Stahlbeton (Decken) keine konstanten Größen sind (Zustand I, Zustand II, klaffende Fugen, Kriechen usw.). Weitere Einzelheiten gibt *Mann* in [D.1] an. Es ist somit sinnvoll, daß die Norm DIN 1053 Teil 2 für die Ermittlung der Knotenmomente im Mauerwerk die folgenden vereinfachten Annahmen zuläßt:

● Ungerissene Querschnitte
● Elastisches Materialverhalten
● Verringerung der ermittelten Knotenmomente auf 2/3 ihres Wertes.[1])
● Wahl von Ersatzsystemen, wobei die Momentennullpunkte in halber Geschoßhöhe angenommen werden können.
● Die halbe Verkehrslast darf als ständige Last angesetzt werden.
● Als Elastizitätsmodul für Mauerwerk darf mit $E = 1000\beta_M$ gerechnet werden (β_M siehe Tabelle D.1).

---

[1]) Diese Abminderung ist nur dann zulässig, wenn die Deckeneinspannmomente keine lastabtragende Funktion haben, d.h. beispielsweise, wenn sie nicht zur Entlastung bei der Berechnung der weiteren Schnittgrößen herangezogen werden.

Auf der Grundlage dieser vereinfachten Annahmen werden die sich aus der statisch unbestimmten Rechnung ergebenden Deckeneinspannmomente sowie die entsprechenden Exzentrizitäten der Wandlängskräfte im folgenden zusammengestellt.

Vorzeichendefinition:
● Für positive Biegemomente werden die Zugfasern nach **Abb. D.1a** zugrunde gelegt.
● Längskräfte N und Auflagerkräfte sind positiv einzusetzen, wenn sie im Mauerwerk Druck erzeugen.
● Exzentrizitäten e werden positiv definiert, wenn sie in Richtung der positiven x-Achse auftreten (**Abb. D.1b**).

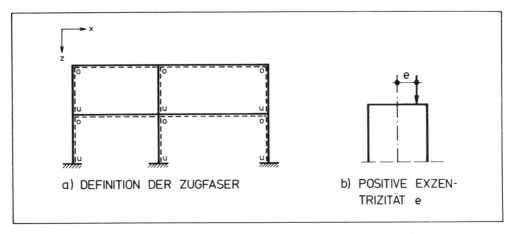

a) DEFINITION DER ZUGFASER   b) POSITIVE EXZEN-
                                   TRIZITÄT e

Abb. D.1   Definitionen

Für kompliziertere Beanspruchungen (z.B. Überlagerung von e aus Momenten infolge Decken-Auflagerdrehwinkel und Momenten aus Winddruck bzw. Windsog) sind Formeln, mit denen man die statischen Größen „vorzeichenecht" ermitteln kann, sehr hilfreich. Selbstverständlich kommt man in einfachen Fällen auch mit Hilfe der Anschauung zum Ziel.

3.3.2 Wandmomente bei gleichen Geschoßhöhen und gleichen Wanddicken [1])

Die in diesem Abschnitt zusammengestellten Formeln gelten für Mauerwerksbauten mit Stahlbeton-Vollplatten.

3.3.2.1 Abkürzungen und Bezeichnungen

b_{mw}	Breite des betrachteten Wandstreifens
b_b	Breite des betrachteten Stahlbetondeckenstreifens
β_M	Nennfestigkeit des Mauerwerks
d_{mw}	Wanddicke
d_b	Dicke der Stahlbetondecke
E_{mw}	Elastizitätsmodul des Mauerwerks
E_b	Elastizitätsmodul des Stahlbetons

[1]) Die folgenden Formeln gelten nur, wenn die an den betrachteten Knoten angrenzenden Wände die gleiche Mauerwerksfestigkeitsklasse haben.

g Eigenlast der Stahlbetondecke
h Geschoßhöhe
I_{mw} Flächenmoment 2. Grades der Wand
I_b Flächenmoment 2. Grades der Stahlbetondecke
k_1 dimensionsloser Steifigkeitsbeiwert
l_1 Deckenstützweite
$q = g + p$ Gesamtlast der Stahlbetondecke

3.3.2.2 Deckenknoten im Außenwandbereich

Außer den in Abschnitt D.3.3.1 angegebenen Vereinfachungen setzt *Mann* in [D.1] für das Volleinspann-moment im Endfeld als Ausgangswert für die statisch unbestimmte Rechnung nur 75% des rechnerischen Wertes an.

Begründung: Im allgemeinen ist der Endauflagerbereich im Gegensatz zum Feld- und Innenstützenbe-reich nur schwach (konstruktiv) bewehrt. Damit ergibt sich in diesem Bereich eine geringere Steifigkeit und als Folge ein kleineres Einspannmoment.

Mit dem so abgeminderten Einspannmoment

$$\overline{M} = -\frac{3}{4} \cdot \frac{q_1 \cdot l_1^2}{12}$$

ergeben sich nach einer statisch unbestimmten Rechnung (z.B. nach *Cross*) die auf 2/3 abgeminderten Einspannmomente gemäß den folgenden Gleichungen (1), (2) und (3).[1]

● **Dachdeckenbereich**

Wandmoment M_o:

$$M_o = -\frac{1}{24} \cdot q_1 \cdot l_1^2 \cdot \frac{1}{1 + k_1} \tag{1}$$

$$\text{mit } k_1 = \frac{2 \cdot E_b \cdot I_b \cdot h}{3 \cdot E_{mw} \cdot I_{mw} \cdot l_1} = \frac{2 \cdot E_b \cdot d_b^3 \cdot h \cdot b_b}{3 \cdot E_{mw} \cdot d_{mw}^3 \cdot l_1 \cdot b_{mw}} \tag{1a}$$

Rechnerische Exzentrizität e_o am Wandkopf:

$$e_o = -\frac{M_o}{A_D} \tag{1b}$$

M_o aus Gleichung (1)
A_D Auflagerkraft am Deckenendauflager der Dachdecke

---

[1]) Allgemeine Ableitung der Formeln siehe Abschnitt D.3.3.4.

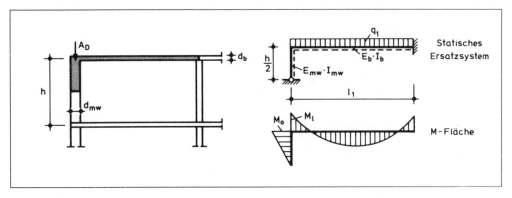

Abb. D.2. Ersatzsystem für die Berechnung der Wandmomente im Dachdeckenbereich

● **Zwischendeckenbereich**

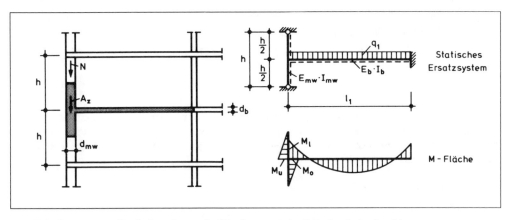

Abb. D.3 Ersatzsystem für die Berechnung der Wandmomente im Zwischendeckenbereich

Wandmoment M_u:

$$M_u = \frac{1}{24} \cdot q_1 \cdot l_1^2 \cdot \frac{1}{2 + k_1}$$ (2)

mit k_1 aus Gleichung (1a)

Rechnerische Exzentrizität e_u am Wandfuß:

$$e_u = -\frac{M_u}{R_u}$$ (2a)

mit $R_u = N$ und M_u aus Gleichung (2)

N Längskraft oberhalb der Zwischendecke

195

Wandmoment M_o:

$$M_o = -\frac{1}{24} \cdot q_1 \cdot l_1^2 \cdot \frac{1}{2 + k_1} \qquad (3)$$

mit k_1 aus Gleichung (1a)

Rechnerische Exzentrizität e_o am Wandkopf:

$$e_o = -\frac{M_o}{R_o} \qquad (3a)$$

mit $R_o = N + A_Z$ und M_o aus Gleichung (3)

N Längskraft oberhalb der Zwischendecke

A_Z Auflagerkraft am Deckenendauflager der Zwischendecke

3.3.2.3 Deckenknoten im Innenwandbereich

Nach statisch unbestimmter Rechnung ergeben sich die auf 2/3 reduzierten Deckeneinspannmomente entsprechend den Gleichungen (4), (5) und (6).[1]). Die Vorzeichen der Wandmomente in den folgenden Formeln erhält man gemäß „Zugfaser" (vgl. **Abb. D.1**), wenn l_1 jeweils die Stützweite links neben der betrachteten Wand ist.

● **Dachdeckenbereich**

Wandmoment M_o:

$$M_o = \frac{1}{18} \cdot \left(q_1 \cdot l_1^2 - q_2 \cdot l_2^2\right) \cdot \frac{1}{1 + k_1 \cdot \left(1 + \dfrac{l_1}{l_2}\right)} \qquad (4)$$

mit k_1 aus Gleichung (1a)

Rechnerische Exzentrizität e_o am Wandkopf:

$$e_o = -\frac{M_o}{B_D} \qquad (4a)$$

mit M_o aus Gleichung (4)

B_D Auflagerkraft der Decke im Innenwandbereich

---

[1])   Ableitung der Formeln siehe Abschnitt D.3.3.4

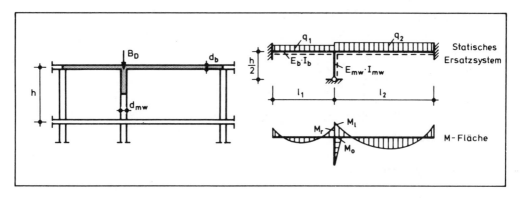

Abb. D.4 Ersatzsystem für die Berechnung der Wandmomente im Dachdeckenbereich einer Innenwand

● **Zwischendeckenbereich**

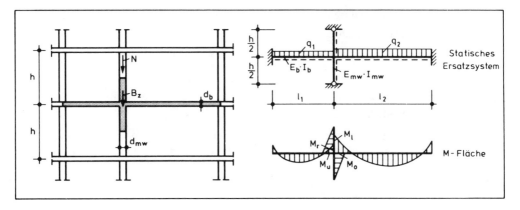

Abb. D.5 Ersatzsystem für die Berechnung der Wandmomente im Zwischendeckenbereich einer Innenwand

Wandmoment M_u:

$$M_u = -\frac{1}{18} \cdot \left(q_1 \cdot l_1^2 - q_2 \cdot l_2^2 \right) \cdot \frac{1}{2 + k_1 \cdot \left(1 + \dfrac{l_1}{l_2} \right)} \qquad (5)$$

mit k_1 aus Gleichung (1a)

Rechnerische Exzentrizität e_u am Wandfuß:

$$e_u = -\frac{M_u}{R_u} \qquad (5a)$$

mit $R_u = N$ und M_u aus Gleichung (5)
N Längskraft oberhalb der Zwischendecke

197

Wandmoment M_o:

$$M_o = \frac{1}{18} \cdot \left(q_1 \cdot l_1^2 - q_2 \cdot l_2^2 \right) \cdot \frac{1}{2 + k_1 \left(1 + \dfrac{l_1}{l_2} \right)} \tag{6}$$

mit k_1 aus Gleichung (1a)

Rechnerische Exzentrizität e_o am Wandkopf:

$$e_o = -\frac{M_o}{R_o} \tag{6a}$$

mit $R_o = N + B_Z$ und M_o aus Gleichung (6)

N Längskraft oberhalb der Zwischendecke

B_Z Auflagerkraft am Innenwandbereich der Zwischendecke

3.3.3 Wandmomente bei beliebigen Geschoßhöhen, beliebigen Wanddicken und beliebigen Mauerwerksfestigkeitsklassen

Die in diesem Abschnitt zusammengestellten Formeln gelten für Mauerwerksbauten mit Stahlbeton-Vollplatten. Sie sind entsprechend den Ausführungen in den Abschnitten D. 3.3.1 und D.3.3.2.2 ermittelt worden.[1]

3.3.3.1 Abkürzungen und Bezeichnungen

b_i Breite des betrachteten Wandstreifens im Geschoß i
b_j Breite des betrachteten Wandstreifens im Geschoß j
b_b Breite des betrachteten Stahlbetondeckenstreifens
β_M Nennfestigkeit des Mauerwerks
d_i Wanddicke im Geschoß i
d_j Wanddicke im Geschoß j
d_b Dicke der Stahlbetondecke
E_i Elastizitätsmodul des Mauerwerks im Geschoß i
E_j Elastizitätsmodul des Mauerwerks im Geschoß j
E_b Elastizitätsmodul des Stahlbetons
g Eigenlast der Stahlbetondecke
h_i Geschoßhöhe des Geschosses i
h_j Geschoßhöhe des Geschosses j
I_i Flächenmoment 2. Grades der Wand im Geschoß i
I_j Flächenmoment 2. Grades der Wand im Geschoß j
I_b Flächenmoment 2. Grades der Stahlbetondecke

---

[1]) Ableitung der Formeln siehe Abschnitt D.3.3.4

k dimensionsloser Steifigkeitsbeiwert
l Deckenstützweite
p Verkehrslast der Stahlbetondecke
q Gesamtlast der Stahlbetondecke

3.3.3.2 Deckenknoten im Außenwandbereich

● **Dachdeckenbereich**

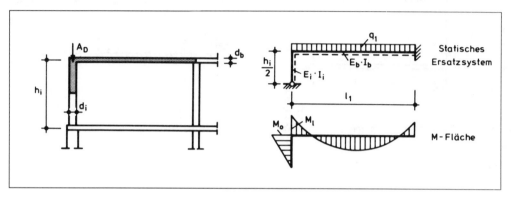

Abb. D.6 Ersatzsystem für die Berechnung der Wandmomente im Dachdeckenbereich einer Außenwand

Wandmoment M_o:

$$M_o = -\frac{1}{24} \cdot q_1 \cdot l_1^2 \cdot \frac{1}{1 + k_1} \qquad (7)$$

$$\text{mit } k_i = \frac{2 \cdot E_b \cdot I_b \cdot h_i}{3 \cdot E_i \cdot I_i \cdot l_1} = \frac{2 \cdot E_b \cdot d_b^3 \cdot b_b \cdot h_i}{3 \cdot E_i \cdot d_i^3 \cdot b_i \cdot l_1} \qquad (7a)$$

Rechnerische Exzentrizität e_o am Wandkopf:

$$e_o = -\frac{M_o}{A_D} \qquad (7b)$$

M_o aus Gleichung (7)
A_D Auflagerkraft am Endauflager der Dachdecke

● **Zwischendeckenbereich**

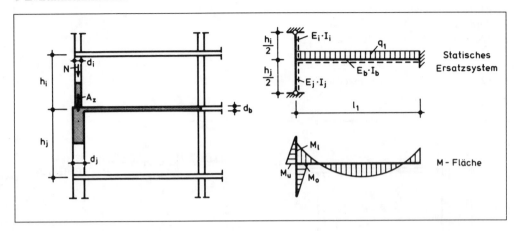

Abb. D.7 Ersatzsystem für die Berechnung der Wandmomente im Zwischendeckenbereich einer Außenwand

Wandmoment M_u:

$$M_u = \frac{1}{24} \cdot q_1 \cdot l_1^2 \cdot \frac{1}{1 + \dfrac{E_j \cdot I_j}{E_i \cdot I_i} \cdot \dfrac{h_i}{h_j} + k_i} \qquad (8)$$

mit k_i aus Gleichung (7a)

Rechnerische Exzentrizität e_u am Wandfuß:

$$e_u = -\frac{M_u}{R_u} \qquad (8a)$$

mit $R_u = N$ und M_u aus Gleichung (8)
N Längskraft oberhalb der Zwischendecke

Wandmoment M_o:

$$M_o = -\frac{1}{24} \cdot q_1 \cdot l_1^2 \cdot \frac{1}{1 + \dfrac{E_i \cdot I_i}{E_j \cdot I_j} \cdot \dfrac{h_j}{h_i} + k_j} \qquad (9)$$

mit $k_j = \dfrac{2 \cdot E_b \cdot I_b \cdot h_j}{3 \cdot E_j \cdot I_j \cdot l_1} = \dfrac{2 \cdot E_b \cdot d_b^3 \cdot b_b \cdot h_j}{3 \cdot E_j \cdot d_j^3 \cdot b_j \cdot l_1} \qquad (9a)$

Rechnerische Exzentrizität e_o am Wandkopf:

$$e_o = -\frac{M_o}{R_o} \qquad (9b)$$

mit $R_o = N + A_Z$ und M_o aus Gleichung (9)

N Längskraft oberhalb der Zwischendecke

A_Z Auflagerkraft am Deckenendauflager der Zwischendecke

3.3.3.3 Deckenknoten im Innenwandbereich

Die Vorzeichen der Wandmomente in den folgenden Formeln ergeben sich gemäß „Zugfaser" (vgl. **Abb. D.1**), wenn l_1 jeweils die Stützweite links neben der betrachteten Wand ist.

● **Dachdeckenbereich**

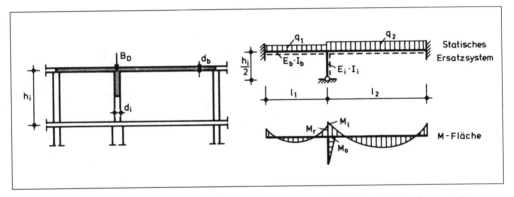

Abb. D.8   Ersatzsystem für die Berechnung der Wandmomente im Dachdeckenbereich einer Innenwand

Wandmoment M_o:

$$M_o = \frac{1}{18} \cdot \left(q_1 \cdot l_1^2 - q_2 \cdot l_2^2\right) \cdot \frac{1}{1 + k_i \left(1 + \frac{l_1}{l_2}\right)} \qquad (10)$$

mit k_i aus Gleichung (7a)

Rechnerische Exzentrizität e_o am Wandkopf:

$$e_o = -\frac{M_o}{B_D} \qquad \text{(10a)}$$

M_o aus Gleichung (10)

B_D Auflagerkraft der Dachdecke im Innenwandbereich

● **Zwischendeckenbereich**

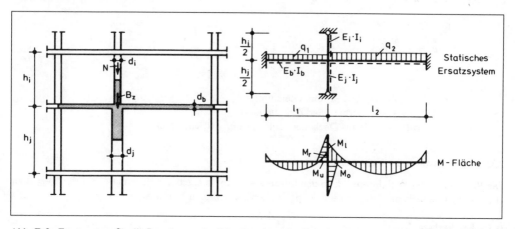

Abb. D.9 Ersatzsystem für die Berechnung der Wandmomente im Zwischendeckenbereich einer Innenwand

Wandmoment M_u:

$$M_u = -\frac{1}{18} \cdot \left(q_1 \cdot l_1^2 - q_2 \cdot l_2^2\right) \cdot \frac{1}{1 + \dfrac{E_j \cdot I_j}{E_i \cdot I_i} \cdot \dfrac{h_i}{h_j} + k_i \cdot \left(1 + \dfrac{l_1}{l_2}\right)} \qquad (11)$$

mit k_i aus Gleichung (7a)

Rechnerische Exzentrizität e_u am Wandfuß:

$$e_u = -\frac{M_u}{R_u} \qquad (11a)$$

mit $R_u = N$ und M_u aus Gleichung (11)
N Längskraft oberhalb der Zwischendecke

Wandmoment M_o:

$$M_o = \frac{1}{18} \cdot \left(q_1 \cdot l_1^2 - q_2 \cdot l_2^2\right) \cdot \frac{1}{1 + \dfrac{E_i \cdot I_i}{E_j \cdot I_j} \cdot \dfrac{h_j}{h_i} + k_j \cdot \left(1 + \dfrac{l_1}{l_2}\right)} \qquad (12)$$

mit k_j aus Gleichung (9a)

Rechnerische Exzentrizität e_o am Wandkopf:

$$e_o = -\frac{M_o}{R_o}$$

(12a)

mit $R_o = N + B_Z$ und M_o aus Gleichung (12)
N Längskraft oberhalb der Zwischendecke
B_Z Auflagerkraft am Innenwandbereich der Zwischendecke

3.3.3.4 Deckenknoten mit Kragarm (Außenwandbereich)

Die im folgenden zusammengestellten Formeln sind entsprechend den Ausführungen des Abschnitts D.3.3.1 ermittelt worden. Eine Abminderung der Volleinspannmomente im Endfeld auf 75% gemäß Abschnitt D.3.3.2.2 wird nicht vorgenommen, da bei vorhandenen Kragplatten die erforderliche obere Kragbewehrung in das Endfeld hineingeführt wird. Diese obere Bewehrung ist in der Regel erheblich größer als eine konstruktive Einspannbewehrung bei Endfeldern ohne Kragarm.

Aufgrund dieser unterschiedlichen Rechenansätze lassen sich daher die Gleichungen (13) bis (15) für $l_k = 0$ nicht ohne weiteres in die Gleichungen (7) bis (9) überführen.

● **Dachdeckenbereich**

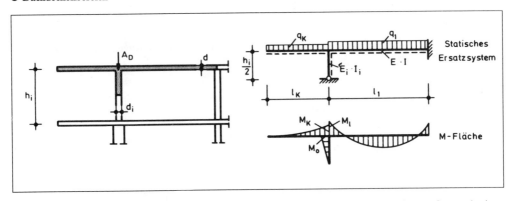

Abb. D.10   Ersatzsystem für die Berechnung der Wandmomente im Dachdeckenbereich einer Außenwand mit Kragplatte

Wandmoment M_o:

$$M_o = -\frac{1}{18} \cdot \left(q_1 \cdot l_1^2 - 9 \cdot q_K \cdot l_K^2\right) \cdot \frac{1}{1 + k_i}$$

(13)

mit k_i aus Gleichung (7a)

Rechnerische Exzentrizität e_o am Wandkopf:

$$e_o = -\frac{M_o}{A_D} \tag{13a}$$

M_o aus Gleichung (13)
A_D Auflagerkraft der Dachdecke

● **Zwischendeckenbereich**

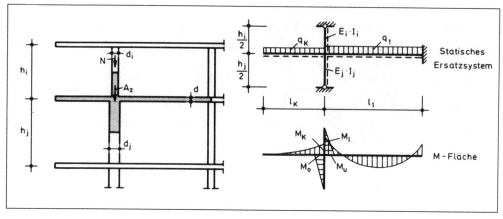

Abb. D.11 Ersatzsystem für die Berechnung der Wandmomente im Zwischendeckenbereich einer Außenwand mit Kragplatte

Wandmoment M_u:

$$M_u = \frac{1}{18} \cdot \left(q_1 \cdot l_1^2 - 9 \cdot q_K \cdot l_K^2\right) \cdot \frac{1}{1 + \dfrac{E_j \cdot I_j \cdot h_i}{E_i \cdot I_i \cdot h_j} + k_i} \tag{14}$$

mit k_i aus Gleichung (7a)

Rechnerische Exzentrizität e_u am Wandfuß:

$$e_u = -\frac{M_u}{R_u} \tag{14a}$$

mit $R_u = N$ und M_u aus Gleichung (14)
N Längskraft oberhalb der Zwischendecke

Wandmoment M_o:

$$M_\mathrm{o} = -\frac{1}{18} \cdot \left(q_1 \cdot l_1^2 - 9 \cdot q_\mathrm{K} \cdot l_\mathrm{K}^2\right) \cdot \frac{1}{1 + \dfrac{E_\mathrm{i} \cdot I_\mathrm{i} \cdot h_\mathrm{j}}{E_\mathrm{j} \cdot I_\mathrm{j} \cdot h_\mathrm{i}} + k_\mathrm{j}} \tag{15}$$

mit k_j aus Gleichung (9a)

Rechnerische Exzentrizität e_o am Wandkopf:

$$e_\mathrm{o} = -\frac{M_\mathrm{o}}{R_\mathrm{o}} \tag{15a}$$

mit $R_\mathrm{o} = N + A_Z$ und M_o aus Gleichung (15)
N Längskraft oberhalb der Zwischendecke
A_Z Auflagerkraft am Deckenendauflager der Zwischendecke

3.3.4 Allgemeine Ableitung der Formeln für die Ermittlung der Wandmomente

Die Ableitung der in den Abschnitten D.3.3.2 und D.3.3.3 zusammengestellten Gleichungen erfolgt hier exemplarisch nur für den allgemeinen Fall einer Außenwand mit beliebiger Dicke und beliebiger Geschoßhöhe und mit beliebiger Mauerwerksfestigkeitsklasse der übereinanderstehenden Wände. Auf Grund der systembedingten Gegebenheiten sind zwei Bereiche zu unterscheiden:

— Dachdeckenbereich
— Zwischendeckenbereich

Die Ermittlung der folgenden Gleichungen erfolgt entsprechend den Ausführungen in den Abschnitten D.3.3.1 und D.3.3.2.2.

● **Dachdeckenbereich (Abb. D.6)**

Steifigkeiten:

$$\text{Stiel:} \quad \frac{3}{4} \cdot \frac{E_\mathrm{i} \cdot I_\mathrm{i}}{\dfrac{h_\mathrm{i}}{2}} = \frac{3}{2} \cdot \frac{E_\mathrm{i} \cdot I_\mathrm{i}}{h_\mathrm{i}}$$

$$\text{Riegel:} \quad \frac{E_\mathrm{b} \cdot I_\mathrm{b}}{l_1}$$

Verteilungszahl am Wandkopf:

$$V_o = \frac{\dfrac{3}{2} \cdot \dfrac{E_i \cdot I_i}{h_i}}{\dfrac{3}{2} \cdot \dfrac{E_i \cdot I_i}{h_i} + \dfrac{E_b \cdot I_b}{l_1}} = \frac{1}{1 + \dfrac{2 \cdot E_b \cdot I_b \cdot h_i}{3 \cdot E_i \cdot I_i \cdot l_1}}$$

$$\text{mit } k_i = \frac{2 \cdot E_b \cdot I_b \cdot h_i}{3 \cdot E_i \cdot I_i \cdot l_1} = \frac{2 \cdot E_b \cdot d_b^3 \cdot b_b \cdot h_i}{3 \cdot E_i \cdot d_i^3 \cdot b_i \cdot l_1} \tag{7a}$$

folgt:

$$V_o = \frac{1}{1 + k_i}$$

75% des Starreinspannmomentes:

$$\overline{M} = -\frac{3}{4} \cdot \frac{q_1 \cdot l_1^2}{12} \text{ , davon 2/3:}$$

$$\overline{M}_1 = -\frac{3}{4} \cdot \frac{q_1 \cdot l_1^2}{12} \cdot \frac{2}{3} = -\frac{1}{24} \cdot q_1 \cdot l_1^2$$

Das Knotenmoment am Wandkopf M_o ergibt sich somit zu

$$M_o = \overline{M}_1 \cdot V_o = -\frac{1}{24} \cdot q_1 \cdot l_1^2 \cdot \frac{1}{1 + k_i} \tag{7}$$

● **Zwischendeckenbereich (Abb. D.7)**

Steifigkeiten:

$$\text{Stiel } "i": \quad \frac{3}{4} \cdot \frac{E_i \cdot I_i}{\dfrac{h_i}{2}} = \frac{3}{2} \cdot \frac{E_i \cdot I_i}{h_i}$$

$$\text{Stiel } "j": \quad \frac{3}{4} \cdot \frac{E_j \cdot I_j}{\dfrac{h_j}{2}} = \frac{3}{2} \cdot \frac{E_j \cdot I_j}{h_j}$$

$$\text{Riegel}: \quad \frac{E_b \cdot I_b}{l_1}$$

Verteilungszahl am Wandfuß im Geschoß "i" :

$$V_\mathrm{u} = \cfrac{\cfrac{3}{2} \cdot \cfrac{E_\mathrm{i} \cdot I_\mathrm{i}}{h_\mathrm{i}}}{\cfrac{3}{2} \cdot \cfrac{E_\mathrm{i} \cdot I_\mathrm{i}}{h_\mathrm{i}} + \cfrac{3}{2} \cdot \cfrac{E_\mathrm{j} \cdot I_\mathrm{j}}{h_\mathrm{j}} + \cfrac{E_\mathrm{b} \cdot I_\mathrm{b}}{l_1}}$$

$$= \cfrac{1}{1 + \cfrac{E_\mathrm{j} \cdot I_\mathrm{j}}{E_\mathrm{i} \cdot I_\mathrm{i}} \cdot \cfrac{h_\mathrm{i}}{h_\mathrm{j}} + \cfrac{2 \cdot E_\mathrm{b} \cdot I_\mathrm{b} \cdot h_\mathrm{i}}{3 \cdot E_\mathrm{i} \cdot I_\mathrm{i} \cdot l_1}}$$

mit k_i aus Gleichung (7a) folgt:

$$V_\mathrm{u} = \cfrac{1}{1 + \cfrac{E_\mathrm{j} \cdot I_\mathrm{j}}{E_\mathrm{i} \cdot I_\mathrm{i}} \cdot \cfrac{h_\mathrm{i}}{h_\mathrm{j}} + k_\mathrm{i}}$$

Verteilungszahl am Wandkopf im Geschoß „j":

$$V_\mathrm{o} = \cfrac{\cfrac{3}{2} \cdot \cfrac{E_\mathrm{j} \cdot I_\mathrm{j}}{h_\mathrm{i}}}{\cfrac{3}{2} \cdot \cfrac{E_\mathrm{j} \cdot I_\mathrm{j}}{h_\mathrm{j}} + \cfrac{3}{2} \cdot \cfrac{E_\mathrm{i} \cdot I_\mathrm{i}}{h_\mathrm{i}} + \cfrac{E_\mathrm{b} \cdot I_\mathrm{b}}{l_1}}$$

$$= \cfrac{1}{1 + \cfrac{E_\mathrm{i} \cdot I_\mathrm{i}}{E_\mathrm{j} \cdot I_\mathrm{j}} \cdot \cfrac{h_\mathrm{j}}{h_\mathrm{i}} + \cfrac{2 \cdot E_\mathrm{b} \cdot I_\mathrm{b} \cdot h_\mathrm{j}}{3 \cdot E_\mathrm{j} \cdot I_\mathrm{j} \cdot l_1}}$$

mit $k_\mathrm{j} = \cfrac{2 \cdot E_\mathrm{b} \cdot I_\mathrm{b} \cdot h_\mathrm{j}}{3 \cdot E_\mathrm{j} \cdot I_\mathrm{j} \cdot l_1} = \cfrac{2 \cdot E_\mathrm{b} \cdot d_\mathrm{b}^3 \cdot b_\mathrm{b} \cdot h_\mathrm{j}}{3 \cdot E_\mathrm{j} \cdot d_\mathrm{j}^3 \cdot b_\mathrm{j} \cdot l_1}$

folgt:

$$V_\mathrm{o} = \cfrac{1}{1 + \cfrac{E_\mathrm{i} \cdot I_\mathrm{i}}{E_\mathrm{j} \cdot I_\mathrm{j}} \cdot \cfrac{h_\mathrm{j}}{h_\mathrm{i}} + k_\mathrm{j}}$$

75% des Starreinspannmomentes:

$$\overline{M} = -\frac{3}{4} \cdot \frac{q_1 \cdot l_1^2}{12}, \quad \text{davon } 2/3:$$

$$\overline{M}_1 = -\frac{3}{4} \cdot \frac{q_1 \cdot l_1^2}{12} \cdot \frac{2}{3} = -\frac{1}{24} \cdot q_1 \cdot l_1^2$$

Daraus ergeben sich die Knotenmomente am Wandfuß M_u und Wandkopf M_o wie folgt:

$$M_u = -\overline{M}_1 \cdot V_u = +\frac{1}{24} \cdot q_1 \cdot l_1^2 \cdot \cfrac{1}{1 + \cfrac{E_j \cdot I_j}{E_i \cdot I_i} \cdot \cfrac{h_i}{h_j} + k_i} \tag{8}$$

$$M_o = -\overline{M}_1 \cdot V_o = -\frac{1}{24} \cdot q_1 \cdot l_1^2 \cdot \cfrac{1}{1 + \cfrac{E_i \cdot I_i}{E_j \cdot I_j} \cdot \cfrac{h_j}{h_i} + k_j} \tag{9}$$

3.3.5 Genauere Ermittlung der Wandmomente bei Mauerwerksbauten mit Decken aus Holzbalken, Stahlträgern oder Fertigteilen

3.3.5.1 Allgemeines

Bei derartigen Deckenkonstruktionen ist eine genauere Ermittlung der Momente in den Mauerwerkswänden problematisch. Inwieweit sich nämlich eine Rahmenwirkung in dem Verbindungsbereich Decke/Wand einstellen wird, hängt von der konstruktiven Ausbildung der „Rahmenecke" ab. Mit Sicherheit kann man jedoch davon ausgehen, daß durch die im allgemeinen exzentrische Auflagerung der Decke (Deckendrehwinkel) in die Wand ein Moment eingeleitet wird.

Um dieses Moment grob abzuschätzen, kann man nach DIN 1053 Teil 2 die „5%-Regel" anwenden (vgl. folgenden Abschnitt D.3.4).

Auf die Berücksichtigung eines Wandmomentes bei der Bemessung kann selbstverständlich verzichtet werden, wenn die Lasteinleitung der Deckenauflagerkräfte durch Zentrierung mittig erfolgt.

Eine genauere Ermittlung der Wandmomente mit Hilfe einer statisch unbestimmten Rahmenberechnung kann sinnvoll sein, wenn sich auf Grund der konstruktiven Ausbildung der Verbindung von Wand und Decke eine Rahmenwirkung einstellen kann. Es ergeben sich dann ähnliche Berechnungsformeln wie in Abschnitt D.3.3.3. Die Formeln sind entsprechend den Ausführungen in Abschnitt D.3.3.1 ermittelt worden.

3.3.5.2 Abkürzungen und Bezeichnungen

b_i Breite des betrachteten Wandstreifens im Geschoß i
b_j Breite des betrachteten Wandstreifens im Geschoß j
b Breite des betrachteten Deckenstreifens
β_M Nennfestigkeit des Mauerwerks
d_i Wanddicke im Geschoß i
d_j Wanddicke im Geschoß j

d Dicke der Decke
E_i Elastizitätsmodul des Mauerwerks im Geschoß i
E_j Elastizitätsmodul des Mauerwerks im Geschoß j
E Elastizitätsmodul der Decke
g Eigenlast der Decke
h_i Geschoßhöhe des Geschosses i
h_j Geschoßhöhe des Geschosses j
I_i Flächenmoment 2. Grades der Wand im Geschoß i
I_j Flächenmoment 2. Grades der Wand im Geschoß j
I Flächenmoment 2. Grades der Decke
k dimensionsloser Steifigkeitsbeiwert
l Deckenstützweite
p Verkehrslast der Decke
q Gesamtlast der Decke

3.3.5.3 Deckenknoten im Außenwandbereich

● **Dachdeckenbereich**

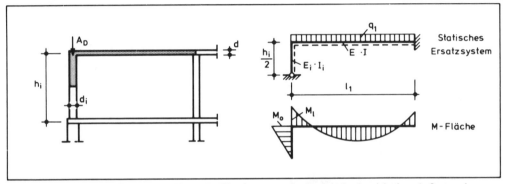

Abb. D.12 Ersatzsystem für die Berechnung der Wandmomente im Dachdeckenbereich einer Außenwand

Wandmoment M_0:

$$M_0 = -\frac{1}{18} \cdot q_1 \cdot l_1^2 \cdot \frac{1}{1 + k_1} \qquad (16)$$

$$\text{mit } k_i = \frac{2 \cdot E \cdot I \cdot h_i}{3 \cdot E_i \cdot I_i \cdot l_1} \qquad (16a)$$

Rechnerische Exzentrizität e_0 am Wandkopf:

$$e_0 = -\frac{M_0}{A_D} \qquad (16b)$$

M_0 aus Gleichung (16)
A_D Auflagerkraft am Endauflager der Dachdecke

● **Zwischendeckenbereich**

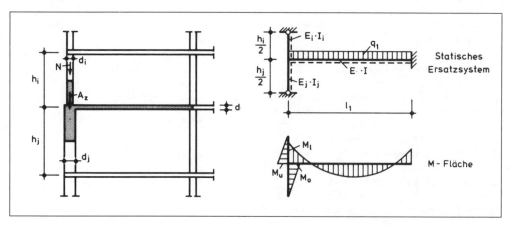

Abb. D.13 Ersatzsystem für die Berechnung der Wandmomente im Zwischendeckenbereich einer Außenwand

Wandmoment M_u:

$$M_u = \frac{1}{18} \cdot q_1 \cdot l_1^2 \cdot \frac{1}{1 + \dfrac{E_j \cdot I_j}{E_i \cdot I_i} \cdot \dfrac{h_i}{h_j} + k_i} \qquad (17)$$

mit k_i aus Gleichung (16a)

Rechnerische Exzentrizität e_u am Wandfuß:

$$e_u = -\frac{M_u}{R_u} \qquad (17a)$$

mit $R_u = N$ und M_u aus Gleichung (17)
N Längskraft oberhalb der Zwischendecke

Wandmoment M_o:

$$M_o = -\frac{1}{18} \cdot q_1 \cdot l_1^2 \cdot \frac{1}{1 + \dfrac{E_i \cdot I_i}{E_j \cdot I_j} \cdot \dfrac{h_j}{h_i} + k_j} \qquad (18)$$

mit $k_j = \dfrac{2 \cdot E \cdot I \cdot h_j}{3 \cdot E_j \cdot I_j \cdot l_1}$ \qquad (18a)

Rechnerische Exzentrizität e_o am Wandkopf:

$$e_o = - \frac{M_o}{R_o} \qquad\qquad (18b)$$

mit $R_o = N + A_Z$ und M_o aus Gleichung (18)

N Längskraft oberhalb der Zwischendecke

A_Z Auflagerkraft am Deckenendauflager der Zwischendecke

3.3.5.4 Deckenknoten im Innenwandbereich

Die Vorzeichen der Wandmomente in den folgenden Formeln ergeben sich gemäß „Zugfaser" (vgl. **Abb. D.1**), wenn l_1 jeweils die Stützweite links neben der betrachteten Wand ist.

● **Dachdeckenbereich**

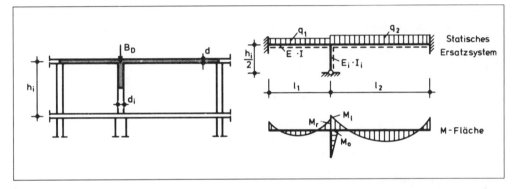

Abb. D.14 Ersatzsystem für die Berechnung der Wandmomente im Dachdeckenbereich einer Innenwand

Wandmoment M_o:

$$M_o = \frac{1}{18} \cdot \left(q_1 \cdot l_1^2 - q_2 \cdot l_2^2 \right) \cdot \frac{1}{1 + k_i \cdot \left(1 + \dfrac{l_1}{l_2} \right)} \qquad\qquad (19)$$

mit k_i aus Gleichung (16a)

Rechnerische Exzentrizität e_o am Wandkopf:

$$e_o = - \frac{M_o}{B_D} \qquad\qquad (19a)$$

M_o aus Gleichung (19)

B_D Auflagerkraft der Dachdecke im Innenwandbereich

● **Zwischendeckenbereich**

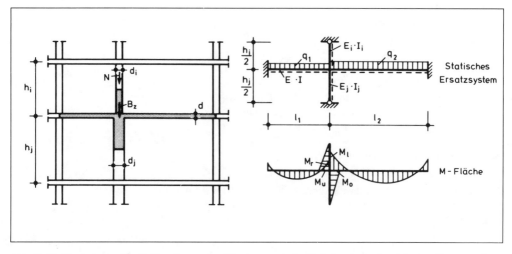

Abb. D.15 Ersatzsystem für die Berechnung der Wandmomente im Zwischendeckenbereich einer Innenwand

Wandmoment M_u:

$$M_u = -\frac{1}{18} \cdot \left(q_1 \cdot l_1^2 - q_2 \cdot l_2^2\right) \cdot \frac{1}{1 + \dfrac{E_j \cdot I_j}{E_i \cdot I_i} \cdot \dfrac{h_i}{h_j} + k_i \cdot \left(1 + \dfrac{l_1}{l_2}\right)} \tag{20}$$

mit k_i aus Gleichung (16a)

Rechnerische Exzentrizität e_u am Wandfuß:

$$e_u = -\frac{M_u}{R_u} \tag{20a}$$

mit $R_u = N$ und M_u aus Gleichung (20)
N Längskraft oberhalb der Zwischendecke

Wandmoment M_o:

$$M_o = \frac{1}{18} \cdot \left(q_1 \cdot l_1^2 - q_2 \cdot l_2^2\right) \cdot \frac{1}{1 + \dfrac{E_i \cdot I_i}{E_j \cdot I_j} \cdot \dfrac{h_j}{h_i} + k_j \cdot \left(1 + \dfrac{l_1}{l_2}\right)} \tag{21}$$

mit k_j aus Gleichung (18a)

Rechnerische Exzentrizität e_o am Wandkopf:

$$e_o = -\frac{M_o}{R_o} \qquad (21a)$$

mit $R_o = N + B_Z$ und M_o aus Gleichung (21)
N Längskraft oberhalb der Zwischendecke
B_Z Auflagerkraft am Innenwandbereich der Zwischendecke

3.3.5.5 Deckenknoten mit Kragarm (Außenwandbereich)

● **Dachdeckenbereich**

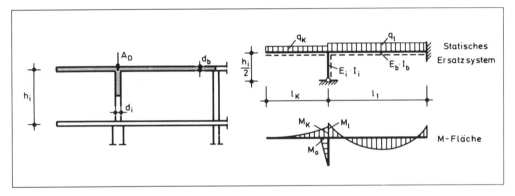

Abb. D.16   Ersatzsystem für die Berechnung der Wandmomente im Dachdeckenbereich einer Außenwand mit Kragplatte

Wandmoment M_o:

$$M_o = -\frac{1}{18} \cdot \left(q_1 \cdot l_1^2 - 9 \cdot q_K \cdot l_K^2\right) \cdot \frac{1}{1 + k_i} \qquad (22)$$

mit k_i aus Gleichung (16a)

Rechnerische Exzentrizität e_o am Wandkopf:

$$e_o = -\frac{M_o}{A_D} \qquad (22a)$$

M_o aus Gleichung (22)
A_D Auflagerkraft der Dachdecke

● **Zwischendeckenbereich**

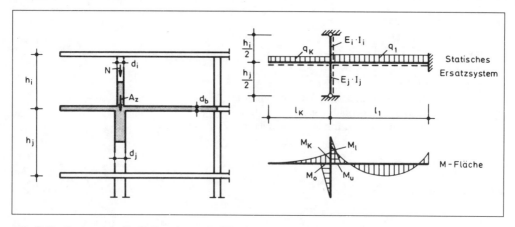

Abb. D.17 Ersatzsystem für die Berechnung der Wandmomente im Zwischendeckenbereich einer Außenwand mit Kragplatte

Wandmoment M_u:

$$M_u = \frac{1}{18} \cdot \left(q_1 \cdot l_1^2 - 9 \cdot q_K \cdot l_K^2\right) \cdot \cfrac{1}{1 + \cfrac{E_j \cdot I_j \cdot h_i}{E_i \cdot I_i \cdot h_j} + k_i} \tag{23}$$

mit k_i aus Gleichung (16a)

Rechnerische Exzentrizität e_u am Wandfuß:

$$e_u = -\frac{M_u}{R_u} \tag{23a}$$

mit $R_u = N$ und M_u aus Gleichung (23)
N Längskraft oberhalb der Zwischendecke

Wandmoment M_o:

$$M_o = -\frac{1}{18} \cdot \left(q_1 \cdot l_1^2 - 9 \cdot q_K \cdot l_K^2\right) \cdot \cfrac{1}{1 + \cfrac{E_i \cdot I_i \cdot h_j}{E_j \cdot I_j \cdot h_i} + k_j} \tag{24}$$

mit k_j aus Gleichung (18a)

Rechnerische Exzentrizität e_o am Wandkopf:

$$e_o = -\frac{M_o}{R_o}$$

(24a)

mit $R_o = N + A_Z$ und M_o aus Gleichung (24)

N Längskraft oberhalb der Zwischendecke

A_Z Auflagerkraft am Deckenendauflager der Zwischendecke

3.4 Vereinfachte Berechnung der Wandmomente

Die in Abschnitt D.3.3 dargestellte Ermittlung der Wandmomente darf bei Verkehrslasten $p \leq 5$ kN/m² durch eine Näherungsberechnung ersetzt werden, bei der die Ausmitten e gemäß **Abb. D.18** angenommen werden dürfen. Folgendes ist dabei zu beachten:

● Das Moment $M_D = A_D \cdot e_D$ ist bei Dachdecken voll in den Wandkopf einzuleiten, während bei Geschoßdecken das Moment $M_Z = A_Z \cdot e_Z$ je zur Hälfte in den angrenzenden Wandkopf und Wandfuß einzuleiten ist.

● Lasten N aus oberen Geschossen dürfen zentrisch angesetzt werden.

● Bei zweiachsig gespannten Decken mit Spannweitenverhältnissen bis 1 : 2 darf als Spannweite zur Ermittlung der Lastexzentrizität 2/3 der kürzeren Seite eingesetzt werden.

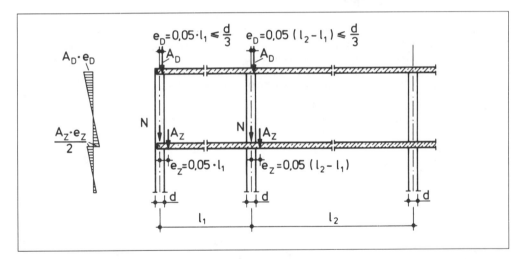

Abb. D.18   Exzentrizitäten der Deckenauflagerkräfte (Näherungsberechnung)

In [D.1] wird gezeigt, wie man zu den Näherungswerten der **Abb. D.4** kommt. Geht man nämlich von gängigen Abmessungen und Materialien des Mauerwerksbaus aus, so ergibt sich aus Gleichung (1b) der Wert $e \approx l_1/18 \approx 0{,}05 \cdot l_1$ bzw. aus Gleichung (4a) $e \approx (l_2 - l_1)/20 = 0{,}05 \cdot (l_2 - l_1)$.

Bei sehr schlanken Wänden (z.B. zweiseitig gehaltene, 11,5 cm dicke Wände) ergeben die Näherungswerte nach **Abb. D.18** zu ungünstige Werte. Es empfiehlt sich, in diesen Fällen eine genauere Berechnung nach Abschnitt D.3.3 durchzuführen (vgl. Abschnitt D.4.3.5, Pos. 3).

Ergibt sich die Aufgabe, die 5%-Regel bei der Berechnung von Pfeilern bzw. Wandstücken anzuwenden, so sollte berücksichtigt werden, daß ein Pfeiler, bezogen auf die Einflußbreite der Decke (fiktive Breite des Rahmenriegels) gegenüber einer durchgehenden Wand eine geringere Steifigkeit besitzt. Es erscheint daher sinnvoll und vertretbar, wie folgt zu verfahren:

1) Ermittlung des je Pfeiler bzw. Wandstück rechnerisch auftretenden Momentes:

$$M = A \cdot e \cdot B$$

    A Deckenauflagerkraft je m
    e Exzentrizität nach „5%-Regel"
    B Einflußbreite der Deckenauflagerkraft

2) Abminderung des ermittelten Wandmomentes M um das Verhältnis b/B:

$$\overline{M} = A \cdot e \cdot B \cdot b \,/\, B = A \cdot e \cdot b \qquad\qquad b \quad \text{Pfeilerbreite}$$

3) Bemessung des Pfeilers bzw. Wandstücks mit $\overline{M}$.

3.5 Berücksichtigung von Wandmomenten bei parallel spannenden Decken

Es ist in Fachkreisen umstritten, ob beim Nachweis einer parallel zur Deckenspannrichtung verlaufenden Wand bzw. Pfeiler ein Moment infolge Deckendrehwinkel eingerechnet werden muß. Wegen der geringen „Auflagerkraft" infolge Deckenanteil ist das Wandmoment in der Regel vernachlässigbar klein (vgl. z.B. Anhang, Statische Berechnung, Pos. M 1, Berechnung nach DIN 1053 Teil 2). Bei einem eventuell geforderten Nachweis wird vorgeschlagen, die 5%-Regel anzuwenden und das Deckenfeld als zweiachsig gespannt zu betrachten. Von der kleineren Spannweite ausgehend kann dann $e = \min l \cdot 2/3$ gesetzt werden.

3.6 Begrenzung der Wandmomente

Bei Knoten mit geringer Auflast — also insbesondere im Bereich der Dachdecke — kann die Ausmittigkeit der Wand-Längskraft so groß werden, daß sich die Decke von einem Teil der Wand abhebt (klaffende Fuge, **Abb. D.19a**), was zu den bekannten Rißschäden führt. Ist die Haftung zwischen Dachdecke und Wand relativ groß, so kann die Verklaffung auch in der darunterliegenden Mörtelfuge auftreten (**Abb. D.19a**). Zur statisch-konstruktiven Lösung dieses Problems trifft DIN 1053 Teil 2 folgende Festlegungen:

Ist die rechnerische Exzentrizität der resultierenden Last aus Decken und darüberbefindlichen Geschossen infolge der Knotenmomente am Kopf bzw. Fuß der Wand größer als 1/3 der Wanddicke d, so darf sie zu 1/3 angenommen werden. In diesem Fall ist Schäden infolge von Rissen in Mauerwerk und Putz durch konstruktive Maßnahmen, z.B. Fugenausbildung, Zentrierleisten, Kantennut usw. mit entsprechender Ausbildung der Außenhaut, entgegenzuwirken (siehe **Abb. D.19b**).

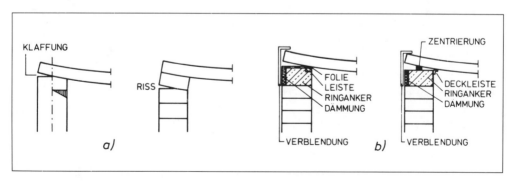

Abb. D.19 a) Klaffende Fuge
           b) Konstruktive Maßnahmen

3.7 Wandmomente infolge von Horizontallasten

Der Momentenverlauf über die Wandhöhe infolge Vertikallasten ergibt sich aus den anteiligen Wandmomenten der Knotenberechnung (siehe **Abb. D.18**). Momente infolge Horizontallasten, z.B. Wind oder Erddruck, dürfen unter Einhaltung des Gleichgewichts zwischen den Grenzfällen Volleinspannung und gelenkige Lagerung umgelagert werden, z.B. entsprechend **Abb. D.20**.

Momente aus Windlast rechtwinklig zur Wandebene dürfen im Regelfall bis zu einer Höhe von 20 m über Gelände vernachlässigt werden, wenn die Wanddicken $d \geqq 24$ cm und die lichten Geschoßhöhen $h_s \leqq 3,0$ m sind. In Wandebene sind die Windlasten jedoch zu berücksichtigen (siehe Abschnitt D.2). Zur Vernachlässigung des Erddrucks siehe Abschnitt D.5.2.

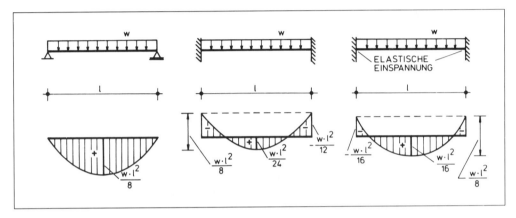

Abb. D.20 Beispiele für die Umlagerung von Windmomenten

3.8 Aussteifung von Wänden/Mindestbreite

Wie in DIN 1053 Teil 1 werden auch nach DIN 1053 Teil 2 je nach Anzahl der rechtwinklig zur Wandebene unverschieblich gehaltenen Ränder zwei-, drei- und vierseitig gehaltene sowie frei stehende Wände unterschieden. Als unverschiebliche Halterung können horizontal gehaltene Deckenscheiben und aussteifende Querwände oder andere ähnlich steife Bauteile angesehen werden.

Bei einseitig angeordneten Querwänden darf unverschiebliche Halterung der auszusteifenden Wand nur angenommen werden, wenn Wand und Querwand aus Material annähernd gleichen Verformungsverhaltens gleichzeitig im Verband hochgeführt werden und wenn ein Abreißen der Wände infolge stark unterschiedlicher Verformung nicht zu erwarten ist oder wenn die zug- und druckfeste Verbindung durch andere Maßnahmen gesichert ist. Beidseitig angeordnete Querwände, deren Mittelebenen gegeneinander um mehr als die dreifache Dicke der auszusteifenden Wand versetzt sind, sind wie einseitig angeordnete Querwände zu behandeln. Aussteifende Wände müssen mindestens eine wirksame Länge von 1/5 der lichten Geschoßhöhe und eine Dicke von 1/3 der Dicke der auszusteifenden Wand, jedoch mindestens 11,5 cm haben. Ist die aussteifende Wand durch Öffnungen unterbrochen, muß die Länge des im Bereich der auszusteifenden Wand verbleibenden Teiles mindestens 1/5 der lichten Höhe der Öffnung betragen. **(Abb. D.21)**.

Werden auf beiden Seiten Querwände angeordnet, die nicht gegeneinander versetzt sind, so kann auf ein gleichzeitiges Hochführen im Verband verzichtet werden. Allerdings muß jede der beiden Querwände die oben genannten Bedingungen für aussteifende Wände erfüllen. Auf Konsequenzen aus unterschiedlichen Verformungen und aus bauphysikalischen Anforderungen ist in diesem Fall besonders zu achten.

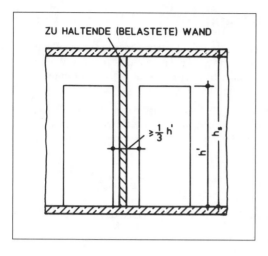

ZU HALTENDE (BELASTETE) WAND

$\geq \frac{1}{3} h'$

Abb. D.21 Aussteifende Wände mit Öffnungen

3.9 Knicklängen von Wänden

3.9.1 Allgemeines

Die Lagerungsverhältnisse von Druckstäben aus Mauerwerk werden durch die Knicklängen h_K berücksichtigt, wobei man vom beidseitig gehaltenen und gelenkig gelagerten Druckstab (2. Eulerfall) ausgeht. Diese Betrachtungsweise kann man auch auf drei- und vierseitig gehaltene Wände übertragen. Es werden im Prinzip die in DIN 1045 angegebenen Knicklängen für Betonwände übernommen.

3.9.2 Freistehende Wände

Die Knicklänge h_K bei freistehenden Wänden ist

$$h_K = 2 \cdot h_s \cdot \sqrt{\frac{1 + 2\,N_o/N_u}{3}} \qquad (25)$$

Hierin bedeuten: h_s Wandhöhe
N_o Längskraft am Wandkopf
N_u Längskraft am Wandfuß

3.9.3 Zweiseitig gehaltene Wände

Bei zweiseitig gehaltenen Wänden gilt:

$$h_K = \beta \cdot h_s \qquad\qquad (h_s = \text{lichte Geschoßhöhe}) \qquad (26)$$

Im allgemeinen ist $\beta = 1$ zu setzen, so daß gilt $h_K = h_s$ (Knicklänge = lichte Geschoßhöhe).

Bei flächig aufgelagerten Decken (z.B. Massivdecken), darf die Knicklänge wegen der Einspannung der Wände in die Decken reduziert werden, wenn die folgenden Voraussetzungen erfüllt sind:

a) Die Bedingungen der Tabelle D.3a müssen erfüllt sein.

b) Die rechnerische Exzentrizität der Last am Knotenschnitt (vgl. Abschnitt D.3.6) darf nicht größer als 1/3 der Wanddicke sein.

Die Reduzierung der Knicklänge h_K darf gemäß Tabelle D.3b erfolgen.

Tabelle D.3a Bedingungen für flächig aufgelagerte Massivdecken

Wanddicke d cm	erforderliche Auflagertiefe a der Decke auf der Wand
< 24	d
≥ 24 ≤ 30	≥ 0,75 d
> 30	≥ 0,67 d

Tabelle D.3b Reduzierung der Knicklänge bei flächig aufgelagerten Massivdecken

Planmäßige Ausmitte e_1[1]) der Last in halber Geschoßhöhe (für alle Wanddicken)	reduzierte Knicklänge h_K[2])
≤ $d/6$	$\beta\, h_s$
$d/3$	1,00 h_s

[1]) Das heißt Ausmitte ohne Berücksichtigung von f_1 und f_2 nach Abschnitt D.4.2, jedoch gegebenenfalls auch infolge Wind.

[2]) Zwischenwerte dürfen geradlinig eingeschaltet werden.

Der Abminderungsfaktor β darf mit Hilfe der Gleichung (27) ermittelt werden, falls er nicht durch eine Rahmenberechnung nach Theorie II. Ordnung berechnet wird.

$$\beta = -\,0{,}15 \cdot \frac{E_b}{E_{mw}} \frac{I_b}{I_{mw}} \cdot h_s \cdot \left(\frac{1}{l_1} + \frac{1}{l_2}\right) \geq 0{,}75 \qquad (27)$$

Hierin bedeuten:

E_{mw} E-Modul des Mauerwerks nach Abschnitt D.3.3.1 ($E_{mw} = 1000\,\beta_M$)

E_b E-Modul des Betons nach DIN 1045

I_{mw}, I_b Flächenmoment 2. Grades der Mauerwerkswand bzw. der Betondecke (z.B. Rechteckquerschnitt : $I = b \cdot d^3/12$).

l_1, l_2 Angrenzende Deckenstützweiten; bei Außenwänden gilt $\dfrac{1}{l_2} = 0$.

Bei Wanddicken $d \leq 17{,}5$ cm darf ohne Nachweis $\beta = 0{,}75$ gesetzt werden, wenn die rechnerische Exzentrizität der Last am Knotenschnitt nicht größer als 1/3 der Wanddicke ist.

3.9.4 Dreiseitig und vierseitig gehaltene Wände

a) Dreiseitig gehaltene Wände (mit einem freien vertikalen Rand):

$$h_K = \frac{1}{1 + \left(\frac{h_s}{3b}\right)^2} \cdot h_s \geqq 0,3 \cdot h_s \tag{28}$$

b) Vierseitig gehaltene Wände

für $h_s \leqq b$:

$$h_K = \frac{1}{1 + \left(\frac{h_s}{b}\right)^2} \cdot h_s \tag{29a}$$

für $h_s > b$:

$$h_K = \frac{b}{2} \tag{29b}$$

Hierin bedeutet:

b Abstand des freien Randes von der Mitte der aussteifenden Wand bzw. Mittenabstand der aussteifenden Wände.

Ist $b > 30\, d$ bei vierseitig gehaltenen Wänden bzw. $b > 15\, d$ bei dreiseitig gehaltenen Wänden, so sind diese wie zweiseitig gehaltene zu behandeln. Hierin ist d die Dicke der gehaltenen Wand. Ist die Wand im Bereich des mittleren Drittels durch vertikale Schlitze oder Nischen geschwächt, so ist für d die Restwanddicke einzusetzen oder ein freier Rand anzunehmen. Unabhängig von der Lage eines vertikalen Schlitzes oder einer Nische ist an ihrer Stelle ein freier Rand anzunehmen, wenn die Restwanddicke kleiner als die halbe Wanddicke oder kleiner als 11,5 cm ist.

Es ist nicht zulässig, bei drei- und vierseitig gehaltenen Wänden eine Abminderung der Knicklänge infolge elastischer Einspannung vorzunehmen, wenn eine flächig aufgelagerte Decke vorhanden ist. Für konkrete Angaben bezüglich dieses Problems liegen noch keine ausreichenden Forschungsergebnisse vor. Es kann daher in bestimmten Fällen durchaus vorkommen, daß man rechnerisch eine kleinere Knicklänge erhält, wenn man von einer zweiseitig gehaltenen und elastisch eingespannten Wand ausgeht, statt von der wirklich vorhandenen drei- oder vierseitig gehaltenen Wand.

3.9.5 Berücksichtigung von Wandöffnungen

Haben Wände Öffnungen, deren lichte Höhe größer als 1/4 der Geschoßhöhe oder deren lichte Breite größer als 1/4 der Wandbreite oder deren Gesamtfläche größer als 1/10 der Wandfläche ist, so sind die Wandteile zwischen Wandöffnung und aussteifender Wand als dreiseitig gehalten, die Wandteile zwischen Wandöffnungen als zweiseitig gehalten anzusehen.

3.10 Mitwirkende Breite von zusammengesetzten Querschnitten

Bei zusammengesetzten Querschnitten darf die mitwirkende Breite nach der Elastizitätstheorie ermittelt werden. Falls kein genauer Nachweis geführt wird (z.B. nach [D.4]), darf die mitwirkende Breite beidseits zu je 1/4 der über dem betrachteten Schnitt liegenden Höhe des zusammengesetzten Querschnitts, jedoch nicht mehr als die vorhandene Querschnittsbreite, angenommen werden.

Im einzelnen ist folgendes zu beachten:

● Als zusammengesetzt gelten nur Querschnitte, deren Teile aus Steinen gleicher Art, Höhe und Festigkeitsklassen bestehen.

● Die Steine müssen gleichzeitig im Verband mit gleichem Mörtel gemauert werden.

● Steine und Mörtel müssen so gewählt werden, daß keine großen unterschiedlichen Verformungen zu erwarten sind, damit nicht die Gefahr des Abreißens von Querschnittsteilen besteht.

3.11 Elastizitätsmodul für Verformungsberechnungen

Tabelle D.4   Rechenwerte der Elastizitätsmoduln E[1]) in 10^3 MN/m²

Stein-festigkeits-klasse	Mauerwerk aus verschiedenen Steinen[2])		Stein-festigkeits-klasse	Mauerwerk der Mörtelgruppen III/IIIa	
	Mörtelgruppe			aus	
	IIa	III/IIIa		Kalksand-steinen	Mauer-ziegeln
2	2	–	36	10	14
4	3 (8)	–	48	11	20
6	5 (10)	–	60	12	24
12	6 (11)	7 (13)	[1]) Sekantenmodul aus der Gesamtdehnung bei etwa 1/3 der Mauerwerksdruckfestigkeit		
20	7	8	[2]) Die Klammerwerte gelten für Steine aus Beton mit geschlossenem Gefüge nach DIN 18 153		
28	8	10			

4 Bemessung

4.1 Nachweis der Bruchsicherheit für mittige und ausmittige Druckbeanspruchung

4.1.1 Rechenwerte der Druckfestigkeit

Das Mauerwerk wird in Anlehnung an DIN 1045 in Festigkeitsklassen eingeteilt (vgl. Abschnitt D.3.1). Die einzelnen Festigkeitsklassen werden entsprechend ihrer Nennfestigkeit β_M bezeichnet. So bedeutet z.B. die Bezeichnung Mauerwerksfestigkeitsklasse M 9, daß es sich um Mauerwerk handelt, das beim zentrischen Druckversuch eine Festigkeit von mindestens $\beta_M = 9$ MN/m² aufweist, unter Zugrundelegung einer 5%-Fraktile. Letzteres bedeutet, daß nur 5% aller Proben die Festigkeit 9 MN/m² unterschreiten dürfen. Der für die statische Berechnung maßgebende Rechenwert β_R unterscheidet sich von β_M folgendermaßen:

Es wird der Einfluß einer Langzeitbelastung gegenüber von Kurzzeitversuchen durch einen Faktor 0,85 berücksichtigt. Für die Mauerwerksfestigkeitsklassen M 1,5 bis M 9 gilt also $\beta_R = 0,85\beta_M$. Bei höheren Mauerwerksfestigkeitsklassen, für die noch keine langjährige Erfahrung vorliegt, wird die Rechenfestigkeit zusätzlich reduziert, und zwar bei M 11 auf $\beta_R = 0,83\beta_M$ bis auf $\beta_R = 0,7\beta_M$ bei der Mauerwerksfestigkeitsklasse M 25. Damit ergeben sich die maßgebenden β_R-Werte nach Tabelle D.5.

4.1.2 Sicherheitsbeiwerte

Durch den Sicherheitsbeiwert γ wird der Sicherheitsabstand zwischen Bruchlast und Gebrauchslast wiedergegeben. Da von einer linearen Spannungsverteilung ausgegangen wird, wird durch γ auch der Abstand zwischen der Rechenfestigkeit β_R und der unter Gebrauchlast auftretenden Spannung σ angegeben.

Es gibt zwei Sicherheitsbeiwerte:

- Wände: $\gamma_w = 2.0$
- Pfeiler: $\gamma_p = 2{,}5$

Als Pfeiler („kurze Wände") gelten Mauerwerkskörper, deren Querschnitte aus weniger als 2 ungeteilten Steinen bestehen oder deren Querschnittsflächen kleiner als 1000 cm^2 sind. Gemauerte Querschnitte, deren Fläche kleiner als 400 cm^2 ist, sind als tragende Teile unzulässig.

Der kleinere Sicherheitsbeiwert bei Wänden ist damit zu begründen, daß im Gegensatz zu Pfeilern bei Wänden bei Versagen eines Teilbereiches die benachbarten Bereiche mittragen können.

4.1.3 Bruchsicherheitsnachweis

Unter der Annahme einer linearen Spannungsverteilung und des Ebenbleibens der Querschnitte ist nachzuweisen, daß die γ-fache Gebrauchslast ohne Mitwirkung des Mauerwerks auf Zug im Bruchzustand aufgenommen werden kann. Es muß also sein:

$$\gamma \cdot \text{vorh } \sigma \le \beta_R \tag{30}$$

β_R nach Tabelle D.5,
γ Sicherheitsbeiwert nach Abschnitt D.4.1.2.

Tabelle D.5 Rechenwerte der Druckfestigkeit des Mauerwerks

Mauerwerksfestigkeits- klasse M	1,5	2,5	3,5	5	6	7	9	11	13	16	20	25
Rechenwert β_R in MN/m^2	1,3	2,1	3,0	4,3	5,1	6,0	7,7	9,0	10,5	12,5	15,0	17,5

Dividiert man β_R durch den Sicherheitsbeiwert γ, wobei man zwischen Wänden und Pfeilern unterscheiden muß, so kann man die Bemessung in der bisher gewohnten Weise durchführen

$$\text{vorh } \sigma \le \text{zul } \sigma = \frac{\beta_R}{\gamma} \tag{31}$$

In Tabelle D.6 sind die Werte für zul σ zusammengestellt.

Tabelle D.6 Zulässige Spannungen in MN/m^2 für Wände und Pfeiler

Mauerwerksfestigkeits- klasse M		1,5	2,5	3,5	5	6	7	9	11	13	16	20	25
zul $\sigma = \beta_R/\gamma$	Wände	0,65	1,05	1,50	2,15	2,55	3,00	3,85	4,50	5,25	6,25	7,50	8,75
in MN/m^2	Pfeiler	0,52	0,84	1,20	1,72	2,04	2,40	3,08	3,60	4,20	5,00	6,00	7,00

Im Gebrauchszustand dürfen klaffende Fugen infolge der planmäßigen Exzentrizität e rechnerisch höchstens bis zum Schwerpunkt des Gesamtquerschnitts entstehen. Bei Querschnitten, die vom Rechteck abweichen, ist außerdem eine mindestens 1,5fache Kippsicherheit nachzuweisen. Bei Querschnitten mit Scheibenbeanspruchung und klaffender Fuge ist zusätzlich nachzuweisen, daß die rechnerische Randdehnung aus der Scheibenbeanspruchung auf der Seite der Klaffung unter Gebrauchslast den Wert $\varepsilon_R = 10^{-4}$ nicht überschreitet. Die E-Moduln, die zur Ermittlung von ε benötigt werden, sind Tabelle D.4 zu entnehmen. Bei zweiachsiger Ausmitte, z.B. aus der Überlagerung von Scheiben- und Plattenwirkung der Wand, darf der Rechenwert β_R um 20% erhöht werden.

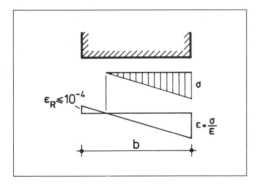

Abb. D.22   Zulässige Randdehnung bei Scheiben

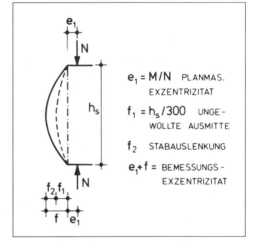

Abb. D.23   Bemessungsexzentrizität

4.2 Nachweis der Knicksicherheit

4.2.1 Allgemeine Grundlagen

Der Knicksicherheitsnachweis wird in Form eines Spannungsnachweises geführt, wobei neben der planmäßigen Exzentrizität e_1 (aus äußeren Lasten) eine ungewollte Ausmitte f_1 und die Stabauslenkung f_2 nach Theorie II. Ordnung zu berücksichtigen sind (**Abb. D.17**).

Bei zweiseitig gehaltenen Wänden darf für die ungewollte Ausmitte eine sinusförmige Verteilung über die lichte Geschoßhöhe angenommen werden mit dem Maximalwert $h_s/300$. Bei anderen Randbedingungen (z.B. dreiseitig gehaltene Wände) ist die gleiche Annahme zu treffen, wobei h_s durch h_K nach Abschnitt D.3.4.4 zu ersetzen ist. Das Verformungsverhalten hat bei Druckgliedern einen großen Einfluß auf das Knickverhalten. Der E-Modul als Tangentenmodul liegt in dieser Beziehung nicht auf der sicheren Seite, da das Mauerwerk mit zunehmender Belastung „weicher" und somit „verformungsfreudiger" wird. Für die Stabilitätsuntersuchung ist daher statt des Tangentenmoduls ein Sekantenmodul von $E = 400\,\beta_R$ anzusetzen [D.1].

4.2.2 Vereinfachter Knicknachweis

An Stelle eines genaueren Nachweises darf in Anlehnung an DIN 1045 eine vereinfachte Bemessung wie folgt durchgeführt werden:

Der Nachweis erfolgt in halber Wandhöhe mit der planmäßigen Exzentrizität e_1 und der zusätzlichen Ausmitte $f = f_1 + f_2$

$$f = f_1 + f_2 = \bar{\lambda} \cdot \frac{1 + m}{2400} \cdot h_\mathrm{K} \left(1 + \frac{\varphi}{4}\right) \tag{32a}$$

Wird das Kriechen durch einen mittleren Wert $\varphi = 4/3$ berücksichtigt, so ergibt sich die in DIN 1053 Teil 2 angegebene Formel

$$f = \bar{\lambda} \cdot \frac{1 + m}{1800} \cdot h_\mathrm{K} \tag{32b}$$

Hierin bedeuten:

$\bar{\lambda} = h_\mathrm{K}/d$ Schlankheit der Wand

h_K Knicklänge der Wand

$m = 6 \cdot |e_1|/d$ bezogene planmäßige Exzentrizität[1]) in halber Geschoßhöhe

Folgendes ist zusätzlich zu beachten:

● Schlankheiten $\bar{\lambda} > 25$ sind nicht zulässig.

Nach [D.1] sinkt bei $\bar{\lambda} = 28{,}3$ die Sicherheit γ auf weniger als 1,5 ab, wenn bei gleichzeitigem Wirken von zul N eine kleine Horizontalkraft H wirkt. Daher werden in der Norm DIN 1053 Teil 2 Schlankheiten $\bar{\lambda} > 25$ nicht zugelassen.

● Bei zweiseitig gehaltenen Wänden nach Abschnitt D.3.8.3 mit Schlankheiten $\bar{\lambda} > 12$ und Wandbreiten $< 2{,}0$ m ist nachzuweisen, daß unter dem Einfluß einer ungewollten, horizontalen Einzellast $H = 0{,}5$ kN die Sicherheit γ mindestens 1,5 beträgt. Die Horizontalkraft H ist in halber Wandhöhe anzusetzen und darf auf die vorhandene Wandbreite b gleichmäßig verteilt werden.

Dieser Nachweis darf **entfallen**, wenn $\bar{\lambda} \leq 20 - 1000 \cdot \dfrac{H}{A \cdot \beta_\mathrm{R}}$ (33)

Hierin bedeutet: A = Wandquerschnitt $b \cdot d$

                   H = 0,5 kN (Horizontalkraft)

Wenn die Gl. (33) — kritische Schlankheit — nicht erfüllt ist, sinkt bei gleichzeitiger Wirkung von zul N und einer Horizontalkraft H die Sicherheit γ von 2 auf 1,5 ab [D.1].

4.3 Bemessungsbeispiele

4.3.1 Allgemeines

In den folgenden Beispielen wird eine Verkehrslast von $p = 2{,}75$ kN/m^2 angenommen, zur Ermittlung des Differenzmomentes im Bereich der Mittelwand werden vereinfachend beide Felder mit $g + p$ belastet.

Strenggenommen müßte jedoch zur Ermittlung des maximalen Differenzmomentes das eine Feld mit $g + p$ und das andere Feld mit $g + p/2$ belastet werden (vgl. DIN 1053 Teil 2, 6.1.2 bzw. Abschnitt D.3.3.1 „Vereinfachte Annahmen"). Vergleichsrechnungen haben jedoch gezeigt, daß bei geringen Verkehrslasten ($p < 5{,}00$ kN/m^2) die auftretenden Spannungsunterschiede vernachlässigbar klein sind.

---

[1]) Das heißt, Exzentrizität infolge der Wandmomente aus Decken-Auflagerdrehwinkel und gegenenfalls infolge Wind.

4.3.2 Mauerwerksbau mit gleichen Geschoßhöhen und gleichen Wanddicken

Prinzipskizze

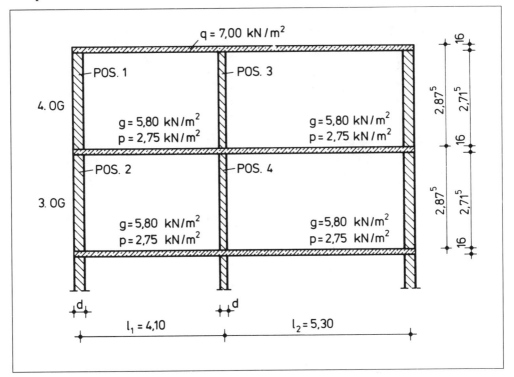

4.3.2.1 Systemgrößen

Mauerwerksfestigkeitsklassen nach Wahl
Steinrohdichte 1,6 kg/dm³
Stahlbetondecke B 25; $d_b = 16$ cm; $E_b = 30000$ MN/m²

4.3.2.2 Auflagerkräfte der Decken

Ermittlung nach [D.3], S. 4.10
$l_1 = 4,10$ m; $l_2 = 5,30$ m
$l_1 : l_2 = 4,10 : 5,30 = 1 : 1,3$

a) **Dachdecke**

$q = 7,00$ kN/m²
$A_D = 0,326 \cdot 7,00 \cdot 4,10 = 9,4$ kN/m
$B_D = (0,674 + 0,784) \cdot 7,00 \cdot 4,10 = 41,8$ kN/m
$C_D = 0,516 \cdot 7,00 \cdot 4,10 = 14,8$ kN/m

b) **Zwischendecke**

$q = 8,55$ kN/m²
$\max A_Z = (0,326 \cdot 5,80 + 0,446 \cdot 2,75) \cdot 4,10 = 12,8$ kN/m
$\max B_Z = (0,674 + 0,784) \cdot 8,55 \cdot 4,10 = 51,1$ kN/m
$\max C_Z = (0,516 \cdot 5,80 + 0,558 \cdot 2,75) \cdot 4,10 = 18,6$ kN/m

4.3.2.3 Berechnung der Wände (gleiche Geschoßhöhen und gleiche Wanddicken)

Pos. 1 Zweiseitig gehaltene 24 cm Außenwand im Dachgeschoß

$h = 2,875$ m; $h_s = 2,72$ m

Da die Bedingungen des Abschnitts D.3.7 (2. Absatz) erfüllt sind, braucht die Windbelastung der Wand rechnerisch nicht berücksichtigt zu werden.

gewählt: M 1,5

$\beta_M = 1,5$ MN/m²; $E_{mw} = 1000 \cdot \beta_M = 1500$ MN/m²
zul $\sigma = 0,65$ MN/m² (Tabelle D.6)

a) **Ermittlung von e_o (am Wandkopf)**

Deckeneinspannmoment nach Gleichungen (1a) und (1):

$$k_1 = \frac{2 \cdot 30000 \cdot 0,16^3 \cdot 2,875 \cdot 1,00}{3 \cdot 1500 \cdot 0,24^3 \cdot 4,10 \cdot 1,00} = 2,77$$

$$M_o = -\frac{7,00 \cdot 4,10^2}{24} \cdot \frac{1}{1 + 2,77} = -1,30 \text{ kNm/m}$$

Aus Gleichung (1b) ermittelt man die Exzentrizität zu

$$e_o = -\frac{M_o}{A_D} = -\frac{-1,30}{9,4} = 0,14 \text{ m} > \frac{d}{3} = 0,08 \text{ m}$$

Zum Vergleich ergibt sich die Exzentrizität mit den Näherungswerten der **Abb. D.12** zu

$$e_o = 0,05 \cdot 4,10 = 0,21 \text{ m} > \frac{d}{3} = 0,08 \text{ m}$$

Nach Abschnitt D.3.5 darf $e_o = d/3 = 0,08$ m angenommen werden.

b) **Ermittlung von e_u (am Wandfuß)**

Deckeneinspannmoment nach Gleichung (2):

$$M_u = \frac{8,55 \cdot 4,10^2}{24} \cdot \frac{1}{2 + 2,77} = 1,26 \text{ kNm/m}$$

Ermittlung der Längskraft N am Wandfuß des 4. OG:

aus Dachdecke	$A_D =$	9,4 kN/m
aus Wand, $d = 24$ cm	$4,63 \cdot 2,72$	= 12,6 kN/m
(nach [D.5], S. 3.32)		
	$N =$	22,0 kN/m $= R_u$

aus Gleichung (2a):

$$e_u = -\frac{M_u}{R_u} = -\frac{1,26}{22,0} = -0,06 \text{ m} > d/6 = 0,04 \text{ m} < d/3 = 0,08 \text{ m}$$

c) **Ermittlung von e_m (in halber Geschoßhöhe)**

Aus planmäßiger Exzentrizität: $e_1 = (e_o + e_u)/2 = (0{,}08 - 0{,}06)/2 = 0{,}01$ m $< d/6 = 0{,}04$ m

Aus ungewollter Ausmitte und Stabauslenkung nach Theorie II. Ordnung (vgl. D.4.2.2, Gleichung (32b):

$$\bar{\lambda} = - h_K/d \text{ mit } h_K = \beta \cdot h_s$$

$$\beta = 1 \text{ (nach D.3.9.3)}; h_K = h_s = 2{,}72 \text{ m}$$

$$\bar{\lambda} = 2{,}72/0{,}24 = 11{,}3$$

$$m = 6 \cdot |\,e_1\,|\,/d = 6 \cdot 0{,}01/0{,}24 = 0{,}25$$

$$f = \bar{\lambda} \cdot \frac{1 + m}{1800} \cdot h_K = 11{,}3 \cdot \frac{1 + 0{,}25}{1800} \cdot 2{,}72 = 0{,}02 \text{ m}$$

$$e_m = |\,e_1\,| + f = 0{,}01 + 0{,}02 = 0{,}03 \text{ m}$$

d) **Bemessung**

Maßgebend Wandkopf oder Wandfuß

Wandkopf (siehe a)

$e_o = 0{,}08$ m; $R_o = A_D = 9{,}4$ kN/m

nach Tabelle C. 19, Zeile 5

$$max\ \sigma = \frac{4 \cdot R}{b \cdot d} = \frac{4 \cdot 9{,}4}{100 \cdot 24} = 0{,}016 \text{ kN/cm}^2 = 0{,}16 \text{ MN/m}^2 < zul\ \sigma = 0{,}65 \text{ MN/m}^2$$

Wandfuß (siehe b)

$e_u = - 0{,}06$ m; $R_u = 22{,}0$ kN/m

nach Tabelle C.19, Zeile 4

$$max\ \sigma = \frac{2 \cdot R}{3 \cdot (d/2 - |\,e\,|) \cdot b} = \frac{2 \cdot 22{,}0}{3 \cdot (12 - 6) \cdot 100} = 0{,}024 \text{ kN/cm}^2$$
$$= 0{,}24 \text{ MN/m}^2 < zul\ \sigma = 0{,}65 \text{ MN/m}^2$$

Pos. 2 Zweiseitig gehaltene 24 cm Außenwand im 3. OG

$h = 2{,}875$ m; $h_s = 2{,}72$ m; *gewählt:* M 1,5 wie Pos. 1

a) **Ermittlung von e_o (am Wandkopf)**

Deckeneinspannmoment nach Gleichung (3):

$M_o = - 1{,}26$ kN/m

$N = 22{,}0$ kN/m (wie Pos. 1,b)

Aus Zwischendecke $A_Z = 12{,}8$ kN/m

$R_o = N + A_Z = 22{,}0 + 12{,}8 = 34{,}8$ kN/m

aus Gleichung (3a): $e_o = - \dfrac{M_o}{R_o} = - \dfrac{- 1{,}26}{34{,}8} = 0{,}036$ m $< d/6 = 0{,}04$ m

b) **Ermittlung von e_u (am Wandfuß)**

$M_u = 1,26$ kNm/m (wie Pos. 1,b)

Ermittlung der Längskraft N am Wandfuß des 3. OG:

aus Dachdecke $\qquad A_D = 9,4$ kN/m

aus Zwischendecke $\qquad A_Z = 12,8$ kN/m

aus Wand, $d = 24$ cm $\quad 4,63 \cdot 2,72 \cdot 2 \quad = 25,2$ kN/m

(nach [D.5], S. 3.32)

$$N = 47,4 \text{ kN/m} = R_u$$

aus Gleichung (2a): $e_u = -\dfrac{1,26}{47,4} = -0,027$ m $< d/6 = 0,04$ m

c) **Ermittlung von e_m (in halber Geschoßhöhe)**

Aus planmäßiger Exzentrizität: $e_1 = (0,036 - 0,027)/2 = 0,005$ m $< d/6^{1)}$

Aus ungewollter Ausmitte und Stabauslenkung nach Theorie II. Ordnung

$\bar{\lambda} = h_K/d$ mit $h_K = \beta \cdot h_s$

Die Bedingungen a) und b) des Abschnitts D.3.9.3 sind erfüllt.

Aus Gleichung (16c) : $\beta = 1 - 0,15 \cdot \dfrac{E_b \cdot I_b}{E_{mw} \cdot I_{mw}} \cdot h_s \cdot \left(\dfrac{1}{l_1} + \dfrac{1}{l_2}\right) \geqq 0,75$

$\beta = 1 - 0,15 \cdot \dfrac{30000 \cdot 0,16^3}{1500 \cdot 0,24^3} \cdot 2,72 \cdot \dfrac{1}{4,10} = 0,41 < 0,75$

Rechenwert: $\beta = 0,75$

$h_K = 0,75 \cdot 2,72 = 2,04$ m

$\bar{\lambda} = 2,04/0,24 = 8,5$

$m = 6 \cdot |e_1|/d = 6 \cdot 0,005/0,24 = 0,125$

$f = \bar{\lambda} \cdot \dfrac{1 + m}{1800} \cdot h_K = 8,5 \cdot \dfrac{1 + 0,125}{1800} \cdot 2,04 = 0,011$ m

$e_m = |e_1| + f = 0,005 + 0,011 = 0,016$ m

d) **Bemessung**

Maßgebend Wandkopf bzw. Wandfuß

Wandkopf (siehe a)

$e_o = 0,036$ m $\quad R_o = 34,8$ kN/m

---

[1]) Es kann $e_1 = 0$ gesetzt werden, wenn die übereinanderstehenden Geschoßwände die gleiche Dicke haben und wenn sie aus Steinen gleicher Art und Festigkeit bestehen. In diesem Fall kann davon ausgegangen werden, daß der Deckendrehwinkel am Ober- und Unterrand der Wand gleich ist und daß somit in Wandmitte $M_1 = 0$ ist (vgl. [D.1]).

nach Tabelle C.19, Zeile 2

$$\max \sigma = \frac{R}{b \cdot d} \cdot \left(1 + \frac{6 \cdot e}{d}\right) = \frac{34,8}{100 \cdot 24} \cdot \left(1 + \frac{6 \cdot 3,6}{24}\right) = 0,028 \text{ kN/cm}^2$$
$$= 0,28 \text{ MN/m}^2$$
$$< \text{zul } \sigma = 0,65 \text{ MN/m}^2$$

Wandfuß (siehe b)

$$e_u = -0,027 \text{ m}; \quad R_u = 47,4 \text{ kN/m}$$

$$\max \sigma = \frac{47,4}{100 \cdot 24} \cdot \left(1 + \frac{6 \cdot 2,7}{24}\right) = 0,033 \text{ kN/cm}^2 = 0,33 \text{ MN/m}^2 < \text{zul } \sigma = 0,65 \text{ MN/m}^2$$

Pos. 3   Zweiseitig gehaltene 11,5 cm Innenwand im Dachgeschoß

$h = 2,875$ m; $h_s = 2,72$ m

gewählt: M 5

$$\beta_M = 5 \text{ MN/m}^2; \quad E_{mw} = 5000 \text{ MN/m}^2$$
$$\text{zul } \sigma = 2,15 \text{ MN/m}^2 \text{ (Tabelle D.6)}$$

a) Ermittlung von e_o (am Wandkopf)

Deckeneinspannmoment nach Gleichungen (1a) und (4):

$$k_1 = \frac{2 \cdot 30000 \cdot 0,16^3 \cdot 2,875 \cdot 1,00}{3 \cdot 5000 \cdot 0,115^3 \cdot 4,10 \cdot 1,00} = 7,55$$

$$M_o = \frac{1}{18} \left(7,00 \cdot 4,10^2 - 7,00 \cdot 5,30^2\right) \cdot \frac{1}{1 + 7,55 \cdot (1 + 4,10/5,30)} = -0,30 \text{ kNm/m}$$

Aus Gleichung (4a) ermittelt man die Exzentrizität zu

$$e_o = -\frac{M_o}{B_D} = -\frac{-0,30}{41,8} = 0,007 \text{ m} < d/6 = 0,019$$

Zum Vergleich ergibt sich die Exzentrizität mit den Näherungswerten der **Abb. D.10** zu

$e_o = e_D = 0,05 \cdot (l_2 - l_1) = 0,060 \text{ m} > d/3 = 0,038 \text{ m}$.

Die weitere Rechnung wird mit dem „wirtschaftlicheren" Wert $e_o = 0,007$ m geführt.

b) Ermittlung von e_u (am Wandfuß)

Deckeneinspannmoment nach Gleichung (5):

$$M_u = -\frac{1}{18} \cdot \left(8,55 \cdot 4,10^2 - 8,55 \cdot 5,30^2\right) \cdot \frac{1}{2 + 7,55 \cdot (1 + 4,10/5,30)} = 0,35 \text{ kNm/m}$$

Ermittlung der Längskraft N am Wandfuß des 4. OG:

aus Dachdecke	B_D	$= 41,8$ kN/m
aus Wand, $d = 11,5$ cm 2,51 · 2,72		$= 6,8$ kN/m
(nach [D.5], S. 3.32		

$$N = 48,6 \text{ kN/m} = R_u$$

aus Gleichung (5a): $e_u = -\dfrac{M_u}{R_u} = -\dfrac{0,35}{48,6} = -0,007$ m $< f/6 = 0,019$ m

c) Ermittlung von e_m (in halber Geschoßhöhe)

Aus planmäßiger Exzentrizität: $e_1 = (e_o + e_u)/2 = (0,007 \cdot 0,007)/2 = 0$

Aus ungewollter Ausmitte und Stabauslenkung nach Theorie II. Ordnung (vgl. D.4.2.2, Gleichung 32b):

$\bar{\lambda} = h_K/d$ mit $h_K = \beta \cdot h_s$

$\beta = 0,75$ (nach D.3.9.3, letzter Absatz)

$h_K = 0,75 \cdot 2,72 = 2,04$ m

$\bar{\lambda} = 2,04/0,115 = 17,7$

$m = 6 \cdot |e_1|/d = 6 \cdot 0/0,115 = 0$

$f = \bar{\lambda} \cdot \dfrac{1+m}{1800} \cdot h_K = 17,7 \cdot \dfrac{1+0}{1800} \cdot 2,04 = 0,020$ m

$e_m = |e_1| + f = 0 + 0,020 = 0,020$ m

d) Bemessung

Querschnitt in halber Geschoßhöhe maßgebend (siehe c)

$e_m = 0,02$ m $> \dfrac{d}{6} = 0,019$ m

Resultierende Längskraft in halber Wandhöhe:

$R_m = 41,8 + 6,8/2 = 45,2$ kN/m (siehe b)

nach Tabelle C.5, Zeile 4

$$\max \sigma = \frac{2 \cdot R}{3 \cdot (d/2 - |e|) \cdot b} = \frac{2 \cdot 45,2}{3 \cdot (11,5/2 - 2) \cdot 100} = 0,08 \text{ kN/cm}^2$$
$$= 0,80 \text{ MN/m}^2$$
$$< \text{zul } \sigma = 2,15 \text{ MN/m}^2$$

Hinweis: Um mit den einfacheren Formeln (1a) und (5) rechnen zu können, müssen die Mauerwerksfestigkeitsklassen im 4. und 3. OG übereinstimmen. Es wurde daher im 4. OG die „unwirtschaftlichere" Mauerwerksfestigkeitsklasse M 5 gewählt. Wenn man im 4. und 3. OG unterschiedliche Mauerwerksfestigkeitsklassen ausführen will, muß man bei der Ermittlung von e_u die allgemeinen Formeln (7a), (11) und (11a) nach Abschnitt D.3.3.3.3 verwenden.

Pos. 4   Zweiseitig gehaltene 11,5 cm Innenwand im 3. OG

$h = 2,875$ m; $h_s = 2,72$ m

gewählt: M 5

$\beta_M = 5$ MN/m^2; $E_{mw} = 5000$ MN/m^2

zul $\sigma = 2,15$ MN/m^2 (Tabelle D.6)

a) Ermittlung von e_o (am Wandkopf)

Deckeneinspannmoment nach Gleichungen (1a) und (6):

$k_1 = 7,55$ (wie Pos. 3,a)

$$M_\text{o} = \frac{1}{18} \cdot (8,55 \cdot 4,10^2 - 8,55 \cdot 5,30^2) \cdot \frac{1}{2 + 7,55 \cdot (1 + 4,10/5,30)} = -0,35 \text{ kNm/m}$$

$N = 48,6$ kN/m (wie Pos. 3,b)

Aus Zwischendecke $B_\text{Z} = 51,1$ kN/m

$R_\text{o} = N + B_\text{Z} = 48,6 + 51,1 = 99,7$ kN/m

Aus Gleichung (6a): $e_\text{o} = -\dfrac{M_\text{o}}{R_\text{o}} = -\dfrac{-0,35}{99,7} = 0,004$ m $< d/6 = 0,019$ m

b) Ermittlung von e_u (am Wandfuß)

$M_\text{u} = 0,35$ kNm/m (wie Pos. 3,b)

Ermittlung der Längskraft N am Wandfuß des 3. OG:

aus Dachdecke	$B_\text{D} = 41,8$ kN/m
aus Zwischendecke	$B_\text{Z} = 51,1$ kN/m
aus Wand, $d = 11,5$ cm	$2,51 \cdot 2,72 = 13,7$ kN/m
(nach [D.5], S. 3.32)	

$$N = 106,6 \text{ kN/m} = R_\text{u}$$

aus Gleichung (5a): $e_\text{u} = -\dfrac{M_\text{u}}{R_\text{u}} = -\dfrac{0,35}{106,6} = -0,003$ m $< d/6$

c) Ermittlung von e_m (in halber Geschoßhöhe)

Aus planmäßiger Exzentrizität: $e_1 = (e_\text{o} + e_\text{u})/2 = (0,004 - 0,003/2 = /0,0005 \text{ m}^1) < d/6$

Aus ungewollter Ausmitte und Stabauslenkung nach Theorie II. Ordnung (vgl. D.4.2.2, Gleichung 19b):

$\bar{\lambda} = h_\text{K}/d$ mit $h_\text{K} = \beta \cdot h_\text{s}$

$\beta = 0,75$ (nach D.3.9.3, letzter Absatz)

$h_\text{K} = 0,75 \cdot 2,72 = 2,04$ m

$\bar{\lambda} = 2,04/0,115 = 17,7$

$m = 6 \cdot |e_1|/d = 6 \cdot 0,0005/0,115 = 0,026$

$$f = \bar{\lambda} \cdot \frac{1 + m}{1800} \cdot h_\text{K} = 17,7 \cdot \frac{1 + 0,026}{1800} \cdot 2,04 = 0,021 \text{ m}$$

$e_\text{m} = |e_1| + f = 0,0005 + 0,021 = 0,0215$ m

d) Bemessung

Querschnitt in halber Geschoßhöhe maßgebend

$e_\text{m} = 0,0215$ m $> d/6 = 0,019$ m; $R_\text{m} = 106,6 - 6,8/2 = 103,2$ kN/m (siehe b)

---

[1]) Es kann $e_1 = 0$ gesetzt werden, wenn die übereinanderstehenden Geschoßwände die gleiche Dicke haben und wenn sie aus Steinen gleicher Art und Festigkeit bestehen. In diesem Fall kann davon ausgegangen werden, daß der Deckendrehwinkel am Ober- und Unterrand der Wand gleich ist und daß somit in Wandmitte $M_1 = 0$ ist (vgl. [D.1]).

nach Tabelle C.19, Zeile 4

$$\max \sigma = \frac{2 \cdot R}{3 \cdot (d/2 - |e|) \cdot b} = \frac{2 \cdot 103{,}2}{3 \cdot (11{,}5/2 - 2{,}15) \cdot 100} = 0{,}19 \text{ kN/cm}^2$$
$$= 1{,}9 \text{ MN/m}^2$$
$$< \text{zul } \sigma = 2{,}15 \text{ MN/m}^2$$

Pos. 5   Zweiseitig gehaltene 30 cm Außenwand im Dachgeschoß

(Alternative zu Pos. 1, Geschoßhöhe 3,25 m)

$h = 3{,}25$ m; $h_s = 3{,}09$ m

Da $h_s > 3{,}00$ m ist (vgl. D.3.6.), muß die Windbelastung der Wand rechnerisch berücksichtigt werden.

$w = 0{,}8 \cdot 0{,}8 = 0{,}64 \text{ kN/m}^2$

Als statisches System wird ein vertikaler Träger auf zwei Stützen gewählt (siehe Abschnitt D.3.6).

$$M_w = \frac{w \cdot h_s^2}{8} = \frac{0{,}64 \cdot 3{,}09^2}{8} = 0{,}76 \text{ kNm/m}$$

Eine Nebenrechnung ergab, daß eine 24-cm-Außenwand mit Windbelastung im vorliegenden Fall nicht ausreicht. Daher neu gewählt $d = 30$ cm und M 1,5 wie Pos. 1.

a) Ermittlung von e_o (am Wandkopf)

Deckeneinspannmoment nach Gleichungen (1a) und (1):

$$k_1 = \frac{2 \cdot 30000 \cdot 0{,}16^3 \cdot 3{,}25 \cdot 1{,}00}{3 \cdot 1500 \cdot 0{,}30^3 \cdot 4{,}10 \cdot 1{,}00} = 1{,}60$$

$$M_o = \frac{7{,}00 \cdot 4{,}10^2}{24} \cdot \frac{1}{1 + 1{,}60} = -1{,}89 \text{ kNm/m}$$

Aus Gleichung (1b) ermittelt man die Exzentrizität zu

$$e_o = -\frac{M_o}{A_D} = -\frac{-1{,}89}{9{,}4} = 0{,}20 \text{ m} > d/3 = 0{,}10 \text{ m}$$

Nach Abschnitt D.3.5 darf $e_o = d/3 = 0{,}10$ m angenommen werden.

b) Ermittlung von e_u (am Wandfuß)

Deckeneinspannmoment nach Gleichung (2):

$$M_u = \frac{8{,}55 \cdot 4{,}10^2}{24} \cdot \frac{1}{2 + 1{,}60} = 1{,}66 \text{ kNm/m}$$

Ermittlung der Längskraft N am Wandfuß des 4. OG:

aus Dachdecke	A_D =	9,4 kN/m
aus Wand, $d = 30$ cm	$5{,}65 \cdot 3{,}09 =$	17,5 kN/m
(nach [D.5], S. 3.32		
	N =	26,9 kN/m $= R_u$

aus Gleichung (2a): $e_u = -\dfrac{M_u}{A_D} = -\dfrac{1,66}{26,9} = -0,062$ m $< d/3 = 0,10$ m

c) Ermittlung von e_m (in halber Geschoßhöhe)

Längskraft N in halber Geschoßhöhe:

$N = 9,4 + 17,5/2 = 18,2$ kN/m

infolge Wind:

$e_w = \dfrac{-M_w}{N} = -\dfrac{0,76}{18,2} = -0,042$ m

Aus planmäßiger Exzentrizität (infolge Decken-Auflagerdrehwinkel und Wind):

$e_1 = \left[(e_o + e_u)/2\right] + e_w = \left[(0,100 - 0,062)/2\right] - 0,042 = -0,023$ m $< d/6 = 0,050$ m

Aus ungewollter Ausmitte und Stabauslenkung nach Theorie II. Ordnung (vgl. D.4.2.2, Gleichung 32b):

$\bar{\lambda} = h_K/d$ mit $h_K = \beta \cdot h_s$

$\beta = 1$ (nach D.3.9.3); $h_K = h_s = 3,09$ m

$\bar{\lambda} = 3,09/0,30 = 10,3$

$m = 6 \cdot |e_1|/d = 6 \cdot 0,023/0,30 = 0,46$

$f = \bar{\lambda} \cdot \dfrac{1 + m}{1800} \cdot h_K = 10,3 \cdot \dfrac{1 + 0,46}{1800} \cdot 3,09 = 0,026$ m

$e_m = |e_1| + f = 0,023 + 0,026 = 0,049$ m

d) Bemessung (Wandfuß maßgebend)

$e_u = -0,086$ m; $R_u = 26,9$ kN/m

nach Tabelle C.5, Zeile 4

$\max \sigma = \dfrac{2 \cdot R}{3 \cdot (d/2 - |e|) \cdot b} = \dfrac{2 \cdot 26,9}{3 \cdot (15 - 6,2) \cdot 100} = 0,020$ kN/cm^2
$= 0,20$ MN/m^2
$< $ zul $\sigma = 0,65$ MN/m^2

Pos. 6   11,5 cm Wandpfeiler in der Innenwand des Dachgeschosses

$h = 2,875$ m; $h_s = 2,72$ m

gewählt: M 9

$\beta_M = 9$ MN/m^2; $E_{mw} = 9000$ MN/m^2

zul $\sigma = 3,08$ MN/m^2 (Tabelle D.6)

Einflußbreite für die Belastung des Pfeilers:

$B = 0,49 + 2 \cdot 1,01/2 = 1,50$ m

$b = 0,49$ m

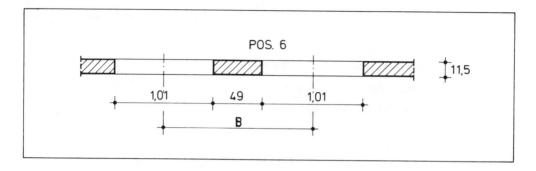

a) Ermittlung von e_o (am Pfeilerkopf)

Deckeneinspannmoment nach Gleichungen (1a) und (4):

$I_b = 150 \cdot 16^3/12 = 51200 \text{ cm}^4$

$I_{mw} = 49 \cdot 11,5^3/12 = 6210 \text{ cm}^4$

$k_1 = \dfrac{2 \cdot 30000 \cdot 51200 \cdot 2,875}{3 \cdot 9000 \cdot 6210 \cdot 4,10} = 12,9$

Belastung auf Einflußbreite B bezogen:

$q = 7,00 \cdot 1,50 = 10,5 \text{ kN/m}$

$M_o = \dfrac{1}{18} \cdot (10,5 \cdot 4,10^2 - 10,5 \cdot 5,30^2) \cdot \dfrac{1}{1 + 12,9 \cdot (1 + 4,10/5,30)} = -0,28 \text{ kNm}$

Belastung des Pfeilers aus der Dachdecke:

$B_D = 41,8 \cdot 1,50 = 62,7 \text{ kN}$ (siehe D.4.3.2.2a)

Aus Gleichung (4a) ermittelt man die Exzentrizität zu

$e_o = -\dfrac{M_o}{B_D} = -\dfrac{-0,28}{62,7} = 0,0045 \text{ m} < d/6 = 0,019 \text{ m}$

b) Ermittlung von e_u (am Pfeilerfuß)

Deckeneinspannmoment nach Gleichungen (5) und (1a):

Belastung des Pfeilers auf Einflußbreite B bezogen

$q = 8,55 \cdot 1,50 = 12,8 \text{ kN/m}$

$M_u = \dfrac{1}{18} \cdot (12,8 \cdot 4,10^2 - 12,8 \cdot 5,30^2) \cdot \dfrac{1}{1 + 12,9 \cdot (1 + 4,10/5,30)} = 0,34 \text{ kNm}$

Ermittlung der Längskraft N am Pfeilerfuß im 4. OG:

aus Dachdecke	B_D	$= 62,7 \text{ kN}$
aus Pfeiler $2,51 \cdot 2,72 \cdot 0,49$		$= 3,3 \text{ kN}$
(nach [D.5], S. 3.32)		

$$N = 66,0 \text{ kN} = R_u$$

aus Gleichung (5a):

$$e_{\mathrm{u}} = -\frac{M_{\mathrm{u}}}{R_{\mathrm{u}}} = -\frac{0,34}{66,0} = -0,0052 \text{ m} < d/6 = 0,019 \text{ m}$$

c) **Ermittlung von e_{m} (in halber Geschoßhöhe)**

Aus planmäßiger Exzentrizität

$$e_1 = (e_{\mathrm{o}} + e_{\mathrm{u}})/2 = (0,0045 - 0,0052)/2 = -0,0004 \text{ m} < d/6$$

Aus ungewollter Ausmitte und Stabauslenkung nach Theorie II. Ordnung (vgl. D.4.2.2, Gleichung 32b):

$\bar{\lambda}\ =\ h_{\mathrm{K}}/d$ mit $h_{\mathrm{K}} = \beta \cdot h_{\mathrm{s}}$

$\beta\ = 0,75$ (nach D.3.9.3, letzter Absatz)

$h_{\mathrm{K}}\ = 0,75 \cdot 2,72 = 2,04$ m

$\bar{\lambda}\ = 2,04/0,115 = 17,7 > 12 < 25$ (siehe Abschnitt D.4.2.2)

$m\ = 6 \cdot |e_1|/d = 6 \cdot 0,0004/0,115 = 0,0209$

$f\ = \bar{\lambda} \cdot \dfrac{1+m}{1800} \cdot h_{\mathrm{K}} = 17,7 \cdot \dfrac{1 + 0,0209}{1800} \cdot 2,04 = 0,0205$ m

$e_{\mathrm{m}}\ = |e_1| + f = 0,0004 + 0,0205 = 0,0209 \text{ m} > d/6 = 0,019 \text{ m} < d/3 = 0,038 \text{ m}$

Zusätzliche Bedingung nach Abschnitt D.4.2.2:

$$\bar{\lambda} \leqq 20 - 1000 \cdot \frac{H}{A \cdot \beta_{\mathrm{R}}}$$

$$17,7 < 20 - \frac{1000 \cdot 0,5}{11,5 \cdot 49 \cdot 0,77} = 18,8$$

Weitere Nachweise nicht erforderlich!

d) **Bemessung**

Querschnitt in halber Geschoßhöhe maßgebend (siehe c)

$e_{\mathrm{m}} = 0,0209$ m

Resultierende Längskraft in halber Wandhöhe:

$R_{\mathrm{m}} = 62,7 + 3,3/2 = 64,4$ kN (siehe b)

nach Tabelle C.5, Zeile 4

$$\max \sigma = \frac{2 \cdot R}{3 \cdot (d/2 - |e|) \cdot b} = \frac{2 \cdot 64,4}{3 \cdot (11,5/2 - 2,09) \cdot 49} = 0,24 \text{ kN/cm}^2$$
$$= 2,4 \text{ MN/m}^2$$
$$< \text{zul } \sigma = 3,08 \text{ MN/m}^2$$

4.3.3 Mauerwerksbau mit beliebigen Geschoßhöhen, beliebigen Wanddicken und beliebigen Mauerwerksfestigkeitsklassen

Prinzipskizze

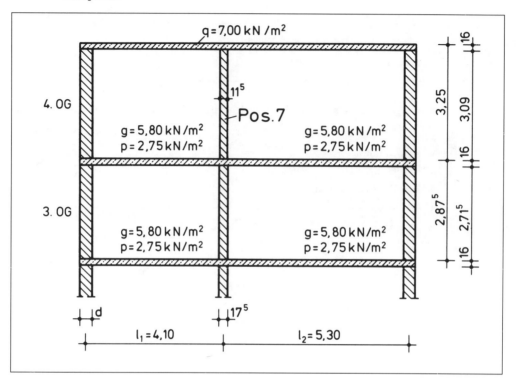

4.3.3.1 Systemgrößen

wie Abschnitt D.4.3.2.1

4.3.3.2 Auflagerkräfte

wie Abschnitt D.4.3.2.2

4.3.3.3 Berechnung der Wände
(beliebige Wanddicken, beliebige Geschoßhöhen, beliebige Mauerwerksfestigkeitsklassen)

Pos. 7   Zweiseitig gehaltene 11,5 cm Innenwand im 4. OG:

4. OG: $h_i = 3,25$ m; $h_s = 3.09$ m

gewählt: M 2,5

$\beta_M = 2,5$ MN/m²; $E_i = 2500$ MN/m²

zul $\sigma = 1,05$ MN/m² (Tabelle D.6)

3. OG: $h_j = 2,875$ m; $h_s = 2,72$

gewählt: M 3,5

$\beta_M = 3,5$ MN/m²; $E_j = 3500$ MN/m²

zul $\sigma = 1,50$ MN/m² (Tabelle D.6)

a) Ermittlung von e_o (am Wandkopf)

Deckeneinspannmoment nach Gleichungen (7a) und (10):

$$k_i = \frac{2 \cdot 30000 \cdot 0,16^3 \cdot 1.00 \cdot 3,25}{3 \cdot 2500 \cdot 0,115^3 \cdot 1,00 \cdot 4,10} = 17,1$$

$$M_o = \frac{1}{18} \cdot (7,00 \cdot 4,10^2 - 7,00 \cdot 5,30^2) \cdot \frac{1}{1 + 17,1 \cdot (1 + 4,10/5,30)} = -0,14 \text{ kNm/m}$$

Aus Gleichung (10a) ermittelt man die Exzentrizität zu

$$e_o = -\frac{M_o}{B_D} = -\frac{-0,14}{41,8} = 0,003 \text{ m} < d/6 = 0,019 \text{ m}$$

b) Ermittlung von e_u (am Wandfuß)

Deckeneinspannmoment nach Gleichung (11):

$$M_u = -\frac{1}{18} \cdot (8,55 \cdot 4,10^2 - 8,55 \cdot 5,30^2) \cdot \frac{1}{1 + \frac{3500 \cdot 0,175^3 \cdot 3,25}{2500 \cdot 0,115^3 \cdot 2,875} + 17,1 \cdot \left(1 + \frac{4,10}{5,30}\right)}$$

$$= 0,15 \text{ kNm/m}$$

Ermittlung der Längskraft N am Wandfuß des 4. OG:

aus Dachdecke	$B_D = 41,8$ kN/m
aus Wand, $d = 11,5$ cm (nach [D.5], S. 3.32)	$2,51 \cdot 3,09 = 7,8$ kN/m
	$N = 49,6$ kN/m $= R_u$

aus Gleichung (11a):

$$e_u = -\frac{M_u}{R_u} = -\frac{0,15}{49,6} = -0,003 \text{ m} < d/6 = 0,019 \text{ m}$$

c) Ermittlung von e_m (in halber Geschoßhöhe)

Aus planmäßiger Exzentrizität:

$$e_1 = (e_o + e_u)/2 = (0,003 - 0,003)/2 = 0$$

Aus ungewollter Ausmitte und Stabauslenkung nach Theorie II Ordnung (vgl. D.4.2.2, Gleichung 32b):

$\bar{\lambda} = h_K/d$ mit $h_K = \beta \cdot h_s$

$\beta = 0,75$ (nach D.3.9.3, letzter Absatz)

$h_K = 0,75 \cdot 3,09 = 2,32$ m

$\bar{\lambda} = 2,32/0,115 = 20,2$

$m = 6 \cdot |e_1|/d = 6 \cdot 0/0,115 = 0$

$$f = \bar{\lambda} \cdot \frac{1 + m}{1800} \cdot h_K = 20{,}2 \cdot \frac{1 + 0}{1800} \cdot 2{,}32 = 0{,}026 \text{ m}$$

$$e_m = |e_1| + f = 0 + 0{,}026 = 0{,}026 \text{ m}$$

d) Bemessung

Querschnitt in halber Geschoßhöhe maßgebend (siehe c):

$$e_m = 0{,}026 \text{ m} > d/6 = 0{,}019 \text{ m}$$
$$< d/3 = 0{,}038 \text{ m}$$

Resultierende Längskraft in halber Wandhöhe

$$R_m = 41{,}8 + 7{,}8/2 = 45{,}7 \text{ kN/m (siehe b)}$$

nach Tabelle C.5, Zeile 4

$$\max \sigma = \frac{2 \cdot R}{3 \cdot (d/2 - |e|) \cdot b} = \frac{2 \cdot 45{,}7}{3 \cdot (11{,}5/2 - 2{,}6) \cdot 100} = 0{,}097 \text{ kN/m}^2$$

$$= 0{,}97 \text{ MN/m}^2 < \text{zul } \sigma = 1{,}05 \text{ MN/m}^2$$

4.3.4 Mauerwerksbau wie unter Abschnitt D.4.3.3, jedoch mit Kragplatten

Prinzipskizze

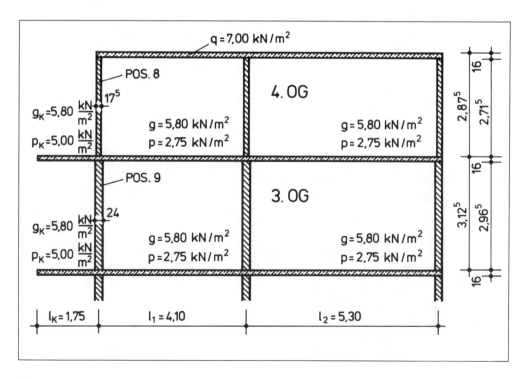

4.3.4.1 Systemgrößen

wie Abschnitt D.4.3.2.1

4.3.4.2 Auflagerkräfte der Decken

a) Dachdecke

$A_D = 9,4$ kN/m (siehe Abschnitt D.4.3.2.2)

b) Zwischendecke

Die Ermittlung von max A_Z erfolgt nach [D.3], S. 4.10 und 4.11

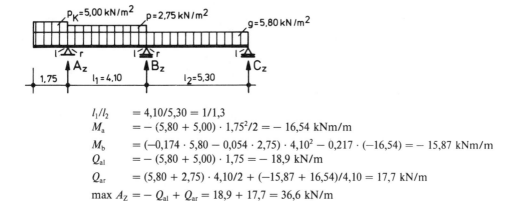

$$l_1/l_2 \quad = 4,10/5,30 = 1/1,3$$
$$M_a \quad = - (5,80 + 5,00) \cdot 1,75^2/2 = - 16,54 \text{ kNm/m}$$
$$M_b \quad = (-0,174 \cdot 5,80 - 0,054 \cdot 2,75) \cdot 4,10^2 - 0,217 \cdot (-16,54) = - 15,87 \text{ kNm/m}$$
$$Q_{al} \quad = - (5,80 + 5,00) \cdot 1,75 = - 18,9 \text{ kN/m}$$
$$Q_{ar} \quad = (5,80 + 2,75) \cdot 4,10/2 + (-15,87 + 16,54)/4,10 = 17,7 \text{ kN/m}$$
$$\max A_Z = - Q_{al} + Q_{ar} = 18,9 + 17,7 = 36,6 \text{ kN/m}$$

4.3.4.3 Berechnung der Wände
(beliebige Wanddicken, beliebige Geschoßhöhen und beliebige Mauerwerksfestigkeitsklassen)

Pos. 8 Zweiseitig gehaltene 17,5-cm-Außenwand im 4. OG:

4. OG: $h_i = 2,875$ m; $h_s = 2,72$ m

gewählt: M 1,5

$\beta_M = 1,5$ MN/m²; $E_i = 1500$ MN/m²

zul $\sigma = 0,65$ MN/m² (Tabelle D.6)

3. OG: $h_j = 3,125$ m; $h_s = 2,97$ m

gewählt: M 2,5

$\beta_M = 2,5$ MN/m²; $E_j = 2500$ MN/m²

zul $\sigma = 1,05$ MN/m² (Tabelle D.6)

a) Ermittlung von e_o (am Wandkopf)

Deckeneinspannmoment nach Gleichungen (7) und (7a):

$$k_i = \frac{2 \cdot 30000 \cdot 0,16^3 \cdot 2,875}{3 \cdot 1500 \cdot 0,175^3 \cdot 4,10} = 7,15$$

$$M_o = - \frac{1}{24} \cdot 7,00 \cdot 4,10^2 \cdot \frac{1}{1 + 7,15} = - 0,60 \text{ kN/m}$$

aus Gleichung (7b) ermittelt man die Exzentrizität zu

$$e_o = -\frac{M_o}{A_D} = -\frac{-0{,}60}{9{,}4} = 0{,}064 \text{ m} > d/3 = 0{,}058 \text{ m}$$

Nach Abschnitt D.3.5 darf $e_o = d/3 = 0{,}058$ angenommen werden.

b) Ermittlung von e_u (am Wandfuß)

Deckeneinspannmoment nach Gleichungen (7a) und (23):

$$M_u = \frac{1}{18}(8{,}55 \cdot 4{,}10^2 - 9 \cdot 10{,}80 \cdot 1{,}75^2) \cdot \frac{1}{1 + \dfrac{2500 \cdot 0{,}24^3 \cdot 2{,}875}{1500 \cdot 0{,}175^3 \cdot 3{,}125} + 7{,}15} = -0{,}71 \text{ kNm/m}$$

Ermittlung der Längskraft N am Wandfuß des 4. OG:

aus Dachdecke $\qquad\qquad\qquad A_D = 9{,}4$ kN/m

aus Wand, $d = 17{,}5$ cm $\qquad 3{,}53 \cdot 2{,}72 = 9{,}6$ kN/m

(nach [D.5], S. 3.32)

$$\overline{\qquad\qquad\qquad\qquad}$$

$$N = 19{,}0 \text{ kN/m} = R_u$$

aus Gleichung (23a):

$$e_u = -\frac{M_u}{R_u} = -\frac{-0{,}71}{19{,}0} = 0{,}037 \text{ m} > d/6 = 0{,}029 \text{ m} < d/3 = 0{,}058 \text{ m}$$

c) Ermittlung von e_m (in halber Geschoßhöhe)

Aus planmäßiger Exzentrizität: $e_1 = (e_o + e_u)/2 = (0{,}058 - 0{,}037)/2 = 0{,}0105$ m.

Aus ungewollter Ausmitte und Stabauslenkung nach Theorie II. Ordnung (vgl. D.4.2.2, Gleichung 32b):

$\overline{\lambda} = h_K/d$ mit $h_K = \beta \cdot h_s$

$\beta = 1$ (nach D.3.9.3); $h_K = h_s = 2{,}72$ m

$\overline{\lambda} = 2{,}72/0{,}175 = 15{,}5$

$m = 6 \cdot |e_1|/d = 6 \cdot 0{,}0105/0{,}175 = 0{,}36$

$$f = 15{,}5 \cdot \frac{1 + 0{,}36}{1800} \cdot 2{,}72 = 0{,}032 \text{ m}$$

$e_m = |e_1| + f = 0{,}0105 + 0{,}032 = 0{,}0425$ m $> d/6 = 0{,}029$ m $< d/3 = 0{,}058$ m

d) Bemessung

Wandkopf (siehe a)

$e_o = 0{,}058$ m; $R_o = A_D = 9{,}4$ kN/m

nach Tabelle C.5, Zeile 5:

$$\max \sigma = \frac{4 \cdot R}{b \cdot d} = \frac{4 \cdot 9{,}4}{100 \cdot 17{,}5} = 0{,}021 \text{ kN/cm}^2 = 0{,}21 \text{ MN/m}^2 < \text{zul } \sigma = 0{,}65 \text{ MN/m}^2$$

Wandfuß (siehe b)

$e_u = 0,037$ m; $R_u = 19,0$ kN/m

nach Tabelle C.5, Zeile 4:

$$\max \sigma = \frac{2 \cdot R}{3 \cdot (d/2 - |e|) \cdot b} = \frac{2 \cdot 19,0}{3 \cdot (17,5/2 - 3,7) \cdot 100} = 0,025 \text{ kN/cm}^2 = 0,25 \text{ MN/m}^2$$
$$< \text{zul } \sigma = 0,65 \text{ MN/m}^2$$

Wandmitte (siehe c)

$e_m = 0,0425$ m; $R_m = 9,4 + 9,6/2 = 14,2$ kN/m

nach Tabelle C.19, Zeile 4:

$$\max \sigma = \frac{2 \cdot R}{3 \cdot (d/2 - |e|) \cdot b} = \frac{2 \cdot 14,2}{3 \cdot (17,5/2 - 4,25) \cdot 100} = 0,021 \text{ kN/cm}^2 = 0,21 \text{ MN/m}^2$$
$$< \text{zul } \sigma = 0,65 \text{ MN/m}^2$$

Pos. 9   Zweiseitig gehaltene 24-cm-Außenwand im 3. OG:

4. OG: $h_i = 2,875$ m; $h_s = 2,72$ m

gewählt: M 1,5

$\beta_M = 1,5$ MN/m^2; $E_i = 1500$ MN/m^2

zul $\sigma = 0,65$ MN/m^2 (Tabelle D.6)

3. OG: $h_j = 3,125$ m; $h_s = 2,97$ m

gewählt: M 2,5

$\beta_M = 2,5$ MN/m^2; $E_j = 2500$ MN/m^2

zul $\sigma = 1,05$ MN/m^2 (Tabelle D.6)

2. OG: wie 3. OG.

a) Ermittlung von e_o (am Wandkopf)

Deckeneinspannmoment nach Gleichungen (9a) und (24):

$$k_j = \frac{2 \cdot 30000 \cdot 0,16^3 \cdot 3,125}{3 \cdot 2500 \cdot 0,24^3 \cdot 4,10} = 1,81$$

$$M_o = -\frac{1}{18} (8,55 \cdot 4,10^2 - 9 \cdot 10,80 \cdot 1,75^2) \cdot \frac{1}{1 + \dfrac{1500 \cdot 0,175^3 \cdot 3,125}{2500 \cdot 0,24^3 \cdot 2,875} + 1,81}$$

$$= 2,79 \text{ kNm/m}$$

Ermittlung der Längskraft N am Wandkopf

$N = 19,0$ kN/m (aus Pos. 8)

$A_Z = 36,6$ kN/m

$R_o = N + A_Z = 19,0 + 36,6 = 55,6$ kN/m

aus Gleichung (24a):

$$e_o = -\frac{M_o}{R_o} = -\frac{2,79}{55,6} = -0,050 \text{ m} > d/6 = 0,04 \text{ m}$$
$$< d/3 = 0,08 \text{ m}$$

b) Ermittlung von e_u (am Wandfuß)

Deckeneinspannmoment nach Gleichung (23) und (7a):

$$k_i = \frac{2 \cdot 30000 \cdot 0,16^3 \cdot 3,125}{3 \cdot 2500 \cdot 0,24^3 \cdot 4,10} = 1,81$$

$$M_u = -\frac{1}{18}(8,55 \cdot 4,10^2 - 9 \cdot 10,80 \cdot 1,75^2) \cdot \frac{1}{1 + \dfrac{2500 \cdot 0,24^3 \cdot 3,125}{2500 \cdot 0,24^3 \cdot 3,125} + 1,81}$$

$$= -2,24 \text{ kNm/m}$$

Ermittlung der Längskraft N am Wandfuß:

aus Dachdecke		$A_D = 9,4$ kN/m
aus Zwischendecke		$A_Z = 36,6$ kN/m
aus Wand 4. OG, $d = 17,5$ cm	$3,53 \cdot 2,72 =$	9,6 kN/m
aus Wand 3. OG, $d = 24$ cm	$4,63 \cdot 2,97 =$	13,8 kN/m

$$N = 69,4 \text{ kN/m} = R_u$$

aus Gleichung (14a): $e_u = -\dfrac{M_u}{R_u} = -\dfrac{-2,24}{69,4} = 0,032 \text{ m} < d/6 = 0,04 \text{ m}$

c) Ermittlung von e_m (in halber Geschoßhöhe)

Aus planmäßiger Exzentrizität: $e_1 = (e_o + e_u)/2 = (-0,05 + 0,032)/2 = -0,009$ m
Aus ungewollter Ausmitte und Stabauslenkung nach Theorie II. Ordnung (vgl. D.4.2.2, Gleichung 32b):

$$\bar{\lambda} = h_K/d \text{ mit } h_K = \beta \cdot h_s$$

Die Bedingungen a) und b) des Abschnitts D.3.9.3 sind erfüllt.

Aus Gleichung (16c): $\beta = 1 - 0,15 \cdot \dfrac{E_b \cdot I_b}{E_{mw} \cdot I_{mw}} \cdot h_s \cdot \left(\dfrac{1}{l_1} + \dfrac{1}{l_2}\right) \geq 0,75$

$$\beta = 1 - 0,15 \cdot \frac{30000 \cdot 0,16^3}{2500 \cdot 0,24^3} \cdot 2,97 \cdot \frac{1}{4,10} = 0,61 < 0,75$$

Rechenwert: $\beta = 0,75$

$h_K = 0,75 \cdot 2,97 \quad = 2,23$ m

$\bar{\lambda} = 2,23/0,24 \quad = 9,29$

$m = 6 \cdot |e_1|/d \quad = 6 \cdot 0,009/0,24 = 0,225$

$f = 9,29 \cdot \dfrac{1 + 0,225}{1800} \cdot 2,23 = 0,014$ m

$e_m = |e_1| + f = 0,009 + 0,014 = 0,023 \text{ m} < d/6 = 0,04$

d) Bemessung

Maßgebend Wandkopf bzw. Wandfuß

Wandkopf (siehe a)

$e_o = -0,05$ m; $R_o = 55,6$ kN/m

nach Tabelle C.5, Zeile 4:

$$\max \sigma = \frac{2 \cdot R}{3 \cdot (d/2 - |e|) \cdot b} = \frac{2 \cdot 55,6}{3 \cdot (24/2 - 5) \cdot 100} = 0,053 \text{ kN/cm}^2 = 0,53 \text{ MN/m}^2$$
$$< \text{zul } \sigma = 1,05 \text{ MN/m}^2$$

Wandfuß (siehe b)

$e_u = 0,032$ m; $R_u = 69,4$ kN/m

nach Tabelle C.19, Zeile 2:

$$\max \sigma = \frac{R}{b \cdot d} \cdot \left(1 + \frac{6 \cdot |e|}{d}\right) = \frac{69,4}{100 \cdot 24} \cdot \left(1 + \frac{6 \cdot 3,2}{24}\right) = 0,052 \text{ kN/cm}^2 = 0,52 \text{ MN/m}^2$$
$$< \text{zul } \sigma = 1,05 \text{ MN/m}^2$$

4.4 Nachweis der Zug- und Biegezugfestigkeit

Die Zugfestigkeit des Mauerwerks rechtwinklig zur Lagerfuge darf für tragende Bauteile nicht angesetzt werden.

Zugspannungen und Biegezugspannungen parallel zur Lagerfuge dürfen im Gebrauchszustand bis zu folgenden Höchstwerten in Rechnung gestellt werden:

$$\text{zul } \sigma_z \leq \frac{1}{\gamma} \, (\beta_{Rk} + \mu \cdot \sigma_d) \cdot \frac{\ddot{u}}{h} \tag{33a}$$

$$\text{zul } \sigma_z \leq \frac{\beta_{Rz}}{2\gamma} \leq 0{,}3 \text{ MN/m}^2 \tag{33b}$$

Hierin bedeuten:

zul σ_z zulässige Zugspannung parallel zur Lagerfuge im Gebrauchszustand

$\quad \sigma_d$ vorhandene Druckspannung rechtwinklig zur Lagerfuge

$\quad \beta_{Rk}$ Rechenwert der Kohäsion nach Tabelle D.7

$\quad \beta_{Rz}$ Rechenwert der Steinzugfestigkeit nach Tabelle D.8

$\quad \mu$ Reibungsbeiwert = 0,6

$\quad \ddot{u}$ Überbindemaß nach DIN 1053 Teil 1 (vgl. Abschnitt A.5.1)

$\quad h$ Steinhöhe

$\quad \gamma$ Sicherheitsbeiwert nach Abschnitt D.4.1.2

Die Gleichungen (33a) und (33b) folgen aus der Überlegung, daß die Zugfestigkeit parallel zur Lagerfuge aus zwei Gründen überschritten werden kann:

    a) Versagen der Fugen (Überschreitung des Haftverbundes zwischen Mörtel und Stein)
    b) Versagen der Steine (Überschreitung der Steinzugfestigkeit)

Näheres siehe A.5.3.2

Tabelle D.7 Rechenwerte der Kohäsion β_{Rk} (vgl. auch Tabelle D.2a)

Mörtelgruppe	IIa	III	IIIa
β_{Rk} MN/m^2	0,18	0,22	0,25

Zahlenbeispiel

In einem Kellerbereich soll der Erddruck über horizontale Lastabtragung in der Außenwand in das Bauwerk eingeleitet werden **(Abb. D.24)**.

Gegeben: Bodenkennwerte $\gamma = 18$ kN/m^3, $K_{ah} = 0{,}25$ (siehe [C.1], S. 11.11)
                  Verkehrslast neben der Kellerwand $p = 5$ kN/m^2, $\sigma_d = 1{,}15$ MN/m^2

Die Erddruckordinaten ergeben sich nach [C.1], S. 11.12, zu:

$e_1 = p \cdot K_{ah} = 5 \cdot 0{,}25 = 1{,}3$ kN/m^2

$e_2 = p \cdot K_{ah} + \gamma \cdot h \cdot K_{ah} = 1{,}3 + 18 \cdot 1{,}2 \cdot 0{,}25 = 6{,}7$ kN/m^2

$e_3 = 1{,}3 + 18 \cdot 2{,}2 \cdot 0{,}25 = 11{,}2$ kN/m^2

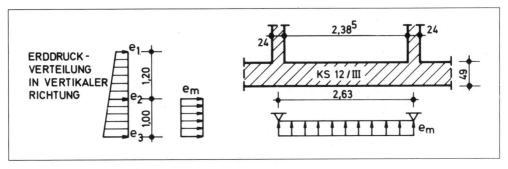

Abb. D.24   Kellerwand mit horizontaler Erddruck-Lastabtragung

Die Berechnung erfolgt für den unteren 1 m breiten Mauerwerksstreifen. Es wird mit einem mittleren Erddruck von $e_m = (e_2 + e_3)/2$ gerechnet:

$e_m = (6,7 + 11,2)/2 = 9,0$ kN/m

max $M = 9,0 \cdot 2,63^2/8 = 7,8$ kNm

max $Q = 9,0 \cdot 2,63/2 = 11,8$ kN

Widerstandsmoment $W = b \cdot d^2/6 = 100 \cdot 49^2/6 = 40837$ cm^3

Biegezugspannung max $\sigma = $ max $M/W = 7800/40837 = 0,019$ kN/cm$^2 = 0,19$ MN/m^2

gewählt: KSV 20/IIIa

Zulässige Biegezugspannung (Gleichungen 33a und 33b):

$\gamma = 2,0$; $\beta_{Rk} = 0,25$ (nach Tabelle D.7); $\mu = 0,6$

$\beta_{Rz} = 0,04 \cdot 20 = 0,80$ MN/m^2 (nach Tabelle D.8); $\ddot{u}/h = 0,4$

Nach Gleichung (33a): zul $\sigma_z = \dfrac{1}{2} (0,25 + 0,6 \cdot 1,15) \cdot 0,4 = 0,188$ MN/m^2

Nach Gleichung (33b): zul $\sigma_z = 0,80/2 \cdot 2 = 0,20$ MN/m^2

Maßgebend: zul $\sigma_z = 0,188$ MN/m$^2 \approx$ vorh $\sigma = 0,19$ MN/m^2

4.5 Nachweis der Schubfestigkeit (Scheibenschub)[1]

4.5.1 Berechnungsformeln für die Schubspannung

Die Schubfestigkeit von Mauerwerk ist sowohl von der Reibung und der Kohäsion in der Mörtelfuge als auch von der Zugfestigkeit der Steine abhängig. Einzelheiten über die theoretischen Zusammenhänge siehe A.5.4.

Die vorhandenen Schubspannungen müssen den Gleichungen (34a) und (34b) genügen. Gleichung (34a) beinhaltet die Bedingung, daß die Mörtelfuge nicht versagt, und Gleichung (34b) berücksichtigt die Zugfestigkeit der Steine.

$$\gamma \cdot \tau \leqq \beta_{Rk} + \bar{\mu} \cdot \sigma \qquad\qquad (34a)$$

---

[1] Über Plattenschub gibt es in DIN 1053 Teil 1 und Teil 2 keine Aussage. Bei den üblichen Beanspruchungen rechtwinklig zur Wandebene infolge Wind oder Erddruck sind die Schubspannungen in der Regel so klein, daß sie problemlos vom Mauerwerk aufgenommen werden können. Bei größeren Einzellasten rechtwinklig zur Wandebene ist jedoch ein Nachweis zu führen (vgl. D.4.7.2 bzw. C. 5.4.11).

bzw.

$$\gamma \cdot \tau \leq 0,45\ \beta_{Rz} \cdot \sqrt{1 + \sigma/\beta_{Rz}} \qquad (34b)$$

Es bedeutet:

τ Vorhandene Schubspannung unter Gebrauchslast. Die Schubspannungen sind nach der technischen Biegelehre für homogenes Material zu ermitteln, wobei Querschnittsbereiche, in denen die Fugen rechnerisch klaffen, nicht in Rechnung gestellt werden dürfen. Für Rechteckquerschnitte gilt z.B. max $\tau = 1,5 \cdot Q/(b \cdot d)$.

σ Zugehörige Normalspannung in der Lagerfuge.

β_{Rk} Rechenwert der Kohäsion nach Tabelle D.7.

       Auf die erforderliche Vorbehandlung der Steine und sorgfältige Ausführung der Fugen nach DIN 1053 Teil 1, 6.1 ist besonders zu achten (vgl. auch Abschnitt F).

$\bar{\mu}$ Abgeminderter Reibungswert. Hierfür darf für alle Mörtelgruppen $\bar{\mu} = 0,4$ gesetzt werden.

β_{Rz} Rechenwert der Steinzugfestigkeit nach Tabelle D.8

γ Sicherheitswert nach Abschnitt D.4.1.2.

Bei Rechteckquerschnitten genügt es, den Schubnachweis an der Stelle der maximalen Schubspannung zu führen. Bei zusammengesetzten Querschnitten muß außerdem der Nachweis am Abschnitt der Teilquerschnitte geführt werden.

Tabelle D.8 Rechenwerte der Steinzugfestigkeit β_{Rz}

	Hohlblocksteine	Hochlochziegel, Lochsteine und Vollsteine mit Griffschlitz	Vollsteine ohne Griffschlitz
β_{Rz}	$0,025 \cdot \beta_{NSt}$	$0,033 \cdot \beta_{NSt}$	$0,04 \cdot \beta_{NSt}$
β_{NSt} Nennwert der Steindruckfestigkeit (Steindruckfestigkeitsklasse)			

4.5.2 Formeln für Lastfall „Lotabweichung"

Muß bei einem Bauwerk ein Windnachweis geführt werden (vgl. Abschnitt C.3.1), so ist auch der Lastfall „Lotabweichung" (vgl. Abschnitt D.2) zu berücksichtigen. In **Abb. D.25a** ist in einer Prinzipskizze das statische System eines 3geschossigen Gebäudes mit den resultierenden Vertikallasten V_i je Geschoß dargestellt. An den Stellen 1, 2 und 3 sollen sich Deckenscheiben befinden. Der Lastfall „Lotabweichung" (ungewollte Schiefstellung) ist in **Abb. D.25b** dargestellt. Hierbei ist zu beachten, daß der nach DIN 1053 Teil 2 anzunehmende Winkel $\varphi = 1/(100 \cdot \sqrt{h_G})$ einen sehr kleinen Wert ergibt. Daher können $\tan\varphi \approx \varphi$ und $\sin \varphi \approx \varphi$ gesetzt werden. Durch die Schiefstellung des Systems entstehen im statischen System (vertikaler Kragträger, **Abb. D.25c**) Biegemomente, so z.B. an der Stelle 2 das Moment $M_2 = V_3 \cdot \varphi \cdot h_3$. Üblicherweise berücksichtigt man die zusätzlichen Biegemomente infolge „Schiefstellung", indem man am gegebenen (unverformten) System rechnet und zusätzlich horizontale Lasten (fiktive Lasten) $H_i = V_i \cdot \varphi$ anbringt (**Abb. D.25d**). Es ergeben sich die gleichen Biegemomente wie beim System der **Abb. D.25c**, z.B. $M_2 = H_3 \cdot h_3 = V_3 \cdot \varphi \cdot h_3$.

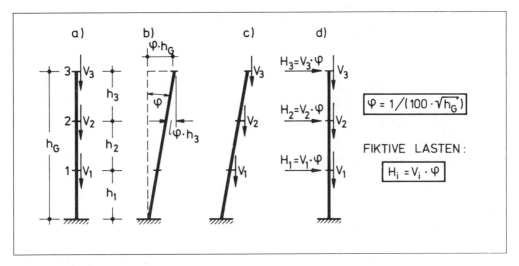

Abb. D.25   Lastfall „Lotabweichung"

4.5.3 Beispiele

Beispiel 1: Wand mit Rechteckquerschnitt

Es wird für das Wandstück des Zahlenbeispiels im Abschnitt C.5.4.13 ein Nachweis der Schubfestigkeit nach DIN 1053 Teil 2 durchgeführt.

Gegeben: Größe und Verteilung der Normalspannung in der Fuge zwischen Wand und Fundament (vgl. folgende Abbildung). Rezeptmauerwerk, KS 20, Mörtelgruppe III.

Zunächst wird überprüft, ob die zulässige Randdehnung $\varepsilon_R = 10^{-4}$ (vgl. Abschnitt D.4.1.3, **Abb. D.22**) eingehalten ist.

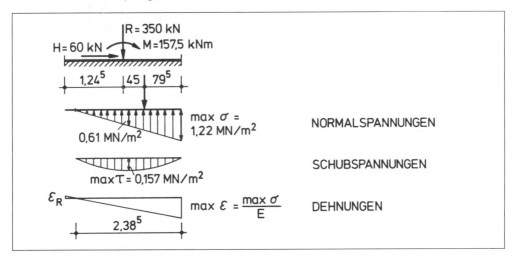

$E \quad = 8000 \text{ MN/m}^2 = 800 \text{ kN/cm}^2$ (nach Tabelle D.4)

$\max \varepsilon \ = \max \sigma/E = 0{,}122/800 = 0{,}1525 \cdot 10^{-3}$

$\varepsilon_R \quad = 0,1525 \cdot 10^{-3} \cdot 0,105/2,395 = 0,067 \cdot 10^{-4} < \text{zul } \varepsilon_R = 10^{-4}$

Zur Auswertung der Gleichungen (34a) und (34b) werden die folgenden Größen benötigt:

$\gamma \quad = 2$ (Abschnitt D.4.1.2)

$\max \tau \quad = 1,5 \cdot Q/(b \cdot d) = 1,5 \cdot 60/(238,5 \cdot 24) = 0,0157 \text{ kN/cm}^2 = 0,157 \text{ MN/m}^2$

$\text{zug } \sigma \quad = 1,22/2 = 0,61 \text{ MN/m}^2$

$\beta_{Rk} \quad = 0,22 \text{ MN/m}^2$ (Tabelle D.7)

$\mu \quad = 0,4$

$\beta_{Rz} \quad = 0,033 \cdot 20 = 0,66 \text{ MN/m}^2$ (Tabelle D.8)

Nachweis der Schubfestigkeit:

Fugenversagen (Gl. 21a): $2 \cdot 0,157 = \mathbf{0{,}314} < 0,22 + 0,4 \cdot 0,61 = \mathbf{0{,}464}$

Steinversagen (Gl. 21b): $2 \cdot 0,157 = \mathbf{0{,}314} < 0,45 \cdot 0,66 \cdot \sqrt{1 + 0,61/0,66} = \mathbf{0{,}412}$

Beispiel 2: Wand mit zusammengesetzten Querschnitt

Für ein 3geschossiges Gebäude, dessen Grundriß in Abb. D.26 schematisch dargestellt ist (alle tragenden Stützen und nichttragenden Wände sind nicht eingezeichnet), soll ein statischer Nachweis für die Mauerwerksscheibe S2 erbracht werden.

Es werden drei Lastfälle untersucht.

a) Vertikalbelastung V,
b) Windlast W infolge „Wind auf Längswand",
c) Lastfall „Lotabweichung" (vgl. Abschnitt D.2).

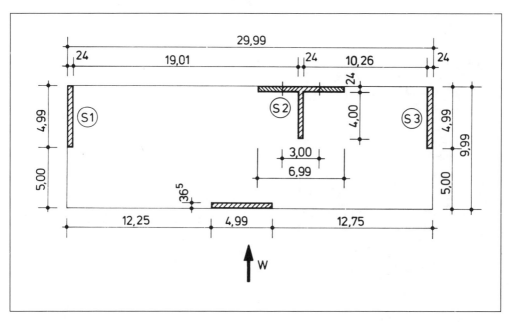

Abb. D.26   Grundriß eines 3geschossigen Gebäudes

a) Lastfall „Vertikalbelastung"

Die mittlere vertikale Belastung je Geschoß sei $q = 12{,}5 \text{ kN/m}^2$

Damit ergibt sich eine Gesamtbelastung je Geschoß:

$V = 12,5 \cdot 29,99 \cdot 9,99 = 3745$ kN; $V_1 = V_2 = V_3 = 3745$ kN

Der vertikale Lastanteil, der auf die Scheibe S 2 je Geschoß entfällt, sei $\Delta V = 260$ kN, und damit ist die Gesamtlast in der Fuge I–I

$R = 3 \cdot 260 =$ kN (vgl. **Abb. D.27**).

b) Lastfall „Wind"

Die Windlast je Flächeneinheit ist $w = c_p \cdot q$ (siehe [C.1], Abschnitt 3). Der aerodynamische Beiwert $c_p = 1,3$ setzt sich aus einem Druckanteil (0,8) und einem Soganteil (0,5) zusammen. Der Staudruck q ist von der Höhe über dem Gelände abhängig und beträgt bis zu 8 m Höhe $q = 0,5$ kN/m^2 und zwischen 8 m und 20 m $q = 0,8$ kN/m^2. Damit ergibt sich (**Abb. D.27**):

$W_1 = 1,3 \cdot 0,5 = 0,65$ kN/m^2 und $W_2 = 1,3 \cdot 0,8 = 1,04$ kN/m^2

Resultierende Windlasten: $W_1 = 0,65 \cdot 29,99 \cdot 8,0 = 156$ kN
$W_2 = 1,04 \cdot 29,99 \cdot 1,0 = 31,2$ kN

Moment aus Wind in der Fuge I–I: $M^W = 31,2 \cdot 8,5 + 156 \cdot 4,0 = 889$ kNm

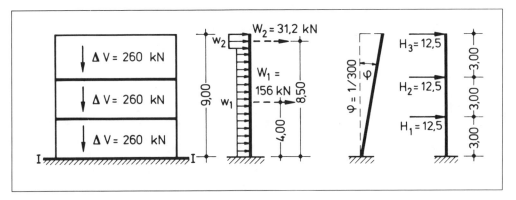

Abb. D.27   Belastung eines 3geschossigen Gebäudes

c) Lastfall „Lotabweichung"

Aus **Abb. D.27** folgt: $\varphi = 1/(100 \cdot \sqrt{9}) = 1/300$

Mit $V_1 = V_2 = V_3 = V = 3745$ kN (vgl. Lastfall a) folgt:

$H_1 = H_2 = H_3 = V \cdot \varphi = 3745 \cdot 1/300 = 12,5$ kN

Moment aus „Lotabweichung" in der Fuge I–I (**Abb. D.27**):

$M^L = 12,5 \cdot (9 + 6 + 3) = 225$ kNm

Lastaufteilung

Die horizontalen Lasten aus „Wind" und „Lotabweichung" werden im Verhältnis der Steifigkeiten auf die drei Wandscheiben S 1 bis S 3 aufgeteilt.

Steifigkeit der Scheiben S 1 und S 3:

$I_1 = I_3 = 0,24 \cdot 4,99^3/12 = 2,49$ m^4

Steifigkeit der Scheibe S 2:

Mitwirkende Breite (vgl. Abschnitt D.3.10):

$h/4 = 2 \cdot 9,0/4 = 4,5$ m

Es wird mit $b_m = 3,0$ m („mittlere Steifigkeit") gerechnet.

Nach **Abb. D.26** und [D.3], S. 4.32, Zeile 14 folgt: $I_2 = 3,13$ m⁴.

Auf die Scheibe S 2 entfällt somit $n = 3,13/(2,49 + 2,49 + 3,13) = 0,39 \approx 40\%$

Ermittlung des Schwerpunktes der Scheibe S 2 (Abb. D.28)

$A_{P1} = 3,0 \cdot 0,24 = 0,72$ m² $\quad A_{St} = 0,24 \cdot 4,0 = 0,96$ m²

$A = A_{P1} + A_{St} = 0,72 + 0,96 = 1,68$ m²

$e_S = (0,72 \cdot 0,12 + 0,96 \cdot 2,24)/1,68 = 1,33$ m

Normalspannung infolge Längskraft

Aus Lastfall a):

$\sigma^R = R/A = -0,780/1,68 = -0,464$ MN/m² (vgl. **Abb. D.28**)

Normalspannung infolge Biegung

Für die Ermittlung der Normalspannung aus Biegung werden zwei Lastfälle unterschieden.

LF 1: Wind von links und „Lotabweichung" **in** Windrichtung.

LF 2: Wind von rechts und „Lotabweichung" **in** Windrichtung.

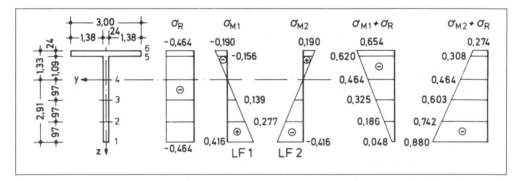

Abb. D.28 Spannungsverteilung

Aus den Lastfällen b) und c) folgt:

$M = (M^W + M^L) \cdot n = (889 + 225) \cdot 0,40 = 445,5$ kNm $= 0,446$ MNm

$\sigma^M = \dfrac{M}{I} \cdot z = \dfrac{0,446}{3,13} \cdot z = 0,143 \cdot z$

$\sigma_1^M = 0,143 \cdot 2,91 = 0,416$ MN/m²

$\sigma_2^M = 0,143 \cdot 1,94 = 0,277$ MN/m²

$\sigma_3^M = 0,143 \cdot 0,97 = 0,139$ MN/m²

$\sigma_4^M = 0$

$\sigma_5^M = -0,143 \cdot 1,09 = -0,156$ MN/m²

$\sigma_6^M = -0,143 \cdot 1,33 = -0,190$ MN/m²

Normalspannungen und zugehörige Schubspannungen in MN/m²

Stelle	$\sigma_{M1} + \sigma_R$	$\sigma_{M2} + \sigma_R$	τ
1	−0,048	−0,880	0
2	−0,186	−0,742	0,068
3	−0,325	−0,603	0,108
4	−0,464	−0,464	0,122
5	−0,620	−0,308	0,105
6	−0,654	−0,274	0

Zur Auswertung der Gleichungen (34a) und (34b) werden außer σ und τ die folgenden Größen benötigt:

Rezeptmauerwerk, : Mz 20, MG IIa.

$\gamma \quad = 2$ (Abschnitt D.4.1.2); $\quad \overline{\mu} = 4$

$\beta_{Rk} = 0,18$ MN/m² (Tabelle D.7)

$\beta_{Rz} = 0,033 \cdot 20 = 0,66$ MN/m² (Tabelle D.8)

Nachweis der Schubfestigkeit

Stelle	Fugenversagen (Gl. 34a)	Steinversagen (Gl. 34b)
1	$2 \cdot 0 \quad < 0,18 + 0,4 \cdot 0,048$ $0 \quad < 0,199$	$2 \cdot 0 \quad < 0,45 \cdot 0,66 \cdot \sqrt{1 + 0,048/0,66}$ $0 \quad < 0,308$
2	$2 \cdot 0,068 < 0,18 + 0,4 \cdot 0,186$ $0,136 < 0,254$	$2 \cdot 0,068 < 0,45 \cdot 0,66 \cdot \sqrt{1 + 0,186/0,66}$ $0,136 < 0,336$
3	$2 \cdot 0,108 < 0,18 + 0,4 \cdot 0,325$ $0,216 < 0,310$	$2 \cdot 0,108 < 0,45 \cdot 0,66 \cdot \sqrt{1 + 0,325/0,66}$ $0,216 < 0,363$
4	$2 \cdot 0,122 < 0,18 + 0,4 \cdot 0,464$ $0,244 < 0,370$	$2 \cdot 0,122 < 0,45 \cdot 0,66 \cdot \sqrt{1 + 0,464/0,66}$ $0,244 < 0,388$
5	$2 \cdot 0,105 < 0,18 + 0,4 \cdot 0,308$ $0,210 < 0,303$	$2 \cdot 0,105 < 0,45 \cdot 0,66 \cdot \sqrt{1 + 0,308/0,66}$ $0,210 < 0,360$
6	$2 \cdot 0 \quad < 0,18 + 0,4 \cdot 0,274$ $0 \quad < 0,191$	$2 \cdot 0 \quad < 0,45 \cdot 0,66 \cdot \sqrt{1 + 0,274/0,66}$ $0 \quad < 0,353$

4.6 Einzellasten, Lastausbreitung

Werden Wände von Einzellasten belastet, so ist die Aufnahme der Spaltzugkräfte konstruktiv sicherzustellen. Die Spaltzugkräfte können durch die Zugfestigkeit des Mauerwerksverbandes, durch Bewehrung oder durch Stahlbetonkonstruktionen aufgenommen werden.

Ist die Aufnahme der Spaltzugkräfte konstruktiv gesichert, so darf die Druckverteilung unter konzentrierten Lasten innerhalb des Mauerwerks unter 60° angesetzt werden. Der höher beanspruchte Wandbereich darf in höherer Mauerwerksfestigkeit ausgeführt werden. Bei der Wahl des Mauerwerks mit verschiedenen Festigkeiten ist besonders darauf zu achten, daß die Verformungskennwerte der Mauerwerkssorten möglichst gleich sind. Anderenfalls können infolge unterschiedlichen Verformungsverhaltens (Schwinden, Kriechen, Temperaturänderungen) erhebliche Zwängungen und damit Schäden im Mauerwerk auftreten. Angaben für Verformungskennwerte siehe Tabelle B.19.

4.7 Teilflächenpressung

4.7.1 Teilflächenpressung in Richtung der Wandebene

Wird nur eine Teilfläche A_1 (Übertragungsfläche) durch eine Druckkraft mittig oder ausmittig belastet, so ist eine Teilflächenpressung σ_1 nach Gleichung (35) zulässig, wenn folgende Bedingungen erfüllt sind:

● Teilfläche $A_1 \leq 2\ d^2$

● $e \leq d/6$, wobei e die Exzentrizität des Schwerpunktes der Teilfläche A_1 ist (vgl. **Abb D.29**).

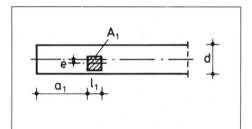

Zulässige Teilfächenpressung:

$$\sigma_1 = \frac{\beta_R}{\gamma}\left(1 + 0,1\ \frac{a_1}{l_1}\right) \leq 1,5 \cdot \frac{\beta_R}{\gamma} \qquad (35)$$

Abb. D.29   Teilflächenpressung

Hierin bedeuten:

a_1 Abstand der Teilfläche vom nächsten Rand der Wand in Längsrichtung

l_1 Länge der Teilfläche in Längsrichtung

d Dicke der Wand

γ Sicherheitsbeiwert nach Abschnitt D.4.1.2

β_R nach Abschnitt D.4.1.1

4.7.2 Teilflächenpressung senkrecht zur Wandebene

Die zulässige Teilflächenpressung für eine Beanspruchung senkrecht zur Wandebene ist:

$$\sigma_1 = 0,5\ \beta_R \qquad (36)$$

Bei Einzellasten $F \geq 3\ kN$ ist zusätzlich die Schubspannung in den Lagerfugen der belasteten Einzelsteine nach Abschnitt D.4.5 nachzuweisen. Bei Loch- und Kammersteinen ist z.B. durch Unterlagsplatten sicherzustellen, daß die Druckkraft auf mindestens 2 Stege übertragen wird.

5 Konstruktionshinweise

5.1 Mindestdicken von tragenden Wänden

Die Mindestdicke von tragenden Innen- und Außenwänden beträgt $d = 11,5$ cm. Konstruktive Details sind entsprechend DIN 1053 Teil 1 auszuführen (vgl. Abschnitte B und C).

5.2 Kellerwände

Außenwände des Kellergeschosses müssen aus Mauerwerk mit Steinen einer Festigkeitsklasse ≥ 4 hergestellt werden. Auf einen Erddrucknachweis kann verzichtet werden, wenn die folgenden Bedingungen erfüllt sind:

a) Lichte Höhe der Kellerwand $h_s \leq 2,60$ m, Wanddicke $d \geq 24$ cm.
b) Die Kellerdecke wirkt als Scheibe und kann die aus dem Erddruck entstehenden Kräfte aufnehmen.
c) Im Einflußbereich des Erddrucks auf die Kellerwände beträgt die Verkehrslast auf der Geländeoberfläche nicht mehr als 5 kN/m²,
   die Geländeoberfläche steigt nicht an,
   und die Anschütthöhe h_e ist nicht größer als die Wandhöhe h_s.
d) Die Wandlängskraft N_1 aus ständiger Last in halber Höhe der Anschüttung liegt innerhalb folgender Grenzen:

$$\frac{d \cdot \beta_R}{3\gamma} \geq N_1 \geq N_{min} \qquad (37)$$

$$N_{min} = \frac{\gamma_e \cdot h_s \cdot h_e^2}{20\,d} \qquad (37a)$$

Hierin bedeuten:

h_s lichte Höhe der Kellerwand

h_e Höhe der Ausschüttung

d Wanddicke

γ_e Wichte der Erdausschüttung (z.B. in kN/m³)

β_R nach Abschnitt D.4.1.1

γ Sicherheitsbeiwert nach Abschnitt D.4.1.2

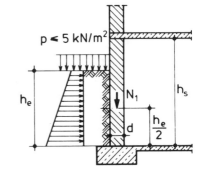

Ausgesteifte Kellerwände

Ist die durch Erddruck beanspruchte Kellerwand durch Querwände oder andere statisch nachgewiesene Bauteile im Abstand b ausgesteift, so ist eine zweiachsige Lastabtragung möglich. In diesem Fall darf der untere Grenzwert für N_1 gemäß Gleichungen (38) und (39) abgemindert werden.

$$b \leq h_s: \qquad N_1 \geq 0,5 \cdot N_{min} \qquad (38)$$

$$b \geq 2\,h_s: \qquad N_1 \geq N_{min} \qquad (39)$$

Zwischenwerte sind geradlinig einzusetzen.
Die Gleichungen (37) bis (39) gehen von rechnerisch klaffenden Fugen aus.

Zahlenbeispiel

Bei einer auf Erddruck beanspruchten 30 cm dicken Kellerwand sind die Bedingungen a) bis c) erfüllt. Es soll nachgewiesen werden, daß auch die Bedingung d) erfüllt ist.

Gegeben: Rezeptmauerwerk der Steinfestigkeitsklasse 12 und Mörtelgruppe IIa, Mauerwerksfestigkeitsklasse M 5, $\beta_R = 4,3$ MN/m^2.

Sicherheitsbeiwert $\gamma = 2,0$

$h_s = 2,25$ m; $h_e = 2,05$ m; $\gamma_e = 19$ kN/m^3

Längskraft aus ständiger Last $N_1 = 40$ kN/m

Es ist nachzuweisen, daß die Gleichung (37) erfüllt ist:

$$\frac{0,30 \cdot 4,3}{3 \cdot 2,0} = 0,215 \text{ MN/m} = 215 \text{ kN/m} > N_1 = 40 \text{ kN/m}$$

$$N_{min} = \frac{19 \cdot 2,25 \cdot 2,05^2}{20 \cdot 0,30} = 29,9 \text{ kN/m} < N_1 = 40 \text{ kN/m}$$

Die Bedingungen der Gleichung (37) sind erfüllt. Die Wand kann ohne weiteren Nachweis so ausgeführt werden.

Hinweis: Die Gleichung (37) wurde unter der Voraussetzung aufgestellt, daß die betrachtete Kellerwand in voller Höhe aus vermörteltem Mauerwerk besteht. In der Regel befinden sich im Kellermauerwerk jedoch horizontale Sperrschichten zum Schutz gegen aufsteigende Bodenfeuchtigkeit (vgl. **Abb. B.30**). Um Rißschäden zu vermeiden, ist daher im Einzelfall eine Überprüfung ratsam, ob die Horizontalkräfte (Auflagerkräfte) aus Erddruck in den Fugenbereichen mit Trennschicht durch Reibung einwandfrei übertragen werden können.

E Bewehrtes Mauerwerk

1 Allgemeines

Unbewehrtes Mauerwerk hat im Vergleich zur Drucktragfähigkeit eine relativ geringe Biegetragfähigkeit, da eine Übertragung von Zugkräften nur über Reibung bzw. den Haftverbund Mörtel-Stein möglich ist.

Die Biegetragfähigkeit von Mauerwerk läßt sich jedoch entscheidend verbessern, wenn die auftretenden Zugspannungen einer in den Mauerwerksquerschnitt einzulegenden Stahlbewehrung zugewiesen werden. Dadurch gewinnt das Mauerwerk ein hohes Maß an Zähigkeit und Dämpfungsvermögen gegenüber stoßartigen seitlichen Belastungen, etwa seismischen Beanspruchungen. Aber auch für Länder mit geringer Erdbebengefahr ist diese Konstruktionsart interessant. Bei Fenster- oder sonstigen Öffnungen, Vorsprüngen, Bauteilen mit zu erwartenden unterschiedlichen Setzungen, Verblendschalen großer Längen, bei denen Dehnungsfugen nicht möglich sind, und ähnlichen Anwendungsfällen ist eine konstruktive Bewehrung des Mauerwerks sinnvoll. Auch aus statischen Gründen, etwa bei Wind- und Erddruckbelastungen, Lastverteilung bei konzentrierten Einzellasten oder Schiefstellungen (Stabilität) kann die Verwendung von bewehrtem Mauerwerk ratsam sein, um nicht auf andere Baustoffe ausweichen zu müssen.

Bewehrtes Mauerwerk ist in der neu erschienenen DIN 1053 Teil 3 geregelt. Im folgenden werden die Neuerungen aufgezeigt und der gegenwärtige, für den Praktiker verwendbare Stand der Anwendung bewehrten Mauerwerks erläutert und an Beispielen demonstriert.

2 Bestimmungen

2.1 DIN 1053 Teil 3 (Bewehrtes Mauerwerk, Berechnung und Ausführung)

Im Zuge der Überarbeitung von DIN 1053 Teil 1 wurde der bisherige, bewehrtes Mauerwerk betreffende Teil aus Teil 1 herausgenommen und durch einen neuen Teil 3 „Bewehrtes Mauerwerk" ersetzt. In diese überarbeitete Form flossen Versuchsergebnisse und praktische Erkenntnisse der letzten Jahre ein. Die wichtigsten Bestimmungen betreffen:

— Verwendung von Formsteinen mit Lochkanälen für vertikale und horizontale Bewehrung,
— Verwendung von Querschnitten mit Netzbewehrung,
— Regelung über das Zusammenwirken von Mauerwerk und Beton,
— Nachweis der Knicksicherheit,
— Nachweis des Scheibenschubs,
— Angaben über Mindestbewehrung,
— Angaben über Korrosionsschutz der Bewehrung.

Der Anwendungsbereich des Teils 3 erstreckt sich auf tragende Bauteile, bei denen die Bewehrung statisch in Rechnung gestellt wird. Eine nur aus konstruktiven Gründen eingelegte Bewehrung wird weiter in Teil 1, dessen Neubearbeitung als Weißdruck zusammen mit Teil 3 im Februar 1990 erschienen ist, behandelt.

Mit der neuen DIN 1053 Teil 3 wird die Verwendung bewehrter Mauerwerkskonstruktionen für den Planer und Bauausführenden erleichtert. Wenn an singulären Stellen innerhalb eines Bauwerkes aus Mauerwerk, etwa bei Ringankern, Stürzen oder Aussteifungsstützen, durch den Einsatz von Stahlbeton oder Stahl bauphysikalische Probleme wie z.B. Wärmebrücken, Verformungsunterschiede u.ä. auftreten, so kann dies durch den Einsatz bewehrten Mauerwerks verhindert werden. Das neue Normblatt gibt hierzu Bemessungs- und Ausführungshinweise. Die folgende Tabelle E.1 enthält eine stichwortartige Zusammenstellung statisch-konstruktiver Bestimmungen über bewehrtes Mauerwerk nach DIN 1053 Teil 3. Be-

Tabelle E.1 Statisch-konstruktive Bestimmungen nach DIN 1053 Teil 3

Bestimmungen über	DIN 1053 Teil 3
Mörtelgruppe	II, IIa, III, IIIa (zur Einbettung von Bewehrung)
Bewehrung	gerippt nach DIN 488 Teil 1
Bezeichnungen nach **Abb. E.1**: Wanddicke d_w Dicke d_L der Lagerfuge Mörteldeckung d_{ms} zum Stein Mörteldeckung d_{mo} zur Oberfläche Durchmesser d_{st} des Bewehrungsstahls in der Lagerfuge Durchmesser des Bewehrungsstahls in Form- steinen, Aussparungen und bei vertikaler Bewehrung	$\geqq$ 115 mm $\leqq$ 20 mm — $\geqq$ 30 mm DIN 1045 (in Aussparungen) $\leqq$ 8 mm $\leqq$ 14 mm
Mindestbewehrung: waagerecht bewehrte Wände senkrecht bewehrte Wände	Tabelle E.2 Abstand der Stäbe $\geqq$ 10 mm $\leqq$ 250 mm Tabelle E.2 Abstand der Stäbe nach DIN 1045 $\leqq$ 250 mm Hauptbewehrung $\leqq$ 375 mm Querbewehrung Mittenabstand von Bewehrungskörben $\leqq$ 750 mm
Verankerung der Bewehrung	nach DIN 1045 bzw. Tabelle E.3
Korrosionsschutz	Ungeschützte Bewehrung in — dauernd trockenem Raumklima (Umweltbe- dingungen nach DIN 1045) bei Formsteinen und in Lagerfugen — betonverfüllten Aussparungen. Feuerverzinkung nach Zulassung, sofern keine äußere Einwirkung von Sulfaten oder Chloriden. Andere Korrosionsschutzüberzüge nach Zulas- sung.

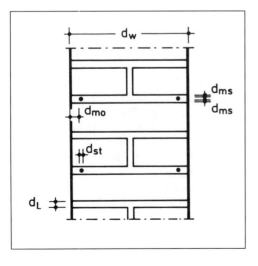

zeichnungen von Abmessungen sind in **Abb. E.1** zusammengestellt. Wichtige Bestimmungen des neuen Teils 3 der Norm über Mindestbewehrung und Verbundspannungen zur Berechnung der Verankerungslängen enthalten die Tabellen E.2 und E.3. Die entsprechenden Regelungen über Bemessung werden im nächsten Abschnitt behandelt.

Abb. E.1
Dicken und Mörtelüberdeckungen bei bewehrtem Mauerwerk

Tabelle E.2   Mindestbewehrung nach DIN 1053 Teil 3

Lage der Hauptbewehrung	Mindestbewehrung, bezogen auf den Gesamtquerschnitt	
	Hauptbewehrung min μ_H	Querbewehrung min μ_Q
Horizontal in Lagerfugen oder Aussparungen von Formsteinen	mindestens vier Stäbe mit einem Durchmesser von 6 mm je m	–
Vertikal in Aussparungen oder Sonderverbänden bei Formsteinen mit kleiner, großer oder ummauerter Aussparung	0,1%	falls $\mu_H < 0,5\,\%$: $\mu_Q = 0$
		Zwischenwerte geradlinig interpolieren
		falls $\mu_H > 0,6\,\%$: $\mu_Q = 0,2\,\mu_H$
In durchgehenden, ummauerten Aussparungen	0,1%	0,2 μ_H

Tabelle E.3   Zulässige Grundwerte der Verbundspannung zul τ_1 für gerippten Betonstahl nach DIN 488 Teil 1

Mörtel-gruppe	in der Lager-fuge MN/m^2	in Formsteinen[1]) und Aussparungen MN/m^2
III	0,35	1,0
IIIa	0,70	1,4

[1]) Bezüglich der Überdeckung siehe Abschnitt 7.5 von DIN 1053 Teil 3

2.2 Richtlinien für die Bemessung und Ausführung von Flachstürzen [E.1]

Die „Richtlinien für die Bemessung und Ausführung von Flachstürzen" regeln Herstellung, Bemessung und Einbau von Flachstürzen aus Mauerwerk, wobei sowohl Zuggurt als auch Druckzone aus Ziegeln, Kalksandsteinen, Leichtbetonsteinen sowie Gasbetonsteinen bestehen können. Bei der Planung und Ausführung sind folgende Bedingungen zu beachten (vgl. **Abb. E.2**):

a) Flachstürze dürfen nur als Einfeldträger mit einer maximalen Stützweite von 3,0 m eingesetzt werden.

b) Die Zugzone besteht aus Mauersteinen, üblicherweise in Form von U-Schalen, und einer eingelegten schlaffen oder vorgespannten Bewehrung aus BSt 420 oder BSt 500. Die Bewehrung ist in Beton mindestens der Klasse B 25 oder LB 25, bei vorgespannten Zuggurten der Klasse B 35 oder LB 35 mit einer Mindest-Betondeckung von 2 cm einzulegen. Die U-Schalen werden üblicherweise in Breite, Höhe und Länge in den gleichen Abmessungen wie die Mauersteine hergestellt, so daß das äußere Erscheinungsbild der Wand nicht gestört ist.

c) Die Druckzone ist aus Mauerwerk im Verband mit vollständig gefüllten Stoß- und Lagerfugen oder aus Beton einer Festigkeitsklasse von mindestens B 15 bzw. LB 15 oder aus Mauerwerk und Beton herzustellen.

Für die Druckzone aus Mauerwerk dürfen Voll- oder Hochlochziegel A nach DIN 105, Kalksand-Voll- und Lochsteine nach DIN 106 und Vollsteine aus Leichtbeton nach DIN 18152 einer Druckfestigkeitsklasse von mindestens 12 N/mm² verwendet werden. Hochlochziegel mit versetzten oder diagonal verlaufenden Stegen dürfen nur verwendet werden, wenn sie einer Druckfestigkeitsklasse von mindestens 20 N/mm² angehören und der Querschnitt keine Griffschlitze aufweist. Der Mauermörtel muß mindestens eine Druckfestigkeit von 2,5 N/mm² (entspr. Mörtelgruppe II nach DIN 1053 Teil 1) aufweisen.

d) Bis 7 Tage nach Einbau der Flachstürze sind die Zuggurte im Abstand von
   ≦ 1,00 m bei Gesamthöhe des Zuggurtes ≦ 6,0 cm
   ≦ 1,25 m bei Gesamthöhe des Zuggurtes > 6,0 cm
   zu unterstützen. Dem Sturz zugewiesene Lasten, etwa Auflagerkräfte aus Decken, müssen gesondert abgefangen werden.

e) Die Zuggurte sind mit einer Mindestauflagertiefe von 11,5 cm am Auflager in ein Mörtelbett zu verlegen.

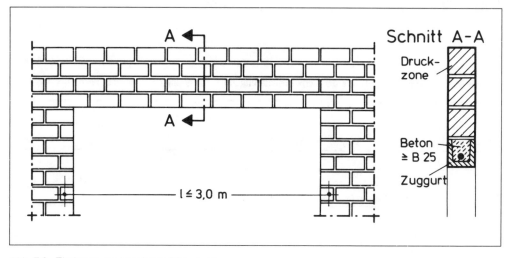

Abb. E.2   Flachsturz aus bewehrtem Mauerwerk

2.3 DIN 1053 Teil 4 (Mauerwerk; Bauten aus Ziegelfertigbauteilen)

An weiteren Bestimmungen stehen DIN 1053 Teil 4 „Mauerwerk; Bauten aus Ziegelfertigbauteilen", (September 1978) sowie verschiedene bauaufsichtliche Zulassungen zur Verfügung. Das letztgenannte Normblatt, das konstruktive Hinweise, Angaben zur Ermittlung des Standsicherheitsnachweises, zur Berechnung der Abmessungen und zur Güteüberwachung von geschoßhohen unbewehrten und bewehrten Ziegelfertigbauteilen enthält, soll hier nicht näher behandelt werden, da hierfür ausreichende spezielle Literatur zur Verfügung steht (siehe Informationsschriften der einzelnen Steinhersteller).

2.4 Stahlsteindecken nach DIN 1045

Die Ausführung von Decken aus bewehrtem Mauerwerk ist in DIN 1045 unter dem Abschnitt „Stahlsteindecken" geregelt. Die Deckenkonstruktionen werden dabei mit voll- oder teilvermörtelter Stoßfuge, mit oder ohne statische Mitwirkung des Deckensteins ausgeführt. Die Bewehrung liegt in mit Beton verfüllten Aussparungen der Deckensteine. Da diese Decken meistens in vorgefertigten Elementen geliefert werden, empfiehlt es sich, eine Bemessung nach den Bemessungstafeln der verschiedenen Hersteller vorzunehmen. Da die Deckensteine der Stahlsteindecken keine Mauersteine im üblichen Sinne darstellen, soll hier im Rahmen des bewehrten Mauerwerks nicht weiter darauf eingegangen werden.

3 Korrosionsschutz

Bei Verwendung von bewehrtem Mauerwerk ist grundsätzlich zu überlegen, ob die Funktionsfähigkeit der Bewehrung durch Korrosion gefährdet ist oder nicht.

Die Korrosion von Stahl kann nur bei genügender Sauerstoffzufuhr, Feuchtigkeit und karbonatisierter Umgebung (pH-Wert < 9) stattfinden. Da die Karbonatisierung der Mörtelfuge nicht nur über den Mörtel selbst, sondern auch über den Stein erfolgt (**Abb. E.3**), tritt besonders bei schlanken Bauteilen eine völlige Karbonatisierung der Fuge nach relativ kurzer Zeit ein. Wirklich korrosionsgefährdet sind jedoch nur Außenbauteile, die etwa einer Schlagregenbeanspruchung oder sonstigen Feuchtigkeit, z.B. Bodenfeuchtigkeit, ausgesetzt sind, während für Innenwände von trockenen Räumen oder für die aus Formsteinen bestehende Innenschale zweischaliger Außenwände sicherlich keine Korrosionsgefahr besteht.

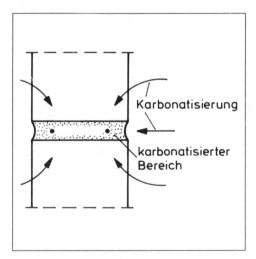

Abb. E.3 Karbonatisierung der Mörtelfuge

Der Korrosionsschutz wird sich daher nach der Beanspruchung des Bauteils richten: Bei Außenbauteilen, die z.B. durch Dachüberstände geschützt und verputzt sind und bei denen die Bewehrung in horizontalen oder vertikalen Lochkanälen verläuft, wird eine Verzinkung einen ausreichenden Schutz bieten, ebenso für eine nur aus konstruktiven Gründen eingelegte Bewehrung.

Menge und Art der Aufbringung der Verzinkung müssen dabei durch eine bauaufsichtliche Zulassung geregelt sein. Bei stärker der Bewitterung ausgesetzten Bauteilen bzw. bei äußeren Einwirkungen von aggressiven Medien wie Sulfaten und Chloriden ist eine Feuerverzinkung nicht ausreichend. Hier ist entweder die Verwendung von Edelstahl oder anderen Beschichtungsarten, etwa Epoxidharz, PVC oder Zink-Kunststoff-Überzüge (z.B. das sog. Duplex-System), vorzusehen.

DIN 1053 Teil 3 enthält Regelungen bzgl. der Art des Korrosionsschutzes in Abhängigkeit vom Einbauort der Bewehrung (vgl. Tabelle E.1). Die Frage des Korrosionsschutzes ist schon in der Planungsphase sorgfältig zu überprüfen, um die Dauerhaftigkeit der Konstruktion sicherzustellen und eine größtmögliche Wirtschaftlichkeit zu erreichen.

4 Bemessung

4.1 Vorbemerkung

Die Bemessung eines Bauteils aus bewehrtem Mauerwerk hat zum Ziel, für eine vorhandene Beanspruchung den erforderlichen Querschnitt, die Steingüte, die Mörtelart und den Bewehrungsstahl zu ermitteln. Hierzu ist zunächst die Art der Beanspruchung zu unterscheiden: **bei Wänden** Belastungen rechtwinklig zur Wandebene (Plattenwirkung) und in Wandebene (Scheibenwirkung); **bei Stützen** axiale Druckbeanspruchung mit oder ohne ein- bzw. zweiachsige Biegung; **bei Trägern** (z.B. Stürze, Ringbalken) Biegung mit oder ohne Druckbeanspruchung. Im Prinzip ist eine Bemessung aufgrund all dieser Beanspruchungen nach DIN 1053 Teil 3 bzw. den Flachsturzrichtlinien möglich, in der Praxis haben jedoch i. allg. nur folgende Fälle Bedeutung: reine Biegung bei Wänden mit Belastung rechtwinklig zur Wand, bei Stürzen und Ringankern zentrischer Zug, bei Stützen mittiger und außermittiger Druck.

Eine vertikale Bewehrung bei Wänden oder Stützen, die z.B. wie in **Abb. E.4** eingebaut werden kann, hat sich bisher in der Praxis vor allem aus ausführungstechnischen Gründen nicht durchgesetzt. Die in DIN 1053 Teil 3 vorgesehene Möglichkeit, die Bewehrung in speziellen Formsteinen lotrecht hochzuführen, wird sicherlich für die Ausführung und auch für die Frage der Korrosion Lösungen bringen. Im folgenden wird auf die o.g., in der Praxis am meisten auftretenden Fälle im einzelnen eingegangen, wobei insbesondere horizontale Bewehrungsführungen nach **Abb. E.4** behandelt werden.

Horizontale Bewehrung:

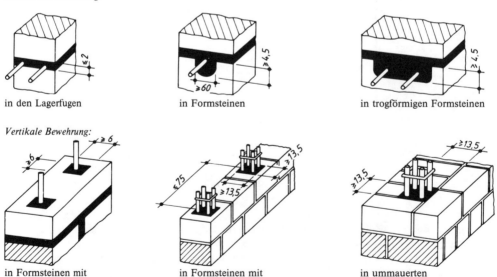

in den Lagerfugen   in Formsteinen   in trogförmigen Formsteinen

Vertikale Bewehrung:

in Formsteinen mit   in Formsteinen mit   in ummauerten
kleiner Aussparung   großer Aussparung   Aussparungen

Abb. E.4   Beispiele für horizontale und vertikale Bewehrung nach DIN 1053 Teil 3

4.2 Bemessung von Wänden

Die **Biegebemessung** einer bewehrten Mauerwerkswand nach DIN 1053 Teil 3 erfolgt auf folgenden Grundlagen:

a) Angleichung der Bemessung an diejenige des Stahlbetons unter Beachtung verschiedener mauerwerksspezifischer Abweichungen.

b) Annahme keiner Mitwirkung des Mauerwerks bei der Aufnahme der Zugkraft.

c) Annahme einer Verformungslinie des Mauerwerks wie bei Stahlbeton (PR-Diagramm) unter Berücksichtigung der für Mauerwerk zutreffenden Bruchdehnungswerte.

d) Als Rechenwerte der Mauerwerksfestigkeit β_R wird für Vollsteine und Lochsteine bei Druck in Lochrichtung β_R nach DIN 1053 Teil 1 oder Teil 2 angesetzt; für gelochte Vollsteine und Lochsteine darf bei Druck quer zur Lochrichtung jedoch nur $\beta_R/2$ angesetzt werden, da diese Steine erhebliche Festigkeitsabminderungen bei dieser Beanspruchungsart aufweisen.

Die Anwendung der o.g. Bemessungsprinzipien führt zu den aus dem Stahlbetonbau bekannten Gleichungen zur Ermittlung einer Biegebewehrung mittels des k_h-Verfahrens (vgl. auch **Abb. E.5**):

$$k_h = \frac{h\ (\text{cm})}{\sqrt{\dfrac{M\ (\text{kNm})}{b\ (\text{m})}}} \tag{1}$$

$$A_s(\text{cm}^2) = k_s \cdot \frac{M\ (\text{kNm})}{h\ (\text{cm})} \qquad \text{für Biegung ohne Längskraft} \tag{2}$$

$$A_s = k_s \cdot \frac{M_s}{h} + \frac{N}{\beta_s/\gamma} \qquad \text{für Biegung mit Längskraft} \tag{3}$$

mit

M = Biegemoment in kNm

M_S = $M - N \cdot (h - \dfrac{d}{2})$ (vgl. **Abb. E.5**)

N = Längskraft in kN

b = Querschnittsbreite in m

h = statische Höhe in cm

β_S/γ = 24,0 kN/cm^2 für BSt 420

= 28,6 kN/cm^2 für BSt 500

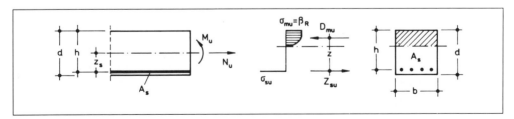

Abb. E.5   Bemessungsgrundlagen für bewehrtes Mauerwerk nach DIN 1053 Teil 3

E Bewehrtes Mauerwerk

Die Hilfswerte k_h und k_s sind, zusammen mit weiteren querschnittsrelevanten Koeffizienten k_x und k_z, deren genaue Herleitung [E.8] entnommen werden kann, in Tabelle E.4 angegeben. Als zur Bemessung frei wählbare Dehnungswerte des Bewehrungsstahls und des Mauerwerks wurden ε_s bis 5‰ und ε_{mw} bis 2‰ angenommen, um wirtschaftliche Querschnittsabmessungen zu erhalten. Eine max. Bruchdehnung von ε_{mw} von 2‰ wurde gewählt, da nach Untersuchungen von [E.2] die für Stahlbeton gültige Bruchdehnung von 3,5‰ in den meisten Fällen bei Mauerwerk nicht erreicht wird. Wird eine Bemessung nach anderen k_h-Tabellen, etwa [E.4] oder [E.5], vorgenommen, so ist von Fall zu Fall zu prüfen, ob die dem ermittelten k_h-Wert zugeordnete Bruchdehnung für das vorliegende Mauerwerk angenommen werden darf. In Tabelle E.4 sind die β_R-Werte nach DIN 1053 Teil 2 aufgeführt; wird β_R nach DIN 1053 Teil 1 mit $\beta_R = 2,67 \cdot \sigma_0$ für gewählte Stein-Mörtel-Kombinationen errechnet, so ergeben sich i.allg. gering davon abweichende Werte, die für die Benutzung von Tabelle E.4 jedoch unerheblich sind.

Tabelle E.4 k-Werte für bewehrtes Mauerwerk nach DIN 1053 Teil 3

k_h für β_R in MN/m² nach DIN 1053 Teil 2											BSt 420	BSt 500			$-\varepsilon_{mw}/\varepsilon_s$
2,1	3,0	4,3	5,1	6,0	7,7	9,0	10,5	12,5	15,0	17,5	k_s	k_s	k_x	k_z	in ‰
32,45	27,15	22,68	20,83	19,20	16,95	15,68	14,51	13,30	12,14	11,24	4,25	3,57	0,06	0,98	0,3/5,0
20,32	17,00	14,20	13,04	12,02	10,61	9,81	9,09	8,33	7,60	7,04	4,30	3,61	0,09	0,97	0,5/5,0
15,14	12,67	10,58	9,71	8,96	7,91	7,31	6,77	6,20	5,66	5,24	4,35	3,65	0,12	0,96	0,7/5,0
12,28	10,28	8,58	7,88	7,27	6,41	5,93	5,49	5,03	4,60	4,25	4,40	3,70	0,15	0,95	0,9/5,0
10,48	8,77	7,32	6,73	6,20	5,47	5,06	4,69	4,30	3,92	3,63	4,45	3,74	0,18	0,94	1,1/5,0
9,25	7,74	6,43	5,94	5,47	4,83	4,47	4,14	3,79	3,46	3,21	4,50	3,78	0,21	0,93	1,3/5,0
8,37	7,00	5,85	5,37	4,95	4,37	4,04	3,74	3,43	3,13	2,90	4,55	3,82	0,23	0,92	1,5/5,0
7,71	6,45	5,39	4,95	4,56	4,03	3,72	3,45	3,16	2,88	2,70	4,59	3,86	0,25	0,91	1,7/5,0
7,00	5,86	4,89	4,49	4,14	3,66	3,38	3,13	2,90	2,62	2,42	4,67	3,92	0,29	0,89	2,0/5,0
6,78	5,67	4,74	4,35	4,01	3,54	3,27	3,03	2,78	2,54	2,35	4,71	3,96	0,31	0,89	2,0/4,5
6,55	5,48	4,57	4,20	3,87	3,42	3,16	2,93	2,68	2,45	2,27	4,76	4,00	0,33	0,88	2,0/4,0
6,31	5,28	4,41	4,05	3,73	3,29	3,05	2,82	2,59	2,36	2,19	4,82	4,05	0,36	0,86	2,0/3,5
6,06	5,07	4,24	3,89	3,59	3,17	2,93	2,71	2,49	2,27	2,10	4,90	4,12	0,40	0,85	2,0/3,0

Bei der **Schubbemessung** ist nach DIN 1053 Teil 3 zu unterscheiden zwischen Platten- und Scheibenschub. Bei Plattenschub (Belastung rechtwinklig zur Wandebene, z.B. Erddruck auf Kellerwand) wird analog DIN 1045 die Schubspannung mit

$$\tau_o = \frac{Q}{b \cdot z} \tag{4}$$

ermittelt, wobei $z = k_z \cdot h$ nach der Biegebemessung aus Tabelle E.4 errechnet oder vereinfachend zu $z \approx 0,85\,h$ angenommen werden kann. Die nach Gl. (4) ermittelte Schubspannung muß die folgende Gleichung

$$\tau_o \leq 0,015\,\beta_R \tag{5}$$

mit β_R nach DIN 1053 Teil 1 oder Teil 2 erfüllen. Hierbei ist Schubbereich 1 ohne Schubbewehrung und nicht gestaffelte Biegebewehrung vorausgesetzt. Gestaffelte Biegezugbewehrung ist nicht zulässig. Die Wirkung einer eventuell vorhandenen Schubbewehrung darf nicht in Ansatz gebracht werden. Der Schubnachweis bei Scheibenschub (Last in Wandebene) wird unter Abschnitt E.4.3 „Bemessung von Trägern" behandelt. Bei Wänden würde diese Beanspruchung i.d.R. nur im Falle von wandartigen Trägern vorliegen; hierbei ist zu beachten, daß die statische Nutzhöhe auf $h \leq 0,5\, l$ (l = Spannweite) begrenzt ist.

Zahlenbeispiel

Ein bewehrtes Kellermauerwerk, das durch Erddruck belastet ist, soll bemessen werden.

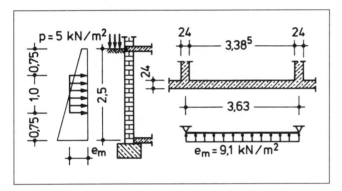

Abb. E.6 Durch Erddruck belastetes Mauerwerk

Gegeben:

Bodenkennwerte: $\gamma = 18$ kN/m³; $\varphi = 30°$; $\delta = 0$; $K_{ah} = 0,33$ (vgl. [C.1], S. 11.12).
Nach [C.1], S. 11.13 ist $e = e_{ah} + e_{ah,p} = \gamma \cdot h \cdot K_{ah} + p \cdot K_{ah}$

Es ergeben sich damit folgende Erddruckkoordinaten (siehe **Abb. E.6**):

in 0,75 m von OK Erdreich: $e = 18 \cdot 0,75 \cdot 0,33 + 5 \cdot 0,33 = 6,1$ kN/m²
in 1,75 m von OK Erdreich: $e = 18 \cdot 1,75 \cdot 0,33 + 5 \cdot 0,33 = 12,1$ kN/m²

Es wird der mittlere 1-m-Streifen mit einem mittleren Erddruck e_m berechnet:

$e_m = (6,1 + 12,1)/2 = 9,1$ kN/m

Da die Wand im unteren Bereich als dreiseitige Platte abträgt und die Schnittkraftermittlung unter Vernachlässigung der elastischen Einspannung erfolgt, genügt es, den mittleren Streifen stellvertretend für alle Bereiche der Wand zu bemessen.

Bemessung

max $M = 9,1 \cdot 3,63^2/8 = 15,0$ kNm
max $Q = 9,1 \cdot 3,63/2 = 16,5$ kN
$\quad d = 24$ cm, $h = 21$ cm, $b = 1,00$ m
$\quad k_h = 21/\sqrt{15,0/1,0} = 5,42;$

Gewählt: Steinfestigkeitsklasse 20/III mit $\beta_R = 6{,}0$ MN/m².

Da nach DIN 1053 Teil 3 für Lochsteine bei Beanspruchung senkrecht zur Lochung der halbe β_R-Wert anzusetzen ist und die Steinart im Entwurfsstadium noch nicht feststeht, ist anzunehmen:

$\beta_R/2 = 3{,}0$ MN/m²

nach Tabelle E.4 folgt: $k_s = 4{,}05$; $k_z = 0{,}86$ für BSt 500

$A_s = 4{,}05 \cdot 15{,}0/21 = 2{,}9$ cm²/m (BSt 500 S)

Bewehrung:

2 Ø 8 mm BSt 500 S je Fuge aus konstruktiven Gründen. Anrechenbar ist 1 Ø 8 mm auf der Innenseite der Wand (Zugzone). Damit ergibt sich bei einer Steinhöhe von 11,3 cm (8 Fugen je m):

vorh. $A_s = 0{,}5 \cdot 8 = 4$ cm²/m > erf $A_s = 2{,}9$ cm²/m

Schubnachweis:

$\tau_0 = 16{,}5/(100 \cdot 0{,}86 \cdot 21) = 0{,}0091$ kN/m²

nach Gl. (5):
zul $\tau_0 = 0{,}015 \, \beta_R = 0{,}015 \cdot 6{,}0 = 0{,}09$ MN/m² ≈ vorh τ_0

4.3 Bemessung von Trägern

Die Bemessung von Trägern auf Biegung erfolgt analog der Bemessung von Wänden, d.h. mit dem k_h-Verfahren. Bei der Schubbemessung ergibt sich nach Teil 3 der DIN 1053 die Neuerung, daß der Schubnachweis wie im Stahlbetonbau im Abstand $0{,}5 \, h$ ($h =$ Nutzhöhe des Trägers) von der Auflagerkante geführt werden darf.

Bei überdrückten Querschnitten genügt es, die Stelle der maximalen Schubspannung zu untersuchen. Im Regelfall werden gerissene Querschnitte vorliegen, so daß der Nachweis in Höhe der Nullinie im Zustand II nach Gl. (4) geführt werden kann. Die so ermittelten Schubspannungen dürfen die Grenzen der Schubspannungen nach DIN 1053 Teil 2 Abschnitt 7.5 (Versagen der Lagerfuge bzw. Steinversagen, vgl. auch Abschnitt D.4.5) nicht überschreiten. Für die Rechenwerte der Kohäsion β_{Rk} gilt hierbei ergänzend zu Tabelle D.7:

Mörtel der Gruppe II: $\beta_{Rk} = 0{,}08$ MN/m²
Leichtmörtel $\beta_{Rk} = 0{,}18$ MN/m²
Dünnbettmörtel $\beta_{Rk} = 0{,}22$ MN/m²

Die an der Stelle des Schubnachweises im Abstand $0{,}5 \, h$ von der Auflagervorderkante in der Gl. (D.34a und 34b) benötigte rechnerische Normalspannung σ in der Lagerfugenebene darf vereinfachend aus der Auflagerkraft F_A abgeschätzt werden zu

$$\sigma = \frac{2 \, F_A}{b \cdot l} \tag{6}$$

mit $b =$ Querschnittsbreite des Trägers

$l =$ Stützweite des Trägers bzw. doppelte Kraglänge bei Kragträgern

Flachstürze

Die Bemessung eines Flachsturzes aus bewehrtem Mauerwerk nach den „Richtlinien für die Bemessung und Ausführung von Flachstürzen" erfolgt auf folgenden Grundlagen:

a) Die Biegetragfähigkeit wird unter rechnerischer Bruchlast bei Berücksichtigung des nicht proportionalen Zusammenhangs zwischen Spannung und Dehnung entsprechend DIN 1045 nachgewiesen. Bei vorgespannten Flachstürzen ist außerdem ein Nachweis unter Gebrauchslast zu führen.

b) Die Druckzone darf nur bis zu einer Höhe von $l/2,4$ (l = Stützweite) als statisch mitwirkend angenommen werden.

c) Der Rechenwert der Mauerwerksfestigkeit der Druckzone beträgt $\beta_R = 2,5$ N/mm². Bei Verwendung von Beton oder Leichtbeton in der Druckzone ist der Rechenwert der anzusetzenden Druckfestigkeit aus DIN 1045 bzw. den Leichtbetonrichtlinien zu entnehmen.

d) Für eine Druckzone aus Mauerwerk oder Mauerwerk und Beton beträgt die zulässige Querkraft

$$\text{zul } Q = 0,1 \frac{\text{MN}}{\text{m}^2} \cdot b \cdot h \frac{\lambda + 0,4}{\lambda - 0,4} \tag{7}$$

mit b = Sturzbreite
$\quad h$ = statische Nutzhöhe
$\quad \lambda$ Schubschlankheit $= \dfrac{\text{max. Moment}}{\text{max. Querkraft} \cdot \text{Nutzhöhe}} \geqq 0,6$

$\quad$ (bei Gleichlast gilt $\lambda = \dfrac{1}{4}$ Stützweite/Nutzhöhe)

e) Die Verankerung der Bewehrung ist analog DIN 1045 bzw. den Spannbetonrichtlinien nachzuweisen. Für die nach DIN 1045 ermittelte Zugkraft Z_A gilt

$$Z_A \leqq \frac{\text{max. Biegemoment}}{0,85\ h}$$

Als zulässige Rechenwerte der Verbundspannung dürfen die Werte für die günstige Verbundlage verwendet werden.

f) Für vorgespannte Flachstürze sind zusätzliche Nachweise unter Gebrauchslast zu führen.

Die Bemessung selbst erfolgt analog dem unter Abschnitt E.4.2 geschilderten Verfahren unter Verwendung von k_h-Werten, die unter den oben genannten Voraussetzungen analog DIN 1045 ermittelt wurden. Wie im Falle der Plattenbiegung bei Wänden (vgl. Beispiel zu Abschnitt E.4.2), wurde auch hier eine Bruchdehnung des Mauerwerks $\varepsilon_{mw} = -2,0\%_0$ angesetzt [E.3]. Damit ergibt sich für die nach den Flachsturzrichtlinien anzusetzende Mauerwerksfestigkeit $\beta_R = 2,5$ N/mm² die Tabelle E.5.

Für den in der Praxis sehr häufig vorkommenden Fall einer Gleichstreckenbelastung läßt sich der Schubnachweis nach Gl. (7) auf die Darstellung einer Gleichlast des Trägers zul q als Funktion von Stützweite l und statischer Höhe h zurückführen (**Abb. E.7**, aus [E.3]):

Aus **Abb. E.7** kann für eine Referenzbreite des Sturzes von $b = 11,5$ cm die maximal zulässige Belastung aus Schub oder die erforderliche statische Höhe bei gegebener Belastung abgelesen werden. Die Anwendung von **Abb. E.7** ist daher insbesondere in der Planungsphase sehr vorteilhaft. Für Druckzonen aus Beton enthält [E.3] weitere Bemessungsdiagramme analog **Abb. E.7**.

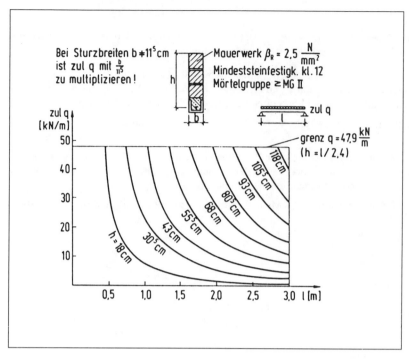

Abb. E.7 Zul. Belastung bei Einhaltung der Schubtragfähigkeit (Druckzone aus Mauerwerk)

Tabelle E.5 *k*-Werte für Flachstürze aus bewehrtem Mauerwerk nach [E.1]

$\beta_R = 2{,}5\ \text{MN/m}^2$					
	BSt 420 S	BSt 500 S			$-\varepsilon_{mw}/\varepsilon_s$
k_h	k_s	k_s	k_x	k_z	in $^o/_{oo}$
29,74	4,25	3,57	0,06	0,98	0,3/5,0
18,62	4,30	3,61	0,09	0,97	0,5/5,0
13,87	4,35	3,65	0,12	0,96	0,7/5,0
11,26	4,40	3,70	0,15	0,95	0,9/5,0
9,61	4,45	3,74	0,18	0,94	1,1/5,0
8,48	4,50	3,78	0,21	0,93	1,3/5,0
7,67	4,55	3,82	0,23	0,92	1,5/5,0
7,07	4,59	3,86	0,25	0,91	1,7/5,0
6,42	4,67	3,92	0,29	0,89	2,0/5,0
6,21	4,71	3,96	0,31	0,89	2,0/4,5
6,00	4,76	4,00	0,33	0,88	2,0/4,0
5,78	4,82	4,05	0,36	0,86	2,0/3,5
5,56	4,90	4,12	0,40	0,85	2,0/3,0

Zahlenbeispiel

Es wird der Stahlbetonsturz St 102 des Anhangs als Flachsturz bemessen. Der Zuggurt besteht aus einer U-Schale aus Ziegel oder Kalksandstein, mit den in **Abb. E.8** dargestellten Abmessungen. Wird Leichtbeton oder Porenbeton für den Zuggurt verwendet, so werden i.d.R. Fertigteil-Rechteckquerschnitte mit bereits eingelegter Bewehrung verwendet [E.3].

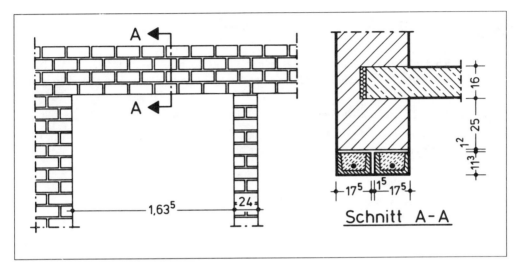

Abb. E.8 Berechnungsbeispiel eines bewehrten Flachsturzes

Belastung:

Siehe Pos. St 102 $8,0 + 0,3 + 4,8$ $= 13,1$ kN/m
Mauerwerk $(0,365 \cdot 10 + 0,035 \cdot 20) \cdot 0,25 = 1,1$ kN/m
Flachsturz $0,365 \cdot 0,125 \cdot 25$ $= 1,1$ kN/m
                                                    $q = 15,3$ kN/m

$$l = 1,635 + 2 \cdot \frac{1}{3} \cdot 0,12 = 1,72 \text{ m} < \text{zul } l = 3,0 \text{ m}$$

$$M = 15,3 \cdot 1,72^2/8 \qquad = 5,65 \text{ kNm}$$

$$Q = 15,3 \cdot 1,72/2 \qquad = 13,2 \text{ kN}$$

Dicke der U-Schale geschätzt 3,0 cm
Überdeckung 2,0 cm
Bewehrungsstahl geschätzt Ø 8 mm
Statische Höhe: $h = 37,5 - 3,0 - 2,0 - 0,4 \cong 32 \text{ cm} < \dfrac{1,72}{2,4} = 0,72 \text{ m}$

$$k_h = \frac{32}{\sqrt{\dfrac{5,65}{0,365}}} = 8,1 \qquad k_s = 4,55 \qquad k_z = 0,92$$

$$A_s = 3,82 \cdot 5,65/32 = 0,7 \text{ cm}^2 \text{ BSt 500 S}$$

gewählt 2 Ø 8 mm $A_s = 1,0 \text{ cm}^2$

Schubnachweis:

$$\text{zul } Q = \tau_{zul} \cdot b \cdot h \cdot \frac{\lambda + 0{,}4}{\lambda - 0{,}4}$$

$$\text{mit } \lambda = \frac{1{,}72}{4 \cdot 0{,}32} = 1{,}35 > 0{,}6 \text{ folgt}$$

$$\text{zul } Q = 0{,}01 \cdot 36{,}5 \cdot 32 \cdot \frac{1{,}35 + 0{,}4}{1{,}35 - 0{,}4} = 21{,}5 \text{ kN} > \text{vorh } Q = 13{,}2 \text{ kN}$$

Zum Vergleich der Nachweis nach **Abb. E.7**:

Mit $l = 1{,}72$ m und $h > 32$ cm wird in **Abb. E.7** abgelesen: zul $q \approx 9{,}0$ kN/m. Für die vorhandene Breite von $b = 36{,}5$ cm ergibt sich:

zul $q = 9{,}0 \cdot 36{,}5/11{,}5 = 28{,}6$ kN/m $>$ vorh $q = 15{,}3$ kN/m. Damit ist der Schubnachweis erfüllt.

Sollte die Übermauerung von 25 cm über den U-Schalen aus konstruktiven Gründen nicht möglich sein, so kann der Flachsturz auch mit der Stahlbetondecke als Druckzone bemessen werden.

Verankerung:

$$F_{SR} = Q_R \cdot \frac{v}{h} = 0{,}75 \cdot 13{,}2 = 9{,}9 \text{ kN} \leq \frac{5{,}65}{0{,}92 \cdot 0{,}32} = 19{,}2 \text{ kN}$$

erf $A_s = 9{,}9/24 = 0{,}4$ cm^2, gewählt 2 $\varnothing$ 8 III

Verankerungslänge hinter der Auflagervorderkante:

$$l_2 = \frac{2}{3} \cdot 1{,}0 \cdot \frac{0{,}4}{1{,}0} \cdot 27 \text{ cm} = 7{,}2 \text{ cm} \geqq 6 \cdot 0{,}8 = 4{,}8 \text{ cm}$$

4.4 Bemessung von Druckgliedern

Nach DIN 1053 Teil 3 wird die Bemessung analog DIN 1045 durchgeführt. Danach ist grundsätzlich ein Nachweis der Knicksicherheit zu führen; dies ist bei Schlankheiten $20 \leqq \bar\lambda \leqq 25$ der genaue Nachweis nach DIN 1045, bei Druckgliedern mäßiger Schlankheit ($\bar\lambda \leqq 20$) darf der Einfluß der ungewollten Ausmitte und der Stabauslenkung nach Theorie II. Ordnung näherungsweise durch eine Bemessung im mittleren Drittel der Knicklänge unter Berücksichtigung einer zusätzlichen Ausmitte f erfaßt werden:

$$f = \frac{h_k}{46} - \frac{d}{8}$$

mit
h_k = Knicklänge
d = Querschnittsdicke in Knickrichtung
$\bar\lambda$ = h_k/d

Bei Stützen mit verfüllten, durch Formsteine gebildeten Aussparungen (**Abb. E.9**) ist zu überprüfen, ob die Rechenfestigkeit des Füllmaterials (MG III $\beta_M = 4{,}5$ N/mm^2, MG IIIa $\beta_R = 10{,}5$ N/mm$^2 \triangleq$ B 15) nicht unter dem Rechenwert der Mauerwerksdruckfestigkeit liegt. Der jeweils kleinere Wert ist maßgebend. Die Bemessung selbst wird zweckmäßigerweise nach Feststellung der Schnittgrößen N, $M = f \cdot N$ nach den Interaktionsdiagrammen für Stahlbeton vorgenommen.

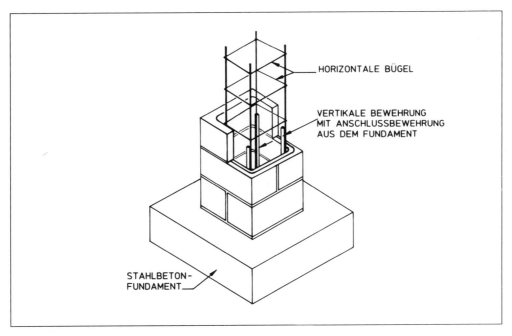

Abb. E.9 Freistehende Stütze mit Bewehrung in Formsteinen

4.5 Bemessung von Zuggliedern

Nach DIN 1053 Teil 1 sind in Außenwände und in Querwände, die als lotrechte Scheiben der Abtragung waagerechter Lasten (z.B. Wind) dienen, durchlaufende Ringanker einzulegen, wenn

a) die Bauten aus mehr als 2 Vollgeschossen bestehen bzw. länger als 18 m sind,
b) die Wände viele oder besonders große Öffnungen haben,
c) die Baugrundverhältnisse es erfordern, d.h. wenn z.B. die Gefahr unterschiedlicher Setzungen besteht (vgl. auch Abschnitt C.1.6).

Die Ringanker sind in oder unmittelbar unter jeder Deckenlage anzuordnen, müssen aus mindestens 2 durchlaufenden Rundstäben bestehen und eine Zugkraft von mindestens 30 kN aufnehmen können.

Eine Ausbildung des Ringankers aus Stahlbeton hat bauphysikalische Nachteile (Wärmebrücken), sodaß die Bemessung als Zugglied aus bewehrtem Mauerwerk vorzuziehen ist.

Durch eine dreilagige, besser fünflagige horizontale Bewehrung unter- und oberhalb des Deckenauflagers wird die erforderliche Zugkraft bei einem Durchmesser von 6 mm der Bewehrungsstäbe aufgenommen **(Abb. E.10)**. Auf eine sorgfältige Eckausbildung, entweder mit durchgehenden, gebogenen Längsstäben oder zusätzlichen Eckwinkeln, ist zu achten.

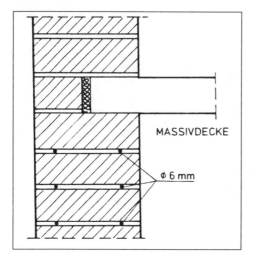

Abb. E.10 Ringanker aus bewehrtem Mauerwerk

5 Bewehrung zur Rissesicherung

Ein Einlegen von Bewehrung, hauptsächlich horizontaler Fugenbewehrung, in tragende oder nichttragende Mauerwerkswände kann nicht nur aus statischen, sondern auch aus rein konstruktiven Gründen sinnvoll sein. Zugspannungen und damit die Gefahr von Rissebildung entstehen aus mehreren Gründen: Temperaturunterschiede, Schwinden und Quellen des Mauerwerks, Kriechen, konzentrierte Lasteinleitung bei Sturz- oder Deckenauflagern, unterschiedliche Verformungen (Durchbiegung) von Wand und tragender Decke, unterschiedliches Setzungsverhalten benachbarter Wände und Pfeiler, seismische Belastungen. In **Abb. E.11** sind für einige dieser Fälle Möglichkeiten der Bewehrungsanordnung dargestellt.

Wie *Mann/Zahn* in [E.4] für die Fälle Deckendurchbiegung sowie Temperatur- und Schwindverkürzung rechnerisch zeigen, sind im allgemeinen 2 Stäbe Ø 5 mm pro Fuge ausreichend, um die auftretenden Zugspannungen aufzunehmen. Bei Verwendung vorgefertigter Bewehrungselemente, etwa Murfor-Gitterstäbe, wird durch die vorhandene Querbewehrung die Haftfestigkeit der Bewehrung erheblich erhöht, so daß sich geringere Verankerungslängen und Vorteile beim Einbau ergeben.

Für Überdeckungslängen beim Stoß von Bewehrungen enthält DIN 1053 Teil 3 keine Angaben. Nach Erfahrungen mit Murfor-Bewehrungsgittern können Überdeckungslängen von 15 cm (blanker Stahl) bzw. 25 cm (beschichteter Stahl) als ausreichend angesehen werden. Wie im Stahlbetonbau sollten auch die Stöße gegeneinander versetzt sein. Für Murfor z.B. wird ein Abstand der Überdeckungsstöße in benachbarten Fugen von etwa 100 cm angegeben.

Eine in das Mauerwerk eingelegte konstruktive Bewehrung, die nur der Rissesicherung dient und statisch nicht in Rechnung gestellt wird, ist nicht Gegenstand des neuen Teils 3 der DIN 1053. Sie zählt vielmehr zu den in DIN 1053 Teil 1 Abschnitt 6.5 genannten konstruktiven Maßnahmen, die z.B. bei größeren Zwängungen einer Rißbildung entgegenwirken. Auch für eine konstrukive Bewehrung sind natürlich ausreichende Maßnahmen des Korrosionsschutzes vorzusehen. Die Forderung, die Bewehrung nur in Normalmörtel der Gruppen III und IIIa einzubetten, trifft für die konstruktive Bewehrung nicht zu, da sie statisch ja nicht in Rechnung gestellt wird.

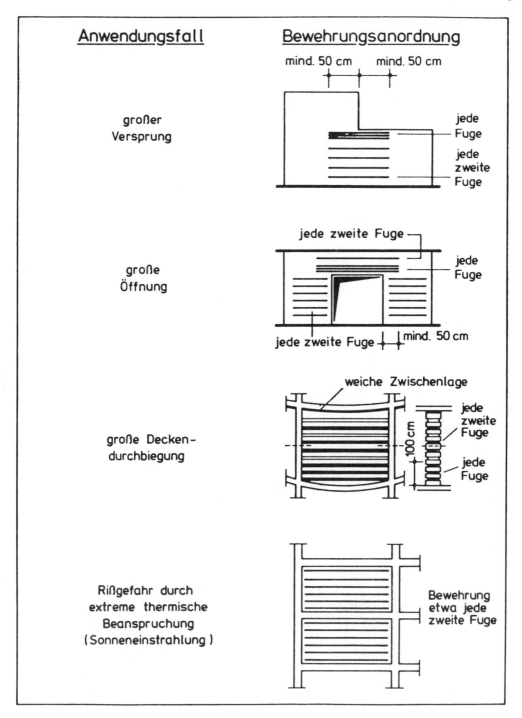

Abb. E.11 Beispiele konstruktiv eingelegter Bewehrung

F Ausführung von Mauerwerk

1 Ausführungsqualität

Die Tragfähigkeit des Mauerwerks hängt in erheblichem Maße von der Ausführungsqualität ab. Der Ausführung und Überwachung auf der Baustelle kommen deshalb besondere Bedeutung zu. Zwischen DIN 1053 T 1 und T 2 gibt es keine Unterschiede in den Anforderungen an die Ausführungsqualität, jedoch besteht bei DIN 1053 T 2 die Auflage, daß zum Teilen der Steine mit Sollhöhen > 113 mm Trennscheiben oder Spaltvorrichtungen zu verwenden sind.

Zur Sicherung der Ausführungsqualität gehören auch die in Abschnitt A.3.4 beschriebenen Güteprüfungen.

2 Herstellung und Verarbeitung des Mauermörtels

Bei der Herstellung des Mauermörtels müssen auf der Baustelle Bindemittel, Zusatzstoffe und Zusatzmittel trocken und windgeschützt gelagert werden. Für das Abmessen der Mörtelbestandteile sind bei den Mörtelgruppen II, IIa, III und IIIa Waagen oder Zumeßbehälter zu verwenden, um eine gleichmäßige Mörtelzusammensetzung sicherzustellen. Am Mischer ist eine Mischanweisung deutlich sichtbar anzubringen.

Als Rationalisierungsmaßnahme haben werksgemischte Mörtel zunehmend Bedeutung erlangt. Auf der Baustelle dürfen ihnen außer der erforderlichen Wasser- und ggf. Zementzugabe (bei Vormörtel) keine Zuschläge und Zusätze zugefügt werden.

Nach DIN 1053 T 1, Abschnitt 5.2.3.1 dürfen Mörtel unterschiedlicher Art und Gruppen auf einer Baustelle nur dann gemeinsam verwendet werden, wenn sichergestellt ist, daß keine Verwechslung möglich ist. Das bedeutet, daß Mörtel der Gruppen II und IIa wegen der schlechten Unterscheidbarkeit nicht parallel verwendet werden dürfen. Dagegen dürfen Leichtmauermörtel und Normalmauermörtel gleichzeitig verarbeitet werden (vgl. [F.8]).

Stark saugende Mauersteine entziehen dem Frischmörtel Wasser. Da Mörtel für den chemischen Erhärtungsprozeß eine bestimmte Wassermenge benötigt, kann bei zu starkem Wasserentzug der Abbindeprozeß nur unvollständig ablaufen, der Mörtel „verbrennt", der Verbund zwischen Stein und Mörtel wird mangelhaft. Um den Wasserentzug zu begrenzen, müssen stark saugende Steine vorgenäßt, oder durch Verwendung von Zusatzmitteln muß das Wasserrückhaltevermögen des Mörtels gesteigert werden. Bei Werkmörteln sollte sich der Anwender nach den Empfehlungen des Herstellers richten. Bei kapillaren Steinen, z.B. Ziegeln, kann man in der Regel sagen, daß Steine geringer Rohdichte mehr saugen als Steine höherer Rohdichte. Haufwerkporige Steine, z.B. Leichtbeton, haben nur geringe Saugfähigkeit.

Durch Wasserentzug vom Mörtel in den Stein können lösliche Bestandteile aus dem Bindemittel des Mörtels in den Stein wandern. Das Mörtelanmachwasser verdunstet auf der Oberfläche des Steines, die im Wasser gelösten Stoffe lagern sich als Ausblühung auf der Steinoberfläche ab. Durch Vornässen oder Verwendung von Zusatzmitteln, die das Wasserrückhaltevermögen des Mörtels steigern, lassen sich diese Ausblühungen verringern. Vorhandene Ausblühungen aus wasserlöslichen Salzen lassen sich durch wiederholtes Abbürsten entfernen ([F.4]).

3 Ausführung der Stoß- und Lagerfugen

Die Fugen im Mauerwerk sind vollfugig herzustellen. Sie haben die Aufgabe, die Kraftübertragung von Stein zu Stein sicherzustellen und dienen dem Maßausgleich für die Maßtoleranzen bei den Steinen. Die Anforderungen an die Vollfugigkeit müssen jedoch im Hinblick auf die im Einzelfall an die Wand gestellten Anforderungen relativiert werden. Die statische Funktion der Stoßfuge ist wesentlich unbedeutender als die der Lagerfuge. Sie beteiligt sich weder an der Aufnahme von horizontalen Zugkräften (Übertragung erfolgt durch Reibung in der Lagerfuge von Stein zu Stein) noch leistet sie einen großen Beitrag zur Aufnahme von Schubkräften (vgl. Abschnitt A.5). Deshalb ist es statisch zulässig, die Stoßfuge unterbrochen herzustellen.

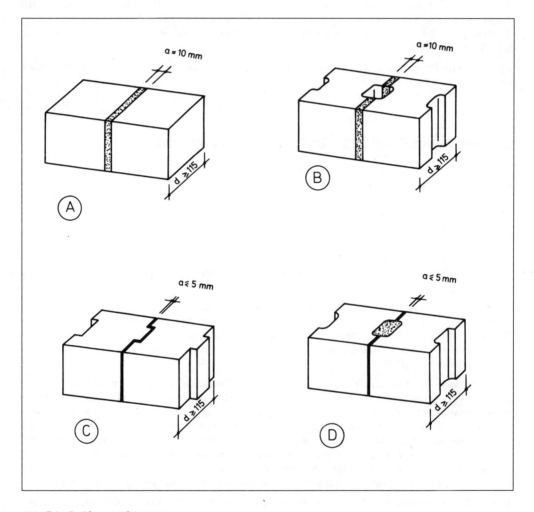

Abb. F.1 Stoßfugenausführungen

A vollständig vermörtelt   B außenseitig Mörtelstreifen
C Verzahnung, Stoßfuge unvermörtelt D verfüllte Mörteltasche

In der Neufassung von DIN 1053 T 1 sind unter Abschnitt 9.2 diese Erkenntnisse in das Regelwerk eingegangen. **(Abb. F.1)**. Lagerfugen sollen üblicherweise 12 mm, bei Verwendung von Dünnbettmörteln 1 bis 3 mm dick sein. Die Stoßfuge soll bei herkömmlicher Mauertechnik 10 mm dick sein, bei Dünnbettmörteln ebenfalls 1 bis 3 mm. Bei Knirschverlegung der Steine, d.h. wenn sie ohne Mörtel so dicht aneinandergelegt werden, wie dies wegen der herstellbedingten Unebenheiten der Stoßfugenfläche möglich ist, kann die im Stein vorgesehene Mörteltasche verfüllt werden, oder die Stoßfuge bleibt unverfüllt ("Zahnziegel"). Dabei soll der Abstand der Steine i.allg. nicht größer als 5 mm sein. Bei größeren Abständen müssen die Fugen an den Außenseiten mit Mörtel verschlossen werden.

Die unvermörtelte Stoßfuge setzt sich wegen des verringerten Arbeitszeit- und Mörtelbedarfs immer mehr durch.

4 Verbände

Zur Übertragung der Kräfte im Mauerwerkskörper muß Mauerwerk im Verband unter Einhaltung ausreichender Überbindungen (vgl. Abschnitt A.5) hergestellt werden. Steine einer Schicht sollen die gleiche Höhe haben **(Abb. F.2a)**, um zu verhindern, daß die Wand eine variierende Zahl von Lagerfugen hat. Durch unterschiedliches Verformungsverhalten können sich die Bereiche mit einer höheren Zahl von Lagerfugen unter hoher Auflast der Belastung entziehen.

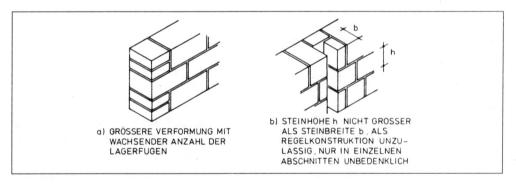

a) GRÖSSERE VERFORMUNG MIT WACHSENDER ANZAHL DER LAGERFUGEN

b) STEINHÖHE h NICHT GRÖSSER ALS STEINBREITE b, ALS REGELKONSTRUKTION UNZULÄSSIG, NUR IN EINZELNEN ABSCHNITTEN UNBEDENKLICH

Abb. F.2   Verarbeitung unterschiedlicher Steinhöhen

Liegen in einer Schicht mehrere Steine nebeneinander, so darf die Steinhöhe nicht größer als die Steinbreite sein **(Abb. F.2b)**. Diese Regelung soll eine ausreichende Zahl von Überbindungen in Querrichtung sicherstellen. Anderenfalls bestünde die Gefahr, daß die Wand bei hoher Belastung durch Querzugkräfte, die durch Ausquetschen des Lagerfugenmörtels entstehen, aufspaltet.

Im Bereich von Tür- und Fensterlaibungen, Ecken usw. wird man aus Gründen des Maßausgleiches trotz dieser Bedenken häufig kleinere Formate, auch hochkant gestellt, als Ergänzungssteine verwenden. Hierdurch werden i. allg. keine Schäden auftreten.

Bei einem Verband unterscheidet man Läufer- und Binderschichten. Läufer sind Steine, die mit der Längsseite in der Mauerflucht liegen. Binder liegen mit der Schmalseite in der Mauerflucht. Die wichtigsten Verbände sind **(Abb. F.3)**:

● **Läuferverband**
   Alle Schichten bestehen aus Läufern, die von Schicht zu Schicht um 1/2 Steinlänge (mittiger Verband) oder 1/3 oder 1/4 Steinlänge (schleppender Verband) gegeneinander versetzt sind. Mauerwerk im Läuferverband hat die besten Festigkeitseigenschaften.

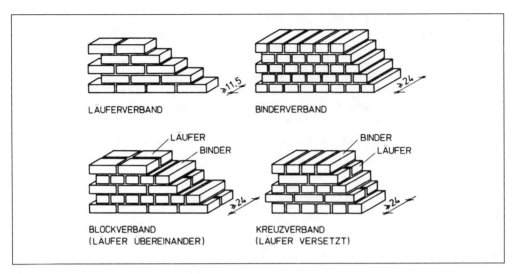

Abb. F.3 Verbände

● **Binderverband**

Alle Schichten bestehen aus Bindern, die um 1/2 Steinbreite versetzt sind. Binderverbände haben wegen der geringeren Überdeckung eine geringere Tragfähigkeit als Läuferverbände. Bei der Bemessung von Mauerwerk wird dies allerdings nicht berücksichtigt.

● **Blockverband**

Binder- und Läuferschichten wechseln regelmäßig. Die Stoßfugen aller Läuferschichten liegen senkrecht übereinander.

● **Kreuzverband**

Binder- und Läuferschichten wechseln sich regelmäßig ab. Die Stoßfugen jeder zweiten Läuferschicht sind aber durch Verwendung eines halben Läufers an den Mauerenden um 1/2 Steinlänge versetzt.

Darüber hinaus gibt es für Sichtmauerwerk besondere Zierverbände.

Aus Rationalisierungsgründen wird heute vorwiegend Mauerwerk im Läufer- oder Binderverband ausgeführt („Einsteinmauerwerk"). Durch Verwendung von großformatigen Steinen kann mit diesen Verbänden einsteiniges Mauerwerk von 24 cm, 30 cm, 36,5 cm und 49 cm Dicke hergestellt werden. Bei Verwendung von mittel- und großformatigen Steinen empfiehlt es sich, die Ausführung von Eckverbänden, Einbindungen, Kreuzungen usw. vor Baubeginn festzulegen. Je größer das Steinformat, desto geringer ist die Anpassungsmöglichkeit an beliebige Maße. Um fachgerechte Verbände zu gewährleisten und das Anpassen der Steine durch Schlagen oder Schneiden zu vermeiden, sollten schwierige Punkte vor der Ausführung durchdacht werden. Detaillösungen können für die verschiedenen Steinarten unterschiedlich aussehen, weil die erforderlichen Ergänzungssteine entweder geliefert oder durch Teilen hergestellt werden. Bei einschaligen Außenwänden ist darauf zu achten, daß die Ergänzungssteine gleiche bzw. nahezu gleiche Wärmedämmeigenschaften haben, um keine Wärmebrücken entstehen zu lassen. Das Entsprechende gilt für die Festigkeitsklasse der Steine. Einige Lösungen sind **Abb. F.4** zu entnehmen. Bei den Ecken und Einbindungen ist besonders darauf zu achten, daß nicht die Stoßfugen von 2 Schichten übereinanderliegen, d.h., die Überbindungen müssen eingehalten werden. Grundsätzlich sollten Bauwerke aus großformatigen Steinen nach der Maßordnung DIN 4172 geplant sein (siehe Abschnitt A.4).

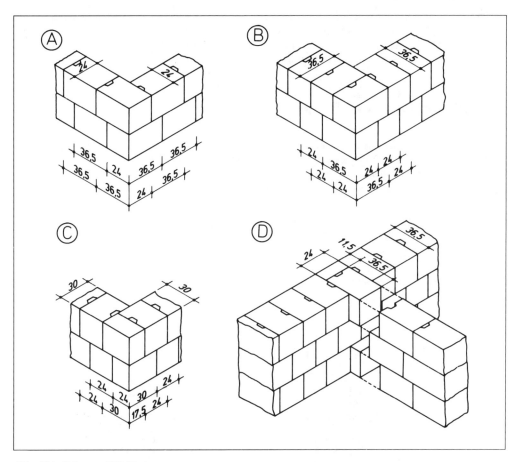

Abb. F 4 Ecken und Einbindungen

A 12 DF, Wanddicke 24 cm

B 12 DF, Wanddicke 36,5 cm

C 10 DF + Ergänzungsziegel $d = 17,5$ cm, Wanddicke 30 cm

D 12 DF + Ergänzungsziegel $d = 11,5$ cm

5 Teilen von großformatigen Steinen

Die Herstellung fachgerechter Mauerwerksverbände sowie die Anpassung an vorgegebene Wand- und Pfeilerlängen erfordern das Teilen und Ablängen der Steine. Bei kleinformatigen Steinen mit relativ geringem Lochanteil kann dies problemlos mit dem Maurerhammer vorgenommen werden.

Das Teilen mit Hammer oder Axt ist bei großformatigen Steinen mit hohem Lochanteil nicht handwerksgerecht. Mit diesem Verfahren entsteht unnötiger Bruch und ungenaues Ablängen der Steine. Hochwärmedämmendes Mauerwerk erfordert maßlich exakt angepaßte Ergänzungssteine. Große Fehlstellen dürfen nicht, wie man häufig sieht, mit Normalmauermörtel verstrichen werden. Hierdurch entstehen durch die starke Wärmeleitung des Mörtels Wärmebrücken, die zu Tauwasserniederschlägen auf den Innenseiten der Wände führen. Besonders an den Schrägen von Giebeln und den Pfeilern müssen derartige Schwachpunkte vermieden werden. Darüber hinaus kann bei Verwendung von zu kurzen Ergänzungssteinen oder Bruchstücken kein fachgerechter Mauerwerksverband hergestellt werden. Hierdurch wird die Tragfähigkeit des Mauerwerks eingeschränkt [F.14].

277

Großformatige Mauersteine müssen durch Sägen geteilt werden. Auf kleinen Baustellen kann hierzu eine Handsäge mit Widiablatt benutzt werden. Im Regelfall sollten aber Trennmaschinen benutzt werden. Hierzu werden Sägen mit Trennscheiben, Bandsägen, Kettensägen und fuchsschwanzartige Elektrosägen angeboten. Zur Verbesserung der Standzeit des Werkzeuges sind diese meistens mit Diamant besetzt.

6 Gleichzeitiges Hochführen von Wänden

Bei der Bauausführung ist darauf zu achten, daß die der statischen Berechnung zugrunde gelegten rechtwinklig zur Wandebene unverschieblich gehaltenen Ränder (zwei-, drei- oder vierseitige Halterung) bei der Bauausführung auch tatsächlich realisiert werden. Als unverschiebliche Halterung dürfen horizontal gehaltene Deckenscheiben, aussteifende Querwände oder andere ausreichend steife Bauteile angesehen werden.

Unverschiebliche Halterung darf nur dann angenommen werden, wenn

● die aussteifende Querwand und die auszusteifende Wand aus Baustoffen annähernd gleichen Verformungsverhaltens bestehen
● die Wände zug- und druckfest miteinander verbunden sind
● ein Abreißen der Wände infolge stark unterschiedlicher Verformungen nicht zu erwarten ist.

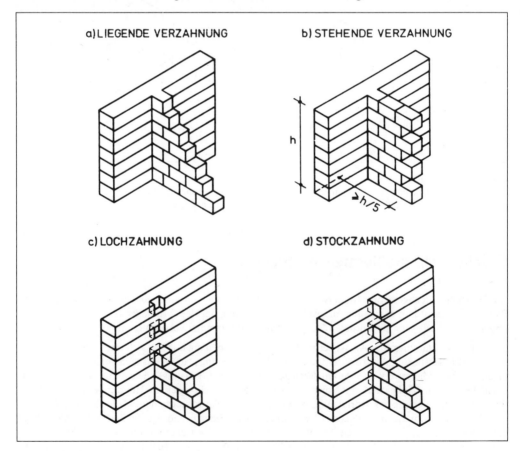

Abb. F.5 Verzahnung

Als zug- und druckfester Anschluß gilt das gleichzeitige Hochführen der Wände im Verband, d.h. mit liegender oder stehender Verzahnung **(Abb. F.5)**. Nach DIN 1053 T 1 Abschnitt 6.6.1 sind aber auch andere Maßnahmen gestattet, die einen zug- und druckfesten Anschluß gewährleisten.

Die Druckkraft kann durch Loch- oder Stockzahnung **(Abb. F.5c und d)** aufgenommen werden. Die Zugkraft muß durch Bewehrung aufgenommen werden. Die Bewehrung ist in den Drittelpunkten der Wandhöhe einzulegen. Ausreichender Korrosionsschutz muß bei Außenwänden gewährleistet sein. Ausreichend kann dabei auch ein größerer Abstand des belasteten Stahlbereiches von der Außenoberfläche sein, z.B. bei Wänden mit einer Dicke von mindestens 30 cm. Eine Vorlage ausreichender Länge mit stehender Verzahnung ist ohne Bewehrung ausreichend zug- und druckfest **(Abb. F.5b)**.

Zur Freihaltung der Verkehrsflächen ist es in der Baupraxis üblich, Aussteifungswände erst nach den aussteifenden Wänden hochzuziehen. Dabei wird meistens nicht darauf geachtet, daß die üblichen Loch-und Stockverzahnungen keinen zugfesten Anschluß darstellen. Das Einlegen einer Bewehrung ist dann unumgänglich.

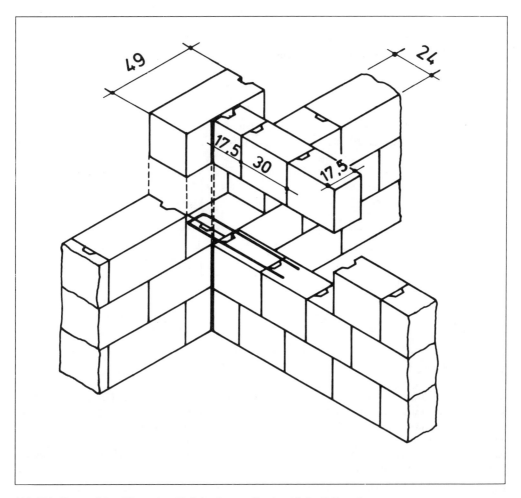

Abb. F.6 Zug- und druckfester Anschluß durch stumpfen Anschluß mit Zugankern

Als Rationalisierungsmaßnahme wird vorgeschlagen, auf die Verzahnung – gleich welcher Art – ganz zu verzichten. Die Wände werden stumpf gestoßen und satt vermörtelt. Um den Anschluß zugfest zu machen, wird wie oben geschildert eine Bewehrung eingelegt **(Abb. F.6)**. Durch die Maßnahme werden erreicht:

● verringerter Arbeitszeitbedarf durch Wegfall der arbeitszeitaufwendigen Verzahnung
● freie Verkehrsflächen
● problemloser Anschluß bei verschiedenen Steinformaten und -höhen
● Wegfall von Wärmebrücken bei einbindenden Innenwänden höherer Rohdichten in Außenwände niedrigerer Rohdichten
● einwandfreie Umsetzung der statischen Annahmen.

7 Verfugung

Bei Sicht- und Verblendmauerwerk kommt der Verfugung besondere Bedeutung zu. Sie dient einmal der Schlagregendichtigkeit und zum anderen dem Aussehen. Bei schlagregenbeanspruchtem Sicht- und Verblendmauerwerk ist die Zusammensetzung des Fugmörtels sowie die Tiefe, Gleichmäßigkeit und Lage der Fugenoberfläche und die Art des Einbringens des Fugmörtels von entscheidender Bedeutung für die Wetterdichtigkeit der Außenwand.

Es gibt zwei Möglichkeiten zu verfugen:

– Fugenglattstrich
– nachträgliche Verfugung

Bei den beiden Ausführungen soll die Verfugung möglichst bündig mit der Sichtfläche liegen **(Abb. F.6)**.

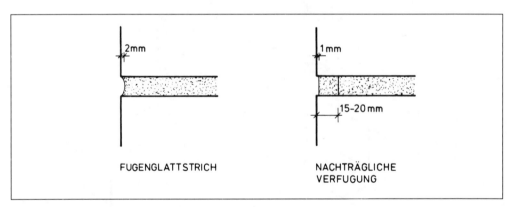

FUGENGLATTSTRICH   NACHTRÄGLICHE VERFUGUNG

Abb. F.6 Verfugung

Beim Fugenglattstrich sind die Sichtfugen des Mauerwerks vollfugig herzustellen. Der herausquellende Mörtel wird glattgestrichen und nach dem Ansteifen mit einem Holzspan oder einem Schlauchstück bündig glattgestrichen. Voraussetzung für diese Technik ist die Verwendung von Fugmörtel mit gutem Zusammenhangs- und Wasserrückhaltevermögen, damit herausquellender Mörtel die Steine nicht verschmutzt. Fugenglattstrich bietet den Vorteil einer homogenen, gut verdichteten Fuge und zwingt den Maurer zu vollfugigem Mauern.

Beim nachträglichen Verfugen sind die Fugen der Sichtflächen 1,5 bis 2 cm tief auszukratzen. Die Fassadenflächen, einschließlich Fugen, sind dann von losen Mörtelteilen zu reinigen und anschließend gründlich vorzunässen. Das Vornässen sollte am Wandfuß beginnen. Im Reinigungswasser gelöste Stoffe werden dann beim Ablaufen von der bereits vorgenäßten Wand nicht aufgesogen. Die Gefahr späterer Ausblühungen wird so verringert. Der plastische Fugmörtel wird kräftig in die Fugen eingedrückt, wobei auf eine innige Verbindung von Stoß- und Lagerfuge zu achten ist. Die frische Verfugung ist gegen Regen und Hitze zu schützen. Nachträgliches Verfugen sollte nur dann angewandt werden, wenn mit der Verfugung ein besonderer Effekt erzielt werden soll (z.B. Farbe) oder wenn die Oberfläche des Steines einen Fugenglattstrich nicht zuläßt.

Über die Mörtel für Verfugungsarbeiten macht DIN 1053 T 1 keine Aussagen. Prinzipiell sollen sie aber wie Mauermörtel aufgebaut sein. Vorzugsweise sind die Mörtelgruppen II oder IIa zu verwenden. Fug- bzw. Vormauermörtel sollten möglichst dicht sein. Trasszusatz macht den Mörtel dichter und leichter verarbeitbar.

8 Schlitze, Aussparungen

Schlitze und Aussparungen verringern die Standfestigkeit des Mauerwerks. Aussparungen und Schlitze sollen schon bei der Planung festgelegt werden, damit sie im gemauerten Verband angelegt werden können.

Bei nachträglicher Herstellung sind nur Geräte zu verwenden, die den Mauerwerksverband nicht lockern und mit denen die Schlitztiefe möglichst genau eingehalten werden kann, z.B. Fräsen oder elektrische Schlagwerkzeuge mit niedriger Schlagenergie. Durch waagrechte und schräge Aussparungen und Schlitze treten in der Wand erhebliche Exzentrizitäten auf. Versuche [F.15] haben gezeigt, daß die Größe der Tragfähigkeitsminderung etwa proportional zur Querschnittsminderung angesetzt werden kann. Dies gilt bis zu einer Querschnittsminderung von 25%, jedoch nur, wenn die Schlitze nicht im Mittelbereich der Wand liegen. Ohne rechnerischen Nachweis sind nach DIN 1053 T 1 folgende horizontale und schräge Schlitze in tragenden Wänden zulässig (Tabelle F.1):

Tabelle F 1 Ohne Nachweis zulässige horizontale und schräge Schlitze in tragenden Wänden

Wanddicke	Horizontale und schräge Schlitze[1] nachträglich hergestellt	
	Schlitzlänge	
	unbeschränkt Tiefe[3]	≤ 1,25 m lang [2] Tiefe
mm	mm	mm
≧ 115	–	–
≧ 175	0	≤ 25
≧ 240	≤ 15	≤ 25
≧ 300	≤ 20	≤ 30
≧ 365	≤ 20	≤ 30

[1] Horizontale und schräge Schlitze sind nur zulässig in einem Bereich ≦ 0,4 m ober- oder unterhalb der Rohdecke sowie jeweils an einer Wandseite. Sie sind nicht zulässig bei Langlochziegeln.

[2] Mindestabstand in Längsrichtung von Öffnungen ≧ 490 mm, vom nächsten Horizontalschlitz 2-fache Schlitzlänge

[3] Die Tiefe darf um 10 mm erhöht werden, wenn Werkzeuge verwendet werden, mit denen die Tiefe genau eingehalten werden kann. Bei Verwendung solcher Werkzeuge dürfen auch in Wände ≧ 240 mm gegenüberliegende Schlitze mit jeweils 10 mm Tiefe ausgeführt werden.

F Ausführung von Mauerwerk

In Tabelle F.1 sind zu beachten:
– horizontale Schlitze sind bei Wanddicke von 11,5 cm verboten. Damit wird der Anwendungsbereich dieser Wände als tragende Bauteile erheblich eingeschränkt
– bei begrenzten Schlitzlängen sind größere Tiefen zulässig, weil die Möglichkeit zur Lastumlagerung besteht.

Vertikale Aussparungen und Schlitze können die Tragfähigkeit der Wände wesentlich beeinträchtigen, weil die seitliche Halterung verringert bzw. aufgehoben wird. Bei Einhaltung der Grenzmaße von Tabelle F.2 dürfen lotrechte Aussparungen und Schlitze ohne rechnerischen Nachweis ausgeführt werden.

Tabelle F.2 Ohne Nachweis zulässige vertikale Schlitze und Aussparungen in tragenden Wänden.

1	2	3	4	5	6	7	8
Wand-dicke	Vertikale Schlitze und Aussparungen nachträglich hergestellt			Vertikale Schlitze und Aussparungen in gemauertem Verband			
	Tiefe[1])	Einzel-schlitz-breite[2])	Abstand der Schlitze und Aussparungen von Öffnungen	Breite[2])	Rest-wand-dicke	Abstand der Schlitze und Aussparungen	
						von Öffnungen	untereinander
mm	mm	mm	mm	mm	mm	mm	mm
≧ 115	≦ 10	≦ 100		–	–		
≧ 175	≦ 30	≦ 100		≦ 260	≧ 115	≧ 2-fache	≧ Schlitz-breite
≧ 240	≦ 30	≦ 150	≧ 115	≦ 385	≧ 115	Schlitzbreite	
≧ 300	≦ 30	≦ 200		≦ 385	≧ 175	bzw. ≧ 365	
≧ 365	≦ 30	≦ 200		≦ 385	≧ 240		

[1]) Schlitze, die bis maximal 1 m über den Fußboden reichen, dürfen bei Wanddicken ≧ 240 mm bis 80 mm Tiefe und 120 mm Breite ausgeführt werden.

[2]) Die Gesamtbreite von Schlitzen nach Spalte 3 und Spalte 5 darf je 2 m Wandlänge die Maße in Spalte 5 nicht überschreiten. Bei geringeren Wandlängen als 2 m sind die Werte in Spalte 5 proportional zur Wandlänge zu verringern.

Die Grenzwerte sind so festgelegt, daß der Einfluß auf die seitliche Halterung der Wand vernachlässigbar bleibt. Dafür müssen jedoch die Restwanddicken und der Abstand von Öffnungen eingehalten werden.

Über Tabelle F.2 hinaus sind vertikale Schlitze und Aussparungen auch dann ohne Nachweis zulässig, wenn die Querschnittsschwächung, bezogen auf 1 m Wandlänge, nicht mehr als 6% beträgt und die Wand als 2-seitig gehalten (d.h. oben und unten) gerechnet ist.

Die detaillierten Angaben der Tabellen F.1 und F.2 zeigen, daß die Regelungen der neuen DIN 1053 Teil 1 wenig baustellengerecht sind. Um bei einem auf der Baustelle naheliegenden Verstoß gegen o.g. Tabellen dennoch Bauschäden zu verhindern, sollten folgende Regeln beachtet werden:

● niemals in hochbelasteten Bereichen wie z.B. im Auflagerbereich von Stürzen und neben Öffnungen sowie in Pfeilern schlitzen
● keine Wände unter 17,5 cm Wanddicke schlitzen
● Schlitztiefe nicht mehr als 30 mm
● eine Störung des Mauerverbandes durch ungeeignete Werkzeuge vermeiden
● horizontale Schlitze nur dicht unter der Decke oder über dem Boden anbringen

9 Putze

9.1 Außenputze

Außenputz hat neben wichtigen gestalterischen Aufgaben den Zweck, das Mauerwerk gegen Feuchtigkeit zu schützen. Dazu ist ein rissefreier Putz erforderlich. Dabei zählen feine Haarrisse, durch die kein Wasser durchtritt, in diesem Sinne nicht als Risse.

Für die Wahl des Putzsystems müssen die zu erwartenden Belastungen bekannt sein:

● Feuchtigkeit, Schlagregen
  Die zu erwartenden Schlagregenbelastungen sind in DIN 4108 Teil 3 in Abhängigkeit von den örtlichen Niederschlags- und Windverhältnissen den Schlagregenbeanspruchungsgruppen zugeordnet (siehe Tabelle B.2 und **Abb. B.13**). Durchfeuchtungen des Putzes führen zum Quellen und anschließenden Schwinden des Putzes.

● Temperatur
  Durch Sonneneinstrahlung wird der Putz erheblich erwärmt **(Abb. F.8)**. Durch das hohe Wärmedämmvermögen der modernen Wandbaustoffe wird eingestrahlte Wärme langsamer vom Mauerwerk aufgenommen. Es kommt zu einer stärkeren Erwärmung des Außenputzes. Bei plötzlicher Abkühlung, z.B.

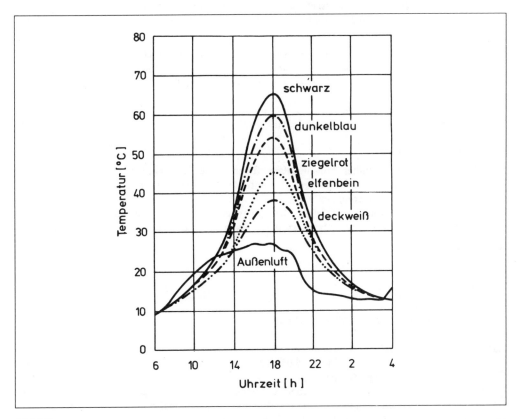

Abb. F.8
Zeitliche Verläufe der Temperatur von verschiedenen gefärbten Außenoberflächen (Westwände), gemessen an einem strahlungsreichen Sommertag (Juni). Die Wände besitzen den gleichen konstruktiven Aufbau; sie unterscheiden sich nur in der Farbe der Außenoberfläche.

durch ein Gewitter, kommt es zu schneller Kontraktion des Putzes. Diese Vorgänge führen zu thermischen Spannungen (Durch bei Erwärmung, Zug bei Abkühlung), die die Festigkeit der Putze überschreiten können [F.9].

● Elastische und plastische Verformungen des Untergrundes
Unter Belastung verkürzen sich die Wände elastisch und durch Schwinden und Kriechen auch plastisch. Für mineralische Putze trifft dieses Verhalten auch zu. Die Formänderungseigenschaften zwischen Untergrund und Putz dürfen nicht zu groß sein.

● Mechanische Einwirkungen
z.B. durch Gegenstände, die gegen die Wand gelehnt oder geworfen werden.

● Chemische Einwirkungen
z.B. durch Salze im Sockelbereich.

Der traditionelle Putzaufbau bei baustellengemischten Mörteln besteht aus Spritzbewurf, Unterputz und Oberputz. Diese Schichten sollen ein von innen nach außen abnehmendes Festigkeitsgefälle haben. Festigkeit und Elastizität verhalten sich bei mineralischen Baustoffen umgekehrt: geringe Festigkeit bedeutet große Elastizität. Die äußeren Putzschichten sind stärkeren Temperaturschwankungen ausgesetzt als die inneren, sie müssen deshalb elastisch, d.h. weniger fest, sein. Beim umgekehrten Putzaufbau könnte eine feste, wenig elastische äußere Schale bei Temperaturbewegungen von der weichen unteren Schale abscheren. Das Prinzip des Festigkeitsgefälles gilt auch für den Putzuntergrund. Da die Festigkeit der Mauersteine festliegt, muß sich der darauf aufgebrachte Putzaufbau in seiner Festigkeit nach dem Untergrund richten, d.h. er darf nicht fester sein.

In diesem Punkt zeigt sich eine wesentliche Änderung der letzten Jahre. Die Mauersteine wurden zur Verbesserung der Wärmedämmung porosiert, ihre Festigkeit nahm ab. Dementsprechend muß auch die Festigkeit der darauf aufgebrachten Putze abnehmen. Wenn gegen diese Forderung verstoßen wird, ist mit Putzrissen zu rechnen.

Den einzelnen Schichten kommen folgende Aufgaben zu:

a) **Spritzbewurf**

— Verfüllen schlecht verfüllter Stoß- und Lagerfugen (besser ist Verstreichen!)
— Herstellen eines einheitlichen Putzgrundes mit einheitlichem Saugvermögen
— Verbesserung des Haftverbundes
— als volldeckender Spritzbewurf: Schutz des Mauerwerks gegen Durchfeuchtung, wenn der Spritzbewurf frühzeitig nach dem Aufmauern der Wand aufgebracht wird.

b) **Unterputz**

— Feuchtigkeitssperre.

c) **Oberputz**

— Dekorschicht
— Überdecken feiner Schwindrisse im Unterputz.

Zur Erstellung eines rissefreien und schlagregendichten Putzes muß das Mauerwerk vollfugig und im Verband vermauert sein. Das Überbindemaß **(siehe Abb. A.10)** muß eingehalten werden, damit durch den Haftverbund in der Lagerfuge Zugspannungen bei Abkühlung des Mauerwerks aufgenommen werden können. Stoßfugen müssen verfüllt sein, oder die Steine müssen knirsch verlegt werden, d.h. der Zwischenraum darf 5 mm nicht überschreiten. In das Mauerwerk eingebundene Bauteile, deren Außenschale nicht aus dem für die Außenwand verwandten Steinmaterial (z.B. Holzwolle-Leichtbauplatten) besteht, sind sofort nach dem Einbau mit einem Spritzbewurf und einer Putzarmierung zu versehen. Leichtmauermörtel stimmen in ihrem Verhalten besser mit Steinen überein als Normalmauermörtel und sind damit ein Beitrag zur Vereinheitlichung des Putzgrundes.

In DIN 18 550 T 1 – Putz, Begriffe und Anforderungen – sind Außenputzsysteme den Schlagregenbeanspruchungsgruppen zugeordnet (Tabelle F.3).

Tabelle F.3. Putzsysteme für Außenputze

Schlagregenbean-spruchungsgruppe nach DIN 4108 T3	Anforderung bzw. Putzanwendung	Mörtelgruppe bzw. Beschichtungsstoff-Typ für		Zusatzmittel
		Unterputz	Oberputz[1])	
Gruppe I	ohne besondere Anforderung	–	P I	
		P I	P I	
		–	P II	
		P II	P I	
		P II	P II	
		P II	P Org 1	
		–	P Org 1[3])	
		–	P III	
Gruppe II	wasserhemmend	P I	P I	erforderlich
		–	P Ic	erforderlich
		–	P II	
		P II	P I	
		P II	P II	
		P II	P Org 1	
		–	P Org 1[3])	
		–	P III[3])	
Gruppe III	wasserab-weisend[5])	P Ic	P I	erforderlich
		P II	P I	erforderlich
		–	P Ic[4])	erforderlich[2])
		–	P II[4])	
		P II	P II	erforderlich
		P II	P Org 1	
		–	P Org 1[3])	
		–	P III[3])	
	erhöhte Festigkeit	–	P II	
		P II	P II	
		P II	P Org 1	
		–	P Org 1[3])	
		–	P III	
	Kellerwand-Außenputz	–	P III	
	Außensockelputz	–	P III	
		P III	P III	
		P III	P Org 1	
		–	P Org 1[3])	

[1]) Oberputze können mit abschließender Oberflächengestaltung oder ohne diese ausgeführt werden (z.B. bei zu beschichtenden Flächen).

[2]) Eignungsnachweis erforderlich (siehe DIN 18550 Teil 2, Ausgabe Januar 1985, Abschnitt 3.4).

[3]) Nur bei Beton mit geschlossenem Gefüge als Putzgrund.

[4]) Nur mit Eignungsnachweis am Putzsystem zulässig.

[5]) Oberputze mit geriebener Struktur können besondere Maßnahmen erforderlich machen.

Einige dieser Rezepturen verlangen Dichtungsmittel. Diese Forderung ist jedoch umstritten. Für mineralische Putze gilt, daß sie mit zunehmendem Alter unter dem Einfluß des Regenwassers umkristallisieren und dabei gegen Wasseraufnahme dichter werden. Dichtungsmittel sind deshalb bei geeigneter Mörtelzusammensetzung nicht erforderlich.

Gegen die Verwendung von Dichtungsmitteln spricht, daß nacheinander aufgebrachte gedichtete Putzlagen sich schlecht miteinander verbinden, weil die nachfolgende Putzlage sich in den gedichteten, d.h. wasserabweisend gemachten Kapillaren der unteren Lage schlecht verklammern kann.

Putze sollten deshalb nur schwach oder garnicht hydrophobiert sein.

Üblicherweise werden als Spritzbewurf Mörtel der Gruppe PIII, deren mittlere Mörteldruckfestigkeit mindestens 10 MN/m^2 beträgt, eingesetzt (Tabelle F.4). Geht man davon aus, daß wärmedämmende Mauersteine eine Festigkeitsklasse 2 bis 12 haben, dann erkennt man, daß die Festigkeit des Spritzbewurfes in Mörtelgruppe PIII zu hoch sein kann. Man kann jedoch davon ausgehen, daß der auf stark saugendes Wärmedämmauerwerk aufgebrachte volldeckende aber dünne Spritzbewurf aus möglichst grobkörnigem Sand (0 bis 7 mm) stark „verbrennt" und deshalb nicht die Festigkeit erreicht, die nach der Rezeptur zu erwarten wäre. Der Spritzbewurf sollte möglichst früh aufgebracht werden, d.h. nach Fertigstellung des Rohbaues, damit er die Möglichkeit hat zu schwinden und bei Temperaturbelastung zu reißen. Sein „Eigenleben" sollte weitgehend vor Aufbringen des Unterputzes abgeklungen sein, damit er den geforderten Festigkeitsaufbau nicht stört.

Auf den Spritzbewurf kann verzichtet werden, wenn der Unterputz ein hohes Wasserrückhaltevermögen hat und sein „Verbrennen" auf dem starksaugenden Stein verhindert wird. Dabei kann der Unterputz in zwei Arbeitsgängen aufgebracht werden, wobei die untere Schicht die Funktion des Spritzbewurfes übernimmt. Bei den meisten Werkmörteln kann auf Spritzbewurf verzichtet werden (vgl. S. 288).

Tabelle F.4   Mörtelgruppen für Putze

Mörtelgruppe		Art der Bindemittel	mittlere Mörtel-druckfestigkeit MN/m^2
P I	a	Luftkalke	keine
	b	Wasserkalke	Anforderungen
	c	Hydraulische Kalke	1,0
P II		Hochhydraulische Kalke, Putz- und Mauerbinder, Kalk-Zement-Gemische	2,5
P III		Zemente	10
P IV	a	Gipsmörtel	
	b	Gipssandmörtel	2,0
	c	Gipskalkmörtel	
	d	Kalkgipsmörtel	keine Anforderungen
P V		Anhydritbinder ohne und mit Anteilen an Baukalk	2,0
P Org 1		Beschichtungsstoffe mit organischen Bindemitteln, geeignet für Außen- und Innenputze	keine Anforderungen
P Org 2		Beschichtungsstoff mit organischen Bindemitteln, geeignet für Innenputze	keine Anforderungen

Der Unterputz sollte die Mörtelfestigkeit 5 MN/m² nicht überschreiten. Nach Tabelle F.4 sollten die Mörtelgruppen P I und P IIb benutzt werden. Wenn man sich entschließt, den Unterputz in zwei Arbeitsgängen aufzubringen, sollte die erste Lage ausreichend lange erhärten und schwinden können. Baupraktisch bedeutet dies, daß die erste Lage optisch abgebunden („weißtrocken") sein sollte. Mit der ersten Lage werden kleinere Fehlstellen im Mauerwerk überdeckt. Über diesen Fehlstellen wird es durch die dickere Mörtelschicht und damit langsameres Abbinden zu Rissen kommen. Diese Risse werden von der darauffolgenden zweiten Schicht wirksam geschlossen. Der danach folgende Oberputz sorgt für weiteren Verschluß.

Die letzte Putzlage, der Oberputz, bildet den optischen Abschluß und die der Witterung ausgesetzte Schicht. Der Oberputz darf auf keinen Fall fester als der Unterputz sein. Oberputzstrukturen, die zu einer Bindemittelanreicherung an der Oberfläche führen (z.B. verriebene Putze, Kellenstrichputze), sollten wegen der möglichen Schwindrißbildung vermieden werden.

Nach DIN 18 550 müssen Unterputz und Oberputz bei baustellengemischten Mörteln zusammen eine Dicke von mindestens 20 mm haben. An einzelnen Stellen darf die Dicke auf 15 mm reduziert sein.

Grundsätzlich ist festzuhalten, daß baustellengemischte Mörtel zu guten Ergebnissen führen, wenn dem Putzer Sande mit geeigneten Siebkurven zur Verfügung stehen. Zu hohe Festigkeiten müssen vermieden werden.

Tabelle F.5 Rezepturen für Außenputzmörtel, Hinweise für Mischungsverhältnisse in Raumteilen

| Zeile | Mörtelgruppe | Mörtelart | Baukalke DIN 1060 | | | | Putz- und Mauerbinder DIN 4211 | Zement DIN 1164 | Sand¹) |
			Luftkalk Wasserkalk Kalkteig	Luftkalk Wasserkalk Kalkhydrat	Hydraulischer Kalk	Hochhydraulischer Kalk			
1	P I a	Luftkalk- und Wasserkalkmörtel	1,0						3,5 – 4,5
2				1,0					3,0 – 4,0
3	P I b	Hydraulischer Kalkmörtel			1,0				3,0 – 4,0
4	P II a	Hochhydraulischer Kalkmörtel Mörtel mit Putz- und Mauerbinder				1,0 oder 1,0			3,0 – 4,0
5	P II b	Kalkzementmörtel	1,5 oder 2,0					1,0	9,0 – 11,0
6	P III a	Zementmörtel mit Zusatz von Luftkalk	≤ 0,5					2,0	6,0 – 8,0
7	P III b	Zementmörtel						1,0	3,0 – 4,0
¹) Die Werte dieser Tabelle gelten nur für mineralische Zuschläge mit dichtem Gefüge.									

Manche Kunstharzoberputze (DIN 18 558 – Kunstharzputze, Begriffe, Anforderungen, Ausführung) erfordern als Unterputz festere Mörtel, als für den Putzuntergrund verträglich ist. Dadurch wird das eingangs beschriebene von innen nach außen notwendige Festigkeitsgefälle gestört. Als Bindemittel in Kunstharzputzen (P Org 1 und P Org 2 in Tabelle F.4) werden Polymeritatharze verwendet, die als Dispersion oder Lösung vorliegen können. Die wichtigsten Anforderungen an die verwendeten Bindemittel sind gute Bindefähigkeit, geringe Thermoplastizität und geringe Quellfähigkeit bei Feuchtigkeitseinwirkung. Zur Kunstharzputzbeschichtung gehört zwingend ein vorheriger Grundanstrich nach Vorschrift des Herstellers. Der zu beschichtende Untergrund muß fest und tragfähig, sauber und frei von Trennmitteln, trocken und saugfähig sein. Die Wartezeit nach Fertigstellung des Untergrundes richtet sich nach den bestehenden Witterungsverhältnissen. Sie beträgt selbst unter günstigen Bedingungen mindestens 14 Tage.

Witterungsverhältnisse und Beschaffenheit des Untergrundes können aber wesentlich längere Wartezeiten erforderlich machen. Kunstharzputze dürfen nicht bei starker Sonneneinstrahlung oder Windeinwirkung auf die zu bearbeitende Fläche aufgebracht werden. Die Temperatur des Untergrundes und der umgebenden Luft muß mindestens 5 °C betragen. Kunstharzputze verfestigen sich durch Trocknung (Verdunsten von Wasser oder Lösungsmitteln). Bei hoher relativer Luftfeuchte und/oder niedrigen Temperaturen wird die Trocknung stark verzögert.

Beachtliche Fortschritte wurden in den letzten Jahren bei der Entwicklung von Werkmörteln gemacht. Bei Werkmörteln ist durch gezielte und kontrollierte Auswahl und Mischung der Ausgangsstoffe die Einhaltung der Mörtelfestigkeit leichter möglich. Zusätzlich ist es einigen Herstellern gelungen, den Wärmeausdehnungskoeffizienten und den Elastizitätsmodul zu verkleinern. Die Zugspannungen durch Abkühlung werden dadurch mehr als halbiert. Andere Entwicklungen haben die Zugfestigkeit des Mörtels z.B. durch Faserzugabe erhöht. Werkmörtel haben in der Regel ein großes Wasserrückhaltevermögen. Auf einen Spritzbewurf zur Verhinderung des „Verbrennens" kann deshalb verzichtet werden. Die Mindestdicke von wasserabweisenden Außenputzen aus Werkmörtel beträgt nach DIN 18 550 20 mm und darf an einzelnen Stellen auf 15 mm reduziert werden. Für bauaufsichtlich zugelassene Putze können andere Werte gelten.

Für die Auswahl geeigneter Außenputze können folgende Kriterien herangezogen werden:

● Auftrag des Unterputzes in zwei Schichten mit ausreichender Abbindezeit zwischen den Schichten.

● Wird statt dessen ein einschichtiger Unterputz benutzt, sollte dieser Putz besonders zugfest sein, z.B. durch Faserarmierung.

● Niedriger Wärmeausdehnungskoeffizient, d.h. etwa die Hälfte des Wertes traditioneller Putze (bisher 5 bis 10 · $10^{-6}/K^{-1}$).

● Niedriger E-Modul, d.h. etwa die Hälfte des traditionellen Wertes (bisher ca. 4.000 bis 7.000 N/mm², wenn Festigkeit 2,5 N/mm² bis 5 N/mm² etwa eingehalten ist).

● Keine zu starke Hydrophobierung, weil sonst die Putzlagen nicht aneinander haften. Der Wasseraufnahmekoeffizient für wasserabweisende Putzsysteme sollte zwischen 0,4 und 0,5 kg/m² · $h^{0,5}$ liegen.

● Wärmeleitfähigkeit des Putzes in der gleichen Größenordnung wie der Untergrund.

● Hohe Zugfestigkeit und Haftzugfestigkeit.

● Niedriges Schwinden, z.B. Verwendung von Kalkputz. Schwindwerte unter 1 mm/m.

Diese Kriterien müssen nicht alle gleichzeitig erfüllt sein. Da es bisher keine verbindlichen Kriterien zur Beurteilung von Außenputzen gibt und sie auch nur schwer überprüft werden können, sollten deshalb in der Ausschreibung keine Mörtelrezepturen vorgegeben werden, sondern es sollte zum Ausdruck kommen, was man vom Außenputz erwartet. Folgende Angaben sind erforderlich:

Putzuntergrund
– Angabe der Schlagregengruppe
– Angabe zur Oberflächengestaltung
– evtl. Hinweis auf Baustellen- oder Werkmörtel.

Die Zusammensetzung des Mörtels gehört in den Verantwortungsbereich des Auftragnehmers. Entsprechende Gewährleistungsfristen, z.B. fünf Jahre, können dies unterstützen. Im Gegenzug sollte der Ausführende seinen Hinweispflichten nachkommen und Vorbehalte anmelden, wenn das Mauerwerk nicht den Anforderungen als Putzuntergrund genügt und eine entsprechende Vorbehandlung erforderlich wird.

Bei Werkmörteln sind die Verarbeitungshinweise des Herstellers zu beachten. Dieser Hinweis bezieht sich besonders auf die Zahl und den zeitlichen Abstand der Arbeitsgänge sowie auf den zulässigen Hydrophobierungsgrad der Putzlagen.

9.2 Innenputze

Die wichtigsten Funktionen des Innenputzes sind die Herstellung ebener und fluchtgerechter Flächen sowie die Bildung eines Speichers zur vorübergehenden Aufnahme von überhöhter Raumfeuchte. Darüber hinaus kann der Putz den Schall- und Brandschutz verbessern.

Innenputze haben nach DIN 18 550 T2 eine Dicke von 15 mm (zulässige Mindestdicke an einzelnen Stellen 10 mm), bei einlagigen Innenputzen aus Werk-Trockenmörteln sind 10 mm ausreichend (Mindestdicke an einzelnen Stellen 5 mm). Neben den genormten Putzen gibt es bauaufsichtlich zugelassene Putze, für die z.T. geringere Mindestdicken zulässig sind.

Innenputze haben große Bedeutung für die vorübergehende Aufnahme von überschüssiger Raumluftfeuchtigkeit. Man sollte deshalb eher dickeren als zu dünnen Innenputzen den Vorzug geben. In der Zusammensetzung sollten möglichst wenig Zementanteile vorhanden sein, weil Zementputze weniger Feuchtigkeit aufnehmen. Günstig sind Gipsputze oder besser noch Kalkputze.

Tabelle F.6 Putzsysteme für ein- und zweilagige Innenwandputze nach DIN 18550 T 1

Zeile	Anforderungen bzw. Putzanwendung	Mörtelgruppe bzw. Beschichtungsstoff- Typ für	
		Unterputz	Oberputz[1]) [4])
1		–	P Ia, b
2	nur geringe	P Ia, b	P Ia, b
3	Beanspruchung	P II	P Ia, b, P IVd
4		P IV	P Ia, b, P IVd
5		–	P Ic
6		P Ic	P Ic
7		–	P II
8	übliche	P II	P Ic, P II, P IVa, b, c, P V, P Org 1, P Org 2
9	Beanspruchung[5])	–	P III
10		P III	P Ic, P II, P III, P Org 1, P Org 2
11		–	P IVa, b, c
12		P IVa, b, c	P IVa, b, c, P Org 1, P Org 2
13		–	P V
14		P V	P V, P Org 1, P Org 2
15		–	P Org 1, P Org 2[2])
16		–	P I
17		P I	P I
18		–	P II
19	Feuchträume[3])	P II	P I, P II, P Org 1
20		–	P III
21		P III	P II, P III, P Org 1
22		–	P Org 1[2])

[1]) Bei mehreren genannten Mörtelgruppen ist jeweils nur eine als Oberputz zu verwenden.
[2]) Nur bei dichtem Beton als Putzgrund.
[3]) Hierzu zählen nicht häusliche Küchen und Bäder.
[4]) Oberputze können mit abschließender Oberflächengestaltung oder ohne diese ausgeführt werden (z.B. bei anzustreichenden Flächen).
[5]) Schließt die Anwendung bei geringer Beanspruchung ein.

Traditionelle Innenputze sind mehrlagig aufgebaut. Für das Festigkeitsgefälle zwischen den einzelnen Putzlagen gilt das für den Außenputz gesagte. Zu beachten ist, daß Anstriche und Tapeten zusätzliche Spannungen auf den Oberputz übertragen, der deshalb eine ausreichende Mindestfestigkeit haben muß.

Ein Nachweis ist nicht erforderlich, wenn Putze nach Tabelle F.6 gewählt werden. Bei der Festlegung der Putzschichten ist neben dem richtigen Festigkeitsgefälle darauf zu achten, daß bei Verwendung von Kalkmörteln als Unterputz diese nicht vor ausreichender Erhärtung durch schnell härtende Oberputze abgedeckt werden. Die Erhärtung des Unterputzes muß vorher abgeschlossen sein, weil sie durch die Überdeckung behindert wird. Neben den mehrlagigen Putzen kommen heute zunehmend einlagige Innenputze zur Anwendung. Diese Putze sind in Tabelle F.6 jene Putze, bei denen auf die Nennung eines Unterputzes verzichtet wurde.

10 Bauzustände

10.1 Wandaussteifungen

Während des Aufmauerns von Wänden stehen aus arbeitstechnischen Gründen endgültige Aussteifungen (z.B. im Verband gemauerte aussteifende Wände, Deckenscheiben) häufig nicht zur Verfügung. In diesem Fall können vorübergehende Absteifungen gegen Kippen unter Windlast erforderlich werden. Die folgende Tabelle F.7 gibt zulässige Wandhöhen für nicht ausgesteifte Wände bei einer Windgeschwindigkeit bis zu 12 m/s an (dies entspricht Windstärke 6 nach *Beaufort*). Die Tabelle beruht auf dem „Merkblatt für das Aufmauern von Wandscheiben" der Bau-Berufsgenossenschaft.

Tabelle F.7   Zulässige Wandhöhen (m)

lfd. Nr.	Steinrohdichte kg/m^3	Wanddicke d (cm)		
		11,5	17,5	24
1	600	0,60	1,35	2,55
2	800	0,75	1,70	3,20
3	1000	0,90	2,00	3,85
4	1200	0,95	2,20	4,00
5	1600	1,25	2,90	4,00
6	1800	1,30	3,05	4,00
7	2000	1,45	3,40	4,00

10.2 Bodenverfüllung bei Kellerwänden

Bei Kellerwänden, die statisch auf Erddruck nachgewiesen worden sind (vgl. Abschnitt C.6.2) und bei denen dafür eine bestimmte Auflast zugrunde gelegt wurde, ist bei der Bauausführung darauf zu achten, daß die Bodenverfüllung erst dann vorgenommen werden darf, wenn die in der Statik angenommene Auflast auch wirklich vorhanden ist. Anderenfalls können die aus dem Erddruck im Mauerwerk entstehenden Biegezugspannungen nicht durch Auflasten überdrückt werden. Es erscheint allerdings vertretbar, die im Bauzustand erforderliche Auflast nur mit 60% anzusetzen.

11 Schutz des Mauerwerks auf der Baustelle

11.1 Feuchteschutz

Vor allem im Winter kommt es häufig zu Durchnässungen der Wände, insbesondere wenn das Mauerwerk nicht ausreichend oder unzweckmäßig geschützt wurde. Im Frühjahr beginnt das Mauerwerk durch den Einfluß der stärker scheinenden Sonne und der damit verbundenen Temperaturerhöhung auszublühen. Dies kann trotz Verwendung einwandfreier und normgerechter Mauersteine und Mörtel geschehen.

Schutzmaßnahmen zur Ableitung von Tauwasser sind laut VOB Teil C DIN 18330 Nebenleistungen, auch wenn sie im LV nicht gesondert aufgeführt sind. Besonders im Winter kommen diesen Schutzmaßnahmen besondere Bedeutung zu **(Abb. F.9)**.

— Abdeckung von Fensterbrüstungen und Wänden bei Arbeitsunterbrechung
— Ableitung des Regenwassers bei nicht vorhandenen Regelfallrohren
— provisorische Abdeckung aller offenen Aussparungen (Schlitze, Deckendurchlässe etc.) bei noch nicht eingedeckten Gebäuden.

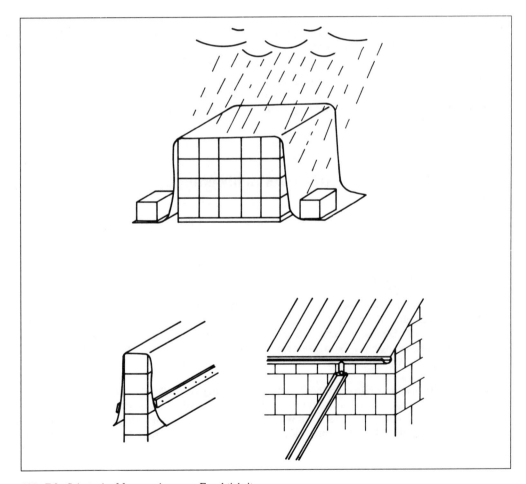

Abb. F.9 Schutz des Mauerwerks gegen Feuchtigkeit

Wenn die o.a. Empfehlungen rechtzeitig und konsequent angewandt werden, sind bei Winterbaustellen keine Schäden am ausgeführten Mauerwerk wie z.B. Abplatzungen, Ausblühungen und − als Extremfall − Verringerung der Tragfähigkeit zu erwarten.

11.2 Ausführung von Mauerwerk bei Frost

Nach DIN 1053 T 1 Abschnitt 9.4 darf bei Frost Mauerwerk nur unter Einhaltung besonderer Schutzmaßnahmen ausgeführt werden. Gefrorene Baustoffe dürfen nicht verwendet werden. Frostschutzmittel und der Einsatz von Auftausalzen sind nicht zulässig. Gestaffelt nach Temperaturbereichen können folgende Schutzmaßnahmen empfohlen werden:

+ 5 ° bis 0 °C: Abdecken der Mörtelzuschlagstoffe
0 ° bis − 5 °C: unvermauerte Ziegel abdecken; Erwärmen des Anmachwassers und der Zuschlagstoffe; Zemente mit höherer Nennfestigkeit (z.B. PZ 45 F oder PZ 55) verwenden; Zugabe von Luftporenbildnern oder Erhärtungsbeschleunigern bei der Mörtelherstellung (Eignungsprüfung erforderlich!); fertiges Mauerwerk abdecken.

Die Festigkeitsentwicklung des Mörtels verlangsamt sich mit abnehmenden Temperaturen und kommt bei −10 °C praktisch zum Stillstand. Durch die Volumenvergrößerung Wasser/Eis wird frischer und noch wenig fester Mörtel in seinem Gefüge gestört. Frosteinwirkung im frühen Alter beeinträchtigt nachhaltig die Mörtelfestigkeit.

Auf gefrorenem Mauerwerk darf nicht weitergemauert werden. Durch den Einsatz von Auftausalzen können Schäden am Mauerwerk auftreten (Abplatzungen und Ausblühungen). Teile von Mauerwerk, die durch Frost oder andere Einflüsse beschädigt sind, sind vor dem Weiterbau abzutragen.

12 Materialbedarf und Arbeitszeitrichtwerte

Richtwerte für Materialbedarf und erforderliche Arbeitszeit lassen sich theoretisch ermitteln, jedoch unterliegen diese Werte in der Praxis erheblichen Schwankungen. Großen Einfluß hat die Führung und Organisation der Baustelle. Für den Steinbedarf ist z.B. entscheidend, ob die Steine durch Schlagen oder Sägen abgelängt werden. Der Mörtelbedarf liegt in der Regel ca. 50% höher als theoretisch errechnet. Neben der Steinart (Lochanteil, geschlossene Oberfläche) spielt hierbei auch eine Rolle, ob zuviel Mörtel zum ungeeigneten Zeitpunkt bereitgestellt wird. Für die Arbeitszeit sind umfangreiche Richtwerte in den ARH-Tabellen des Bundesausschusses Leistungslohn veröffentlicht. Die folgenden Angaben sind an die ARH-Tabellen angelehnt. Sie gehen von einer Steinrohdichteklasse von 1,0 kg/dm³ aus. Bei größeren Rohdichten steigen die Arbeitszeit-Richtwerte an, bei niedrigeren sinken sie ab (vgl. [F.16]). Auch die Art der Stoßfugenvermörtelung bzw. -verzahnung sowie die Länge der zu mauernden Abschnitte spielt eine Rolle. Die folgenden Werte legen gegliedertes Mauerwerk zugrunde.

Die Arbeitszeit-Richtwerte schließen Nebenarbeiten (Einweisung, Herstellen des Mörtels, Umsetzen von Gerüsten, Einmessen und Anlegen von Öffnungen, Reinigung des Arbeitsplatzes usw.) mit ein. Der Mörtelbedarf gibt den theoretischen Wert an. Die Werte der Tabelle F.8 sind nur Anhaltswerte, die auf die jeweilige Betriebs- und Baustellensituation sowie auf die zu verarbeitenden Materialien abzustimmen sind.

Tabelle F.8 Materialbedarf und Arbeitszeitrichtwerte (theoretische Werte für Steinrohdichteklasse 1,0)

Wand dicke cm	Kurz-zeichen	Format Abmessungen cm	Stück je m²	je m³	Mörtel l/m²	l/m³	Arbeitszeit h/m²	h/m³
7,1	NF	24,0 · 11,5 · 7,1	33	–	13	–	1,2	–
10,0	6 NF	49,0 · 10,0 · 24,0	8	–	8	–	0,8	–
11,5	NF	24,0 · 11,5 · 7,1	50	–	27	–	1,0	–
11,5	2 DF	24,0 · 11,5 · 11,3	33	–	19	–	0,9	–
11,5	6 DF	36,5 · 11,5 · 23,8	12	–	9	–	0,8	–
17,5	7,5 DF	30,0 · 17,5 · 23,8	14	76	14	103	0,9	5,1
17,5	12 DF	49,0 · 17,5 · 23,8	8	47	13	87	0,8	4,6
24,0	12 DF	36,5 · 24,0 · 23,8	–	46	–	96	–	3,9
24,0	16 DF	49,0 · 24,0 · 23,8	–	34	–	87	–	3,8
30,0	10 DF	24,0 · 30,0 · 23,8	–	55	–	113	–	3,6
30,0	15 DF	36,5 · 30,0 · 23,8	–	37	–	96	–	3,5
36,5	12 DF	24,0 · 36,5 · 23,8	–	45	–	113	–	3,5

13 Rationalisierungsmaßnahmen bei der Bauausführung

Wichtige Rationalisierungsentscheidungen werden bereits bei der Planung eines Bauvorhabens getroffen, jedoch bestehen auch bei der Bauausführung noch wichtige Einflußmöglichkeiten zur wirtschaftlichen Bauausführung.

13.1 Verwendung großformatiger Mauersteine

Die wichtigsten Vorteile bei der Verarbeitung großformatiger Mauersteine sind:

- der Zeitbedarf für die Verarbeitung der Steine sinkt, weil mit einem Handgriff mehr Steinvolumen verlegt und durch den verringerten Fugenanteil weniger Mörtel aufgebracht wird (vgl. Tabelle F.8).
- durch die Verringerung des Fugenanteils sinken die Mörtelkosten. Dies ist besonders bei Verwendung von teuren Leichtmauermörteln von Einfluß.

Großformatige Steine werden zweckmäßig in Reihenverlegung vermauert. Bei dieser Arbeitstechnik kann der Lagerfugenmörtel für mehrere Steine mit der Schaufel aufgetragen und mit der Kelle verteilt werden. Anschließend werden die Steine dicht an dicht („knirsch") versetzt. Die im Stein kopfseitig ausgebildete Mörteltasche wird anschließend von oben verfüllt. Diese Art der Verlegung entspricht den handwerklichen Regeln der DIN 1053, die davon ausgeht, daß bei einer ordnungsgemäßen Vermörtelung der Stoßfugen in einem Bereich von etwa 50% der Steinbreite — unabhängig von ihrer Lage — eine ausreichende Standsicherheit gegeben ist.

Der Arbeitszeit- und der Mörtelbedarf läßt sich zusätzlich durch Verwendung von Dünnbettmörteln („Kleber") verringern. Die Anwendung von Dünnbettmörteln erfordert Steine mit sehr geringen Maßtoleranzen, weil in der dünnen Mörtelfuge (1 bis 3 mm) kaum Maßtoleranzen aufgenommen werden können. Der Arbeitszeit-Richtwert [F.16] eines vollen Mauerwerks aus z.B. Gasbetonsteinen 16 DF verringert sich von 3,10 h/m³ bei Normalmörtel auf 2,55 h/m³ bei Plansteinen mit Dünnbettmörtel.

Seit einigen Jahren versucht die Baustoffindustrie weitere Einsparungsmöglichkeiten durch Veränderung der Stoßfugenausbildung bis hin zum Verzicht auf eine vermörtelte Stoßfuge anzubieten. Für einen Leichtbetonstein 20 DF (Rohdichte 0,9) erhält man folgende Arbeitszeit-Richtwerte:

Stoßfuge vermörtelt	2,95 h/m^3
unvermörtelte Stoßfuge,	
Schließung durch Nut und Feder	2,85 h/m^3

Diese rein qualitativ zu verstehenden Beispiele gelten sinngemäß für alle Steinarten. Einzelheiten sind [F.16] und [F.17] zu entnehmen.

13.2 Stumpfstoßtechnik

Einen erheblichen Arbeitsaufwand erfordert das gleichzeitige Hochführen von aussteifenden und auszusteifenden Wänden. Zum einen ist die Herstellung des Verbandes im Eck- und Kreuzungspunkt aufwendig, zum anderen behindern die aussteifenden Wandstücke den Materialtransport auf der Decke. Eine Möglichkeit, die Arbeit zu vereinfachen und den Arbeitsfluß zu verbessern, besteht in der Anwendung der Stumpfstoßtechnik (vgl. Abschnitt F.6 und **Abb. F.6**). Hierbei wird auf alle Einbindungen der tragenden Wände in aussteifende Wände verzichtet. Wände stoßen an den Kreuzungspunkten stumpf aneinander. Der Vorteil dieser Bauweise liegt im Verzicht auf die aufwendigen Einbindungen an Ecken und Kreuzungspunkten und in der Möglichkeit, den Bauablauf durch Freihalten von Verkehrsflächen zu vereinfachen. Daneben lassen sich unterschiedliche Steinformate und Steinarten in den kreuzenden Wänden leichter kombinieren. Bei Verwendung von Steinen mit unterschiedlichem Verformungsverhalten wird die Stoßstelle zu einer verdeckt liegenden „Sollbruchstelle". Darüber hinaus sind weniger qualifizierte Facharbeiter erforderlich.

Um den Anschluß zug- und druckfest zu machen, wird empfohlen, zur Zugkraftaufnahme Bewehrungsstahl in ca. 50 cm Abstand in die Lagerfugen einzulegen. Wenn dies nicht durchführbar ist, müssen die Wände als zweiseitig gehalten nachgewiesen werden. Hierfür bietet sich DIN 1053 T 2 an. Die Gesamtaussteifung des Gebäudes muß in jedem Fall überprüft werden.

13.3 Eck- und Öffnungslehren

Das Aufmauern von Ecken und Öffnungslaibungen erfordert qualifizierte Fachkräfte. Das notwendige häufige Loten erfordert einen hohen Arbeitsaufwand. Wiederverwendbare Lehren, die sowohl die Lotrechte angeben als auch die Sollhöhe der Steinlagen kennzeichnen, können eine Arbeitserleichterung bewirken. Nach einer Untersuchung von *Koß* [F.18] wird durch diese Maßnahme die Produktivität erheblich gesteigert.

Eine besonders hohe Steigerung wird erzielt, wenn statt einfacher Lehren die Öffnungs- bzw. Fensterzarge vor dem Mauern als Öffnungslehre aufgestellt wird (siehe **Abb. F.10**). Dieses Verfahren ist in den Niederlanden üblich. Die zu erwartende Einsparung sinkt aber mit der zunehmenden Größe der Steine.

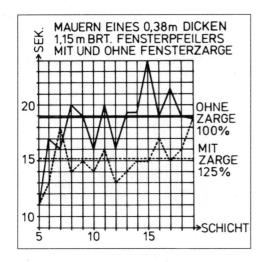

Abb. F.10 Produktionssteigerung durch Aufstellen von Fensterzargen als Lehren

13.4 Sonderbauteile

Zur weiteren Rationalisierung der Maurerarbeiten werden von der Baustoffindustrie verschiedene Sondersteine und andere Sonderbauteile angeboten, z.B.

● U-Schalen

Diese Steine sind aus dem gleichen Material wie die Normalsteine hergestellt. Sie werden verwandt z.B. für Ringanker, Stützen, Stürze und Schlitze **(Abb. F.11)**. Neben der vereinfachten Herstellung der genannten Bauteile hat man den Vorteil eines einheitlichen Putzuntergrundes. U-Schalen gibt es auch mit für Sichtmauerwerk geeigneten Oberflächenqualitäten.

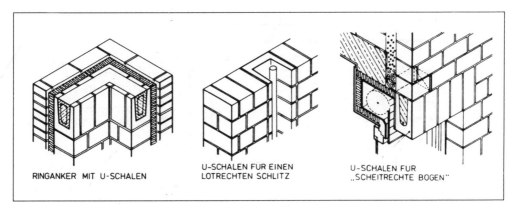

RINGANKER MIT U-SCHALEN

U-SCHALEN FUR EINEN LOTRECHTEN SCHLITZ

U-SCHALEN FUR „SCHEITRECHTE BOGEN"

Abb. F.11 Anwendungsmöglichkeiten von U-Schalen

F Ausführung von Mauerwerk

● Randschalungsstein
Zur Vereinfachung der Randschalung bei Stahlbetondecken werden Decken-Randsteine angeboten
(Abb. F.12). Bei zweischaligen Haustrennwänden können so Betonbrücken in der Trennfuge mit Si-
cherheit vermieden werden. Eine weitere Anwendungsmöglichkeit besteht am Deckenauflager in der
Außenwand.

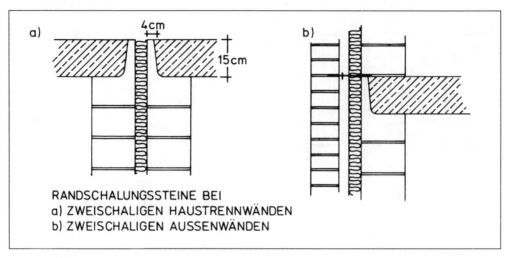

Abb. F.12   Randschalungssteine

● Fertigstürze, tragende Rolladenkästen
Um ein homogenes Mauerwerk zu erzielen, werden Fertigstürze und tragende Rolladenkästen aus
dem gleichen Material wie die Steine angeboten. Man erhält so einen einheitlichen Putzuntergrund.
Fertigstürze gibt es auch für Kalksandstein-Sichtmauerwerk. Bei Ziegelsichtmauerwerk ist die Verwendung von Fertigstürzen weniger üblich, da nicht sichergestellt werden kann, daß die Steine aus
dem gleichen Produktionsgang stammen wie die normalen Verblender. Daher muß mit Farbunter-
schieden gerechnet werden. Entsprechende Stürze sollten deshalb auf der Baustelle aus dem gleichen
Steinmaterial wie das Verblendmauerwerk hergestellt werden.

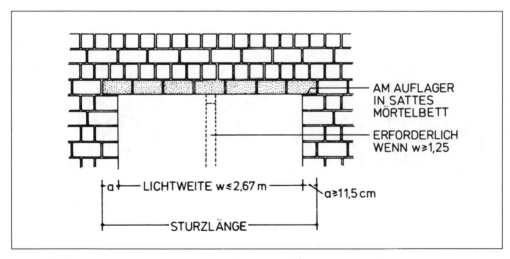

Abb. F.13   Flachsturz als Zuggurt eines gedachten Gewölbes (3 Steinlagen werden als Druckzone angesetzt)

Fertigstürze werden teilweise als sogenannte Flachstürze angeboten. Diese Elemente stellen nur das Zugglied dar, die Druckzone bildet die auf der Baustelle hergestellte Übermauerung. Bei der Verarbeitung auf der Baustelle sind die Flachstürze bei Spannweiten $\geqq$ 1,25 m zu unterstützen, bis die Übermauerung abgebunden hat **(Abb. F.13)**.

13.5 Ablauforganisation und Arbeitsplatzgestaltung

Ablauforganisation und Arbeitsplatz müssen so gestaltet werden, daß unnötige Behinderungen und Erschwernisse ausgeschaltet werden:

— Steine und Mörtel müssen so bereitgestellt werden, daß bei der Verarbeitung unnötige Wege und Drehungen vermieden werden.
— Kolonnenstärken optimieren. Bei vier Maurern und einem Helfer ist der Helfer meistens nicht voll ausgelastet.
— Arbeitsabstände optimieren. Um einen gleichmäßigen Arbeitsrhythmus zu erreichen, sollte der Abstand zwischen den Maurern ca. 2,50 m bis 3,0 m betragen. Bei einer Mauerlänge je Maurer von 3 m liegt die Leistung um ein Viertel höher als bei 2 m, weil der Arbeitsrhythmus weniger häufig unterbrochen wird.
— Arbeitshöhe optimieren. In den Arbeitshöhen zwischen 0,6 m und 0,8 m ist der niedrigste Zeitaufwand für das Verlegen eines Steines zu verzeichnen. Durch variable Gerüsthöhen sollte versucht werden, den optimalen Bereich weitgehend für die gesamte Arbeit einzuhalten. Über 1,25 m Arbeitshöhe fällt die Leistung schnell ab **(Abb. F.14)**.
— Mörtelkästen auf 0,4 m hohe Böcke stellen. Unnötiges Bücken wird so vermieden.

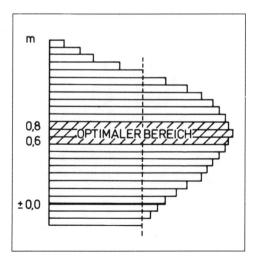

Abb. F.14 Maurerleistung in Abhängigkeit von der Arbeitshöhe (nach [F.19])

13.6 Steinversetzgeräte

Um den Handwerker bei der Verarbeitung großformatiger Steine von körperlicher Arbeit zu entlasten und gleichzeitig den Arbeitsaufwand zu reduzieren, wurden Steinversetzgeräte entwickelt.

Es handelt sich hierbei um Greifzangen, die entweder an den vorhandenen Baukran gehängt werden oder die mit einem kleinen, auf der Decke stehenden Kran bedient werden **(Abb. F.15)**. Je nach Steingröße können bis zu 5 großformatige Steine gleichzeitig gegriffen und verlegt werden. Die Anwendung dieser Geräte bringt Vorteile bei wenig gegliedertem Mauerwerk. Bei stark gegliedertem Mauerwerk sollten besondere Voraussetzungen geschaffen werden:

— Das Mauerwerk soll in Stumpfstoßtechnik, also unter Verzicht auf Einbindungen, erstellt werden (vgl. Abschnitt F.6).

— Auf die Vermörtelung der Stoßfugen sollte verzichtet werden. (Dabei können die Stoßfugen, wenn die Steine nicht mit Nuten und Federn versehen sind, durchsichtig werden. Vor Baubeginn Auftraggeber informieren!).

— Der Lagerfugenmörtel sollte mit der Schaufel, evtl. unter Verwendung eines Mörtelschlittens, aufgebracht werden. Der Einsatz einer Mörtelpumpe zum direkten Mörtelauftrag ist zu überlegen.

— Die Verwendung von Eck- und Öffnungslehren ist angebracht, weil dadurch bei der Verlegung fast der Effekt eines ungegliederten Mauerwerks entsteht.

Die Anwendung von Steinversetzgeräten lohnt sich erst, wenn der Kapitaleinsatz durch Abschläge bei den Lohnkosten ausgeglichen wird.

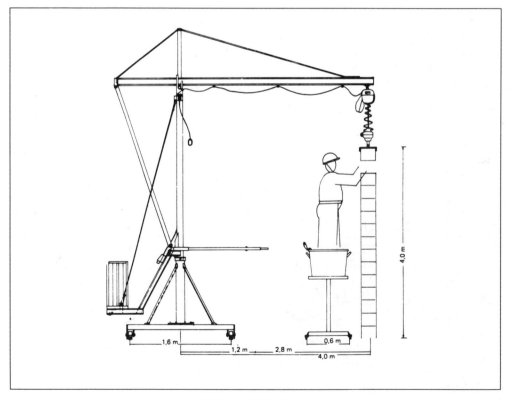

Abb. F.15 Kranunabhängiges Steinversetzgerät (System Nelles)

Anhang

Statische Berechnung eines mehrgeschossigen Wohnhauses nach DIN 1053 Teil 1 und Teil 2

1 Allgemeines

Bei vorliegendem Bauvorhaben handelt es sich um den Neubau eines vollunterkellerten, zweige-schossigen Wohnhauses mit ausgebautem Dachgeschoß.

Dachkonstruktion

Kehlbalkendach aus Nadelholz der Güteklasse II (NH II).

Decken

Stahlbetonplatten mit d = 16 cm aus B 25. Betonstahlmatten BSt 500 M (IV M) und Betonstab-stahl BSt 500 S (IV S).

Stürze

Baustahl St 37, Stahlbeton B 25, Betonstahl BSt 500 S (IV S), Fertigteilstürze.

Wände

Außenwände in den Geschossen:

HLz, Rohdichte 0,8 kg/dm^3; d = 36,5 cm.

Innenwände in den Geschossen:

HLz, Rohdichte 1,2 kg/dm^3; d = 24 cm; d = 17,5 cm; d = 11,5 cm.

Kellerwände:

KS, Rohdichte 1,8 kg/dm^3

Fundamente

Alle Fundamente sind frostfrei auf gewachsenem Boden zu gründen. Es wird eine zulässige Boden-pressung von 200 kN/m^2 zugrunde gelegt. Diese Voraussetzung ist vor Einbringung des Fundament-betons zu überprüfen.

Es wird weiterhin vorausgesetzt, daß in und oberhalb der Gründungsebene kein Grund- oder Sickerwasser ansteht.

Fundamentbeton: B 15.

Standsicherheit

Sie ist gewährleistet durch eine ausreichende Anzahl von Längs- und Querwänden. Eine gesonder-te Anordnung von Ringankern ist nicht vorgesehen, da die Bewehrung der Stahlbetondecken bis auf die Außenwände geführt wird.

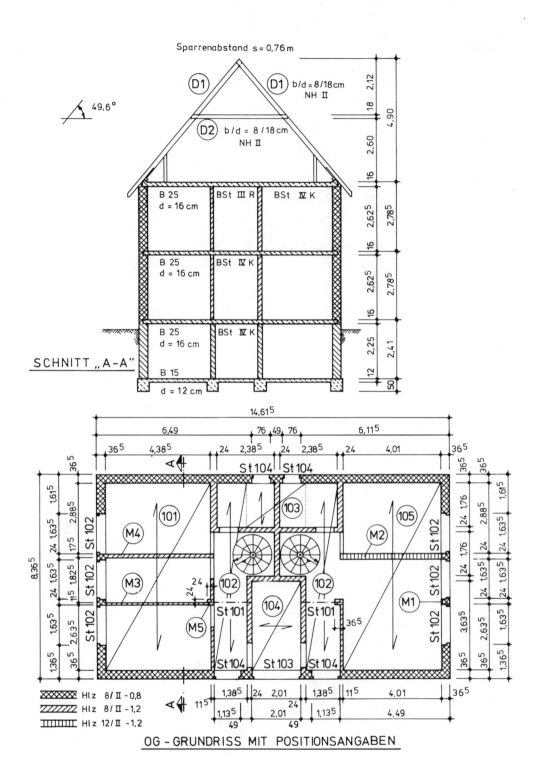

Sparrenabstand s = 0,76 m

49,6°

D1

D1 b/d = 8/18 cm
NH II

D2 b/d = 8/18 cm
NH II

2,12
18
4,90
2,60
16

B 25
d = 16 cm

BSt III R

BSt IV K

2,625   2,785

16

B 25
d = 16 cm

BSt IV K

2,625   2,785

16

B 25
d = 16 cm

BSt IV K

2,25   2,41

12

B 15
d = 12 cm

50

SCHNITT „A–A"

OG – GRUNDRISS MIT POSITIONSANGABEN

14,61⁵
6,49   76 49 76   6,11⁵
36⁵   4,38⁵   24 2,38⁵   24 2,38⁵   24   4,01   36⁵

St 104   St 104

M4   101   103   105   M2

M3   102   102

M5   St 101   104   St 101   M1

St 104   St 103   St 104

Hlz 8/II – 0,8
Hlz 8/II – 1,2
Hlz 12/II – 1,2

300

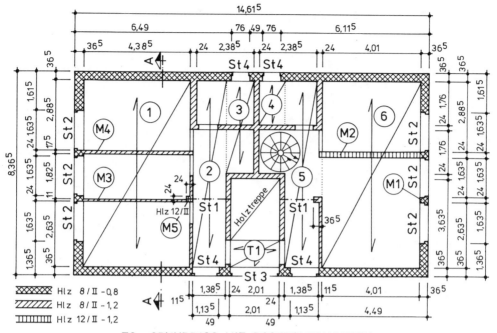

EG – GRUNDRISS MIT POSITIONSANGABEN

Legend for EG:
▨▨ Hlz 8/II –0,8
▨▨ Hlz 8/II –1,2
▥▥ Hlz 12/II –1,2

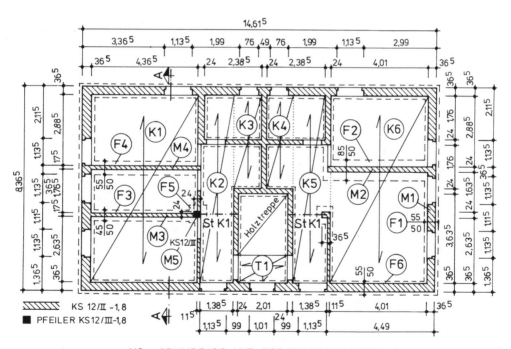

Legend for KG:
▨▨ KS 12/II –1,8
■ PFEILER KS 12/III –1,8

KG – GRUNDRISS MIT POSITIONSANGABEN

301

2.1 D a c h

2.1.1 Dachkonstruktion

Dachziegel	$= 0,65$ kN/m^2
Sparren und Verbände	$= 0,15$ kN/m^2
	$g_1 = 0,80$ kN/m^2

2.1.2 Innenverkleidung am Sparren

10 cm Wärmedämmung $0,01 \cdot 10$	$= 0,10$ kN/m^2
Unterkonstruktion	ca. $0,04$ kN/m^2
9,5 mm Gipskartonplatten $0,11 \cdot 0,95$	$= 0,11$ kN/m^2
	$g_2 = 0,25$ kN/m^2

2.1.3 Kehlbalkenbereich

2,4 cm Holzbretter $6,0 \cdot 0,024$	$= 0,14$ kN/m^2
10 cm Wärmedämmung $0,01 \cdot 10$	$= 0,10$ kN/m^2
Eigenlast Kehlbalken	$= 0,10$ kN/m^2
Unterkonstruktion	ca. $0,05$ kN/m^2
9,5 mm Gipskartonplatten $0,11 \cdot 0,95$	$= 0,11$ kN/m^2
	$g_3 = 0,50$ kN/m^2
Verkehrslast	$p_3 = 2,00$ kN/m^2

2.1.4 Schnee

$0,50 \cdot 0,75$	$\overline{s} = 0,38$ kN/m^2 Gfl.

2.1.5 Wind

Winddruck $0,80 \cdot 0,80$	$w_D = 0,64$ kN/m^2
Windsog $0,60 \cdot 0,80$	$w_S = 0,48$ kN/m^2

2.2 D e c k e n

Teppichboden	$0,03$ kN/m^2
4 cm Zementestrich $4 \cdot 0,22$	$= 0,88$ kN/m^2
4 cm Faserdämmstoff $4 \cdot 0,01$	$= 0,04$ kN/m^2
16 cm Stahlbeton $16 \cdot 0,25$	$= 4,00$ kN/m^2
1,5 cm Putz	$= 0,30$ kN/m^2
	$g = 5,25$ kN/m^2

Verkehrslast einschließlich Zuschlag für leichte
Trennwände

$1,50 + 1,25$	$p = 2,75$ kN/m^2
	$q = 8,00$ kN/m^2

2.3 T r e p p e n p o d e s t e

Belag	$1,5$ kN/m^2
16 cm Stahlbeton $16 \cdot 0,25$	$= 4,0$ kN/m^2
	$g = 5,5$ kN/m^2
Verkehrslast	$p = 3,5$ kN/m^2
	$q = 9,0$ kN/m^2

3 Berechnung des Kehlbalkendaches

Abmessungen

$l = 7,84$ m $\quad \tan \alpha = 4,60/(0,5 \cdot 7,84) = 1,173$

$h = 4,60$ m $\quad \alpha = 49,56^{o}$

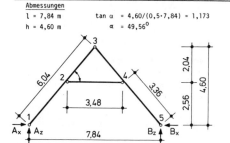

Schnittgrößen

Die Schnittgrößen werden für die verschiedenen Lastfälle elektronisch ermittelt.

Lastfall / Statische Größe	Eigenlast, Verkehrslast, Kehlbalken und				
	Schnee beidseitig	Schnee links	Schnee rechts	Wind von links	Wind von rechts
A_z (kN/m)	11,61	10,67	10,30	10,00	10,82
A_x (kN/m)	8,40	7,65	7,65	4,96	10,08
B_z (kN/m)	11,61	10,30	10,67	10,82	10,00
B_x (kN/m)	8,40	7,65	7,65	10,08	4,96
M_2 (kNm/m)	-0,93	-0,61	-0,97	1,68	-3,34
$M_{2,4}$ (kNm/m)	3,85	3,85	3,85	3,85	3,85
N_2 (kN/m)	-10,96	-10,08	-10,11	-8,14	-12,09
N_4 (kN/m)	-10,96	-10,11	-10,08	-12,09	-8,14
$N_{2,4}$ (kN/m)	-7,66	-7,05	-7,05	-7,23	-7,23

Pos. D1 Sparren

Die ungünstigsten Schnittgrößen ergeben sich aus den Lastfällen

Ständige Last
Wind von rechts
Verkehrslast auf dem Kehlbalken

$M_2 = -3,34$ kNm/m
$N_2 = -12,09$ kN/m

gew. $b/d = 8/18$ cm

Sparrenabstand $s = 0,76$ m

$A = 144$ cm^2
$W_y = 432$ cm^3
$i_y = 5,20$ cm
$I_y = 3888$ cm^4

Schnittgrößen je Sparren:

$M_4 = -3,34 \cdot 0,76 = -2,54$ kNm
$N_4 = -12,09 \cdot 0,76 = -9,19$ kN

Knicklänge nach /1/:

$s_{Ky} = 0,8 \cdot 6,04 = 4,83$ m

$(0,7 \cdot s = 0,7 \cdot 6,04 = 4,23$ m; $s_u = 3,36$ m$)$

Stabilitätsnachweise: Knicken/Kippen

$\lambda_y = 483/5,20 = 92,9 \rightarrow \omega = 2,70$

zul $\sigma_K = 1,25 \cdot 0,85/2,70 = 0,39$ kN/cm^2 für Lastfall HZ

Bei Aussteifung der Sparren durch Dachlatten und Windrispen ist $\lambda_B < 0,75$ und somit der Kippbeiwert $K_B = 1$.

$$\frac{9,19/144}{0,39} + \frac{254/432}{1,25 \cdot 1,0} = 0,16 + 0,47 = 0,63 < 1$$

$$\frac{9,19/144}{0,39} + \frac{254/432}{1,0 \cdot 1,1 \cdot 1,25 \cdot 1,0} = 0,16 + 0,43 = 0,59 < 1$$

Durchbiegungsnachweis:

Es wird die Durchbiegung des gesamten Gespärres infolge "Wind" nachgewiesen. Ausgebautes Dachgeschoß:

max $f \leq l/300$

$W = W_D + W_S = 0,64 + 0,48 = 1,12$ kN/m^2

je Gespärre: $W = 1,12 \cdot 0,76 = 0,85$ kN/m

Nach /2/; S. 4.39

erf $I = $ max $M \cdot l \cdot \alpha = 0,85 \cdot 6,04^2 \cdot 0,125 \cdot 6,04 \cdot 313$
$= 7328$ cm^4

vorh $I = 2 \cdot 3888 = 7776$ cm^4

Anschluß des Sparrenfußes

Größte Längskräfte am Sparrenfuß:

$N_{12} = -A_z \cdot \sin \alpha - A_x \cdot \cos \alpha$
$= -11,61 \cdot 0,761 - 8,40 \cdot 0,649 = -14,28$ kN/m

Je Sparren: $N_{12} = -14,28 \cdot 0,76 = -10,85$ kN

gew. Knagge 4/14 cm

$$\frac{10,85/(4 \cdot 8)}{0,85} = 0,40 < 1$$

gew. Fußschwelle 12/10 cm

$$\frac{10,85/(4 \cdot 14)}{0,20} = 0,97 < 1$$

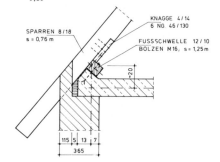

Anschluß Fußschwelle / Stahlbetondecke

$Q_{12} = A_z \cdot \cos \alpha - A_x \cdot \sin \alpha$

Lastfall H:

$Q_{12} = 11,61 \cdot 0,649 - 8,40 \cdot 0,761 = 1,14$ kN/m

Lastfall HZ:

$Q_{12} = 10 \cdot 0,649 - 4,96 \cdot 0,761 = 2,72$ kN/m

gew. Bolzen M 16

Nach /1/ für Lastfall HZ:

zul $N_\perp = 0,75 \cdot 0,4 \cdot 10 \cdot 1,6 \cdot 1,25 = 6,0$ kN
$\leq 0,75 \cdot 1,7 \cdot 1,6^2 \cdot 1,25 = 4,08$ kN

Erforderlicher Bolzenabstand:

erf $s = 4,08/2,72 = 1,50$ m

Die Fußschwelle ist mit Bolzen M 16 im Abstand von $s = 1,25$ m in der Stahlbetonaufkantung zu verankern.

Pos. D2 Kehlbalken

Die ungünstigsten Schnittgrößen ergeben sich aus den Lastfällen

Ständige Last
Schneelast
Verkehrslast auf dem Kehlbalken

$M = 3,85$ kNm/m
$N = -7,66$ kN/m
$A = Q = 2,50 \cdot 3,48/2 = 4,35$ kN/m

$$\boxed{\text{gew. b/d = 8/18 cm}}$$

Kehlbalkenabstand s = 0,76 m

$A = 144 \text{ cm}^2$
$W_y = 432 \text{ cm}^3$
$i_y = 5,20 \text{ cm}$
$I_y = 3888 \text{ cm}^4$

Schnittgrößen je Kehlbalken:

M = 3,85·0,76 = 2,93 kNm
N = -7,66·0,76 = -5,82 kN
Q = 4,35·0,76 = 3,31 kN

Stabilitätsnachweise: Knicken/Kippen
Kehlbalken wird in Feldmitte seitlich gestützt

$\lambda_z = \dfrac{348}{2·2,31} = 75,3 \rightarrow \omega = 2,04$

zul $\sigma_K = 0,85/2,04 = 0,42 \text{ kN/cm}^2$

$\lambda_B = \varkappa_B \cdot \sqrt{\dfrac{a·h}{b^2}} = 0,05905 \cdot \sqrt{\dfrac{348·18}{2·8^2}} = 0,41 \longrightarrow K_B = 1$

$\dfrac{5,82/144}{0,42} + \dfrac{293/432}{1,0} = 0,1+0,68 = 0,78 < 1$

$\dfrac{5,82/144}{0,42} + \dfrac{293/432}{1,0·1,1·1,0} = 0,1+0,62 = 0,72 < 1$

Durchbiegungsnachweis:
Nach /2/: (zul f = 1/300)
erf $I_y = 2,93·3,48·313 = 3192 \text{ cm}^4 < \text{vorh } I_y = 3888 \text{ cm}^4$

Anschluß Kehlbalken / Sparren
Nach /3/:

$R_\parallel = 5,82 \cdot \cos 49,56^0 + 3,31 \cdot \sin \alpha\ 49,56^0$
$= 3,78 + 2,52 = 6,29 \text{ kN}$

$R_\perp = 5,82 \cdot \sin \alpha\ 49,56^0 - 3,31 \cdot \cos 49,56^0$
$= 4,43 - 2,15 = 2,28 \text{ kN}$

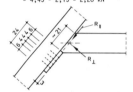

Druckspannung zwischen Kehlbalken und angenagelter Knagge:

zul σ_D $(\alpha = 50^0) = 3,5 \text{ N/mm}^2$ (vgl. /1/)

$\dfrac{6,29/(3·8)}{0,35} = 0,75 < 1$

$$\boxed{\begin{array}{l}\text{gew. Knagge 3/8 cm} \\ \text{mit 12 Nägeln 38/100 (3reihig)}\end{array}}$$

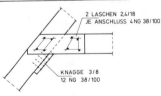

2 LASCHEN 2,4/18
JE ANSCHLUSS 4 NG 38/100

KNAGGE 3/8
12 NG 38/100

zul R = 12·0,525 = 6,30 kN > vorh R = 6,29 kN

Druckspannung zwischen Kehlbalken und Sparren:

zul $\sigma_{D_\perp} = 2,0 \text{ N/mm}^2$ $\dfrac{2,28/(8·21)}{0,20} = 0,07 < 1$

Zur seitlichen Lagesicherung des Kehlbalkens werden zwei Brettlaschen 2,4/18 cm mit je 4 Nägeln 38/100 angeordnet.

4 Berechnung der Decken

Nach /6/, S. 5.53 (Durchbiegungsbeschränkung) ist erf h = l_i/35.
Maßgebend ist Pos. 105: max l_i = ,70·0,8 = 3,76 m
erf h = 376/35 = 10,8 cm.
gew. Stahlbetonplatte mit d = 16 cm

Betonstahlmatten BSt 500 M (IV M)
Betonstabstahl   BSt 500 S (IV S)

Bei der Bemessung ist darauf zu achten, daß die ermittelten k_h-Werte jeweils größer als $k_h^x = 1,72$ sind. Für $k_h > k_h^x$ ergibt sich ein besonders wirtschaftlicher Stahlquerschnitt.

Bezeichnung der statischen Systeme (z.B. Dreifeldträger):

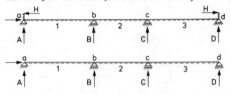

4.1 Decke über Obergeschoß

Pos. 101 Dreifeldplatte

$l_1 = 2,635+0,07+0,115·0,5 = 2,76 \text{ m}$
bzw. $1,025·2,635+0,115·0,5 = 2,76 \text{ m}$
$l_2 = 1,825+(0,115+0,175)·0,5 = 1,97 \text{ m}$
$l_3 = 2,885+0,175·0,5+0,07 = 3,04 \text{ m}$
bzw. $1,025·2,885+0,175·0,5 = 3,05 \text{ m}$

Belastung:
$g_1 = g_2 = g_3 = 5,25 \text{ kN/m}^2$
$p_1 = p_2 = 2,75 \text{ kN/m}^2$

Aus Horizontalschub des Daches:
max H = 10,08 kN/m, min H = 4,96 kN/m

Schnittgrößen:
min M_a = min M_d = -10,08·0,20 = -2,02 kNm/m
max M_a = max M_d = -4,96·0,20 = -0,99 kNm/m

Der Einfluß dieser Momente wird nur an den Stützen a und d berücksichtigt.

Der Einfluß auf die übrigen statischen Größen ist vernachlässigbar klein.

Elektronisch ermittelte Schnittgrößen:

max A = 9,48 kN/m   min A = 5,94 kN/m
max B = 21,31 kN/m   min B = 11,69 kN/m
max C = 23,87 kN/m   min C = 13,89 kN/m
max D = 10,26 kN/m   min D = 6,50 kN/m

max M_1 = 5,62 kNm/m   min M_b = -5,19 kNm/m
max M_2 = -0,16 kNm/m   min M_c = -6,51 kNm/m
max M_3 = 6,58 kNm/m

Mindestfeldmomente:

$M_1 = 8,0·2,76^2/14,22 = 4,29 \text{ kNm/m}$
$M_2 = 8,0·1,97^2/24 = 1,29 \text{ kNm/m}$
$M_3 = 8,0·3,04^2/14,22 = 5,20 \text{ kNm/m}$

Abminderung der Stützmomente:

$M_b = -5,19+21,31·0,115/8 = -4,88 \text{ kNm/m}$
$M_c = -6,51+23,87·0,175/8 = -5,99 \text{ kNm/m}$

Bemessungsmomente:

$M_1 = 5,62 \text{ kNm/m}$
$M_2 = 1,29 \text{ kNm/m}$
$M_3 = 6,58 \text{ kNm/m}$
$M_b = -4,88 \text{ kNm/m}$
$M_c = -5,99 \text{ kNm/m}$

Bemessung

F e l d   1

b/d/h = 100/16/14,5 cm

M_1 = 5,62 kNm; N_1 = H = 10,08 kN

M_s = 5,62-10,08 (0,145-0,08) = 4,96 kNm

k_h = 6,51 k_s = 3,70

a_s = 3,7·4,96/14,5+10,08/28,6 = 1,62 cm^2

unten R 188 a_s = 1,88 cm^2

F e l d   2

M_2 = 1,29 kNm

unten R 131   ohne Nachweis

F e l d   3

b/d/h = 100/16/14,5 cm

M_3 = 6,58 kNm; N_3 = H = 10,08 kN

M_s = 6,58-10,08 (0,145-0,08) = 5,92 kNm

k_h = 5,96 k_s = 3,7

a_s = 3,7·5,92/14,5+10,08/28,6 = 1,86 cm^2

unten R 188 a_s = 1,88 cm^2

S t ü t z e n   a   u n d   d (BSt III K)

b/d/h = 100/16/14,5 cm

min M_a = min M_d = -2,02 kNm

N_a = N_d = H = 10,08 kN

M_s = -2,02+10,08 (0,145-0,08) = -1,36 kNm

k_h = 12,43 k_s = 3,6

a_s = 3,6·1,36/14,5+10,08/24 = 0,69 cm^2

oben Ø 6 IV S;   s = 15 cm a_s = 1,89 cm^2

S t ü t z e   b

M_b = -4,88 kNm; N_b = H = 10,08 kN

M_s = -4,88+10,08 (0,145-0,08) = -4,22 kNm

k_h = 7,06 k_s = 3,6

a_s = 3,6·4,22/14,5+10,08/28,6 = 1,4 cm^2

oben R 188 a_s = 1,88 cm^2

S t ü t z e   c

M_c = -5,99 kNm; N_c = H = 10,08 kN

M_s = -5,99+10,08 (0,145-0,08) = -5,33 kNm

k_h = 6,28 k_s = 3,7

a_s = 3,7·5,33/14,5+10,08/28,6 = 1,71 cm^2

oben R 188 a_s = 1,88 cm^2

Die Schubspannung ist gering, so daß kein Nachweis geführt wird.

Pos. 102 Dreifeldplatte

l_1 = 2,635+0,07+0,12 = 2,82 m

l_3 = 1,76 +0,07+0,12 = 1,95 m

bzw. 1,025·1,76+0,12 = 1,92 m

l_2 = 8,365-2·0,365+0,07+0,025·1,76-2,82-1,92 = 3,01 m

Belastung:

g_1 = g_2 = g_3 = 5,25 kN/m^2

p_1 = p_2 = 2,75 kN/m^2; p_3 = 1,50 kN/m^2

Aus Horizontalschub des Daches H = 10,08 kN/m

Belastungsbreite für H:

B = 1,0+3,55·0,5 = 2,78 m

H' = 10,08·2,78 = 28,02 kN

Es wurden folgende Lastgruppen untersucht:

Lastgruppe 1: Schnittgrößen ohne Berücksichtigung der Momente M_a und M_d

Lastgruppe 2: Schnittgrößen bei Berücksichtigung der Momente M_a und M_d

Aus beiden Lastgruppen werden die ungünstigsten statischen Größen berücksichtigt (vgl. nachfolgende Tabelle).

Schnitt-größe	Lastfall-gruppe 1	Lastfall-gruppe 2
max A	9,10 kN/m	11,50 kN/m
min A	5,27 kN/m	7,67 kN/m
max B	27,03 kN/m	24,49 kN/m
min B	17,41 kN/m	14,87 kN/m
max C	20,76 kN/m	17,60 kN/m
min C	13,15 kN/m	9,99 kN/m
max D	4,94 kN/m	8,24 kN/m
min D	2,62 kN/m	5,92 kN/m
max M_1	5,17 kNm/m	2,66 kNm/m
max M_2	3,75 kNm/m	4,69 kNm/m
max M_3	1,81 kNm/m	-
min M_a	0	-5,60 kNm/m
min M_b	-7,44 kNm/m	-6,27 kNm/m
min M_c	-4,93 kNm/m	-4,20 kNm/m
min M_d	0	-5,60 kNm/m

Mindestmomente nach /6/, S. 5.13

M_1 = 8,0·2,82^2/14,22 = 4,48 < 5,17 kNm/m

M_2 = 8,0·3,01^2/24,0 = 3,02 < 4,69 kNm/m

M_3 = 6,75·1,92^2/14,22 = 1,75 < 1,81 kNm/m

Abminderung Stützmomente

M_c = -4,93+20,76·0,24/8 = -4,31 kNm/m

Bemessung

F e l d   1

b/d/h = 100/16/14,5 cm

M_1 = 5,17 kNm; N_1 = 28,02 kN

M_s = 5,17-28,02 (0,145-0,08)

= 5,17-1,82 = 3,35 kNm

k_h = 7,92 k_s = 3,60

a_s = 3,60·3,35/14,5+28,02/28,6 = 1,81 cm^2

unten R 188 a_s = 1,88 cm^2

F e l d   2

M_2 = 4,69 kNm

M_s = 4,69-1,82 = 2,87 kNm

k_h = 8,56 k_s = 3,60

a_s = 3,60·2,87/14,5+28,02/28,6 = 1,69 cm^2

unten R 188 a_s = 1,88 cm^2

Feld 3

M_3 = 1,81 kNm

M_s = 1,81-1,82 ≈ 0

a_s = 28,02/28,6 = 0,98 cm^2

| unten R 131 | a_s = 1,31 cm^2 |

Stützen a und d

$M_a = M_d$ = -5,60 kNm

M_s = -5,60+1,82 = -3,78 kNm

k_h = 7,46 k_s = 3,6

a_s = 3,6·3,78/14,5+28,02/28,6 = 1,92 cm^2

| oben Ø 6 IV S; s = 14,0 cm | a_s = 2,02 cm^2 |

Stütze b

M_b = -7,44 kNm

M_s = -7,44+1,82 = -5,62 kNm

k_h = 6,12 k_s = 3,7

a_s = 3,7·5,62/14,5+28,02/28,6 = 2,41 cm^2

| oben R 257 | a_s = 2,57 cm^2 |

Stütze c

M_c = -4,31 kNm

M_s = -4,31+1,82 = -2,49 kNm

k_h = 9,19 k_s = 3,6

a_s = 3,6·2,49/14,5+28,02/28,6 = 1,6 cm^2

| oben R 188 | a_s = 1,88 cm^2 |

Da die Schubspannungen gering sind, kann auf einen Nachweis verzichtet werden.

Pos. 103 Einfeldplatte

l = 1,76+0,07+0,24/3 = 1,91 m

bzw. 1,05·1,76 = 1,85 m

q = 8,0 kN/m^2

aus Dach max H = 10,08 kN/m

max M = 8,0·1,85^2/8 = 3,42 kNm/m

max A = 8,0·1,85/2 = 7,40 kN/m

min M_b = -10,08·0,20 = -2,02 kNm/m

b/d/h = 100/16/14,5

M_s = 3,42-10,08 (0,145-0,08) = 2,76 kNm

k_h = 8,73 k_s = 3,6

a_s = 3,6·2,76/14,5+10,08/28,6 = 1,04 m^2

| unten R 131 | a_s = 1,31 cm^2 |

Im Stützbereich b (wie Pos. 101)

| oben Ø 6 IV S; s = 15 cm |

Abreißbewehrung im Bereich der parallellaufenden Wand

a_s = 0,6·1,04 = 0,62 cm^2

| oben R 131 |

Pos. 104 Einfeldplatte

l = 2,01+2·0,12 = 2,25 m

q = 8,0 kN/m^2; max H = 10,08 kN/m

max M = 8,0·2,25^2/8 = 5,06 kNm/m

max A = 8,0·2,25/2 = 9,0 kN/m

k_h = 6,45 k_s = 3,7

a_s = 1,29 cm^2

| unten R 131 | a_s = 1,31 cm^2 |

Sonstige Bewehrung wie Pos. 103

Pos. 105 Zweifeldplatte

l_1 = 4,51+0,07+0,12 = 4,70 m

l_2 = 2,885+0,07+0,12 = 3,08 m

bzw. 1,025·2,885+0,12 = 3,08 m

$g_1 = g_2$ = 5,25 kN/m^2

$p_1 = p_2$ = 2,75 kN/m^2

Aus Dach max H = 10,08 kN/m

Schnittgrößen nach /2/

$l_2 : l_1$ ca. 1,0 : 1,5

max M_1 = (0,183·5,25+0,203·2,75)·3,08^2 = 14,41 kNm/m

(Tafelwerte M_2)

max M_2 = (0,040·5,25+0,101·2,75)·3,08^2 = 4,63 kNm/m

(Tafelwerte M_1)

min M_b = -0,219·8,0·3,08^2 = -16,62 kNm/m

max A = (0,604·5,25+0,638·2,75)·3,08 = 15,17 kN/m

(Tafelwerte C)

min Q_{bl} = -0,896·8,0·3,08 = -22,08 kN/m

(Tafelwert Q_{br} mit Vorzeichenwechsel)

max Q_{br} = 0,719·8,0·3,08 = 17,72 kN/m

max B = 22,08+17,72 = 39,80 kN/m

min M_a = min M_c = -10,08·0,20 = -2,02 kNm/m

Mindestmomente nach /6/, S. 5.13:

M_1 = 8,0·4,70^2/14,2 = 12,43 kNm/m < 14,41

M_2 = 8,0·3,08^2/14,2 = 5,34 kNm/m > 4,63

Abminderung des Stützmomentes:

M_b = -16,62+39,80·0,24/8 = -15,43 kNm/m

Bemessung

b/d/h = 100/16/14,5 cm

Feld 1

M_1 = 14,41 kNm; N_1 = H = 10,08 kN

M_s = 14,41-10,08 (0,145-0,08)

= 14,41-0,66 = 13,75 kNm

k_h = 3,91 k_s = 3,80

a_s = 3,8·13,75/14,5+10,08/28,6

= 3,60+0,35 = 3,95 cm^2

| unten R 443 | a_s = 4,43 cm^2 |

Feld 2

M_2 = 5,34 kNm; N_2 = H = 10,08 kN

M_s = 5,34-0,66 = 4,68 kNm

k_h = 6,70 k_s = 3,7

a_s = 3,7·4,68/14,5+0,35 = 1,54 cm^2

| unten R 188 | a_s = 1,88 cm^2 |

Stützen a und c

Ausführung wie Pos. 101

| oben Ø 6 IV S; s = 15 cm | a_s = 1,89 cm^2 |

Stütze b

M_b = -16,62 kNm; N_b = H = 10,08 kN
M_s = -16,62+0,66 = -15,96 kNm
k_h = 3,63 k_s = 3,8
a_s = 3,8·15,96/14,5+0,35 = 4,53 cm^2

oben R 443 a_s = 4,43 cm^2

Schubspannung gering - kein Nachweis.

4.2 Decke über Erdgeschoß

Pos. 1 Dreifeldplatte
Belastung, Stützweiten wie Pos. 101.
Die Schnittgrößen werden aus Pos. 101 entnommen.

Bemessung
b/d/h = 100/16/14,5 cm

Feld 1
M_1 = 5,62 kNm
k_h = 6,12 k_s = 3,70
a_s = 3,70·5,62/14,5 = 1,44 cm^2

unten R 188 a_s = 1,88 cm^2

Feld 2
M_2 = 1,29 kNm

unten R 131   ohne Nachweis

Feld 3
M_3 = 6,58 kNm
k_h = 5,65 k_s = 3,70
a_s = 3,70·6,58/14,5 = 1,68 cm^2

unten R 188 a_s = 1,88 cm^2

Stütze b
M_b = -4,88 kNm
k_h = 6,56 k_s = 3,70
a_s = 3,70·4,88/14,5 = 1,25 cm^2

oben R 131 a_s = 1,31 cm^2

Stütze c
M_c = -5,99 kNm
k_h = 5,92 k_s = 3,70
a_s = 3,70·5,99/14,5 = 1,53 cm^2

oben R 188 a_s = 1,88 cm^2

Pos. 2 Dreifeldplatte
Stützweiten wie Pos. 102

l_1 = 2,82 m; l_2 = 3,01 m; l_3 = 1,92 m
g_1 = g_2 = g_3 = 5,25 kN/m^2
p_1 = p_2 = 2,75 kN/m^2; p_3 = 1,5 kN/m^2

Statische Größen elektronisch ermittelt:

max A = 9,10 kN/m;   min A = 5,27 kN/m
max B = 27,03 kN/m;   min B = 17,41 kN/m
max C = 20,76 kN/m;   min C = 13,51 kN/m
max D = 4,94 kN/m;   min D = 2,62 kN/m

max M_1 = 5,17 kNm/m
max M_2 = 3,75 kNm/m
max M_3 = 1,81 kNm/m
min M_b = -7,44 kNm/m
min M_c = -4,93 kNm/m

Mindestmomente nach /6/
M_1 = 8,0·2,82^2/14,2 = 4,48 kNm/m < 5,17 kNm/m
M_2 = 8,0·3,01^2/24 = 3,02 kNm/m < 3,75 kNm/m
M_3 = 6,75·1,92^2/14,2 = 1,75 kNm/m < 1,81 kNm/m

Ausrundung der Stützmomente:
M_b = -7,44+27,03·0,10/8 = -7,10 kNm/m
M_c = -4,93+20,76·0,24/8 = -4,31 kNm/m

Bemessung
b/d/h/ = 100/16/14,5 cm

Feld 1
M_1 = 5,17 kNm
k_h = 6,38 k_s = 3,70
a_s = 3,7·5,17/14,5 = 1,32 cm^2

unten R 131 a_s = 1,31 cm^2

Feld 2
M_2 = 3,75 kNm
Im Vergleich mit Feld 1

unten R 131

Feld 3
M_3 = 181 kNm

unten R 131

Stütze b
M_b = -7,10 kNm
k_h = 5,44 k_s = 3,7
a_s = 3,7·7,10/14,5 = 1,81 cm^2

oben R 188 a_s = 1,88 cm^2

Stütze c
M_c = -4,31 kNm
a_s = 3,7·4,31/14,5 = 1,10 cm^2

oben R 131 a_s = 1,31 cm^2

Abreißbewehrung zu Pos. 1 hin:
a_s = 0,60·1,32 = 0,79 cm^2

oben R 131 a_s = 1,31 cm^2

Pos. 3 Zweifeldplatte
l_1 = l_2 = 1,76+0,24/3+0,12 = 1,96 m
bzw. = 1,025·1,76 +0,12 = 1,92 m (maßgebend)

g_1 = g_2 = 5,25 kN/m^2
p_1 = p_2 = 1,50 kN/m^2
Belastung aus Spindel-Wendeltreppe:
A = (0,10+0,50)·0,5·0,70 = 0,21 m^2

Holzstufe, 6 cm dick:

$0,06 \cdot 0,21 \cdot 8 = 0,10$ kN/Stufe

Tragkonstr. $\underline{0,05}$ kN/Stufe

$g = 0,15$ kN/Stufe

bei 14 Auftritten: $0,15 \cdot 14 = 2,10$ kN

aus Spindel $0,06 \cdot 3,50 \quad \underline{= 0,21}$ kN

$G = 2,3$ kN

Verkehrslast $0,21 \cdot 14 \cdot 3,50$ P=10,3 kN

Die Einzellast wird (ungünstig) auf eine Breite von 0,50 m verteilt.

$F = (2,3+10,3)/0,5 = 25,2$ kN

Nach /2/, S. 4.6:

$\max M_1 = 0,070 \cdot 5,25 \cdot 1,92^2 + 0,096 \cdot 1,5 \cdot 1,92^2 + 0,203 \cdot 25,2 \cdot 1,92$

$= 1,35+0,53+9,82 = 11,70$ kNm/m

$\max M_2 = 1,35+0,53 = 1,88$ kNm/m

$\min M_b = -0,125 \, (5,25+1,5) \cdot 1,92^2 - 0,094 \cdot 25,2 \cdot 1,92$

$= -3,11-4,55 = -7,66$ kNm/m

$\max B = 1,25 \cdot 6,75 \cdot 1,92 + 25,2/2 + 2 \cdot 0,094 \cdot 25,2 \cdot 1,92/1,92$

$= 33,54$ kN/m

Mindestmomente:

$M_1 = 6,75 \cdot 1,92^2/14,22 + 25,2 \cdot 1,92 \cdot 5/32 = 9,31$ kNm

$M_2 = 6,75 \cdot 1,92^2/14,22 = 1,75$ kNm/m

Abminderung des Stützmomentes:

$M_b = -7,66 + 33,54 \cdot 0,24/8 = -6,65$ kNm/m

Bemessung

b/d/h = 100/16/14,5 cm

F e l d 1

$M_1 = 11,70$ kNm

$k_h = 4,24 \quad k_s = 3,8$

$a_s = 3,8 \cdot 11,70/14,5 = 3,07$ cm^2

$\boxed{\text{unten Q 377}} \qquad a_s = 3,77$ cm^2

F e l d 2

$M_2 = 1,88$ kNm

$a_s = 3,7 \cdot 1,88/14,5 = 0,48$ cm^2

$\boxed{\text{unten R 131}} \qquad a_s = 1,31$ cm^2

S t ü t z e

$M_b = -6,65$ kNm

$a_s = 3,7 \cdot 6,65/14,5 = 1,70$ cm^2

$\boxed{\text{oben Q 188}} \qquad a_s = 1,88$ cm^2

Pos. 4 Einfeldplatte

l = 1,91 m

$g = 5,25$ kN/m^2; $\quad p = 1,50$ kN/m^2

Im Vergleich mit Pos. 103 gewählt:

$\boxed{\text{unten R 131}}$

Pos. 5 Dreifeldplatte

Ausführung wie Pos. 2

Pos. 6 Zweifeldplatte

$l_1 = 4,70$ m; $\quad l_2 = 3,08$ m

$g_1 = g_2 = 5,25$ kN/m^2

$p_1 = p_2 = 2,75$ kN/m^2

Im Vergleich mit Pos. 105 gewählt:

F e l d 1 $\qquad \boxed{\text{unten R 443}}$

F e l d 2 $\qquad \boxed{\text{unten R 188}}$

S t ü t z e b $\quad \boxed{\text{oben R 443}}$

4.3 D e c k e ü b e r K e l l e r

Pos. K 1 Dreifeldplatte $\qquad$ wie Pos. 1

Pos. K 2 Dreifeldplatte $\qquad$ wie Pos. 2

Pos. K 3 Zweifeldplatte

wie Pos. 3, jedoch ohne Einzellast aus Treppe.

Im Vergleich mit Pos. 3 gewählt:

Felder: unten R 131

Stütze b: oben R 188

Pos. K 4 Zweifeldplatte

wie Pos. 3, jedoch mit etwas größerer Einzellast aus Treppen.

Im Vergleich mit Pos. 3 gewählt:

Feld 1: unten Q 377

Feld 2: unten R 131

Stütze b: oben Q 221

Pos. K 5 Dreifeldplatte $\qquad$ wie Pos. 2

Pos. K 6 Zweifeldplatte $\qquad$ wie Pos. 6

5 Berechnung der Treppen

Die statischen Nachweise für die Spindeltreppen und für die Holztreppen im Treppenhaus sind jeweils vom Hersteller zu erbringen.

Pos. T 1 Treppenpodest

(Dreiseitig gelagerte Platte mit Randlast)

$l_x = 2,11$ m $\qquad l_y = 1,20$ m

$q = 9,0$ kN/m^2

Belastung aus Holztreppe (Randlast):

$q_x = 1,25 \, (3,5+1,0) = 5,63$ kN/m

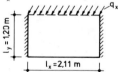

Die Berechnung erfolgt mit Hilfe der Tafeln 16a und 19 in /4/.

$K = q \cdot l_x \cdot l_y = 9,0 \cdot 2,11 \cdot 1,20 = 22,79$ kN

$S = q_x \cdot l_x = 5,63 \cdot 2,11 = 11,88$ kN

$\varepsilon = l_y/l_x = 1,20/2,11 = 0,6$

Die Stützmomente werden mit Hilfe der Tafel 19 (starre Einspannung) ermittelt und wegen der vorhandenen elastischen Einspannung nur zu 75% angesetzt.

Die Feldmomente werden aus den Randbedingungen "starre Einspannung" (Tafel 19) und "gelenkige Lagerung" (Tafel 16a) gemittelt.

Aus Tafel 19:

$M_{xr} = 22,79/16+11,88/7,0 = 3,12$ kNm/m
$M_{xm} = 22,79/23,8+11,88/15 = 1,75$ kNm/m
$M_y = 22,79/48-11,88/22 \approx 0$

bzw. ohne Randlast aus Treppe

$M_y = 22,79/48 = 0,50$ kNm/m
$M_{er} = -22,79/6,5-11,88/2,1 = -9,16$ kN/m
$M_{em} = -22,79/9,6-11,88/10,1 = -3,55$ kN/m

Aus Tafel 16a:

$M_{xr} = 22,79/9,2+11,88/4,5 = 5,12$ kNm/m
$M_{xm} = 22,79/15,2+11,88/9,3 = 2,78$ kNm/m
$M_{ym} = 22,79/27,4-11,88/39,4 = 0,53$ kNm/m

Bemessungsmomente:

$M_{xr} = (3,12+5,12) \cdot 0,5 = 4,12$ kNm/m
$M_{xm} = (1,75+2,78) \cdot 0,5 = 2,27$ kNm/m
$M_y = (0+0,53) \cdot 0,5 = 0,27$ kNm/m
$M_{er} = -9,16 \cdot 0,75 = -6,87$ kNm/m
$M_{em} = -3,55 \cdot 0,75 = -2,66$ kNm/m

Bemessung

Beton B 25, Betonstahlmatten BSt 500/550 RK
Wegen der relativ geringen Momente wird auf eine Staffelung der Berechnung verzichtet.
b/d/h = 100/16/14,5 cm

F e l d
max M = 4,12 kNm
$k_h = 7,14$ $k_s = 3,6$
$a_s = 3,6 \cdot 4,12/14,5 = 1,02$ cm^2

unten Q 131,
Zulage am Rand 2 Ø 10 IV S $a_s = 1,31$ cm^2

Das geringe Moment $M_y = 0,27$ kNm/m ist durch die Matte Q 131 reichlich abgedeckt.

S t ü t z e n
min M = -6,87 kNm
$k_h = 5,53$ $k_s = 3,7$
$a_s = 3,7 \cdot 6,87/14,5 = 1,75$ cm^2

oben R 188 $a_s = 1,88$ cm^2

6 Berechnung der Abfangungen und Stürze

Stahlbeton B 25, Betonstahl BSt 500 S (IV S),
Baustahl St 37

6.1 A b f a n g u n g e n   u n d   S t ü r z e   i m   O G

Pos. St 101   Stahlträger
$l = 1,385+2 \cdot 0,24/3 = 1,55$ m
Belastung:
aus Pos. 102   B = 27,03 kN/m
Eigenlast Stahlträger   0,27 kN/m
q = 27,3 kN/m

max M = $27,3 \cdot 1,55^2/8 = 8,20$ kNm
max A = $27,3 \cdot 1,55/2 = 21,16$ kN

gew. IPBL 100 $W_y = 72,8$ cm^3

Spannungsnachweis nach /5/, S. 8.12

$\sigma = 820/72,8 = 11,26$ kN/cm^2 = 112,6 N/mm^2
zul $\sigma = 160$
$\tau = 21,16/4,21 = 5,03$ kN/cm^2 = 50 N/mm^2
zul $\tau = 92$ N/mm^2

Auflagerpressung

Auflagerplatte 14/14/2

$\sigma_A = 21,16/(14 \cdot 14) = 0,107$ kN/cm^2 = 1,07 MN/m^2

vorh. Mauerwerk HLz 8/II

zul $\sigma_A = 1,3 \cdot 1,0 = 1,3$ MN/m^2 > 1,07 MN/m^2

Auf einen zusätzlichen Spannungsnachweis in halber Wandhöhe (Lastverteilung unter 60°) kann verzichtet werden, da die vorhandene Spannung wegen zweiseitiger Lastverteilung offensichtlich sehr gering ist.

Pos. St 102   Sturz über drei Felder
$l_1 = l_2 = l_3 = 1,88$ m

Belastung:
Deckenanteil $8,0 \cdot 1,0$ = 8,00 kN/m
Holzverkleidung am Giebel
i. M. $0,10 \cdot 3,0$ = 0,30 kN/m
aus Mauerwerk (Dreieckslast, jedoch
ungünstig als Gleichstreckenvollast
angesetzt) $0,866 \cdot 1,88 \cdot 2,95$ = 4,80 kN/m
Eigenlast Sturz   2,20 kN/m
q = 15,30 kN/m

Nach / 2/

max M_1 = max $M_3 = 0,080 \cdot 15,30 \cdot 1,88^2$ = 4,33 kNm
max $M_2 = 0,025 \cdot 15,30 \cdot 1,88^2$ = 1,35 kNm
min M_b = min $M_c = -0,100 \cdot 15,30 \cdot 1,88^2$ = -5,41 kNm
max Q = $0,599 \cdot 15,30 \cdot 1,88$ = 17,23 kN
max B = $1,099 \cdot 15,30 \cdot 1,88$ = 31,61 kN

Mindestmomente nach /6/, S. 5.13:
$M_1 = M_3 = 15,30 \cdot 1,88^2/14,2 = 3,80$ kNm
$M_2 = 15,30 \cdot 1,88^2/24$ = 2,25 kNm

Abminderung der Stützmomente:
$M_b = M_c = -5,41+31,61 \cdot 0,24/8 = -4,46$ kNm

Bemessung
Die Bemessung erfolgt vereinfachend für einen Rechteckquerschnitt.
b/d/h = 20/25/22 cm

F e l d e r   1   u n d   3
$M_1 = M_3 = 4,33$ kNm
$k_h = 4,73$ $k_s = 3,7$
$A_s = 3,7 \cdot 4,33/22 = 0,73$ cm^2

unten 2 Ø 8 IV S $A_s = 1,0$ cm^2

Feld 2

$M_z = 2,25$ kNm

o.N. $\boxed{\text{unten } 2 \emptyset 8 \text{ IV S}}$

S t ü t z e n   b   u n d   c

$M_b = M_c = -4,46$ kNm

$A_s = 3,7 \cdot 4,46/22 = 0,75$ cm^2

$\boxed{\text{oben } 2 \emptyset 8 \text{ IV S}}$ $A_s = 1,0$ cm^2

Schubnachweis

max $Q = 17,23$ kN

$Q_s = 17,23-(0,24/2+0,5\cdot0,22)\cdot15,30 = 13,71$ kN

$\tau_0 = 13,71/20\cdot22\cdot0,85 = 0,037$ kN/cm^2

$\qquad = 0,37$ MN/m$^2 < \tau_{012} = 0,75$

Schubbereich 1, kein Nachweis der Schubdeckung erforderlich.

Mindestschubbewehrung:

$a_{sbü} = 20\cdot0,37\cdot0,140 = 1,04$ cm^2/m

$\boxed{\text{gew. Bügel } \emptyset 6 \text{ IV S;} \quad s_{bü} = 20 \text{ cm}}$ $a_{sbü} = 2,8$ cm^2/m

Auflagerpressung

$\sigma_A = 31,61/20\cdot24 = 0,066$ kN/cm$^2 = 0,66$ MN/m^2

vorh: HLz 12/II mit zul $\sigma = 1,2$ MN/m^2

Pos. St 103 Sturz am Treppenhaus

$\ell = 2,01+2\cdot20/3 = 2,14$ m

bzw. $= 1,05\cdot2,01 = 2,11$ m

Belastung:

aus Dach	A = 11,61 kN/m
Deckenanteil 8,0·0,75	= 6,00 kN/m
Eigenlast Sturz	= 2,20 kN/m
	q = 19,80 kN/m

max $M = 19,80\cdot2,11^2/8 = 11,01$ kNm

max $A = 19,80\cdot2,11/2 = 20,89$ kN

Bemessung

Plattenbalken: b = 211/6 = 35 cm

$b_o/b = 20/35$

$d/d_o = 16/25;$ h = 22 cm

$k_h = 3,92;$ $k_x = 0,21;$ x = 0,21·22 = 4,62 cm

(Nullinie liegt innerhalb der Platte)

$k_s = 3,8$

$A_s = 3,8\cdot11,01/22 = 1,90$ cm^2

$\boxed{\text{unten } 3 \emptyset 10 \text{ IV S}}$ $A_s = 2,36$ cm^2

max $Q = 20,89$ kN

$Q_s = 20,89-(0,07+0,5\cdot0,22)\cdot19,80 = 17,33$ kN

$\tau_0 = 17,33/20\cdot22\cdot0,85 = 0,046$ kN/cm^2

$\qquad = 0,46$ MN/m$^2 < \tau_{o1} = 0,75$

$a_{sbü} = 20\cdot0,46\cdot0,140 = 1,29$ cm^2/m

$\boxed{\text{Bügel } \emptyset 6 \text{ IV S;} \quad s_{bü} = 20 \text{ cm}}$ $a_{sbü} = 2,8$ cm^2/m

erf $s_{bü} = 0,8\cdot25 = 20$ cm

Pos. St 104 Fenstersturz

$\ell = 1,45$ m

Bei geringer Belastung o.N.

$\boxed{\begin{array}{l}\text{unten } 4 \emptyset 8 \text{ IV S}\\ \text{Bügel } \emptyset 6 \text{ IV S;} \quad s_{bü} = 20 \text{ cm}\end{array}}$

6.2 A b f a n g u n g e n   u n d   S t ü r z e   i m   E G

Pos. St 1 Stahlträger

wie Pos. St 101

Pos. St 2 Sturz über drei Felder

wie Pos. St 102

Pos. St 3 Sturz am Treppenhaus

$\ell = 2,11$ m

Belastung:

aus Mauerwerk 4,20·1,50	=	6,30 kN/m
aus Vordach		4,00 kN/m
Eigenlast Sturz		2,20 kN/m
q_1	=	12,50 kN/m

Aus Deckenlast Pos. T 1:

Es wird zunächst die resultierende Belastung der dreiseitig gelagerten Platte ermittelt:

$R = 22,79+11,88 = 34,67$ kN

Die resultierende Auflagerkraft nach /4/, Tafeln 16b bzw. 22, beträgt bei Mittelung zwischen den Randbedingungen "gelenkige Lagerung" und "Vollein-spannung der Seitenränder"

$K_y = 34,67 (0,59+0,26)/2 = 14,73$ kN

Es wird näherungsweise mit einer dreiecksförmigen Verteilung der Auflagerkräfte gerechnet. Damit ergibt sich die maximale "Dreiecksordinate" zu

$q_2 = 14,73\cdot2/2,11 = 13,96$ kN/m

max $A = 12,50\cdot2,11/2+14,73/2 = 20,55$ kN

max $M = 12,50\cdot2,11^2/8+13,96\cdot2,11^2/12 = 12,14$ kNm

Bemessung

Im Vergleich mit Pos. St 103

$\boxed{\begin{array}{l}\text{unten } 3 \emptyset 10 \text{ IV S}\\ \text{Bügel } \emptyset 6 \text{ IV S;} \quad s_{bü} = 20 \text{ cm}\end{array}}$

Pos. St 4 Fenstersturz

wie Pos. St 104

6.3 A b f a n g u n g e n   u n d   S t ü r z e   i m   K e l l e r

Pos. St K 1 Stahlträger

wie St 101

Alle anderen Kellerstürze werden konstruktiv als Fertigteilstürze ausgeführt.

7 Berechnung des Mauerwerks nach DIN 1053 Teil 1

<u>Geschosse:</u> Außenwände HLz, Rohdichte 0,8 kg/dm^3; Innenwände HLz, Rohdichte 1,2 kg/dm^3

<u>Keller:</u>   Außen- und Innenwände KS, Rohdichte 1,8 kg/dm^3

<u>Pos. M 1</u>   Außenwandpfeiler

b/d = 24/36,5 cm

B   = 0,24+2·1,635/2 = 1,875 m

Fensterhöhe: 1,135 m

Obergeschoß: aus Pos. St 102

Mauerwerk (1,875·2,625-1,635·1,135)·4,2 [x])

$$B = 31,61 \text{ kN}$$
$$= 12,88 \text{ kN}$$
$$44,49 \text{ kN}$$

Knicklänge $h_K = \beta \cdot h_s = 0,9·2,625 = 2,36$ m

<u>k_i-Faktoren:</u>

a) Pfeiler, da A = 24·36,5 = 876 cm^2 > 400 cm^2

< 1000 cm^2

$k_1 = 0,8$

b) h_K/d = 236/24 = 9,85 < 10

$k_2 = 1,0$

c) Decke spannt parallel

$k_3 = 1,0$

<u>Abminderungsfaktor k</u>

k = $k_1 \cdot k_2$ = 0,8·1,0 = 0,80

bzw.

k = $k_1 \cdot k_3$ = 0,8·1,0 = 0,80

<u>Spannungsnachweis</u>

σ = 44,49/24·36,5 = 0,051 kN/cm^2 = 0,51 MN/m^2

$\boxed{\text{gew. HLz 8/II}}$

zul σ = $k \cdot \sigma_0$ = 0,80·1,0 = 0,80 MN/m^2 > 0,51 MN/m^2

---

[x]) Nach /7/, S. 3.32.

Erdgeschoß: aus Deckenanteil

   8,0·1,0·1,875·1,1 (Durchlauffaktor)   = 16,50 kN

   Mauerwerk wie oben   = 12,88 kN
                                                                       73,87 kN

   Abminderungsfaktor k wie OG

   Spannungsnachweis

   $\sigma = 73,87/24 \cdot 36,5 = 0,084$ kN/cm^2 = 0,84 MN/m^2

   ┌─────────────────────┐
   │ gew. HLz 8/II a   │
   └─────────────────────┘

   zul $\sigma = k \cdot \sigma_0 = 0,80 \cdot 1,2 = 0,96$ MN/m^2 > 0,84 MN/m^2

Keller: ┌──────────────────┐
          │ o.N.   KS 12/II │
          └──────────────────┘

Pos. M 2   Innenwand

Obergeschoß: aus Pos. 105   B = 39,80 kN/m

   Mauerwerk 2,625·3,91 [x])   = 10,26 kN/m
                                                          50,06 kN/m

   Knicklänge $h_K = \beta \cdot h_s = 0,9 \cdot 2,625 = 2,36$ m

   k_i-Faktoren

   a) $k_1 = 1,0$ (Wand)

   b) $h_K/d = 236/24 = 9,83 < 10$

      $k_2 = 1,0$

   Abminderungsfaktor k
   k = 1,0

   Spannungsnachweis

   $\sigma = 50,06/24 \cdot 100 = 0,021$ kN/cm^2 = 0,21 MN/m^2

   ┌──────────────────────────────┐
   │ gew. HLz 12/II,   d = 24 cm │
   └──────────────────────────────┘

   zul $\sigma = k \cdot \sigma_0 = 1,0 \cdot 1,2 = 1,2$ MN/m^2 > 0,21 MN/m^2

─────────────

[x]) Nach /7/, S. 3.32.

312

Erdgeschoß: Belastung wie OG   50,06 kN/m
                                                                 _____
                                                                 100,12 kN/m

          Abminderungsfaktor k wie OG

          Spannungsnachweis

          $\sigma = 100,12/24 \cdot 100 = 0,042$ kN/cm^2 = 0,42 MN/m^2

          ┌─────────────────────────────────┐
          │ gew. HLz 12/II,   d = 24 cm   │
          └─────────────────────────────────┘

          zul $\sigma = k \cdot \sigma_0 = 1,0 \cdot 1,2 = 1,2$ MN/m^2 > 0,42 MN/m^2

Keller: aus Decke wie OG   39,80 kN/m
          Mauerwerk 2,25·4,87   10,96 kN/m
                                                                 _____
                                                                 150,88 kN/m

          Abminderungsfaktor k wie OG

          Spannungsnachweis

          $\sigma = 150,88/24 \cdot 100 = 0,063$ kN/cm^2 = 0,63 MN/m^2

          ┌─────────────────────────────────┐
          │ gew. KS 12/II,   d = 24 cm   │
          └─────────────────────────────────┘

          zul $\sigma = k \cdot \sigma_0 = 1,0 \cdot 1,2 = 1,2$ MN/m^2 > 0,63 MN/m^2

Pos. M 3   Innenwand
Obergeschoß: aus Pos. 101   B = 21,31 kN/m
          Mauerwerk 2,625·2,16   = 5,67 kN/m
                                                         _____
                                                         26,98 kN/m

          b = 4,385+(0,115+0,365)·0,5 = 4,625 m
          zul b = 30·0,115 = 3,45 m < 4,625 m,
          daher als zweiseitig gehaltene Wand zu rechnen
          Knicklänge $h_K = \beta \cdot h_s = 0,75 \cdot 2,625 = 1,97$ m

          k_i-Faktoren

          a) $k_1 = 1,0$ (Wand)
          b) $h_K/d = 197/11,5 = 17,13 > 10$
                                     < 25
             $k_2 = (25 - 17,13)/15 = 0,53$

          Abminderungsfaktor k
          $k = k_1 \cdot k_2 = 1,0 \cdot 0,53 = 0,53$

                                                                        313

Spannungsnachweis

$\sigma = 26{,}98/11{,}5 \cdot 100 = 0{,}023$ kN/cm^2 = 0,23 MN/m^2

$\boxed{\text{gew. HLz 8/II,} \quad d = 11{,}5 \text{ cm}}$

zul $\sigma = k \cdot \sigma_0 = 0{,}53 \cdot 1{,}0 = 0{,}53$ MN/m^2 > 0,23 MN/m^2

Erdgeschoß: Belastung wie OG   = 26,98 kN/m

                     53,96 kN/m

Abminderungsfaktor k   wie OG

Spannungsnachweis

$\sigma = 53{,}96/11{,}5 \cdot 100 = 0{,}047$ kN/cm^2 = 0,47 MN/m^2

$\boxed{\text{gew. HLz 8/II,} \quad d = 11{,}5 \text{ cm}}$

zul $\sigma = k \cdot \sigma_0 = 0{,}53 \cdot 1{,}0 = 0{,}53$ MN/m^2 > 0,47 MN/m^2

Keller: aus Decke wie OG   = 21,31 kN/m

     Mauerwerk 2,25·3,70   =   8,33 kN/m

                     83,60 kN/m

$b = 4{,}625$ m

zul $b = 30 \cdot 0{,}175 = 5{,}25$ m > 4,625 m

vierseitig gehaltene Wand

Knicklänge $h_K = \beta \cdot h_s = 0{,}75 \cdot 2{,}25 = 1{,}69$ m

k_i-Faktoren

a) $k_1 = 1{,}0$ (Wand)

b) $h_K/d = 169/17{,}5 = 9{,}66 < 10$

  $k_2 = 1{,}0$

Abminderungsfaktor k

$k = k_1 \cdot k_2 = 1{,}0$

Spannungsnachweis

$\sigma = 83{,}60/17{,}5 \cdot 100 = 0{,}048$ kN/cm^2 = 0,48 MN/m^2

$$\boxed{\text{gew. KS 12/II,} \quad d = 17,5 \text{ cm}}$$

zul $\sigma = k \cdot \sigma_0 = 1,0 \cdot 1,2 = 1,2$ MN/m^2 > 0,48 MN/m^2

Pos. M 4   Innenwand

Obergeschoß: aus Pos. 101   C = 23,87 kN/m

              Mauerwerk 2,65·3,0   =   7,95 kN/m

                                                       31,82 kN/m

b = 4,385+(0,115+0,365)·0,5 = 4,625 m

zul b = 30·0,175 = 5,25 m > 4,625 m

vierseitig gehaltene Wand

Knicklänge $h_K = \beta \cdot h_s = 0,75 \cdot 2,625 = 1,97$ m

$\underline{k_i\text{-Faktoren}}$

a) $k_1 = 1,0$ (Wand)

b) $h_K/d = 197/17,5 = 11,3 > 10$

                              < 25

   $k_2 = (25-11,3)/15 = 0,91$

$\underline{\text{Abminderungsfaktor k}}$

$k = k_1 \cdot k_2 = 1,0 \cdot 0,91 = 0,91$

$\underline{\text{Spannungsnachweis}}$

$\sigma = 31,82/17,5 \cdot 100 = 0,018$ kN/cm^2 = 0,18 MN/m^2

$$\boxed{\text{gew. HLz 8/II,} \quad d = 17,5 \text{ cm}}$$

zul $\sigma = k \cdot \sigma_0 = 0,91 \cdot 1,0 = 0,91$ MN/m^2 > 0,18 MN/m^2

Erdgeschoß: Belastung wie OG   = 31,82 kN/m

                                                       63,64 kN/m

$\underline{\text{Abminderungsfaktor k}}$ wie OG

$\underline{\text{Spannungsnachweis}}$

$\sigma = 63,64/17,5 \cdot 100 = 0,036$ kN/cm^2 = 0,36 MN/m^2

$$\boxed{\text{gew. HLz 8/II,} \quad d = 17,5 \text{ cm}}$$

zul $\sigma = k \cdot \sigma_0 = 0,91 \cdot 1,0 = 0,91$ MN/m^2 > 0,36 MN/m^2

315

Keller: aus Decke wie OG $=$ 23,87 kN/m
         Mauerwerk 2,25·3,7 $=$ 8,33 kN/m

                                                       95,84 kN/m

         b = 4,625 m
         zul b = 30·0,175 = 5,25 m > 4,625 m
         vierseitig gehaltene Wand
         Knicklänge h_K = ß·h_s = 0,75·2,25 = 1,69 m

         k_i-Faktoren

         a) k_1 = 1,0 (Wand)

         b) h_K/d = 169/17,5 = 9,7 < 10

            k_2 = 1,0

         Abminderungsfaktor k
         k = k_1·k_2 = 1,0

         Spannungsnachweis
         σ = 95,84/17,5·100 = 0,055 kN/cm^2 = 0,55 MN/m^2

         gew. KS 12/II,   d = 17,5 cm

         zul σ = k·σ_0 = 1,0·1,2 = 1,2 MN/m^2 > 0,55 MN/m^2

8 Berechnung der Fundamente

Fundamentbeton: B 15; zulässige Bodenpressung: 200 kN/m^2

Pos. F 1 Fundament unter Giebelwand
          Lastverteilung aus Mauerwerkspfeiler Pos. M 1 im Keller
          auf b = 1,11^5 m.

          Aus Pos. M 1   73,87/1,115 $-$ 66,3 kN/m
          Deckenanteil Kellerdecke 8,0·1,0 $=$ 8,0 kN/m
          Mauerwerk 2,25·7,12 $=$ 16,0 kN/m
          Fundament 0,55·0,50·24 $=$ 6,6 kN/m

                                                    q $=$ 96,9 kN/m

          gew. b/d = 55/50 cm

          σ_B = 96,9/0,55 = 176,2 kN/m^2 < zul σ_B = 200 kN/m^2

316

Pos. F 2   Fundament unter Mittelwand

Aus Pos. M 2   150,9 kN/m

Fundament 0,85·0,50·24   =   10,2 kN/m

                                                           q = 161,1 kN/m

gew. b/d = 85/50 cm

σ_B = 161,10/0,85 = 189,5 kN/m^2 < 200 kN/m^2

Nach /6/, S. 5.62:

erf d = 1,3·(85-24)/2 = 39,7 cm < vorh d = 50 cm

Pos. F 3   Fundament unter Mittelwand

Aus Pos. M 3   83,6 kN/m

Fundament 0,45·0,50·24   =   5,4 kN/m

                                                           q = 89,0 kN/m

gew. b/d = 45/50 cm

σ_B = 89/0,45 = 197,8 kN/m^2 < 200 kN/m^2

Pos. F 4   Fundament unter Mittelwand

Aus Pos. M 4   95,7 kN/m

Fundament 0,55·0,50·24   =   6,6 kN/m

                                                                102,3 kN/m

gew. b/d = 55/50 cm

σ_3 = 102,3/0,55 = 186 kN/m^2 < 200 kN/m^2

Pos. F 5   Fundament unter Mauerwerkspfeiler

Aus Pfeiler Pos. M 5   84,3 kN

Fundament 0,70·0,70·0,5·24   =   5,9 kN

                                                                90,2 kN

gew. b/l/d = 70/70/50 cm

σ_B = 90,2/0,70·0,70 = 184,1 kN/m^2 < 200 kN/m^2

erf d = 1,3·(70-24)/2 = 29,9 cm < vorh d = 50 cm

Pos. F 6   Fundament unter Außenwand

Aus Pos. D 1   max A_Z = 11,61 kN/m

Aus Pos. 105   max A   = 15,17 kN/m

Aus Pos. 6   max A   = 15,17 kN/m

Aus Pos. L 6   max A   = 15,17 kN/m

Mauerwerk OG: 2,625·4,20   = 11,03 kN/m

          EG: 2,625·4,20   = 11,03 kN/m

          KG: 2,25 ·7,12   = 16,02 kN/m

Fundament 0,55·0,50·24   =   6,60 kN/m

                                                       q = 101,80 kN/m

gew. b/d = 55/50 cm

σ_B = 101,8/0,55 = 185,1 kN/m^2 < 200 kN/m^2

Pos. M 1 Außenwandpfeiler

$b/d = 24/36,5$ cm; Rezeptmauerwerk HLz 6/IIa-0,8

Wegen der größeren Vertikallast wird der Nachweis
im EG geführt.

Es wird zunächst eine Näherungsberechnung ohne Berücksichtigung der (wegen parallel-
spannender Decke) geringen Wandmomente durchgeführt. In einer Alternativrechnung
werden sodann die Wandmomente berücksichtigt.

Annahme: $e_o = e_u = 0$ (Deckenspannrichtung parallel)

Ermittlung von e_m (in halber Geschoßhöhe)

$e_1 = (e_o + e_u)/2 = 0$

Knicksicherheitsnachweis:

$\overline{\lambda} = h_k/d$ mit $h_k = \beta \cdot h_s$

$h_k = 1,0 \cdot 2,625 = 2,63$ m

$\overline{\lambda} = 2,63/0,24 = 11$

$m = 6 \cdot |e_1|/d = 0$

$f = \overline{\lambda} \cdot \dfrac{1+m}{1800} \cdot h_k = 11 \cdot \dfrac{1}{1800} \cdot 2,63 = 0,0161$ m

$e_m = |e_1| + f = 0,0161$ m $< d/6 = 0,04$ m

Längskraft in halber Geschoßhöhe:

$R_m = 44,49 + 16,50 + 12,88/2 = 67,43$ kN (s. S. 311)

max $\sigma = \dfrac{67,43}{24 \cdot 36,5} \cdot \left(1 + \dfrac{6 \cdot 0,0161}{0,24}\right) = 0,108$ kN/cm^2

$\qquad\qquad\qquad\qquad\qquad\qquad = 1,08$ MN/m$^2 <$ zul $\sigma = 1,20$ MN/m^2

Annahme: $e_o \neq 0$ und $e_u \neq 0$

Die Ermittlung von e_o und e_u erfolgt nach Abschnitt D.3.4 "Vereinfachte Berechnung
der Wandmomente", wobei für $l_1 = \min l = 4,14$ m eingesetzt wird.

$e_Z = 0,05 \cdot l_1 = 0,05 \cdot 4,14 = 0,207$ m

a) Berechnung von e_o

$A_Z = 16,50$ kN (siehe Pos. M 1 im Abschnitt 7, Erdgeschoß)

$M_Z = -A_Z \cdot e_Z = -16,50 \cdot 0,207 = -3,42$ kNm

Längskraft am Wandkopf:

$R_o = 44,49 + 16,50 = 60,99$ kN (siehe Pos. M 1, Abschnitt 7)

$e_o = -\dfrac{0,5 \cdot M_Z}{R_o} = -\dfrac{0,5 \cdot (-3,42)}{60,99} = 0,028$ m $< d/6 = 0,061$ m

b) Berechnung von e_u

$A_Z = 16,50$ kN (s.o.); $M_Z = -3,42$ kNm (s.o.)

Längskraft am Wandfuß:

R_u = 73,87 kN (siehe Pos. M 1, Abschnitt 7)

$$e_u = \frac{0,5 \cdot M_Z}{R_u} = \frac{0,5 \cdot (-3,42)}{73,87} = -0,023 \text{ m} < d/6 = 0,061 \text{ m}$$

c) Berechnung von e_m (halbe Geschoßhöhe)

$e_1 = (e_o + e_u)/2 = (0,028 - 0,023)/2 = 0,0025$ m

Knicksicherheitsnachweis

$\overline{\lambda} = h_k/d$ mit $h_k = \beta \cdot h_s$

$h_k = 1,0 \cdot 2,625 = 2,63$ m

$\overline{\lambda} = 2,63/0,24 = 11$

$m = 6 \cdot |e_1|/d = 6 \cdot 0,0025/0,24 = 0,0625$

$$f = \overline{\lambda} \cdot \frac{1+m}{1800} \cdot h_k = 11 \cdot \frac{1+0,0625}{1800} \cdot 2,63 = 0,0171 \text{ m}$$

$e_m = |e_1| + f = 0,0025 + 0,0171 = 0,0196$ m $< d/6 = 0,04$ m

d) Bemessung

Wandkopf

$e_o = 0,028$ m; $R_o = 60,99$ kN

$$\max \sigma = \frac{R}{b \cdot d}\left(1+ \frac{6 \cdot e}{d}\right) = \frac{60,99}{24 \cdot 36,5} \cdot \left(1+ \frac{6 \cdot 2,8}{36,5}\right) = 0,102 \text{ kN/cm}^2$$

$$= 1,02 \text{ MN/m}^2 < \text{zul } \sigma = 1,20 \text{ MN/m}^2 \text{ *)}$$

Wandmitte

$e_m = 0,0196$ m; $R_m = 67,43$ kN

$$\max \sigma = \frac{67,43}{24 \cdot 36,5} \cdot \left(1+ \frac{6 \cdot 1,96}{24}\right) = 0,115 \text{ kN/cm}^2$$

$$= 1,15 \text{ MN/m}^2 < \text{zul } \sigma = 1,20 \text{ MN/m}^2$$

Wandfuß

$e_u = 0,023$ m; $R_u = 73,87$ kN

$$\max \sigma = \frac{73,87}{24 \cdot 36,5} \cdot \left(1+ \frac{6 \cdot 2,3}{36,5}\right) = 0,116 \text{ kN/cm}^2$$

$$= 1,16 \text{ MN/m}^2 < \text{zul } \sigma = 1,20 \text{ MN/m}^2$$

---

*) zul σ siehe Seite 222, Tabelle D.6

Pos. M 2   Innenwand

Rezeptmauerwerk HLz 12/IIa-1,2   **(vgl. DIN 1053 T 2**

$\beta_M = 5,0$ N/mm^2; $E_{mw} = 5000$ MN/m^2 **Tabelle B.1)**

Stahlbetondecke B 25, d = 16 cm, $E_b = 30000$ MN/m^2

OG + EG : h = 2,785 m; h_s = 2,625 m

   KG : h = 2,41 m; h_s = 2,25 m

Deckenlast pro Geschoß: B = 39,80 kN/m

$l_1 = 3,08$ m; $l_2 = 4,70$ m

I) Näherungsberechnung (D.3.4)

   gewählte Wanddicke d = 17,5 cm

Obergeschoß: a) Berechnung von e_o (Wandkopf)

$$e_o = e_D = 0,05 \cdot (l_2 - l_1) = 0,05 \cdot (4,70 - 3,08) = 0,081 \text{ m}$$
$$> d/3 = 0,058 \text{ m}$$

$$\overline{e}_o = d/3 = 0,058 \text{ m (Rechenwert)}$$

b) Berechnung von e_u (Wandfuß)

$$e_z = 0,05 \ (l_2 - l_1) = 0,081 \text{ m}$$

$$\Delta M_z = -B_z \cdot e_z = -39,80 \cdot 0,081 = -3,22 \text{ kNm/m}$$

Längskraft am Wandfuß:

aus Decke über OG	39,80 kN/m
aus Wand, d = 17,5 cm 3,00·2,625	= 7,88 kN/m
N = R_u =	47,68 kN/m

$$e_u = \frac{0,5 \cdot \Delta M_z}{R_u} = \frac{0,5 \cdot (-3,22)}{47,68} = -0,034 \text{ m} < d/3 > d/6$$

c) Berechnung von e_m (halbe Geschoßhöhe)

$$e_1 = (e_o + e_u)/2 = (0,058 - 0,034)/2 = 0,012 \text{ m}$$

Knicksicherheitsnachweis:

$\overline{\lambda} = h_k/d$ mit $h_k = \beta \cdot h_s$

$\beta = 1 \ (e_o > d/3); \ h_k = h_s = 2,63$ m

$\overline{\lambda} = 2,63/0,175 = 15,0$

$m = 6 \cdot e_1/d = 6 \cdot 0,012/0,175 = 0,4114$

$$f = \overline{\lambda} \cdot \frac{1+m}{1800} \cdot h_k = 15,0 \cdot \frac{1+0,4114}{1800} \cdot 2,63 = 0,0309 \text{ m}$$

$$e_m = |e_1| + f = 0,012 + 0,0309 = 0,0429 \text{ m} < d/3 > d/6$$

d) Bemessung

Wandkopf maßgebend

$e_o = d/3 = 0,058$ m; $R_o = 39,80$ kN/m

320

$$\max \sigma = \frac{4 \cdot R}{b \cdot d} = \frac{4 \cdot 39,80}{100 \cdot 17,5} = 0,091 \ \text{kN/cm}^2 = 0,91 \ \text{MN/m}^2$$
$$< \text{zul } \sigma = 2,15 \ \text{MN/m}^2$$

> gew. HLz 12/IIa   d = 17,5 cm

Erdgeschoß: a) Berechnung von e_o

$\Delta M_z = -3,22$ kNm/m (siehe OG, b)

Längskraft am Wandkopf:

aus OG	47,68 kN/m
aus Decke über EG	39,80 kN/m
N = R_o =	87,48 kN/m

$$e_o = - \frac{0,5 \cdot \Delta M_z}{R_o} = - \frac{0,5 \cdot (-3,22)}{87,48} = 0,0184 \ \text{m}$$
$$< d/6 = 0,0292 \ \text{m}$$

b) Berechnung von e_u

Längskraft am Wandfuß:

wie Wandkopf	87,48 kN/m
aus Wand, d = 17,5 cm	7,88 kN/m
N = R_u =	95,36 kN/m

$$e_u = \frac{0,5(-3,22)}{95,36} = -0,0169 \ \text{m} < d/6$$

c) Berechnung von e_m

$$e_1 = (0,0184 - 0,0169)/2 = 0,0008 \ \text{m}$$

Knicksicherheitsnachweis:

$\beta = 0,75$

$h_K = 0,75 \cdot 2,625 = 1,97$ m

$\overline{\lambda} = 1,97/0,175 = 11,3$

$m = 6 \cdot 0,0008/0,175 = 0,0274$

$$f = 11,3 \cdot \frac{1 + 0,0274}{1800} \cdot 1,97 = 0,0127 \ \text{m}$$
$$e_m = 0,0008 + 0,0127 = 0,0135 \ \text{m} < d/6$$

d) Bemessung

Wandfuß maßgebend

$e_u = 0,0169$; $R_u = 95,36$ kN/m

$$\max \sigma = \frac{R}{b \cdot d} \left(1 + \frac{6 \cdot e}{d}\right) = \frac{95,36}{100 \cdot 17,5} \cdot \left(1 + \frac{6 \cdot 0,0169}{0,175}\right)$$
$$= 0,086 \ \text{kN/cm}^2 = 0,86 \ \text{MN/m}^2$$
$$< \text{zul } \sigma = 2,15 \ \textbf{(vgl. Tabelle D.6)}$$

> gew. HLz 12/IIa   d = 17,5 cm

Kellergeschoß: a) Berechnung von e_o

ΔM_z = -3,22 kNm/m (wie EG)

Längskraft am Wandkopf:

aus E G   95,36 kN/m

aus Decke über KG   39,80 kN/m

$N = R_o$ = 135,16 kN/m

$$e_o = - \frac{0,5 \cdot (-3,22)}{135,16} = 0,0119 \text{ m} < d/6$$

b) Berechnung von e_u

Annahme einer gelenkigen Verbindung von Kellerwand und Kellersohle

e_u = 0

c) Berechnung von e_m

e_1 = (0,0119+0)/2 = 0,0060 m

Knicksicherheitsnachweis:

β = 1,0 (ungünstig angenommen, da rechnerisch keine Einspannung am Wandfuß)

h_K = 2,25 m

$\overline{\lambda}$ = 2,25/0,175 = 12,9

m = 6·0,0060/0,175 = 0,2057

$f = 12,9 \cdot \frac{1+0,2057}{1800} \cdot 2,25 = 0,0194$ m

e_m = 0,0060+0,0194 = 0,0254 m < d/6

d) Bemessung

Querschnitt in halber Geschoßhöhe maßgebend

e_m = 0,0254 m

R_m = 135,16+3,00·2,25/2 = 138,54 kN/m

$$\max \sigma = \frac{138,54}{100 \cdot 17,5} \left(1 + \frac{6 \cdot 2,54}{17,5} \right)$$

$$= 0,148 \text{ kN/cm}^2 = 1,48 \text{ MN/m}^2$$

$$< \text{zul } \sigma = 2,15 \text{ MN/m}^2$$

gew. HLz 12/IIa   d = 17,5 cm

II) Genauere Berechnung (D.3.3)

gewählte Wanddicke d = 11,5 cm

Obergeschoß: a) Berechnung von e_o

Wandmoment nach Gleichungen (4) und (1a):

$$k_1 = \frac{2 \cdot 30000 \cdot 0,16^3 \cdot 2,785 \cdot 100}{3 \cdot 5000 \cdot 0,115^3 \cdot 3,08 \cdot 1,00} = 9,74$$

$$M_o = \frac{1}{18} (8,00 \cdot 3,08^2 - 8,00 \cdot 4,70^2) \cdot \frac{1}{1+9,74(1+3,08/4,70)}$$

$$= -0,33 \text{ kNm/m}$$

Aus Gleichung (4a):

$$e_o = - \frac{M_o}{B_D} = - \frac{(-0,33)}{39,80} = 0,0083 \text{ m} < d/6 = 0,0192 \text{ m}$$

b) Berechnung von e_u

Wandmoment nach Gleichung (5):

$$M_u = - \frac{1}{18} (8,00 \cdot 3,08^2 - 8,00 \cdot 4,70^2) \cdot \frac{1}{2+9,74(1+3,08/4,70)}$$

$$= 0,31 \text{ kNm/m}$$

Längskraft N oberhalb EG-Decke:

aus Decke über OG	39,80 kN/m
aus Wand, d = 11,5 cm 2,16·2,625	= 5,67 kN/m
N = R_u	= 45,47 kN/m

aus Gleichung (5a):

$$e_u = - \frac{M_u}{R_u} = - \frac{0,31}{45,47} = -0,0068 \text{ m} \quad < d/6$$

c) Berechnung von e_m

$$e_1 = (0,0083 - 0,0068)/2 = 0,0008 \text{ m}$$

Knicksicherheitsnachweis:

β = 0,75; h_K = 0,75·2,625 = 1,97 m

$\overline{\lambda}$ = 1,97/0,115 = 17,1

m = 6·0,0008/0,115 = 0,0417

$$f = 17,1 \cdot \frac{1+0,0417}{1800} \cdot 1,97 = 0,0195 \text{ m}$$

$$e_m = 0,0008 + 0,0195 = 0,0203 \text{ m} < d/3 = 0,0383 \text{ m}$$
$$> d/6 = 0,0192 \text{ m}$$

d) Bemessung

halbe Geschoßhöhe maßgebend (c)

$$e_m = 0,0203 \text{ m}; \quad R_m = 39,80 + 5,67/2 = 42,64 \text{ kN/m}$$

$$\max \sigma = \frac{2 \cdot 42,64}{3 \cdot (11,5/2 - 2,03) \cdot 100} = 0,076 \text{ kN/cm}^2$$

$$= 0,76 \text{ MN/m}^2 < \text{zul } \sigma = 2,15 \text{ MN/m}^2$$

> gew. HLz 12/IIa   d = 11,5 cm

Erdgeschoß: a) Berechnung von e_o

$M_o = -M_u = -0{,}31$ kNm/m (s. OG)

Längskraft unterhalb EG-Decke:

aus OG $\qquad\qquad\qquad\qquad\qquad\qquad\qquad\qquad$ 45,47 kN/m

aus EG-Decke $\qquad\qquad\qquad\qquad\qquad\qquad\qquad\underline{\quad 39{,}80\ \text{kN/m}}$

$\qquad\qquad\qquad\qquad\qquad\qquad\qquad N = R_o =$ 85,27 kN/m

$e_o = -\dfrac{0{,}31}{85{,}27} = 0{,}0036$ m $< d/6$

b) Berechnung von e_u

Wandmoment nach Gleichungen (11) und (7a):

$k_i = k_1 = 9{,}74$ (s. OG)

$$M_u = -\frac{1}{18} \cdot (8{,}00 \cdot 3{,}08^2 - 8{,}00 \cdot 4{,}70^2) \cdot \frac{1}{1 + \dfrac{7000}{5000} \cdot \dfrac{2{,}785}{2{,}41} + 9{,}74 \cdot \left(1 + \dfrac{3{,}08}{4{,}70}\right)}$$

$\qquad = 0{,}30$ kNm/m

Längskraft oberhalb KG-Decke:

wie a) $\qquad\qquad\qquad\qquad\qquad\qquad\qquad\qquad$ 85,27 kN/m

aus Wand, d = 11,5 cm $\qquad\qquad\qquad\qquad\qquad\underline{\quad 5{,}67\ \text{kN/m}}$

$\qquad\qquad\qquad\qquad\qquad\qquad\qquad N = R_u =$ 90,94 kN/m

aus Gleichung (11a):

$e_u = -\dfrac{0{,}30}{90{,}94} = -0{,}0033$ m $< d/6$

c) Berechnung von e_m

$e_1 = (0{,}0036 - 0{,}0033)/2 = 0{,}00015$ m

Knicksicherheitsnachweis:
$h_K = 1{,}97$ m; $\overline{\lambda} = 17{,}1$
$m = 6 \cdot 0{,}00015/0{,}115 = 0{,}0078$

$f = 17{,}1 \cdot \dfrac{1+0{,}0078}{1800} \cdot 1{,}97 = 0{,}0189$ m

$e_m = 0{,}00015 + 0{,}0189 = 0{,}019$ m $< d/6$

d) Bemessung

halbe Geschoßhöhe maßgebend

$e_m = 0,019$ m; $R_m = 85,27+5,67/2 = 88,11$ kN/m

$$\max \sigma = \frac{88,11}{100 \cdot 11,5} \cdot \left(1 + \frac{6 \cdot 1,9}{11,5}\right) = 0,153 \text{ kN/cm}^2$$

$$= 1,53 \text{ MN/m}^2 < \text{zul } \sigma = 2,15 \text{ MN/m}^2$$

---

gew. HLz 12/IIa   d = 11,5 cm

Kellergeschoß: Rezeptmauerwerk KS 28/IIa - 1,8

$\beta_M = 7,0$ N/mm^2; $E_{mw} = 7000$ MN/m^2

a) Berechnung von e_o

Wandmoment nach Gleichungen (12) und (9a):

$$k_j = \frac{2 \cdot 30000 \cdot 0,16^3 \cdot 2,41 \cdot 1,00}{3 \cdot 7000 \cdot 0,115^3 \cdot 3,08 \cdot 1,00} = 6,02$$

$$M_o = \frac{1}{18} \cdot (8,00 \cdot 3,08^2 - 8,00 \cdot 4,70^2) \cdot \frac{1}{1 + \frac{5000}{7000} \cdot \frac{2,41}{2,785} + 6,02 \cdot \left(1 + \frac{3,08}{4,70}\right)}$$

$$= -0,48 \text{ kNm/m}$$

Längskraft N unterhalb KG-Decke:

aus EG	90,94 kN/m
aus KG-Decke	39,80 kN/m
$N = R_o =$	130,74 kN/m

aus Gleichung (12a):

$$e_o = -\frac{-0,48}{130,74} = 0,00367 \text{ m} < d/6$$

b) Berechnung von e_u

(Annahme einer gelenkigen Verbindung Wand/Sohle)

$e_u = 0$

c) Berechnung von e_m

$e_1 = (0,00367+0)/2 = 0,00184$ m

Knicksicherheitsnachweis:

$\beta = 1$; $h_K = 2,25$ m; $\overline{\lambda} = 2,25/0,115 = 19,6$

$m = 6 \cdot 0,00184/0,115 = 0,096$

$f = 19,6 \cdot \dfrac{1+0,096}{1800} \cdot 2,25 = 0,0269$ m

$e_m = 0,00184+0,0269 = 0,0287$ m $< d/3 > d/6$

d) Bemessung

halbe Geschoßhöhe maßgebend

$e_m = 0,0287$ m; $R_m = 130,74+2,62 \cdot 2,25/2$

$= 133,69$ kN/m

$\max \sigma = \dfrac{2 \cdot 133,69}{3 \cdot (11,5/2-2,87) \cdot 100} = 0,309$ kN/m^2

$= 3,09$ MN/m$^2 \approx$ zul $\sigma = 3,00$ MN/m^2

gew. KS 28/IIa   d = 11,5 cm

(Spannungsüberschreitung wegen der ungünstigen
Annahme eines Gelenks am Wandfuß vertretbar.)

Pos. M 3   Innenwand

Rezeptmauerwerk HLz 12/IIa - 1,2

Deckenlast pro Geschoß: B = 21,31 kN/m

$l_1 = 2,76$ m; $l_2 = 1,97$ m; sonst wie Pos. M 2

I) Näherungsberechnung (D.3.4)

Eine Nebenrechnung ergab, daß die Wand mit der Näherungsberechnung im OG nicht als 11,5-cm-Wand nachgewiesen werden kann ($e_m > d/3$).

II) Genauere Berechnung (D.3.3)

gewählte Wanddicke d = 11,5 cm

Obergeschoß: a) Berechnung von e_o

Wandmoment nach Gleichungen (4) und (1a):

$k_1 = \dfrac{2 \cdot 30000 \cdot 0,16^3 \cdot 2,785 \cdot 1,00}{3 \cdot 5000 \cdot 0,115^3 \cdot 2,76 \cdot 1,00} = 10,87$

$M_o = \dfrac{1}{18} (8,00 \cdot 2,76^2 - 8,00 \cdot 1,97^2) \cdot \dfrac{1}{1+10,87(1+2,76/1,97)}$

$= 0,061$ kNm/m

aus Gleichung (4a):

$e_o = - \dfrac{0,061}{21,31} = -0,0029$ m $< d/6 = 0,0192$ m

326

b) Berechnung von e_u

Wandmoment nach Gleichung (5):

$$M_u = -\frac{1}{18} \cdot (8,00 \cdot 2,76^2 - 8,00 \cdot 1,97^2) \cdot \frac{1}{2+10,87(1+2,76/1,97)}$$

$$= -0,059 \text{ kNm/m}$$

Längskraft oberhalb der EG-Decke:

aus Decke über OG	21,31 kN/m
aus Wand, d = 11,5 cm 2,16·2,625	5,67 kN/m
N = R_u =	26,98 kN/m

aus Gleichung (5a):

$$e_u = \frac{0,059}{26,98} = 0,0022 \text{ m} < d/6$$

c) Berechnung von e_m

$$e_1 = (-0,0029+0,0022)/2 = -0,0004 \text{ m}$$

Knicksicherheitsnachweis:

β = 0,75

h_K = 0,75·2,625 = 1,97 m

$\overline{\lambda}$ = 1,97/0,115 = 17,1

m = 6·0,0004/0,115 = 0,0209

$$f = 17,1 \cdot \frac{1+0,0209}{1800} \cdot 1,97 = 0,0191 \text{ m}$$

$$e_m = 0,0004+0,0191 = 0,0195 \text{ m} < d/3 = 0,0383 \text{ m}$$
$$> d/6 = 0,0192 \text{ m}$$

d) Bemessung

halbe Geschoßhöhe maßgebend (c)

e_m = 0,0195 m; R_m = 21,31+5,67/2 = 24,15 kN/m

$$\max \sigma = \frac{2 \cdot 24,15}{3 \cdot (11,5/2-1,95) \cdot 100} = 0,042 \text{ kN/cm}^2$$
$$= 0,42 \text{ MN/m}^2$$
$$\text{zul } \sigma = 2,15 \text{ MN/m}^2$$

gew. HLz 12/IIa   d = 11,5 cm

Erdgeschoß: a) Berechnung von e_o

$M_o = -M_u = 0,059$ kNm/m (s. OG)

Längskraft unterhalb EG-Decke:

aus OG	26,98 kN/m
aus EG-Decke	21,31 kN/m
N = R_o =	48,29 kN/m

$$e_o = -\frac{0,059}{48,29} = -0,0012 \text{ m} < d/6$$

b) Berechnung von e_u

Wandmoment nach Gleichungen (11) und (7a):

$K_i = K_l = 10,87$ (s. OG)

$$M_u = -\frac{1}{18} \cdot (8,00 \cdot 2,76^2 - 8,00 \cdot 1,97^2) \cdot \frac{1}{1 + \frac{2,785}{2,41} + 10,87 \cdot \left(1 + \frac{2,76}{1,97}\right)}$$

$$= -0,059 \text{ kNm/m}$$

Längskraft oberhalb KG-Decke:

wie a)	48,29 kN/m
aus Wand, d = 11,5 cm	5,67 kN/m
	$N = R_u = 53,96$ kN/m

aus Gleichung (11a):

$$e_u = -\frac{-0,059}{53,96} = 0,0011 \text{ m} < d/6$$

c) Berechnung von e_m

$e_1 = (-0,0012+0,0011)/2 = -0,0001$ m

Knicksicherheitsnachweis

$h_K = 1,97$ m; $\overline{\lambda} = 17,1$

$m = 6 \cdot 0,0001/0,115 = 0,0052$

$f = 17,1 \cdot \frac{1+0,0052}{1800} \cdot 1,97 = 0,0188$ m

$e_m = 0,0001+0,0188 = 0,0189$ m $< d/6$

d) Bemessung

halbe Geschoßhöhe maßgebend

$e_m = 0,0189$ m; $R_m = 48,29+5,67/2 = 51,13$ kN/m

$$\max \sigma = \frac{51,13}{100 \cdot 11,5}\left(1+\frac{6 \cdot 1,89}{11,5}\right) = 0,088 \text{ kN/cm}^2$$

$$= 0,88 \text{ MN/m}^2 < \text{zul } \sigma = 2,15 \text{ MN/m}^2$$

$\boxed{\text{gew. HLz 12/IIa} \quad d = 11,5 \text{ cm}}$

Kellergeschoß: ohne Nachweis wie Pos. M 4

Pos. M 4   Innenwand

Deckenlast pro Geschoß: B = 23,87 kN/m

l_1 = 1,97 m; l_2 = 3,04 m

sonst wie Pos. M 2

I) Näherungsberechnung (D.3.4)

Eine Nebenrechnung ergab, daß die Wand mit der Näherungsberechnung im OG nicht als 11,5-cm-Wand nachgewiesen werden kann (e_m > d/3).

II) Genauere Berechnung (D.3.3)

Obergeschoß   Bei geringeren Belastungen und geringeren Exzentriziund   täten aus Auflagerverdrehung Ausführung im OG + EG
Erdgeschoß: wie Pos. M 2.

$$\boxed{\text{gew. HLz 12/IIa}\quad d = 11,5 \text{ cm}}$$

Kellergeschoß: Rezeptmauerwerk KS 12/IIa - 1,8

a) Berechnung von e_0

Wandmoment nach Gleichungen (12) und (9a):

$$k_j = \frac{2 \cdot 30000 \cdot 0,16^3 \cdot 2,41 \cdot 1,00}{3 \cdot 5000 \cdot 0,115^3 \cdot 1,97 \cdot 1,00} = 13,2$$

$$M_0 = \frac{1}{18} \cdot (8,00 \cdot 1,97^2 - 8,00 \cdot 3,04^2) \cdot \frac{1}{1 + \dfrac{2,41}{2,785} + 13,2 \cdot \left(1 + \dfrac{1,97}{3,04}\right)}$$

$$= -0,10 \text{ kNm/m}$$

Längskraft unterhalb KG-Decke:

aus Decken 3·23,87	= 71,61 kN/m
aus Wand, d = 11,5 cm 2·5,67	= 11,34 kN/m
N = R_0 =	82,95 kN/m

aus Gleichung (12a):

$$e_0 = -\frac{0,10}{82,95} = 0,0012 \text{ m} < d/6$$

b) Berechnung von e_u

e_u = 0 (wie Pos. M 2)

c) Berechnung von e_m

e_1 = (0,0012+0)/2 = 0,0006 m

Knicksicherheitsnachweis:

$\overline{\lambda}$ = 19,6 (wie Pos. M 2)

m = 6·0,0006/0,115 = 0,0313

f = 19,6 · $\dfrac{1+0,0313}{1800}$ · 2,25 = 0,0253 m

e_m = 0,0006+0,0253 = 0,0259 m > d/6 < d/3

d) Bemessung

halbe Geschoßhöhe maßgebend

e_m = 0,0259 m; R_m = 82,95+2,62·2,25/2 = 85,90 kN/m

$$\max \sigma = \frac{2 \cdot 85,90}{3 \cdot (11,5/2-2,59) \cdot 100} = 0,181 \text{ kN/cm}^2$$
$$= 1,81 \text{ MN/m}^2 < \text{zul } \sigma = 2,15 \text{ MN/m}^2$$

gew. KS 12/IIa   d = 11,5 cm

330

Literaturverzeichnis

Zu Abschnitt A

[A.1]   *Pohl, R. (Hrsg.):* Mauerwerkatlas 1984, Institut für internationale Architektur-Dokumentation, München

[A.2]   Vorläufige Richtlinie zur Ergänzung der Eignungsprüfung von Mauermörtel; Druckfestigkeit in der Lagerfuge; Anforderungen, Prüfung (1990) (zu beziehen über Deutsche Gesellschaft für Mauerwerksbau e.V. [DGFM], 5300 Bonn 1, Schaumburg-Lippe-Str. 4)

[A.3]   Mauerwerk in modularer Ausführung. Essen 1981, Schriftenreihe der DGfM

[A.4]   *Schubert, P.:* Zur Druckfestigkeit von Mauerwerk aus künstlichen Steinen. In: Baustoffe '85, S. 203-210, Bauverlag Wiesbaden, 1985

[A.5]   *Schubert, P.:* Eigenschaftswerte von Mauerwerk, Mauersteinen und Mauermörtel. In: Mauerwerk-Kalender 15 (1990), S. 121-131, Verlag Ernst & Sohn, Berlin

[A.6]   *Schubert, P.:* Einfluß von Leichtmörtel auf die Tragfähigkeit und Verformungseigenschaften von Mauerwerk. In: Ziegelindustrie 38 (1985), Nr. 6, S. 327-335

[A.7]   *Mann, W.:* Druckfestigkeit von Mauerwerk; eine statistische Auswertung von Versuchsergebnissen in geschlossener Darstellung mit Hilfe von Potenzfunktionen. In: Mauerwerk-Kalender 8 (1983), S. 687-699, Verlag Ernst & Sohn, Berlin

[A.8]   *Metje, W.-R.:* Zum Einfluß des Feuchtigkeitszustandes der Steine bei der Verarbeitung auf das Trag- und Verformungsverhalten von Mauerwerk. In: Mauerwerk-Kalender 9 (1984), S. 679-687, Verlag Ernst & Sohn, Berlin

[A.9]   *Mann, W., Müller, H.:* Schubtragfähigkeit und Schubnachweis von gemauerten Wänden. In: Mauerwerk-Kalender 10 (1985), S. 95-114, Verlag Ernst & Sohn, Berlin

[A.10]   VDI 3798 Blatt 1 12:89 Untersuchung und Behandlung von immissionsgeschädigten Werkstoffen, insbesondere bei kulturhistorischen Objekten. Beuth Verlag, Berlin 1989

[A.11]   Informationsstelle Naturwerkstein: Bauen mit Naturwerkstein; bautechnische Information. Informationsstelle Naturwerkstein, Würzburg 1976

Zu Abschnitt B

[B.1]   *Scholz:* Baustoffkenntnis, Hrsg. Knoblauch, 12. Auflage 1990, Werner-Verlag, Düsseldorf

[B.2]   *Schild, E., Casselmann, H., Dahmen, G., Rogier, D.:* Wärme- und Feuchtigkeitsschutz im Hochbau, Essen 1981, Band 1 der Schriftenreihe der Architektenkammer NRW

[B.3]   *Lühr, L.P.:* Schlagregensicherheit von zweischaligem Mauerwerk mit Kerndämmung, Düsseldorf, VDI-Berichte 438/1982

[B.4]   *Wulkan, E. K. H.:* Das Verhalten von Dämmstoffen im nachträglich verfüllten Mauerwerk mit Luftschicht, Bauphysik 4/1983, S. 116

[B.5]   *Schellbach, G., Jung, E.:* Überprüfung des Feuchtigkeitsverhaltens von ausgeschäumten Hohlschichtwänden, Bauforschung 7/1983, S. 89

[B.6]   *Künzel, H.:* Schlagregenbeanspruchung von Gebäuden und Beurteilung des Schlagregenschutzes von Außenputzen, Bauforschung 2/82, S. 24

[B.7]   *Voß, B. H.:* Thermal and hygric aspects of cavity filling proceedings, 4. Mauerwerkskonferenz Brügge 1976

[B.8]   *Minke, G.:* Alternatives Bauen, Kassel 1980, Forschungsbericht des Forschungslabors für experimentelles Bauen der Universität Kassel

[B.9]   *Minke, G., Witter, G.:* Häuser mit grünem Pelz, Frankfurt 1982, Fricke-Verlag

[B.10]   *Grassnik, A., Holzapfel/Pohlenz:* Der schadenfreie Hochbau, Band 1 Rohbau, 5. Aufl. 1982, Verlagsgesellschaft Rudolf Müller, Köln

[B.11]   *Götz, K.-H., Hoor, D., Möhler, K., Natterer, J.:* Holzbauatlas, München 1980, Institut für internationale Architektur-Dokumentation

[B.12]   Merkblatt „Baulicher Holzschutz", München 1981, Informationsdienst Holz, EGH

[B.13]   *Hart, F., Henn, W., Sontag, H.:* Stahlbauatlas, Geschoßbauten, München 1974, Institut für internationale Architektur-Dokumentation

[B.14]   *Gertis, K., Soergel, C.:* Tauwasserbildung in Außenwandecken, Deutsches Architektenblatt 10/1983, S. 1045

[B.15]   *Nicolič, V.:* Handbuch des energiesparenden Bauens, Wuppertal 1978, Deutscher Consulting Verlag

[B.16] *Krusche, P. u. M., Althaus, D., Gabriel, I.:* Ökologisches Bauen, Wiesbaden, Berlin 1982, Bauverlag, Wiesbaden, herausgegeben vom Umweltbundesamt

[B.17] *Gösele, K.:* Schallschutz im Hochbau, Kalksandstein-Broschüre 3/1977, Hannover

[B.18] *Schulze, H.:* Schutz gegen Außenlärm mit Mauerwerk, in: VDI-Berichte 438/1982, Düsseldorf, VDI-Verlag

[B.19] *Frommhold, H., Hasenjäger, S. (Fleischmann, H. D./Schneider, K.-J./Wormuth, R.):* Wohnungsbau-Normen, 18. Auflage 1988, Werner-Verlag, Düsseldorf

[B.20] *Schneider, K.-J. (Hrsg.):* Bautabellen, 9. Auflage 1990, Werner-Verlag, Düsseldorf

[B.21] Schriftenreihe des Bundesministers für Raumordnung, Bauwesen und Städtebau, Städtebauliche Forschung, Bonn, Band 03.008 Schallausbreitung (1973), Band 03.013 Lärmkarten als Hilfsmittel für die Stadtplanung (1973), Band 03.031 Belastbarkeit von Menschen durch Geräusche im Hinblick auf die Immissionsrichtwerte (1974), Band 03.036 Schalltechnische Bewertung des Verhaltens städtebaulicher Grundformen gegen Verkehrslärm (1974)

[B.22] Schall-Immissions-Plan, Lärmbekämpfung, Heft 1, herausgegeben vom Niedersächsischen Sozialministerium (1978)

[B.23] *Schild, E.:* Schallschutz im Städtebau − Schallschutz am Gebäude, Essen 1979, Seminarunterlagen HdT Nr. S-4-601-04-09/1979

[B.24] Verwendung brennbarer Baustoffe im Hochbau, Ministerialblatt für das Land Nordrhein-Westfalen, Nr. 57 vom 6. Juni 1978

[B.25] *Bub, H.:* Brandschutztechnische Bemessung von Wohnungsbauten, Bauphysik Heft 3/1982, S. 107

[B.26] *Bub, H., Kordina, K.:* Wohnungsbau, Tendenzen im baulichen Brandschutz und Sicherheitsfragen, Bundesbaublatt Heft 5/1982, S. 314

[B.27] Bauen und Brandschutz, Unterlagen zur VdS/VFDB-Fachtagung, Düsseldorf 1979

[B.28] *Knublauch, E.:* Einführung in den baulichen Brandschutz, Düsseldorf 1978, Werner-Verlag, Düsseldorf

[B.29] *Pfefferkorn, W.:* Dachdecken und Mauerwerk, Anschlußpunkt Wand-Flachdach, Köln-Braunsfeld 1980, Verlagsgesellschaft Rudolf Müller

[B.30] *Schubert, P.:* Mauerwerksbau, Düsseldorf, VDI-Berichte 438/1982, S. 65, VDI-Verlag

[B.31] *Wesche, K., Schubert, P.:* Verformung und Rißsicherheit von Mauerwerk, Mauerwerk-Kalender 1984, S. 85, Berlin, Verlag Wilhelm Ernst & Sohn

[B.32] *Gösele, K.:* Schallschutz im Mauerwerksbau, Mauerwerk-Kalender 1987, S. 149-170, Berlin, Verlag Wilhelm Ernst & Sohn

[B.33] *Gösele, K.:* Schallschutz von gemauerten Wänden, Mauerwerksatlas, München 1984, Institut für internationale Architektur-Dokumentation

[B.34] *Irmschler, H.-J.:* Hinweise zur Norm DIN 1053 Teil 2, Mitteilungen des Instituts für Bautechnik, Berlin, Oktober 1985, S. 153

[B.35] *Schubert, P.:* Eigenschaftswerte von Mauerwerk, Mauersteinen und Mauermörtel. In: Mauerwerk-Kalender 15 (1990), S. 121-131, Verlag Ernst & Sohn, Berlin

[B.36] *Schubert, P.:* E-Moduln von Mauerwerk in Abhängigkeit von der Druckfestigkeit des Mauerwerks, der Mauersteine und des Mauermörtels. In: Mauerwerk-Kalender 10 (1985), S. 705-717, Verlag Ernst & Sohn, Berlin

[B.37] *Schubert, P.:* Zur rißfreien Wandlänge von nichttragenden Mauerwerkswänden. In: Mauerwerk-Kalender 13 (1988), S. 473-488, Verlag Ernst & Sohn, Berlin

[B.38] *Glitza, H.:* Zum Kriechen von Mauerwerk. In: Bautechnik 62 (1985), Nr. 12, S. 415-418

[B.39] *Schubert, P.:* Zur Feuchtedehnung von Mauerwerk. Dissertation RWTH Aachen, 1982

[B.40] *Schubert, P., Wesche, K.:* Verformung und Rißsicherheit von Mauerwerk. In: Mauerwerk-Kalender 14 (1988), S. 131-140, Verlag Ernst & Sohn, Berlin

[B.41] *Pfefferkorn, W.:* Dachdecken und Mauerwerk. Verlagsgesellschaft Müller, Köln 1980

Zu Abschnitt C

[C.1] *Schneider, K.-J. (Hrsg.):* Bautabellen mit Berechnungshinweisen und Beispielen, 9. Auflage 1990, Werner-Verlag, Düsseldorf

[C.2] *Schneider, K.-H., u. a.:* KS-Mauerwerk, Konstruktion und Statik, Düsseldorf, 2. Auflage 1979, Beton-Verlag

[C.3] *Milbrandt, E.:* Aussteifende Holzbalkendecken im Mauerwerksbau, „Informationsdienst Holz", Düsseldorf, Füllenbachstr. 6

[C.4] *Werner, G.:* Holzbau Teil 2, Dach- und Hallentragwerke, 3. Auflage 1987, Werner-Verlag, Düsseldorf

[C.5] *Frommhold, H., Hasenjäger, S.:* Wohnungsbau-Normen, Düsseldorf, 18. Auflage 1988, Werner-Verlag, Düsseldorf

[C.6]   *Mann, W., Bernhardt, G.:* Abschnitt D.5, in: Mauerwerk-Kalender 1984, Verlag Wilhelm Ernst & Sohn, Berlin

[C.7]   *Pieper, K.:* Sicherung historischer Bauten, 1983, Verlag Wilhelm Ernst & Sohn, Berlin

[C.8]   *Schneider, K.-J.:* Statisch bestimmte ebene Stabwerke Teil 2, 3. Auflage 1985, Werner-Verlag, Düsseldorf

[C.9]   *Kirschbaum, P.:* Ausmittig belastete T-förmige Fundamente, Die Bautechnik 6/1970

[C.10] *Reichert, H.:* Konstruktiver Mauerwerksbau, Bildkommentar zur DIN 1053, 5. Auflage 1990, Verlagsgesellschaft Rudolf Müller, Köln

Zu Abschnitt D

[D.1]   *Mann, W.:* Abschnitt „Grundlagen für die ingenieurmäßige Bemessung von Mauerwerk nach DIN 1053 Teil 2", in: Mauerwerk-Kalender 1990, Verlag Wilhelm Ernst & Sohn, Berlin

[D.2]   *Richter, G.:* Abschnitt „Stahlbetonbau", in: Bautabellen, 9. Auflage 1990, Werner-Verlag, Düsseldorf

[D.3]   *Schneider, K.-J.:* Abschnitt „Statik", in: Bautabellen, 9. Auflage 1990, Werner-Verlag, Düsseldorf

[D.4]   *Koepke, Denecke:* Die mitwirkende Breite der Gurte von Plattenbalken, Heft 192 des DAfSt, Berlin, Verlag Wilhelm Ernst & Sohn

[D.5]   *Schneider, K.-J.:* Abschnitt „Lastannahmen", in: Bautabellen, 9. Auflage 1990, Werner-Verlag, Düsseldorf

[D.6]   *Schneider, K. H., u. a.:* Statik und Bemessung DIN 1053 Teil 2 (Hrsg. Kalksandstein-Information), Düsseldorf, 2. Auflage 1986, Beton-Verlag

Zu Abschnitt E

[E.1]   Richtlinien für die Bemessung und Ausführung von Flachstürzen, Mauerwerk-Kalender 1980, S. 469-475, Verlag Ernst & Sohn, Berlin

[E.2]   *Schubert, P., u. Wesche, K.:* Verformung und Rißsicherheit von Mauerwerk, Mauerwerk-Kalender 1987, S. 121 bis 130, Verlag Ernst & Sohn, Berlin

[E.3]   *Ohler, A.:* Bemessung von Flachstürzen, Mauerwerk-Kalender 1988, S. 497-505, Verlag Ernst & Sohn, Berlin

[E.4]   *Mann, W., u. Zahn, J.:* Bewehrung von Mauerwerk zur Rissesicherung, Mauerwerk-Kalender 1990, S. 467-482, Verlag Ernst & Sohn, Berlin

[E.5]   *Ebert, K.:* Bemessungstabellen für Rechteckquerschnitte aus bewehrtem Mauerwerk, Mauerwerk-Kalender 1989, S. 111-113, Verlag Ernst & Sohn, Berlin

Zu Abschnitt F

[F.1]   *Brand, J., u. a.:* HbL-Handbuch, Mauerwerksbau mit Beton-Bausteinen, Düsseldorf 1983, Beton-Verlag

[F.2]   *Glitza, H.:* Mauerwerk, Planung, Statik, Ausführung, Bauphysik, 2. Auflage 1985, Verlagsgesellschaft Rudolf Müller, Köln

[F.3]   *Gönner, G.:* Arbeitssicherheit beim Mauerwerksbau, VDI-Bericht 438 Mauerwerksbau, S. 73, Düsseldorf 1982, VDI-Verlag

[F.4]   *Kilian, A.:* Warum blüht der Ziegel aus? Der Architekt Heft 5/1982

[F.5]   *Oswald, F.:* Querschnittsbericht Arbeitstechnik im Wohnungsbau, Teilbericht Maurerarbeiten, Schriftenreihe „Bau- und Wohnforschung" des Bundesministers für Raumordnung, Bauwesen und Städtebau, Bonn 1978

[F.6]   *Piepenburg, W.:* Mörtel, Mauerwerk, Putz, Eigenschaften − Arbeitsregeln − Maßnahmen gegen Bauschäden, Wiesbaden und Berlin 1970, Bauverlag

[F.7]   *Wessig, J.:* KS-Maurerfibel, 4. Auflage 1988, Beton-Verlag, Düsseldorf

[F.8]   Mitteilungen des Instituts für Bautechnik, Berlin, Sonderheft 3/1982, S. 20

[F.9]   *Siech, H. J.:* Außenputze auf wärmedämmendem Mauerwerk, Putz & Stuck 1/1985, S. 18

[F.10] *Pohl, R.:* Rissefreier Außenputz auf Leichtziegeln, Putz & Stuck 2/1985, S. 24

[F.11] *Glitza, H., Hessler, M.:* Putz auf Mauerwerk aus Leichtbetonsteinen, Baugewerbe 15/1984, S. 30

[F.12] *Pieper, K.:* Kunstharzputze − neue DIN-Normen, Bundesbaublatt 2/1985, S. 85

[F.13] Arbeitszeit-Richtwerte-Tabellen, Neu-Isenburg 1984, Zeittechnik-Verlag

Literaturverzeichnis

[F.14] *Kirtschig, K., Meyer, J.:* Baukostendämpfung durch Ermittlung des Einflusses der Güte der Ausführung auf die Druckfestigkeit von Mauerwerk, IRB-Verlag, Stuttgart 1989

[F.15] *Kirtschig, K., Metje, W.:* Einfluß der Aussparungen auf die Tragfähigkeit von Mauerwerk, IRB-Verlag, Stuttgart 1986

[F.16] Arbeitszeit-Richtwerte-Tabellen Mauerarbeiten, Neu-Isenburg 1984, Zeittechnik-Verlag

[F.17] Handbuch Arbeitsorganisation Bau, Mauerarbeiten, Neu-Isenburg 1984, Zeittechnik-Verlag

[F.18] *Koß, E.:* Herkömmlich bauen — Rationell bauen, Frankfurt 1974, RKW

[F.19] *Grote, H.:* Mit weniger Anstrengung mehr leisten — Gewin für Betrieb und Mitarbeiter, Holzminden 1983, Seminarunterlagen der Deutschen Gesellschaft für Baukybernetik

[F.20] *Pohl, R.:* So werden Verlustquellen im Bauablauf sichtbar, Baumarkt Heft 15/1977, S. 822

[F.21] *Schmitz, H.:* Kosteneinsparung im Wohnungsbau; Grundlagenseminar, Düsseldorf 1983, herausgegeben vom BDB

[F.22] Baukosten-Sparfibel, Schriftenreihe des Bundesministers für Raumordnung, Bauwesen und Städtebau, Bonn 1983

[F.23] *Grote, H.:* Spitzenleistungen im Baubetrieb durch komplexe Arbeitstechnik, 3. Auflage 1989, R. Müller, Köln

Zum Anhang

[1] *Werner, G.:* Abschnitt „Holzbau", in: „Bautabellen" (Hrsg. Schneider), 9. Auflage 1990, Werner-Verlag, Düsseldorf

[2] *Schneider, K.-J.:* Abschnitt „Statik", in: „Bautabellen" (Hrsg. Schneider), 9. Auflage 1990, Werner-Verlag, Düsseldorf

[3] *Werner, G.:* Holzbau Teil 2, 3. Auflage 1987, Werner-Verlag, Düsseldorf

[4] *Hahn, I.:* Durchlaufträger, Rahmen, Platten und Balken auf elastischer Bettung, 14. Auflage 1985, Werner-Verlag, Düsseldorf

[5] *Kahlmeyer, E.:* Abschnitt „Stahlbau", in: „Bautabellen" (Hrsg. Schneider), 9. Auflage 1990, Werner-Verlag, Düsseldorf

[6] *Richter, G.:* Abschnitt „Beton- und Stahlbetonbau", in: „Bautabellen" (Hrsg. Schneider), 9. Auflage 1990, Werner-Verlag, Düsseldorf

[7] *Schneider, K.-J.:* Abschnitt „Lastannahmen", in: „Bautabellen" (Hrsg. Schneider), 9. Auflage 1990, Werner-Verlag, Düsseldorf

Stichwortverzeichnis

Zu diesem Buch

Vom Verlag wurden in Zusammenarbeit mit verschiedenen Autoren **Programme für den Mauer-werksbau** entwickelt. Die theoretischen Grundlagen sind in diesem Buch behandelt. Zur Arbeit mit der Diskette gibt es ein spezielles Handbuch.

Berechnung von Wänden und Pfeilern nach DIN 1053 Teil 2, Ausgabe 7.84
von Dr.-Ing. D. Kolouch/Dipl.-Ing. G. Ruhe/Prof. Dipl.-Ing. K.-J. Schneider. Das Programm bietet sowohl die Möglichkeit einer Ermittlung der erforderlichen Mauerwerksfestigkeitsklasse (MWK) einer Wandposition (Minimierung) als auch den Nachweis mit einer vorgegebenen MWK.

Eingegeben bzw. berechnet werden können Außen- und Innenwände bis zu 10 Geschossen sowie Gebäudeschnitte bis zu 10 Wandachsen. Das Programm berücksichtigt die Möglichkeit beliebiger Geschoßhöhen und beliebiger Wanddicken. Auch Kragarme und Kellerwände unter Erddruck können vorhanden sein.

Die Belastung aus Wind wird vom Programm automatisch ermittelt. Das Programm erlaubt die Berechnung der Knotenmomente nach der 5%-Regel und/oder eine genaue Rahmenberechnung.

Eingegeben werden die Abmessungen der Decken und Wände, die Belastungen, Steifigkeiten und evtl. die MWK.

Ausgegeben werden die vorhandenen und die zulässigen Spannungen, die Exzentrizitäten, die erforderlichen MWK, das mögliche Rezeptmauerwerk und die maßgebenden Werte bei Belastung aus Erddruck.

Programm in Turbo-PASCAL 3 einschl. Beschreibung
nach DIN 66 230 für IBM PC und kompatible Systeme.
Geliefert werden der Quelltext und die kompilierte
Programmversion auf 5¼-Zoll-Disketten (Bestell-Nr. 02427-5) .... 465 DM

Auf Wunsch ist das Programm auch auf 3½-Zoll-Disketten lieferbar.

Handbuch: Programmbeschreibung mit ausgedrucktem
Zahlenbeispiel (Bestell-Nr. 02438-0) .... 25 DM

Demo-Diskette (Bestell-Nr. 60001) .... 15 DM

Mauerwerksprogramm nach DIN 1053 Teil 1 neu

Die Programmdiskette (IBM-kompatibel, MS-DOS-Version ab 3.3) und ausführliche Programmbeschreibung sind lieferbar. (Programmbeschreibung einzeln 20 DM nur gegen Voreinsendung des Betrages als Scheck oder in bar; keine Briefmarken.)

5¼-Zoll-Diskette (Bestell-Nr. 02736-3) .... 220 DM

3½-Zoll-Diskette (Bestell-Nr. 02737-1) .... 220 DM

Werner-Verlag · Postfach 85 29 · 4000 Düsseldorf 1

Schneider (Hrsg.)

Bautabellen

mit Berechnungshinweisen und Beispielen

Mit Beiträgen der Professoren
Rudolf Bertig · Helmut Bode · Erich Cziesielski · Bernhard Falter
Hans Dieter Fleischmann · Rolf Gelhaus · Eduard Kahlmeyer
Helmut Kirchner · Erwin Knublauch · Hellmut Losert · Klaus Müller · Otto Oberegge
Wolfgang Pietzsch · Gerhard Richter · Klaus-Jürgen Schneider · Wolfgang Schröder
Karlheinz Tripler · Robert Weber · Gerhard Werner · Rüdiger Wormuth

Werner-Ingenieur-Texte Bd. 40. 9., neubearbeitete und erweiterte Auflage 1990.
820 Seiten 14,8 x 21 cm, Daumenregister, gebunden DM 58,–
Bestell-Nr. 03412

Dieses von der Baupraxis und den Studenten der Architektur und des Bauingenieurwesens in den vergangenen Jahren so gut aufgenommene Tabellenwerk ist auch in seiner neuen Bearbeitung weiter aktualisiert und fortentwickelt worden: Ergänzungen, Erweiterungen, Anpassung an neue Normen und Einbeziehung von neuen bautechnischen Entwicklungen.
Beispielhaft seien hier genannt:
DIN 1053 Teil 1 (Ausgabe Februar 1990): Rezeptmauerwerk · Berechnung und Ausführung; **DIN 1053 Teil 3 (Ausgabe Februar 1990):** Bewehrtes Mauerwerk·Berechnung und Ausführung; **DIN 4109 (Ausgabe November 1989):** Schallschutz im Hochbau · Anforderungen und Nachweise; **DIN 18800 Teil 1 (neu):** Stahlbauten · Bemessung und Konstruktion; **DIN 18800 Teil 2 (neu):** Stahlbauten · Stabilitätsfälle · Knicken von Stäben und Stabwerken; **Schutz von Bäumen, Pflanzenbeständen und Vegetationsflächen bei Baumaßnahmen (DIN 18920): Abdichten von Hochbauten im Erdreich; Neue Baunutzungsverordnung (Ausgabe Januar 1990); Bauzeichnen; Verallgemeinertes Weggrößenverfahren; Nichtrostende Stähle im Bauwesen; Bauinformatik: Befehle des Ansitreibers · Grundbefehle von MS-DOS.**
Die „Benutzerfreundlichkeit" wurde in der 9. Auflage weiter verbessert. Standardprobleme sind so aufbereitet und der Text ist so angeordnet, daß kaum „geblättert" werden muß. Die erforderlichen Tafelwerke für normale Bemessungsaufgaben des konstruktiven Ingenieurbaus sind in einer Einlage „Statische Tafeln" jeweils für die einzelnen Baustoffe auf zwei gegenüberliegenden Seiten angeordnet, so daß zeitraubendes Suchen entfällt.

Inhalt: Allgemeines · Öffentliches Baurecht · Mathematik · Datenverarbeitung · Lastannahmen · Statik und Festigkeitslehre · Beton- und Stahlbetonbau · Spannbetonbau · Mauerwerksbau · Stahlbau/Verbundbau · Holzbau · Bauphysik · Erd- und Grundbau · Straßenbau · Eisenbahnbau · Wasserbau · Siedlungswasserwirtschaft · Bauvermessung · Bauzeichnen.

Interessenten: Studenten der Fachrichtungen Architektur, Bauingenieurwesen und Landesplanung, Architektur- und Ingenieurbüros, Bauindustrie, Bauämter, Bauaufsichtsbehörden.

Erhältlich im Buchhandel!

Werner-Verlag

Postfach 85 29 · 4000 Düsseldorf 1

Dierks/Schneider (Hrsg.)   2. Auflage 1990!

Baukonstruktion

Herausgeber:
Prof. Dr.-Ing. Klaus Dierks und Prof. Dipl.-Ing. Klaus-Jürgen Schneider

Autoren:
Prof. Dr.-Ing. Klaus Dierks, Prof. Dipl.-Ing. Hans-Jörg Hermann,
Dr.-Ing. Hans-Werner Tietge, Prof. Dipl.-Ing. Rüdiger Wormuth
und Dipl.-Ing. Hilmar Wiethüchter

2., neubearbeitete und erweiterte Auflage 1990. 756 Seiten 17 x 24 cm,
gebunden DM 56,–

Die 1986 zum ersten Mal erschienene „Baukonstruktion" ist von den Hochschulen und von der Fachwelt sehr gut aufgenommen worden. In der Neuauflage wurden alle Abschnitte aktualisiert und zum Teil erweitert. Ein neuer Abschnitt kam hinzu.

Die klare Darstellung erlaubt es selbst Fachfremden – wie Juristen und Kaufleuten, die mit Konstruktionsproblemen des Bauens konfrontiert werden –, Antworten auf baukonstruktive Fragen zu finden.

Die Darlegung komplexer Konstruktionsproblematik, oder anders ausgedrückt: die Verflechtung konstruktiver, funktionaler, ästhetischer und wirtschaftlicher Aspekte ist durch additive Darstellung der Probleme nur unvollkommen möglich. Dagegen läßt sich an ausgeführten Bauwerken, zumal wenn sie sich über Jahre bewährt haben, die Komplexität der Baukonstruktionen gut demonstrieren. Deshalb wurde als Anhang ein Konstruktionsatlas aufgenommen, in dem an ausgeführten Bauwerken die vorher additiv vermittelten Informationen verknüpft werden. Die besondere Problemlage wird bei jedem Beispiel kurz skizziert. Fotos geben einen Eindruck von den gestalterischen Absichten wieder, und Übersichts- und Detailzeichnungen vermitteln die Konstruktionslösung. Dabei sind sowohl sogenannte Standardlösungen als auch nicht alltägliche Lösungen anzutreffen.

Aus dem Inhalt: Einführung · **Grundlagen** · Belastung von Bauwerken · Das Tragwerk und seine Teile · Standsicherheit von Bauwerken · Mauerwerksbau · Holzbau · Stahlbau · Stahlbetonbau · **Gründungen** · Baugrund · Flächengründungen · Standsicherheit von Flächengründungen · Tiefgründungen · Stützwände · Baugruben · **Wände** · Anforderungen · Außenwandkonstruktionen · Innenwandkonstruktionen · **Geschoßdecken** · Anforderungen · Fußbodenkonstruktionen · Unterdeckenkonstruktionen · **Treppen** · Begriffe und Anforderungen · Planungshinweise · Treppenkonstruktionen · Sonderkonstruktionen · **Dächer** · Dachformen · Anforderungen · Geneigte Dächer · Flächendächer · **Schornsteine** · Vorbemerkungen · Konstruktionshinweise · **Fenster** · Begriffe und Anforderungen · Planungshinweise · Konstruktionsteile · Konstruktion, Herstellung, Einbau · Sonderkonstruktionen · **Türen** · Begriffe und Anforderungen · Planungshinweise · Konstruktionsteile · Konstruktion, Herstellung, Einbau · Sonderkonstruktionen · **Konstruktionsatlas** · **Literaturverzeichnis** · **Stichwortverzeichnis.**

Erhältlich im Buchhandel!

Werner-Verlag

Postfach 85 29 · 4000 Düsseldorf 1